Fischer, Werkstoffe in der Elektrotechnik

D1662346

Lernbücher der Technik

herausgegeben von Dipl.-Gewerbelehrer Manfred Mettke,
Oberstudiendirektor an der Schule für Elektrotechnik in Essen

Carl Hanser Verlag München Wien

Werkstoffe in der Elektrotechnik

Aufbau – Eigenschaften – Prüfung – Anwendung

von Dr.-Ing. Hans Fischer

2., überarbeitete Auflage
mit 280 Bildern, 114 Tabellen
sowie zahlreichen Beispielen, Übungen und Testaufgaben

Carl Hanser Verlag München Wien

CIP-Kurztitelaufnahme der Deutschen Bibliothek

Fischer, Hans:
Werkstoffe in der Elektrotechnik: Aufbau, Eigenschaften,
Prüfung, Anwendung / von Hans Fischer. —
2., überarb. Aufl. — München ; Wien : Hanser, 1982
  (Lernbücher der Technik)
  ISBN 3-446-13 553-7

Satz, Druck und Bindung: Erich Spandel, Nürnberg
Printed in Germany

Vorwort

Was können Sie mit diesem Buch lernen?

Wenn Sie dieses Buch durcharbeiten, dann lernen Sie die wichtigsten Werkstoffe der Elektrotechnik kennen. Der Umfang dessen, was wir Ihnen anbieten, basiert auf den Richtlinien zur beruflichen Bildung an Fachschulen für Technik im Lande Nordrhein-Westfalen und ist im Lehrplan für das Fach „Werkstoffkunde" in Lernzielen festgelegt.
— Der Autor dieses Buches war Mitverfasser dieses Lehrplanes. —

Sie werden systematisch mit den ausgewählten Werkstoffen vertraut gemacht, lernen ihre Struktur, ihre Eigenschaften, ihre Prüfung kennen und begreifen ihren Einsatz als Leiter- und Konstruktionswerkstoffe. Jedes Thema wird also in „praxisgerechter Technik" aufgearbeitet.

Wer kann mit diesem Buch lernen?

Alle, die
bereit sind, logisch und technisch denken zu lernen,
Einsicht in die Grundlagen der Physik und Chemie genommen haben,
grundlegende Kenntnisse der Elektrotechnik erworben haben.

Das können sein:
Studenten an Fachschulen für Technik, Fachrichtung Elektrotechnik,
Studenten an Fachhochschulen für Elektrotechnik,
Technische Assistenten der Elektrotechnik,
interessierte zukünftige Facharbeiter,
Umschüler,
Teilnehmer an Weiterbildungskursen von Organisationen, Verbänden und Vereinen.

Wie können Sie mit diesem Buch lernen?

Ganz gleich, ob Sie mit diesem Buch in der Schule, in der Klasse oder zu Hause im „Stillen Kämmerlein" lernen, es wird Ihnen endlich Spaß machen.
Warum?
Ganz einfach, weil Ihnen hierzu, unseres Wissens, zum ersten Male in der technischen Literatur ein Buch vorgelegt wird, das bei der Gestaltung die Gesetze des menschlichen Lernens zur Grundlage machte. Deshalb werden Sie in jedem Kapitel zuerst mit dem bekannt gemacht, was Sie am Ende können sollen: mit den Lernzielen.

— Ein Lernbuch also! —

Danach beginnen Sie, sich mit dem Lerninhalt, dem Lehrstoff, auseinanderzusetzen. Schrittweise dargestellt, ausführlich beschrieben in der linken Spalte des Buches und umgesetzt in die technisch-wissenschaftliche Darstellung auf der rechten Seite des Buches. Die eindeutige Zuordnung des behandelten Stoffes in beiden Spalten macht das Lernen viel leichter, umblättern ist nicht mehr nötig. Zur Vertiefung stellt Ihnen der Autor Beispiele vor.

— Ein unterrichtsbegleitendes Lehrbuch. —

Jetzt können und sollten Sie sofort die Übungsaufgaben durcharbeiten, um das Gelernte so abzusichern, festzumachen. Den wesentlichen Lösungsgang und das Ergebnis der Übungen hat der Autor am Ende des Buches für Sie aufgeschrieben.

   — Also auch ein Arbeitsbuch mit Lösungen. —

Sie wollen sicher sein, daß Sie richtig und vollständig gelernt haben. Deshalb bietet Ihnen der Autor nun einen lernzielorientierten Test an, zur Lernerfolgskontrolle. Ob Sie richtig geantwortet haben, sagt Ihnen die Testauflösung am Ende des Buches.

   — Ein lernzielorientierter Test mit Lösungen. —

Trotz intensiven Lernens über Beispiele und Übungen und der Bestätigung des Gelernten im Test als erste Wiederholung verliert sich ein Teil des Wissens und Könnens wieder, wenn Sie nicht bereit sind, am Anfang oft und dann in immer längeren Zeiträumen zu wiederholen!
Das will Ihnen der Autor erleichtern.
Er hat die jeweils rechten Spalten des Buches auch noch so geschrieben, daß hier die wichtigsten Lerninhalte als Satz, stichwortartig, als Formel oder als Skizze zusammengefaßt sind. Sie brauchen deshalb beim Wiederholen und auch Nachschlagen meistens nur die rechten Buchspalten zu lesen.

   — Schließlich noch Repetitorium! —

Diese Arbeit ist notwendigerweise mit dem Aufsuchen der entsprechenden Kapitel oder gar dem Suchen von bestimmten Begriffen verbunden. Dafür verwenden Sie bitte das Inhaltsverzeichnis am Anfang und das Stichwortverzeichnis am Ende des Buches.

   — Selbstverständlich mit Inhalts- und Stichwortverzeichnis. —

Sicherlich werden Sie durch die intensive Arbeit mit dem Buch „Ihre Bemerkungen zur Sache" unterbringen wollen, um es so zum individuellen Arbeitsmittel zu machen, das Sie auch später gern benutzen. Deshalb haben wir für Ihre Notizen auf den Seiten Platz gelassen.

   — Am Ende ist „Ihr" Buch entstanden. —

Möglich wurde dieses Lernbuch für Sie durch die Bereitschaft des Autors und die intensive Unterstützung durch den Verlag und seine Mitarbeiter. Beiden sollten wir herzlich danken.

Nun darf ich Ihnen viel Freude und Erfolg beim Lernen wünschen!

Manfred Mettke

Inhalt

Verwendete Formelzeichen (Fz) und Abkürzungen mit Einheiten (E)

A	Bruchdehnung (Zugversuch)	$1; \%$
A	Fläche, Querschnitt	m^2
A_0	Ausgangsfläche	m^2
a	Abstand	m
B	magnetische Flußdichte	$T = Vs/m^2$
B_r	magnetische Remanenz(flußdichte)	$T = Vs/m^2$
b	Breite	m
b	Beweglichkeit von Elementarteilchen	m^2/Vs
$b_{e-}; b^-$	Beweglichkeit von Elektronen	m^2/Vs
$b_{e+}; b^+$	Beweglichkeit von Defektelektronen	m^2/Vs
C	Kapazität	As/m^2
c	Licht- = Fotonengeschwindigkeit	m/s
d	Durchmesser	m
d_o	Ausgangsdurchmesser	m
d	Plattenabstand	m
d	Verlustfaktor = $\tan \delta$	1
E	elektrische Feldstärke	V/m
E_i	Elektrisierungs-Feldstärke	V/m
E_D	Durchschlagfestigkeit	V/m
E_{kin}	Energie der Bewegung	$Nm = J$
E-Mod.	Elastizitätsmodul	N/mm^2
$e; e^-$	Ladung eines Elektrons	As
e^+	Ladung eines Defektelektrons	As
F	Kraft	N
F_C	Coulomb'sche Kraft	N
F_G	Gewichtskraft	N

F_L	Lorentzkraft	N
F_m	Massenanziehungskraft	N
f	Frequenz	1/s
G	elektrischer Leitwert	$S = 1/\Omega$
H	Härtezahl	1
HB	Härtezahl nach Brinell	1
HR	Härtezahl nach Rockwell	1
HV	Härtezahl nach Vickers	1
H	magnetische Feldstärke	A/m
H_c	Koerzitiv-Feldstärke	A/m
h	Höhe	m
I	elektrische Stromstärke	A
$I_D = I_f$	elektrische Stromstärke in Durchlaßrichtung	A
I_{Diff}	elektrische Stromstärke durch Diffusion	A
I_E	elektrische Stromstärke durch Feldstärke	A
I_G	elektrische Gesamtstromstärke	A
$I_S = I_R$	elektrische Stromstärke in Sperrichtung	A
J	magnetische Polarisation	Vs/m^2
J_r	magnetische remanente Polarisation	Vs/m^2
J_S	magnetische Polarisation bei Sättigung	Vs/m^2
K	Boltzmannkonstante	Ws/K
KA, KB	Kriechstromfestigkeit	1
K_E	eutektische Konzentration	%
K_L	Lorentzzahl	1
L	Länge	m
L	Leitungsbandbreite	eV
L_0	Ausgangslänge	m
M	Magnetisierung(s-Feldstärke)	A/m
m	Masse	kg
N	Anzahl	1
NTC	negativer Temperaturkoeffizient des elektrischen Widerstands	—
n	spezifische Anzahl = Dichte von Elementarteilchen	1/m^3
ne^-	Dichte der Elektronen = Ladungskonzentration ($-$)	As/m^3
n_e^+	Dichte der Defektelektronen = Ladungskonzentration ($+$)	As/m^3
n_i	Dichte der Ladungsträger (intrinsic)	As/m^3
P	Leistung	W
P	elektrische Polarisation	As/m^2
P_0	elektrische Polarisation des Vakuums = der trockenen Luft	As/m^2
PTC	positiver Temperaturkoeffizient des elektrischen Widerstandes	—
Q	elektrische Ladung	C = As
Q	spezifischer Energieverlust	W/m^3; W/kg
Q_V	spezifischer Energieverlust eines Isolators	W/m^3

Q	Gütefaktor $= 1/\tan \delta = 1/d$	1
R	elektrischer Widerstand	Ω
R_D	elektrischer Durchlaßwiderstand	Ω
R_E	elektrischer Engewiderstand	Ω
R_H	elektrischer Hautwiderstand	Ω
R_H	Hallwiderstand $=$ Hallkonstante	m^3/As
R_K	Kontaktwiderstand	Ω
R_L	Leitungswiderstand	Ω
R_O	Oberflächenwiderstand	Ω
R_S	Strukturwiderstand	Ω
R_S	Stöpselwiderstand	Ω
R_T	temperaturbedingter Widerstand	Ω
R_m	Zugfestigkeit	N/mm^2
R_e	Streckgrenze	N/mm^2
$R_{p0,2}$	0,2-Dehngrenze	N/mm^2
r	Radius	m
S	Stapelfaktor	kg/m^3
S	Stromdichte	A/m^2
S	Querschnitt der Probe (beim Zugversuch)	mm^2
S_K	Längenänderung eines Kristalles	m
T	absolute Temperatur	K
T_S	Schmelztemperatur	K
TC	Temperaturkoeffizient	1/K
TCL	Temperaturkoeffizient der linearen Dehnung	1/K
$TC\varrho$	Temperaturkoeffizient des spezifischen elektrischen Widerstandes	1/K
U	elektrische Spannung	V
U_D	elektrische Spannung in Durchlaßrichtung	V
U_H	Hallspannung	V
$U_R = U_S$	elektrische Spannung in Sperrichtung	V
U_W	elektrische Spannung des Wirkstromes	V
u	Driftgeschwindigkeit von Elementarteilchen	m/s
u_{e-}	Driftgeschwindigkeit der Elektronen	m/s
u_{e+}	Driftgeschwindigkeit der Defektelektronen	m/s
V	Bandbreite der verbotenen Zone	eV
V	Volumen	m^3
V_m	magnetische Verluste	W/kg
V_G	magnetischer Gesamtverlust	W/kg
V_H	magnetischer Hystereseverlust	W/kg
V_R	magnetischer Restverlust	W/kg
V_W	magnetischer Wirbelstromverlust	W/kg
V_1	magnetischer Verlust bei 1 T	W/kg
v	kinematische Viskosität	m^2/s

W	Energie, Arbeit		Nm = J = Ws
W_V	Schlagarbeit		Nm = J = Ws
Z	Einschnürung beim Zugversuch		$^0/_0$
α (Alpha) = TCL	Temperaturkoeffizient der linearen Dehnung		1/K
α (Alpha) = $TC\varrho$	Temperaturkoeffizient des elektrischen Widerstandes		1/K
α	Dehnungszahl = $1/E$		mm^2/N
α_K	Kerbschlagzähigkeit (= Kerbschlagbiegefestigkeit)		J/mm^2
δ (Delta)	Bruchdehnung		$^0/_0$
δ	Verlustwinkel		Grad
ε (Epsilon)	Dehnung		1; $^0/_0$
ε	Permittivität		As/Vm
ε_0	Dielektrizitätskonstante		As/Vm
ε_r	Permittivitätszahl		1
ε''	Verlustzahl = $\varepsilon_r \cdot d = \varepsilon_r \cdot \tan \delta$		1
η (Eta)	Wirkungsgrad		1; $^0/_0$
η	dynamische Viskosität		Ns/m²
ϑ (Theta)	Temperatur		^{0}C
ϑ_E	Entfestigungstemperatur		°C
ϑ_E	eutektische Temperatur		°C
ϑ_S	Schmelztemperatur		°C
$\varkappa$ (Kappa) = σ	spezifische elektrische Leitfähigkeit		S/m
λ (Lambda)	spezifische thermische Leitfähigkeit		W/m K
λ	Wellenlänge		m
λ_S	magnetostriktive Längenänderung bei der Sättigung		1
μ (My)	Permeabilität		Vs/Am
μ	Permeabilität		Vs/Am
μ_a	Anfangspermeabilität		Vs/Am
μ_{max}	maximale Permeabilität		Vs/Am
μ_r	Permeabilitätszahl		1
μ_0	magnetische Feldkonstante		Vs/Am
μ_4	Permeabilität bei 0,4 A/m		Vs/Am
μ_{e-}	Magnetron = kleinstes magnetisches Moment		A m²
ϱ (Rho)	spezifischer elektrischer Widerstand		Ωm
ϱ_D	spezifischer Durchgangswiderstand		Ωm
ϱ_D	Dichte eines Stoffes		g/cm³
σ (Sigma)	mechanische Spannung = Festigkeit		N/mm²
σ_E	Elastizitäts-Spannung		N/mm²
σ_z	Zugspannung		N/mm²
φ (Phi)	Winkel im Dreieck		N/mm²
χ_e (Chi)	elektrische Suszeptibilität		1
χ_m	magnetische Suszeptibilität		1

1. Grundbegriffe der Kristall-, Metall- und Legierungstechnik[1]

1.0. Überblick

In der Elektronik werden reine Metalle und Legierungen benutzt; sie haben dabei 2 Hauptaufgaben zu erfüllen:

- sie sollen elektrische und thermische Energie übertragen;
- sie dienen dabei zugleich oder ausschließlich als Konstruktionsteil.

Die für ihre Aufgaben erforderlichen Eigenschaften beruhen allein auf der Art ihrer Körner oder, wie man diese wissenschaftlich bezeichnet, ihrer Kristalle. Alle Metalle sind aus vielen einzelnen Kristallen aufgebaut; mit ihnen werden wir uns zunächst beschäftigen.

1.1. Kristallstrukturen[2]

Lernziele

Der Lernende kann ...

... die festen Werkstoffe nach dem inneren Aufbau ihrer Materieteilchen, d. h. nach der Struktur in amorphe und kristalline Stoffe unterteilen.

... elektrotechnische Werkstoffe nach der Anzahl der Leitungselektronen in Leiter, Halbleiter und Nichtleiter einteilen.

... die Aufgaben der Elektronen in Metallen erläutern.

... die 4 wichtigsten Kristallgitter, das hexagonale, das kubisch-flächenzentrierte, das kubisch-raumzentrierte und das Diamant-Gitter beschreiben.

... Begriff und Bedeutung der Elementarzelle erläutern.

... den Einfluß der Temperatur auf die Elementarzelle erklären.

... Begriffe und Unterschiede von Ideal- und Realkristallen durch Gitterstörungen erklären.

... Ursachen der metallischen Kohäsionskräfte benennen.

1.1.0. Übersicht

Alle Metalle, alle Halbleiter, der Kohlenstoff und viele Nichtleiter bestehen aus Kristallen. Es gibt zahlreiche Kristallarten; die technisch wichtigsten erlernen Sie in diesem Abschnitt.

---

[1] In diesem Kap. 1 werden die Grundlagen für das Verständnis der Vorgänge in allen kristallinen Werkstoffen gegeben; man benötigt sie für die folgenden Kap. 2—7.

[2] *Vorkenntnisse:* Erforderlich sind chemische Kenntnisse: chemische Symbole, Bindungsarten der Elemente, Atomaufbau, atomare Größenverhältnisse, Elektronenbahnen, Elektronenkonfiguration.

Jeder Stoff besteht aus kleinsten Materieteilchen, den Atomen und Molekülen. In jeder Materie befinden sich elektrisch geladene Teilchen, die Elektronen; sie spielen eine wichtige Rolle für die Eigenschaften elektrotechnischer Werkstoffe; darum werden wir uns vom Anfang bis zum Ende dieses Buches eingehend mit ihnen beschäftigen.

1.1.1. Amorphe und kristalline Festkörper

Alle festen Körper bestehen aus kleinsten Masseteilchen: Atomen, Ionen oder Molekülen. Die räumliche Anordnung der Materieteilchen bezeichnet man als Feinaufbau oder Feinstruktur. Ist sie regellos/willkürlich, nennt man sie amorph[3)]

Räumliche Anordnung der Materieteilchen in Werkstoffen	
kristallin	*amorph*
geordnet	ungeordnet
mit Struktur	*ohne* Struktur
↓	↓
Metalle	Gläser
Halbleiter	Harze
Salze	Kunststoffe
Mineralien	Pech

Bruchflächen amorpher Feststoffe sind glasig oder muschelig; sie zeigen selbst bei größter Vergrößerung unter einem Elektronenmikroskop keine Struktur (Bild 1.1.–1). Sie sind gewissermaßen eingefrorene Flüssigkeiten; sie haben keinen ausgeprägten Schmelz- oder Erstarrungspunkt, sondern gehen beim Erwärmen allmählich vom festen in den flüssigen Zustand über und umgekehrt (Bild 1.2–2).

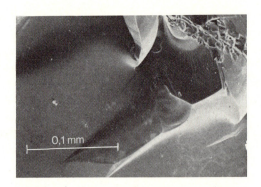

0,1 mm

Bild 1.1.–1. Bruchfläche eines Glasstabes, 250fach vergrößert. Aufnahme eines Raster-Elektronenmikroskopes, das bei starker Vergrößerung, die hier nicht notwendig war, tiefenscharfe Konturen abzeichnet. Man erkennt nur zackige Bruchstellen, aber keinen inneren geordneten Aufbau von Materieteilchen. Vergleichen Sie diese Aufnahme mit Bild 1.1.–3.

Ganz andere Eigenschaften haben die nach einem Ordnungssystem aufgebauten Feststoffe mit kristalliner Struktur, die kristallinen Körper. Alle Metalle haben eine kristalline Struktur; sie setzen sich aus vielen Einzelkristallen

---

[3)] griech. = gestaltlos

– den Metallkörnern – zusammen, die an Bruchflächen meistens mit bloßem Auge erkennbar sind (Bild 1.1.–2).

Bild 1.1.–2. Bruchfläche eines Aluminiumstabes, ≈ 3,5fach vergrößert. Jedes glitzernde Korn ist ein kleiner Kristall.

> Ein *Kristall* ist ein Festkörper, dessen Materieteilchen nach geometrischen Figuren aufgebaut ist; er wird von ebenen Flächen, die miteinander gerade Kanten bilden, begrenzt.

Bild 1.1.–3 wurde mit dem Elektronenmikroskop aufgenommen; deutlich kann man hier die regelmäßige Anordnung des Metalles Molybdän (Mo) in Einzelkristallen erkennen (Grobstruktur).

Halbleiter und viele Nichtleiter wie Salze, Mineralien, Oxidmagnete haben auch kristalline Gefüge.

Bild 1.1.–3. Bruchfläche eines Molybdänrohres; Vergrößerung 250fach. Der Bruch verläuft entlang der Kristallgrenzen (interkristalliner Bruch). Man erkennt deutlich die einzelnen, von ebenen Flächen begrenzten Einzelkristalle.

Übung 1.1.—1

Welche metallischen Werkstoffe sind strukturlos ≙ amorph?

In *metallischen Kristallen* setzen sich die *Elektronen* der Außenschale (Valenzelektronen) von ihren Atomen ab und wechseln in kürzester Zeit von Atomrumpf zu benachbartem Atomrumpf, den Metallionen, über; dabei erfüllen sie zwei wichtige Aufgaben:

1. Durch ihr negatives Potential binden sie mit Coulomb'schen Kräften die positiven Metallionen aneinander; man spricht von einem „Elektronenkitt" in metallischen Kristallen.

2. Sie schweben fast masselos als „negativ geladene Wolke" zwischen den positiv geladenen Materieteilchen und stehen bei Anlegung eines elektrischen Potentials für den Stromfluß zur Verfügung.

Werkstoffarten		
1	2	3
Leiter	Halbleiter	Nichtleiter
↓	↓	↓
viele	wenige	keine
	freie Elektronen	

Freie Elektronen (=Valenzelektronen)	
↓	
2 Aufgaben	
1	2
Bindung der Metallionen (elektr. Kitt)	Leitung des elektr. Stromes (Elektronenwolke)

Bild 1.1.−4 d) gibt eine einfache Modellvorstellung der „metallischen Bindung" in einem Kristall.

Aus Bild 1.1.−4c) „Atomkugel-Packung" erkennt man:

Je dichter[4] die einzelne Kugel ist und je enger die Kugeln an- und aufeinanderliegen, um so größer ist die Dichte ϱ_D[5] in g cm^{-3} des Kristalles. (Näheres unter 1.1.2.)

Übung 1.1.−2

Bestehen in Reinmetallen, z. B. in Silber, Kupfer oder Aluminium, die kleinsten Materieteilchen streng genommen aus ungeladenen Atomen?

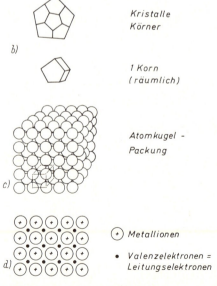

a) Metallstange / Bruchfläche

b) Kristalle Körner / 1 Korn (räumlich)

c) Atomkugel-Packung

d) ⊕ Metallionen / • Valenzelektronen = Leitungselektronen

[4] Die Dichte eines Atoms ist der Quotient Masse durch Volumen.

[5] ϱ_D hier FZ für Dichte, ϱ_D auch FZ für spezif. elektr. Durchgangswiderstand.

Bild 1.1.−4. Aufbau der Metalle

1.1.2. Die drei wichtigsten metallischen Raumgitter[6])

1.1.2.1. Das hexagonale Gitter (hex)

Die Metallatome kann man sich vereinfacht als kleinste elastische Kügelchen mit einem für jedes Element bestimmten Durchmesser vorstellen. Ordnet man Kugeln auf einer Ebene so dicht wie möglich nebeneinander an, so entsteht ein Muster (Struktur) nach Bild 1.1.−5.

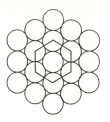

Die Verbindungslinien der Kugelmittelpunkte ergeben regelmäßige Sechsecke (Hexagone) mit einem Zentralatom.

Bild 1.1.−5. Dichteste Lagerung von gleichgroßen Kugeln in einer Ebene.

Legt man in die drei Kugelmulden der 1. Lage drei Atomkugeln als 2. Lage und darauf als 3. Lage sieben Kugeln senkrecht über die 1. Lage, so entsteht ein von 17 Kugeln gebildeter sechseckiger Raum, den man als hexagonale Elementarzelle bezeichnet (Bild 1.1.−6).

a)   *b)*

Die Koordinationszahl − das ist die Zahl der Nachbaratome mit kleinstem und gleichgroßem Abstand − beträgt 12.

Bild 1.1.−6. Hexagonales Raumgitter dichtester Packung.
a) Kugelmodell; b) vereinfachte Darstellung

Nach dem hex-System kristallisieren u. a.

Magnesium (Mg)
Zink   (Zn)
Cadmium (Cd)
Kobalt   (Co)
Titan   (Ti)
Beryllium (Be)
Kohlenstoff (C) als Graphit

1.1.2.2. Das kubisch flächenzentrierte Gitter (kfz)

Nach den Strukturuntersuchungen der Metalle mittels Röntgenstrahlen bilden Metallatome niemals einfache Würfelzellen nach Bild 1.1.−7, sondern zwei andere kubische Elementarzellen mit mehr Atomen.

Bild 1.1.−7. Entstehung eines einfachen kubischen Raumgitters aus Gitterebenen. (Zur besseren Übersicht sind im Raumgitter nicht alle Atome gezeichnet).

---

[6] Der Begriff „Raumgitter" ist mit dem Begriff „Elementarzelle" (s. 1.1.3) eng verbunden. Wir behandeln die beiden Begriffe zwar getrennt in zwei Abschnitten; sie gehören aber begrifflich zusammen.

In dem kfz-Gitter nach Bild 1.1.—8 befindet sich in der Mitte der 6 Würfelflächen je ein Zentralatom. Diese Elementarzelle wird nach Bild 1.1.—9 durch vier einfache, ineinander geschachtelte Kuben gebildet.

Die Packungsdichte hat denselben Höchstwert von 74% wie die hex-Zelle; die Koordinationszahl ist ebenfalls 12. Nach dem kfz-System kristallisieren u. a. die Metalle:

Gold (Au)
Silber (Ag)
Kupfer (Cu)
Aluminium (Al)
Nickel (Ni)
Blei (Pb)
Palladium (Pd)
Platin (Pt)
γ-Eisen (γ-Fe), nur oberhalb 900 °C beständig.

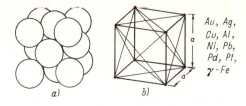

Bild 1.1.—8. kfz-Gitter, kubisch flächenzentriert
a) Kugelmodell; b) einfache Darstellung

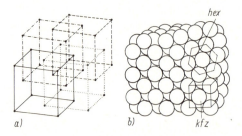

Bild 1.1.—9. Entstehung des kfz-Gitters aus einfachen Kuben
a) Gitterlinien; b) Kugelmodell

1.1.2.3. Das kubisch raumzentrierte Gitter (krz)

Die Elementarzelle eines krz-Kristalles nach Bild 1.1.—10 ist ein Kubus, in dessen Mittelpunkt ein 9. Atom eingelagert ist. Eine räumliche Vorstellung von Atompackungen in einem krz-Kristall gibt Bild 1.1.—11. Die Packungsdichte beträgt 68%, die Koordinationszahl ist 8; sie ist also niedriger als die der kfz- und hex-Zellen.

Diesen Gittertyp haben u. a. die Metalle:

Chrom (Cr)
Molybdän (Mo)
Wolfram (Wo)
Tantal (Ta)
α-Eisen (α-Fe), beständig unterhalb 900 °C.

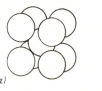

Bild 1.1.—10. krz-Gitter
a) Kugelmodell; b) einfache Darstellung

Bild 1.1.—11. Entstehung eines krz-Gitters aus 2 einfachen Gittern

Übung 1.1.—3

krz- u. kfz-Zellen sind Würfel.

Welcher Würfel ist voll?

Welcher Würfel ist leer?

Die Verbindungslinien der Atommittelpunkte einer Ebene bilden eine Netzebene; die Verbindungslinien übereinander gelegter Netze bilden ein Raumnetz, Raumgitter genannt, Bild 1.1.−7.

Eine übersichtliche Zusammenstellung der Raumgitter wichtiger Metalle u. Halbleiter zeigt Tabelle 1.1.−1.

Tabelle 1.1.−1. Raumgitter elektr. wichtiger Werkstoffe

hex	krz	kfz	Diamant
Be	Cr	Ag	C
Cd	α-Fe	Al	Ge
α-Co	Mo	Au	Si
Mg	Ta	Cu	
α-Ti	V	γ-Fe	
Zn	W	Ni	
Graphit		Pb	
(C)		Pt	

1.1.3. Die Elementarzelle

Eine Elementarzelle ist das kleinste aus Atomen bestehende Raumgebilde eines Kristalls; sie ist gewissermaßen der kleinste Baustein, aus dem ein Kristall zusammengesetzt ist, und bildet das Kristallgitter. Das hex- und das kfz-System haben die dichteste räumliche Kugelpackung; die Packungsdichte, das Verhältnis des Volumens aller Atome je Zelle zu dem Volumen der Zelle, beträgt 74 %; die restlichen 26 % sind atomfreie (massenfreie) Raumgebilde. In diesen Strukturen wird jede Atomkugel von 12 Nachbarkugeln berührt − der größten Anzahl von gleichgroßen Kugeln, die sich gleichzeitig berühren können (Koordinationszahl = 12).

Die Dichte ϱ_D eines Metalles in g/cm^3 ist proportional der Packungsdichte und der Atommasse.

Die Feinstruktur eines Kristalles ist durch sein Gitter (= Elementarzelle) eindeutig festgelegt.

Man hat die Atomdurchmesser aller Elemente bestimmt; somit sind auch die Raumabmessungen der Elementarzellen bekannt.

Die Größe eines Kubus K ist aus dem Parameter a, der sog. Gitterkonstanten, die Größe einer hex-Zelle aus 2 Parametern a und b berechenbar (Bilder 1.1.−6 und 1.1.−8).

Wie wir später noch sehen werden, spielt der Gittertyp für die plastische Verformbarkeit eines Werkstoffes die entscheidende Rolle.

> Elementarzelle = kleinstes aus Atomen bestehendes Raumgebilde

> ϱ_D in $g \cdot cm^{-3}$ = Atommasse $\cdot$ Packungsdichte

5 Bezeichnungen für einen Begriff:

- Elementarzelle
- Gittertyp
- Kristallart
- Feinstruktur
- Kristallstruktur

Dieser Begriff kennzeichnet einige Werkstoffeigenschaften, insbesondere die plastische Umformbarkeit.

Vorausnehmend sei hier schon vermerkt:
Die beste Verformbarkeit hat das kfz-Gitter; es folgt das krz-, dann das hex-Gitter; unverformbar ist das sog. Diamantgitter (C als Diamant und die Halbleiterkristalle Si und Ge nach den Bildern 1.1.−14 und 1.1.−15).

In der Tabelle 1.1.−2 sind die Gittermaße wichtiger Metalle in nm = 10^{-6} mm angegeben[7]. Sie beziehen sich auf Raumtemperatur; außerdem sind die relative Atommasse und die Dichte aufgeführt.

Tabelle 1.1.−2. Kristallart = Gittertyp, Parameter, Atommassen, Dichte wichtiger Metalle

Metall	Gitter = Kristallart	Parameter a in nm	b	relative Atommasse	Dichte g cm^{-3}
Al	kfz	0,40	−	27	2,7
Pb	kfz	0,49	−	207	11,4
Cr	krz	0,29	−	52	7,2
α-Fe	krz	0,29	−	56	7,9
γ-Fe	kfz	0,36	−	56	7,9
Au	kfz	0,41	−	197	19,3
Jn	kfz	0,38	−	115	7,3
Cd	hex	0,30	0,56	112	8,6
Co	hex	0,25	0,41	59	8,8
Cu	kfz	0,36	−	63,5	9,0
Mg	hex	0,32	0,52	24	1,7
Mo	krz	0,31	−	96	10,2
Ni	kfz	0,35	−	59	8,9
Pt	kfz	0,39	−	195	21,5
Ag	kfz	0,41	−	108	10,5
Ta	krz	0,33	−	181	16,6
V	krz	0,30	−	51	4,5
W	krz	0,32	−	184	9,8
Zn	hex	0,27	0,48	65	7,1

Alle Metalle dieser Tabelle werden in diesem Buch erwähnt.

Prägen Sie sich diese Kurzzeichen ein!

Die Werte *nicht* auswendig lernen, aber bei Gelegenheit benutzen!

1.1.4. Temperatureinfluß auf die E-Zelle

Bei einer Erwärmung nehmen die Atome Energie auf und erhalten dadurch eine höhere kinetische Energie E_{kin}. Sie machen immer größere Schwirrbewegungen um ihre festen „Ankerplätze"; hierbei nimmt der Raumbedarf der Atome nach allen Seiten gleichmäßig zu.

---

[7] Ab 1.7.1975 ist das früher für Atomabstände gebräuchliche Angstrom Å ungesetzlich; 1 Å = 0,1 nm = 10^{-10} m.

Der lineare Wärmeausdehnungskoeffizient entspricht der Parameterausdehnung (Tabelle 1.1.−3), der kubische dem der Elementarzelle. Die größeren Schwirrbewegungen der Atome behindern die Driftbewegung der Leitungselektronen; diese kollidieren (= zusammenstoßen) dabei häufiger mit den Atomen bzw. Ionen und werden von ihnen reflektiert (zurückgeworfen). Dadurch wächst der elektrische Widerstand der Metallkörner mit zunehmender Temperatur[8].

Metalle haben immer einen positiven Temperaturkoeffizienten; sie sind daher PTC-Werkstoffe[9] (Bild 1.1.−12).

Bei weiterer Temperatursteigerung wird schließlich die Wärmebewegung (= kinetische Energie) der Atome[10] so groß, daß ihre Anziehungskräfte (Kohäsion) überwunden werden und die Atome sich aus dem Gitterverband ablösen; damit ist die Schmelztemperatur T_s des Metalles erreicht.

Man begreift den Zusammenhang zwischen der Größe der thermischen Bewegung der Atome und ihrer Ablösung aus dem Kristallverband.

Da z. B. Blei einen hohen thermischen Ausdehnungskoeffizienten hat, schmilzt es eher als Molybdän mit seinem niedrigen α-Koeffizienten.

Tabelle 1.1.−3. Zusammenhang zwischen dem thermischen Ausdehnungskoeffizienten α in $10^{-6} \cdot K^{-1}$ der Schmelztemperatur T_s in K.

$$T_s = \vartheta_s + 273 \text{ K}$$
$$\vartheta_s = \text{Schmelzpunkt in } °C$$
$$\alpha \approx \frac{1}{T_s}$$

Metall		α in $10^{-6} \cdot K^{-1}$	T_s in K
Aluminium	Al	23	273 + 660
Blei	Pb	29	273 + 327
Diamant	C	1,3	273 + 3550
Eisen	Fe	12	273 + 1537
Invarstahl		1	273 + 1500
Gold	Au	14	273 + 1063
Kupfer	Cu	17	273 + 1083
Molybdän	Mo	5	273 + 2610
Nickel	Ni	13	273 + 1453
Platin	Pt	9	273 + 1769
Silber	Ag	20	273 + 961
Tantal	Ta	6	273 + 3000
Wolfram	W	5	273 + 3410
Zink	Zn	29	273 + 420
Zinn	Sn	27	273 + 232

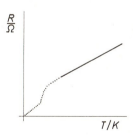

Bild 1.1.−12. Der Widerstand R wächst ab einer Temperaturhöhe fast linear mit der Temperatur. PTC! Metalle!
Die gestrichelte Linie liegt im Kältebereich; hier ist nicht bei allen Metallen ein linearer Zusammenhang zwischen R u. T vorhanden. Bei manchen metallischen Werkstoffen sinkt R in einem bestimmten Temperaturbereich sprunghaft und erreicht dabei eine überaus große Leitfähigkeit, die Supraleitfähigkeit[11].

[8] Näheres in Kap. 5.
[9] englisch: Positive Temperature Coefficient.
[10] streng genommen Ionen.
[11] s. 5.1.1.11.

Übung 1.1.—4

Tragen Sie die Zahlenwerte der Tabelle 1.1. − 3 in dieses Diagramm ein und verbinden Sie die Punkte durch eine Linie!

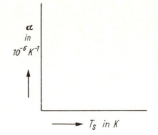

Übung 1.1.—5

Überlegen Sie sich, ob in Bild 1.1. − 12 auf der Ordinate anstelle R in Ω auch ϱ in Ω m aufgetragen sein könnte!

Übung 1.1.—6

Der Wärmeausdehnungskoeffizient α von Cu ist kleiner als der von Al. Warum? Wie lautet die Gesetzmäßigkeit?

Übung 1.1.—7

Erklären Sie die Ausdrücke PTC und NTC!

1.1.5. Die Gitter des Kohlenstoffes

1.1.5.1. Hexagonales Gitter (hex)

Der Kohlenstoff C, ein Element der IV. Hauptgruppe mit vier Elektronen auf der Außenschale, ist ein Übergangselement zwischen Metallen und Nichtmetallen und ist ein wichtiges Element für elektrotechnische Werkstoffe. Reine C-Atome können sich als Einzelatome nur im gasförmigen Zustand oder in einem festen Kristallverband[12] befinden; flüssiger Kohlenstoff existiert nicht.

Kühlen sich die C-Atome aus einer Gasphase von normaler Temperatur und normalem Druck ab, so bilden sie Graphitkristalle aus primitiven hexagonalen Zellen nach Bild 1.1. − 13.

Je 3 Valenzelektronen eines C-Atoms bilden mit je einem Valenzelektron dreier Nachbaratome eine stabile Elektronenpaar-Bin-

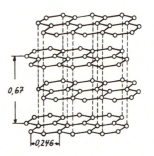

Bild 1.1. − 13. Elementarzelle des hexagonalen Graphit (Maße in nm)

---

[12] Ruß wurde früher für amorph gehalten, ist aber kristallin.

dung[13]; das 4. Valenzelektron dagegen kann blitzschnell zu einem Atom auf einer Nachbarebene überwechseln. Im Augenblick des Platzwechsels steht es für elektrische und thermische Leitungszwecke zur Verfügung.

Mit zunehmender Energieaufnahme, z. B. bei Erwärmung, werden die Platzwechselvorgänge häufiger; die Anzahl der freien Elektronen nimmt bei erhöhter Temperatur zu; damit steigt die Leitfähigkeit, und der Widerstand fällt. Kohlenstoff hat daher im Gegensatz zu den Metallen einen negativen Temperaturbeiwert für den Widerstand.

Metalle sind PTC-Werkstoffe!
Graphit ist ein NTC-Werkstoff!
Er wird sowohl als Leiter −, z. B. als Schleifkontakt, als auch als Widerstandswerkstoff, z. B. als aufgedampfte Wendel benutzt[14].

Metalle und Graphit werden einzeln oder miteinander kombiniert benutzt als
• Leiterwerkstoffe
• Widerstandswerkstoffe
• Kontaktwerkstoffe

1.1.5.2. Diamantgitter

Kristallisiert der Kohlenstoff bei extrem hohen Drücken aus einer extrem heißen Gasphase, dann können sich Diamanten bilden. Die Elementarzelle des Diamanten ist ein Tetraeder mit einem Zentralatom im Schwerpunkt. Jedes Atom bildet den Ausgangspunkt für ein Tetraeder, wobei es durch stabile elektronische Doppelbindungen mit je vier Nachbaratomen verknüpft ist (Bild 1.1.−14). Die Tetraeder sind ineinander verschachtelt und bilden einen äußerst harten und stabilen Kristall (siehe Kapitel 6, Bild 6.2.−1). Diamanten besitzen die größte überhaupt vorkommende Härte aller Stoffe. Natürliche Diamanten haben sich bei der Entstehung der Erde gebildet; kleinere werden für industrielle Zwecke bei Höchstdrücken und -temperaturen künstlich aus Graphit hergestellt.

Bild 1.1.−14. Tetraeder.
Räumliche Anordnung der C-Atome im Diamantgitter.
Nach dem Diamantgitter kristallisieren die beiden Halbleiter-Elemente Silizium (Si) und Germanium (Ge)! (Siehe Kap. 6)

	Raumgitter des Kohlenstoffes	
	Graphit	Diamant
Dichte in $g \cdot cm^{-3}$	2,22	3,51
spez. Vol. in $cm^3 \cdot g^{-1}$	0,447	0,284
Gleitsysteme	3	0
Verformbarkeit	mäßig	nein
Härte	gering	höchste d. Natur

[13] Sehen Sie in Ihrem Chemie-Buch nach den 3 Bindungsarten:
    1. Metallische Bindung
    2. Ionen-Bindung
    3. Elektronen[paar]-Bindung!
[14] Nähere Erklärungen in 5.

Eine Gegenüberstellung beider Kristallgitter
(Bild 1.1.–15) zeigt den dichteren Auf bau des
Diamantgitters im Dichteverhältnis 3,51 g ·
cm⁻³ : 2,22 g · cm⁻³.

Dies ist ein augenscheinliches Beispiel für das
„Gesetz des kleinsten Zwanges", auch nach
seinem Entdecker „Chattelier'sches Prinzip"
genannt. Es besagt, daß die Materie jedem
äußeren Zwange soweit wie möglich nachgibt,
damit dieser möglichst gering wird[15].

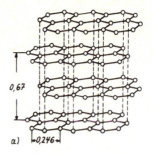

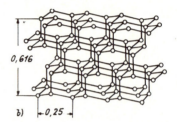

Bild 1.1.–15. Gegenüberstellung der C-Gitter
a) Graphit; b) Diamant (Maße in nm)

Übung 1.1.—8

Kann C als Gleit- u. Schmiermittel und zur
Bearbeitung harter Werkstoffe eingesetzt werden? Erklären Sie den scheinbaren Wider-
spruch!

1.1.6. Ideal- und Realkristalle

Die Atomabstände in Kristallen beruhen auf
einem Gleichgewicht zwischen anziehenden
und abstoßenden Kräften. Jedes Atom hat
einen Energieinhalt, dessen Betrag die Gitter-
konstante bestimmt; mit dem größeren Parameter steigt die Eigenenergie der Atome.

Diese Kräfte beruhen auf zwei Naturgesetzen:

1. der Massenanziehungskraft F_m, die zwischen 2 Massen besteht und auf der Erde
als Schwerkraft wirkt (s. Gl. 1.–1) und

2. der elektrostatischen Anziehungskraft F_c,
auch Coulomb-Kraft genannt (s. Gl.
1.–2), bei ungleichen Ladungen (+ −). Bei
gleichen Ladungen wird F_c negativ, d. h.
die elektrisch geladenen Teilchen stoßen
sich ab.

In beiden Gleichungen steht der Abstand als
Quadrat im Nenner; das bedeutet bei den
Elementarteilchen: *Bereits bei einer geringen
Erhöhung der Atomabstände infolge von Feh-
lern in dem atomaren Aufbau wird der Zusammenhalt in den Kristallen verkleinert, die Kohäsion fällt (Nahwirkung!).*

	Kristalle	
	reale	ideale
Versetzung	viele	wenig
Atomabstand	ungleich	gleich
Kohäsion	klein	groß
Festigkeit	normal	hoch
el. Leitfähigkeit	normal	hoch

Anziehungskräfte

$$1.\ F_m = \frac{m_1 m_2}{a^2} \cdot f_1 \qquad\qquad (1.-1)$$

$$2.\ F_c = \frac{Q^+ \cdot Q^-}{a^2} \cdot f_2 \qquad\qquad (1.-2)$$

---

[15] Darum verflüssigt sich Eis unter Druck!

F_m in N   Anziehungskraft der Massen
F_c in N   Anziehungskraft der elektr. Ladungen
m_1 in kg   Masse Körper 1
m_2 in kg   Masse Körper 2

a in m   Abstand der Masse-Schwerpunkte
Q^+ in C   Elektronenmangel (positive Ladung)
Q^- in C   Elektronenüberschuß (negative Ladung)
f_1 in $\mathrm{N \cdot m^2 \cdot k^{-2}}$ Gravitationskonstante
f_2 in $\mathrm{N \cdot m^2 \cdot C^{-2}}$ Elektrische Konstante

Bei der unendlich großen Zahl von Atomen in einem Kristall ordnen sich die Atome bei dem Kristallisationsvorgang niemals fehlerfrei. Es bleiben Atomplätze unbesetzt oder sie werden verschoben; oft schmuggeln sich Fremdatome als größere oder kleinere Kugeln in das Gitter ein und verzerren es. Ein „ideales" Gittersystem kommt in der Natur nicht vor, sondern nur ein „reales".

In der Mitte dieses Jahrhunderts konnten erstmalig fast versetzungsfreie Kristalle „gezüchtet" werden, aber nur ganz dünne, lange Kristalle, „Wisker" genannt. Sie haben eine bis zu 10^4-fach höhere Festigkeit als Realkristalle. Diese dünnen Metallfäden von 2 bis 5 μm werden in Kunststoffe eingelagert und erhöhen deren Festigkeit (kostspielig!).

1973 wurden im Himmelslabor (Skylab) eines Raumschiffes von Amerikanern im schwerelosen Zustand erstmalig versetzungsfreie Idealkristalle aus Metallen und Halbleitern hergestellt, alle Eigenschaften wurden dadurch erheblich verbessert (Zukunftsaussichten!)[16].

Übung 1.1.—9

Warum sind Idealkristalle vielfach fester als Realkristalle?

Zusammenstellung

In Tabelle 1.1.—4 finden sie eine Zusammenstellung wichtiger Begriffe aus der Kristallkunde.

> Je dichter die Atomkügelchen aneinander liegen, um so fester ist der Zusammenhalt.

> Ein Realkristall hat bis zu 10^{10} Versetzungsfehler je mm³. (Bild 1.1.—16)

Bild 1.1.—16. Kristallstruktur mit Versetzungen[16], schematisch in einer Ebene dargestellt

---

[16] Alle technischen, kristallinen Werkstoffe bestehen aus Realkristallen mit zahllosen Versetzungsfehlern; diese beeinträchtigen stark die konstruktiven und physikalischen Eigenschaften.
Gelingt die Herstellung versetzungsfreier Idealkristalle für technische Zwecke, so würde dies eine unvorstellbare Verbesserung aller Eigenschaften bedeuten!

Tabelle 1.1.−4. Zusammenstellung wichtiger Begriffe für metallische Kristalle

Elementarzelle:	Kleinster von Atomen gebildeter Festkörper; Baustein der Kristalle	Gitterparameter in $nm = 10^{-9}$ m	Abstand der Mittelpunkte benachbarter Zellenatome
Feinstruktur:	Aufbauordnung im Inneren der Kristalle	Atomzahl	Anzahl der Atome je Zelle
Netzebene:	Gedachtes System von Geraden in einer Ebene; die Netzknüpfpunkte liegen in den Atom-Mittelpunkten	Koordinationszahl	Anzahl der Nachbaratome mit jeweils kleinstem und gleichem Abstand.
Raumgitter-System:	Übereinander gelagerte, durch Geraden verknüpfte Netzebenen	PTC	Positiver Temperaturkoeffizient des elektrischen Widerstandes; R steigt mit steigender Temperatur
Packungsdichte:	Verhältnis des Volumens der an der Zelle beteiligten Atome : Zellvolumen	NTC	Negativer Temperaturkoeffizient des elektrischen Widerstandes; R fällt mit steigender Temperatur

Übung 1.1.−10[17]

Nennen Sie die wichtigsten Gittertypen und für jeden Gittertyp drei bekannte Metalle bzw. Halbleiter!

Übung 1.1.−11

Wodurch unterscheidet sich das kfz- von dem krz-Gitter?

Übung 1.1.−12

Was bedeutet Gitterparameter?

Übung 1.1.−13

Welche Aufgaben haben Valenzelektronen in Metallen?

---

[17] *Selbstkontrolle bei Übungsaufgaben eines Abschnittes*

Bei 80 ⋯ 90% richtigen Lösungen: Sie haben den Lerninhalt begriffen und können zum nächsten Abschnitt übergehen.

Bei 60 ⋯ 70% richtigen Lösungen: Es empfiehlt sich eine nochmalige Wiederholung des Abschnittes.

Bei < 60%   richtigen Lösungen: Sie müssen die Abschnitte nochmals durcharbeiten.

Wenden Sie diese Selbstüberprüfung sinngemäß auch bei allen weiteren Abschnitten an!

1.2 Kristallbildung

Lernziele

Der Lernende kann ...

... Begriff und Bedeutung der thermischen Analyse erläutern.

... Aggregatzustände und Phasenumwandlungen auf die Energieinhalte der Stoffe beziehen.

... den Begriff Primärkristall erläutern.

... die Begriffe: mono- und polykristallin definieren.

... den Begriff: anisotrop an einer Elementarzelle erläutern.

... die Begriffe: isotrop, anisotrop und quasiisotrop erläutern.

... die Begriffe PTC und NTC definieren.

1.2.0. Übersicht

Kristalle entstehen und wachsen wie Lebewesen aus Keimen bis zur Endgestalt.

Diese beiden Naturvorgänge (Entstehen und Wachsen) entscheiden die späteren Eigenschaften der aus Kristallen bestehenden Werkstoffe (Metalle und Halbleiter). Sie werden in diesem Abschnitt prinzipiell und vereinfacht erklärt.

1.2.1. Schmelzen und Erstarren (Thermische Analyse)

Mit der Erwärmung oder Abkühlung eines Metalles steigt oder fällt sein Energieinhalt[18].

Die von einem Metall aufgenommene Energie setzt sich in eine kinetische Energie der Metallionen um; sie geraten dabei in schnellere und größere Schwirrbewegungen um ihre Fixpunkte (Bild 1.2.−1).

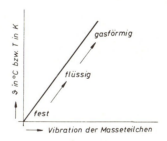

Bild 1.2.−1. Zusammenhang zwischen thermodynamischem Zustand und Schwingungsenergie der Masseteilchen (Schema)

fest   ≙ niedrig
flüssig   ≙ mittel
gasförmig ≙ hoch

---

[18] Einheiten der Wärmemenge (= Arbeit) sind Joule (J) = Wattsekunde (Ws); bis zum 31. 12. 1977 war als Wärmeeinheit noch die Kalorie cal zugelassen;

1 cal = 4,1868 Ws oder J.

1 kWh = 860 kcal.

Diese bei steigender Temperatur lebhafter und größer werdende Vibration der Metallionen verursacht die Wärmeausdehnung der Metalle (siehe 1.1.3).

Bei zu lebhafter Bewegung lösen sich die Ionen nacheinander aus dem Kristallverband; damit ist der Schmelzpunkt des Kristalles (eines reinen Kristalles) erreicht (Bild 1.2.–2a).

Amorphe Werkstoffe, wie Glas, Harz, Öl, Fett, haben keinen Schmelz- und Erstarrungspunkt. In festem Zustand sind sie gewissermaßen eingefrorene Flüssigkeiten. Sie benötigen keine Energie für den Übergang fest → flüssig (Bild 1.2.–2b).

Vibration ≙ Schwingungsausschlag ≙ Amplitude ≙ E_{kin} (kinetische Energie)

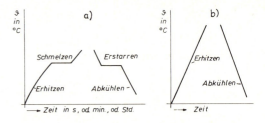

Bild 1.2.–2. Erhitzungs- und Abkühlungskurven
a) Reinmetalle und eutektische Legierungen (s. 1.6.5) *mit* Haltepunkt
b) amorphe Stoffe, z. B. Glas, Kunstharz, Fette *ohne* Haltepunkt

Wärme-(= Energie)Zufuhr →	Temperatur steigt	→	Metallionen geraten in höhere Bewegung	→
→ Q in J (=Ws)	→ T in K bzw ϑ in °C	→	E_{kin}	→
→ Amplidute steigt	→ Metall dehnt sich, linearer (kubischer) Ausdehn.-Koeffizient in 1/K=K^{-1}	→	Elektronenstrom wird behindert; ϱ in Ω m steigt	

Die darüber hinaus zugeführte Energie wird zunächst und so lange zum Ablösen weiterer Ionen aus dem Kristallverband verbraucht, bis alle Ionen verflüssigt sind, d. h., bis das Metall restlos geschmolzen ist (dieser Energiebetrag ist die Schmelzwärme in J/kg). *Beim Schmelzen bleibt trotz Energieaufnahme die Temperatur konstant*! Schmelze und Kristalle haben beim Schmelzpunkt zwar die gleiche Temperatur, aber die Schmelze hat einen größeren Energieinhalt, weil die flüssigen Ionen größere und schnellere Schwingungen als die Kristallionen ausführen. Erst wenn alle Kristalle verflüssigt sind, setzt sich eine weitere Wärmezufuhr in eine höhere kinetische Energie der Flüssigkeit um, d. h. die Temperatur der Schmelze steigt.

Der umgekehrte Vorgang vollzieht sich beim Erstarren einer Metallschmelze. Wird ihr

Eigenschaften der Metalle in den 3 Aggregatzuständen

Eigenschaft	fest	flüssig	gasförmig
Kristallgitter	ja	nein	nein
bestimmte Gestalt	ja	nein	nein
Kohäsion	ja	ja, wenig	nein
bestimmtes Volumen	ja	ja	nein
freie Elektronen	ja	ja	ja

Energie entzogen, so kühlt sich die flüssige Phase ab, bis einige Metallionen bei kleinerer kinetischer Energie sich nicht mehr so lebhaft bewegen und sich mit benachbarten Metallionen an festen „Ankerplätzen" in bestimmter räumlicher Anordnung (Struktur) zusammenschließen. Hiermit ist die Erstarrungstemperatur erreicht; sie bleibt so lange konstant, bis die letzten flüssigen Ionen im Kristallverband ihren Fixpunkt gefunden haben und einen Festkörper bilden.

Bei der Kristallisation wird die gleiche Wärmemenge frei, die vorher beim Schmelzvorgang zum Schmelzen der Kristalle verbraucht wurde! (Gesetz der Erhaltung der Energie).

Verhalten der Metalle bei:
Energiezufuhr[19] →
← Energieabführung

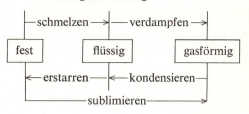

$1 \text{ Nm} = 1 \text{ Ws} = 1 \text{ J.}$

Beachte den Wirkungsgrad η in % bei den Umwandlungen in andere Energiearten!

Elektr. Energie im festen Metall in Wärme: $\eta = 100\%$

Wärme in elektr. Energie: $\eta < 100\%$.

Reine Kristalle aus *einer* Atom- oder Molekülart (z. B. Cu oder H_2O) haben *einen* fixen Erstarrungs- ≙ Schmelzpunkt.

Beim Schmelzen bzw. Erstarren bleibt die Temperatur konstant!

Die Erhitzungs- bzw. Abkühlungskurven von Stoffen und Stoffgemischen geben Aufschluß über ihr thermisches Verhalten und ihren Aufbau; man bezeichnet dieses Untersuchungsverfahren als *thermische Analyse;* sie ist für die Legierungskunde in der Forschung und der Industrie unentbehrlich.

Übung 1.1.—14

Erklären Sie den Begriff „Kristallisationswärme"!

---

[19] Der öfters gebrauchte Ausdruck „Energieerzeugung" ist grundsätzlich falsch. Nach dem Gesetz „von der Erhaltung der Energie" läßt sich Energie zwar umwandeln, nicht aber von Menschen erzeugen oder vernichten. Bei der Energieumwandlung entstehen nur praktische, aber keine theoretischen Verluste. Beispiele der Energieumwandlung: Chemische Energie ⇌ Wärme-Energie
Mechanische Energie ⇌ elektrische Energie

1.2.2. Primärkristallisation (aus der Schmelze)

Man unterscheidet Primär- u. Sekundär-kristalle (s. 1.5).

Die Kristalle entstehen von einem Zentrum aus, das man als Keim oder Kern bezeichnet (Bild 1.2.–3).

Man unterscheidet *arteigene* oder *fremde Keime;* die ersteren entwickeln sich aus der Metallschmelze bei der Abkühlung von selber. Fremdkeime mit höherem Erstarrungspunkt als die Schmelze führt man absichtlich dem Metallbad zu, um die Kristallisation einzuleiten und durch die Bildung vieler Kristalle ein *feinkörniges Metall* zu erzeugen (Impfen!).

Läßt man eine Schmelze rasch erstarren, indem man sie z. B. in eine gekühlte Metallform gießt, dann kühlt sie sich einige Grade unter dem Erstarrungspunkt ab, ohne zu erstarren; bei diesem „unterkühlten" Zustand entstehen plötzlich (spontan) viele *arteigene* Keime, wodurch das Metall feinkörnig wird.

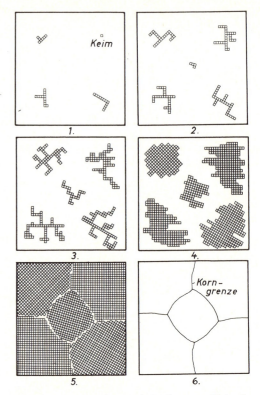

Bild 1.2.–3. Entstehen und Wachsen von Kristallen aus einer Schmelze (Schema). 5 Primärkörner!

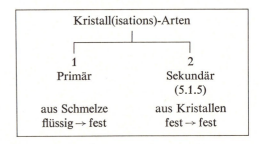

Übung 1.2.—1

Nennen Sie die gesetzlichen SI-Einheiten für die Wärmemenge!

Übung 1.2.—2

Rechnen Sie 175 cal in die gesetzlichen Einheiten um!

Übung 1.2.—3

Was bedeutet E_{kin} der Metallionen? Welcher Aggregatzustand hat die höchste E_{kin}?

Übung 1.2.—4

Welche Längenänderung erhält eine Cu-Freileitung von 150 m Spannweite, die im Sommer bei 40 °C (= 313 K) gespannt wurde, bei einer Kältetemperatur von −23 °C (= 250 K)?

Die Kristallbildung unmittelbar aus der Schmelze nennt man Primärkristallisation.

Es gilt die Regel:
Langsame Erstarrung führt zu Grobkorn; rasche Erstarrung ergibt feinkristallines Gefüge.

In Tabelle 1.2.−1 finden Sie eine Übersicht über den Einfluß der Abkühlungsgeschwindigkeit auf die Kristallgröße.

Später (s. 1.5) werden wir noch eine weitere Möglichkeit der Korngrößenherstellung kennenlernen. (Stichwort: Rekristallisation!)

Tabelle 1.2.−1. Einfluß der Abkühlung auf die konstruktiven Eigenschaften der Metalle

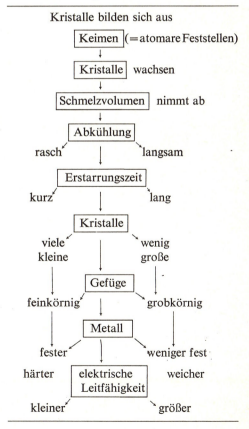

Übung 1.2.—5

Welche Temperatur-Differenz ΔT in K durchlief ein Al-Profilträger, dessen Länge bei der tieferen Temperatur 12 500 mm, bei der höheren Temperatur 12 553 mm betrug?

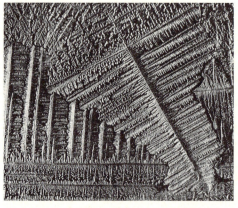

Bild 1.2.—4. Primär erstarrtes Aluminium, Tannenbaum-Kristalle (Dendriten); $\approx$ 10fache Vergrößerung

Beim Erkalten bildet sich aus einer Metallschmelze ein Haufwerk eng ineinander verzahnter Kristalle. Alle Metalle haben ein vielkristallines = polykristallines Gefüge (poly, griech. = viel); sie bestehen aus einer Vielzahl einzelner Kristalle (Bild 1.2.—5).

(Sehen Sie sich nochmals die Bilder 1.1.—2 und 1.1.—3 an!)

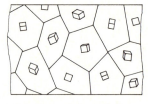

Bild 1.2.—5. Schematische Darstellung eines polykristallinen Werkstoffes. Die Kristallkörner, Kristallgrenzen und Kristallachsen sind angedeutet. Die Achsen verlaufen in jedem Kristall verschieden.

Besteht der Werkstoff dagegen aus *einem* (einzigen) Kristall, dann ist der Werkstoff einkristallin = monokristallin, d. h., ein *Ein*kristall (Monokristall).

Aus einer Schmelze kann unter sorgfältig eingehaltenen Bedingungen, wenn nur ein einziger Keim vorhanden ist, an den sich alle Atome geordnet anlegen, ein Einkristall „gezüchtet" werden.

Technische Bedeutung haben Einkristalle in der Elektronik (s. 6.5.2); *alle elektronischen Bauteile aus Silizium und Germanium bestehen aus Monokristallen*, damit die Driftbewegung der Elektrizitätsträger (Elektronen und Defektelektronen) nicht durch Korngrenzen gestört wird.

Übung 1.2.—6

Die gleiche Kupferschmelze wurde zu einem Draht-Barren mit Feinkorn und zu einem Barren mit Grobkorn vergossen. Wie wurde das bewerkstelligt?

1.2.3. Grob- und Feinkorn, Brucharten

Die Korngröße wird, wie bereits geschildert (s. 1.2.2), mit zunehmender Abkühlungsgeschwindigkeit kleiner. Man erstrebt für die Erzielung guter konstruktiver Eigenschaften ein feinkörniges Gefüge; die Bruchflächen sind größer und zackiger als bei Grobkorn.

Jeder Bruch geht, wie bei dem schwächsten Glied einer Kette, durch die Gefügeteile mit der kleinsten Festigkeit.

In kaltem Zustand verlaufen die Metallbrüche meistens entlang den Korngrenzen (interkristalliner Bruch), im warmen Zustand quer durch die Kristalle (intrakristalliner Bruch (Bild 1.2.—6a, b).

Bisweilen sind die Zonen (Grenzen) zwischen den Körnern widerstandsfähiger als die Kristalle; manchmal ist es umgekehrt; dadurch entstehen die beiden genannten Brucharten.

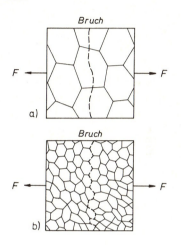

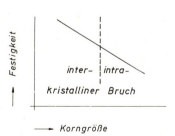

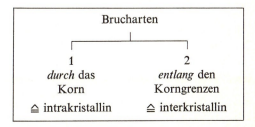

Bild 1.2.—6. Die Korngröße beeinflußt die Metalleigenschaften.
Große Körner (Grobkorn): weich; $\varkappa$ = hoch
Kleine Körner (Feinkorn): härter; $\varkappa$ = niedriger.

Brucharten	
1	**2**
durch das Korn	*entlang* den Korngrenzen
≙ intrakristallin	≙ interkristallin

Übung 1.2.—7

Ein warmer Kupferdraht riß mit einem intra-
kristallinen Bruchgefüge! Zeichnen Sie das
Bruchgefüge schematisch!

1.2.4. Isotropie – Anisotropie – Quasiisotropie

Die physikalischen Eigenschaften eines Kristalles sind achsenorientiert, d. h., es gibt für
physikalische Vorgänge bevorzugte Richtungen, die von der räumlichen Anordnung
der Achsen abhängen.

Diese Erscheinung wird beim Zertrümmern
eines Kristalls offensichtlich. Er zerfällt dabei
in kleine Bruchkristalle, deren Begrenzungsflächen parallel zu den Begrenzungsflächen des
Ausgangskristalls liegen.

Die Kohäsionskräfte im Kristall sind demnach
achsenorientiert. In gleicher Weise sind dies
auch andere physikalische Vorgänge, wie z. B.
thermische, elektrische und magnetische Ströme. Die komplizierten, sich überlagernden
Bindungskräfte der Elektronen spielen hierbei
eine ausschlaggebende Rolle.

Jeder Einzelkristall ist immer anisotrop (Bild
1.2.—7)!

Der Gegensatz zu *anisotrop* ist *isotrop*.

Strukturlose, amorphe Körper sind isotrop.
Daher sind auch ihre Bruchflächen ohne jede
Struktur und immer glasig-glatt oder musche-
lig.

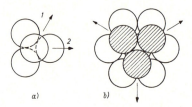

Bild 1.2.—7. Anisotropie (= Richtungsabhängigkeit): Modell für anisotropes Verhalten eines Kristalles
a) Die obere Kugel rollt leicht in Richtung 1,
   schwer in Richtung 2.
b) Die schraffierten oberen Kugeln können bevorzugt in Pfeilrichtung rollen.

Eine achsenorientierte Eigenschaft bezeichnet man mit Anisotropie und die Werkstoffe als anisotrop.
Bei Weichmagneten spielt die Anisotropie
eine wichtige Rolle (s. 1.4.3).

Ein isotroper Werkstoff besitzt keine rich-
tungsabhängigen Eigenschaften!

	Bedeutung	
Name	wörtlich:	praktisch: alle Eigenschaften sind
isotrop	gleichbrechend	richtungs-unabhängig
an-isotrop	nicht gleichbrechend	richtungs- abhängig
quasi-isotrop	gewissermaßen gleichbrechend	gewissermaßen richtungs-unabhängig

Alle technischen Metalle sind polykristallin,
d. h., sie setzen sich aus einer Vielzahl einzelner
Körner zusammen, deren Achsen willkürlich
räumlich ausgerichtet sind.

Jedes Einzelkorn ist zwar anisotrop, aber die Summe aller Körner wirkt so, daß keine bevorzugte Richtung auftritt. „*Gewissermaßen*" verhält sich also das polykristalline Haufwerk der Metalle isotrop, und man bezeichnet es als *quasiisotrop*.

Übung 1.2.—8

Ist Glas isotrop, anisotrop oder quasiisotrop?

Übung 1.2.—9

Wie verhält sich eine Kupferplatte bezüglich der elektrischen und thermischen Leitfähigkeit: isotrop, anisotrop oder quasiisotrop?

Übung 1.2.—10

Ein Kupferdraht riß bei einer bestimmten Zugspannung; das Gefüge war sehr grobkörnig. Wäre der Draht auf jeden Fall auch gerissen, wenn seine Kristalle sehr klein gewesen wären? Begründen Sie Ihre Antwort!

1.3. Kristalldeformation

Lernziele

Der Lernende kann . . .

. . . elastische und plastische Deformationen metallischer Werkstoffe auf elastische und plastische Deformationen der Gitter zurückführen.

. . . die Gitterarten für die wichtigsten Metalle angeben.

. . . den Begriff und die Bedeutung der Gleitsysteme für die Umformbarkeit metallischer Werkstoffe erläutern.

1.3.0. Übersicht

Äußere mechanische Kräfte wie Zug, Druck, Biegung, Verdrehung verursachen eine Formänderung der Feststoffe; sie kann reversibel (vorübergehend) oder irreversibel (bleibend) sein.

Formänderungsvorgänge spielen sich unsichtbar (mikroskopisch) im Werkstoffinneren ab und treten erst durch ihre Vielzahl makroskopisch (sichtbar) in Erscheinung. Sie werden anschaulich an einfachen Modellen in diesem Abschnitt erklärt.

Vorkenntnisse: Geometrie einfacher Körper mit ebenen Flächen.

1.3.1. Elastische Deformation

Alle Festkörper, auch die Kristalle, geben dem durch eine Belastung ausgeübten äußeren Zwang nach, indem sie sich verformen. Der äußere Zwang kann durch Zug-, Druck-, Biege- oder Verdrehungskräfte ausgeübt werden.

Ist die Deformation reversibel, d. h., geht sie nach der Entlastung wieder völlig zurück und erhält der Körper seine Ausgangsform wieder, *so ist sie elastisch.*

Die äußerlich sichtbaren Vorgänge spielen sich in Wirklichkeit im Inneren der Kristalle ab, indem sich auf atomaren Gleitebenen Materieteilchen schichtweise verschieben. Die Modellvorstellung einer elastischen und einer plastischen Kristalldeformation zeigen die Bilder 1.3.−1 und 1.3.−2.

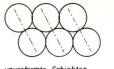

unverformte Schichten

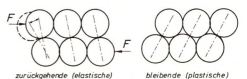

zurückgehende (elastische)   bleibende (plastische)
Verformung   Verformung

Bild 1.3.−1. Erklärung der elastischen u. der plastischen Deformation an Kugelmodellen von Einzelatomen.

Verformungsarten

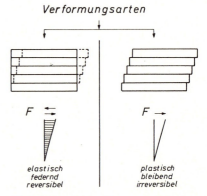

elastisch   plastisch
federnd   bleibend
reversibel   irreversibel

Bild 1.3.−2. Elastische u. plastische Deformation, erklärt an Atomschichten (Gleitebenen)
links: Pakete verschieben sich reversibel;
rechts: Pakete verschieben sich irreversibel.

Bei einer elastischen Gitterverzerrung ändern sich Parameter und Achswinkel; dabei erhöhen sich die Energieinhalte der Atome durch die ihnen aufgezwungenen Spannungen. Da jedes Energiesystem bestrebt ist, die niedrigste Energiestufe einzunehmen, fallen die Atome nach der Entlastung wieder in ihre Ausgangslage der kleinsten Energiestufe zurück.

Die elastische Verzerrung eines Gitters behindert die Strömungsbewegung der Elektronen; d. h., *bei der elastischen Deformation eines kristallinen Werkstoffes steigt der elektrische Widerstand.*

elastische Verformung
↓
Verzerrung der Atome
aus der Normallage
↓
Gitterdeformation
↓
Erhöhung des
elektr. Widerstandes
↓
Messung elast. Deformationen durch Dehnungs-Meß-Streifen (DMS)

Man benutzt diesen Effekt zur Bestimmung elastischer Verformungen (z. B. Brücken, Flugzeuge) mit Hilfe von Dehnungsmeßstreifen (DMS).

Konstruktionswerkstoffe, z. B. von Maschinen, Apparaten und Vorrichtungen, müssen ihre Ursprungsform behalten und dürfen daher nur *Belastungen im elastischen, nicht im plastischen* Bereich ausgesetzt werden!

Übung 1.3.—1

Ein Stab längt sich elastisch!

Ist die Umformung seiner Kristalle hierbei reversibel oder irreversibel?

1.3.2. Plastische Deformation

Bleibt nach der Entlastung die Gitterverzerrung und die Formänderung des Kristalles bestehen, dann hat er sich unter der Belastung plastisch verformt.

Eine Modellvorstellung dieser Vorgänge im Metallgitter geben die Bilder 1.3.—1 und 1.3.—2.

Ähnlich wie sich ein Stapel Geldmünzen oder ein Kartenspiel unter einer Druckkraft verschiebt, verschieben sich die von Atomkugeln gebildeten Metallschichten gegeneinander; die Gitterstruktur selber bleibt erhalten. Man kann sich auch ein aus quaderförmigen Steinen aufgebautes Mauerwerk vorstellen, dessen Schichten sich bei seitlichem Druck oder Zug ohne Beschädigung der Bausteine verschieben (Bild 1.3.—3). Beachten Sie den Winkel zur Gleitebene!

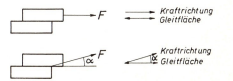

Bild 1.3.—3, Resultierende Kraft $F_{res} = F \cdot \cos \alpha$.

$\cos\ 0° = 1$
$\cos 30° = \frac{1}{2} \sqrt{\frac{3}{2}}$
$\cos 45° = \frac{1}{2} \sqrt{2}$
$\cos 60° = \frac{1}{2}$
$\cos 90° = 0$

Modellvorstellung: Verschiebung von Metallpaketen in einem Kristall bei plastischer Verformung

1.3.3. Gleitsysteme

Materieverschiebungen in einem Kristall sind nur auf Gleitflächen möglich, die von Atomen mit dichtester Kugelpackung gebildet werden.

Gleitebenen sind Flächen im Kristall, die aus dichtest besetzten Atomkugelebenen gebildet werden!

Je größer die Zahl der Gleitsysteme im Kristall ist, desto besser ist seine Kaltformbarkeit.

In einer Gleitebene gibt es bevorzugte Gleit-richtungen, die sich aus der Lage der benach-barten Atome ergeben. Die Atome dürfen der Gleitbewegung nicht im Wege stehen, sonst kommt kein Gleiten zustande.

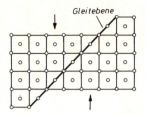

Das Produkt aus der Anzahl der Gleitebenen und der Anzahl der Gleitrichtungen nennt man *Gleitsystem*. Die Anzahl der Gleitsysteme seines Raumgitters ist das Maß für die plasti-sche Verformbarkeit eines Metalles in kaltem Zustand.

Bild 1.3.—4. Abgleiten der Atome entlang einer Gleitebene bei plastischer Verformung eines Kri-stalls. In Wirklichkeit berühren sich die Atome auf der Gleitebene.

Das kfz-Gitter hat die meisten Gleitsysteme; es folgt das krz-Gitter. Nur 3 Gleitsysteme, die auf *einer* Gleitfläche liegen, hat das hex-Gitter; das Diamantgitter hat überhaupt kein Gleit-system; dementsprechend lassen sich ein Dia-mantkristall und die im gleichen Raumgitter kristallisierten Silizium- und Germanium-kristalle nicht verformen; sie sind sehr hart und spröde. Die Tabelle 1.3.—1 gibt eine Zusammenstellung über die Anzahl der Gleit-systeme in den vier Haupt-Kristallarten.

Tabelle 1.3.—1. Anzahl d. Gleitsysteme ~ [Um]formbarkeit

Kristallart	Zahl der Gleit-		
	Ebenen	Richtungen	Systeme
hex	1	3	3
krz	4	2	8
kfz	4	3	12
Diamant	0	0	0

Übung 1.3.—2

Ein Metallblech wird durch Hämmern ge-streckt; wird seine Dichte ϱ_D hierbei ver-ändert?

(Begründung der Antwort!)

Übung 1.3.—3

Welches Leichtmetall ($\varrho_D \leq 4$) läßt sich besser zu Draht verarbeiten, Magnesium oder Alu-minium?

(Begründung!)

Übung 1.3.—4

Welche Leiterwerkstoffe lassen sich zu feinsten Folien auswalzen?

(Begründung!)

Die plastische Formänderung erfolgt zunächst auf *den* Gleitebenen, die günstig zu der Krafteinwirkung (Bild 1.3.–3) liegen, und entlang von Flächen, die Versetzungslücken aufweisen (Bild 1.1.–16). Im Mikroskop sind auf Gleitebenen verschobene Materieschichten (vielatomare Schichten!) als Striche sichtbar; zwischen den Strichen befinden sich die abgeglittenen Schichten (Bild 1.3.–5).

Die unterschiedliche Achsenrichtung der Metallkörner bewirkt, daß zunächst die axial bevorzugt orientierten Kristallschichten abgleiten und verformt werden; mit zunehmender Belastung verformen sich nach und nach alle Kristalle in der Reihenfolge ihrer Achsenausrichtung, und zwar so lange, bis nach Überwindung der Kohäsionskräfte Risse entstehen und die Kristalle oder die Grenzflächen zwischen den Kristallen brechen (Bruchvorgang).

Neben Abgleitvorgängen tritt bei einigen Raumgittern, insbesondere dem hex-Gitter, eine „Zwillingsbildung" auf; sie soll hier nur erwähnt, aber nicht näher erläutert werden (Bild 1.3.–6).

Bild 1.3.–5. Gleitlinienausbildung bei der langsamen Verformung von Reinstaluminium. Die schichtweise Deformation ergibt ein Gleitlinienmuster auf der Oberfläche, dessen Richtung von Korn zu Korn wechselt. Vergr. ca. 100fach.

Bild 1.3.–6. Zwillingsbildung in einem Kristall durch plastische Verformung. Die Atomschichten klappen um 90° um; erkennbar unter dem Mikroskop.

Übung 1.3.—5

Werden alle Kristalle in einem Metallstab unter einer Zugspannung gleichzeitig und gleichmäßig plastisch deformiert oder nicht?

1.4. Kaltumformung

Lernziele

Der Lernende kann ...

... den Begriff Kaltumformung (Umformung) durch Walzen, Hämmern, Pressen, Schmieden u. a. eines Metalles erläutern.

... die Wirkung einer Kaltumformung mit dem Begriff Verfestigung verbinden.

... die Wirkung einer Kaltumformung mit dem Begriff Kristallorientierung oder Textur erläutern.

1.4.0. Übersicht

Kalt umgeformte Metalle, wie z. B. gezogene Drähte und gewalzte Bleche, haben andere Eigenschaften als nicht verformte Metalle.

Die Änderung der Eigenschaften und die Ursachen hierfür erfährt der Lernende in diesem Abschnitt.

1.4.1. Kalt[ver]festigung[20]

Aus Bild 1.4.−1 ist am Beispiel von Kupfer ersichtlich, wie sich durch Kaltumformung[21] die konstruktiven Werkstoffeigenschaften verändern.

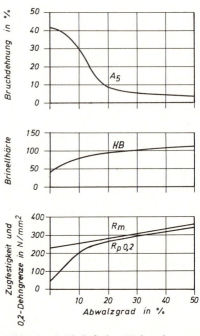

Bild 1.4.−1. Einfluß einer Kaltumformung auf die konstruktiven Eigenschaften eines Metalles; hier am Beispiel des Kaltwalzens von Reinkupferblech, in Zahlenwerten grafisch dargestellt.

Abszisse:
Prozentuale Dickenabnahme des Bleches.

Ordinate:
Bruchdehnung A_5
Brinellhärtezahl HB
Bruchfestigkeit R_m
0,2-Dehngrenze $R_{p0,2}$

Diese Werte werden in 2.2 und 2.3 erläutert.

Mit Verformungsgrad bezeichnet man die prozentuale Veränderung eines Längenmaßes, z. B. die Längung (= Dehnung in %) eines Drahtes oder eines Stabes bei dem Ziehprozeß, bei einem Blech die prozentuale Dickenabnahme durch Walzen (Bild 1.4.−2).

---

[20] *Man spricht von Kaltfestigung und Kaltverfestigung.*

[21] Man verwendet nebeneinander die Ausdrücke: Kaltverformung (DIN), Kaltumformung, Kaltformung.

Alle Metalle, ausgenommen Blei und Zink (Erklärung in 1.5.2), werden bei einer Kaltumformung fester. Industrielle Kaltumformungen[22], wie Walzen, Ziehen, Pressen usw., [ver]festigen das Erzeugnis (Halbzeug). Auf diese Weise kann man aus dem gleichen Werkstoff weiche, halbharte und harte Qualitäten herstellen (F-Zustände).

Die Temperaturbezeichnung „kalt" bedeutet eine für jedes Metall eigentümliche *Grenztemperatur*, unterhalb der es „kalt" und oberhalb der es sich „warm" verhält; sie ist die Rekristallisationstemperatur, auf die wir noch zu sprechen kommen (s. 1.5).

Der Widerstand gegen eine weitere Kalt[ver]formung wächst bei dem Formungsvorgang; d. h. Härte und Festigkeit steigen, Dehnung und Einschnürung fallen (Bild 1.4.—1).

Die Ursache liegt in der zunehmenden räumlichen Verschiebung der Atome; die Gleitsysteme geraten in Unordnung, die Kugelebenen verzerren sich und werden blockiert.

Jede weitere innere Materieverschiebung wird dadurch erschwert; d. h., der Verformungswiderstand, der gleichbedeutend mit der Härte und Festigkeit ist, steigt (s. Kap. 2).

> Bei der Kaltumformung verfestigt sich der metallische Werkstoff; er wird härter, und sein Widerstand gegen eine weitere Verformung nimmt zu.

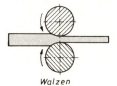

Walzen

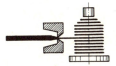

Draht - ziehen

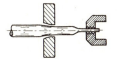

Stangen - ziehen

Bild 1.4.—2. Metallische Umformungsprozesse

Übung 1.4.—1

Wie können die Härte und die Festigkeit eines weichen Kupferdrahtes erhöht werden?

Übung 1.4.—2

Wie ändert sich bei dieser Maßnahme die spezifische elektrische Leitfähigkeit?
(Beantwortung nach Durchsicht von 1.4.2.)

1.4.2. Änderung der elektrischen Leitfähigkeit

Die elektrische Leitfähigkeit $\varkappa$ in Sm^{-1} wird bei der Kalt[ver]formung beeinträchtigt; die Leitungselektronen werden bei ihrer durch ein elektrisches Feld mit der Feldstärke E in Vm^{-1} hervorgerufenen Driftbewegung durch ein verzerrtes Metallgitter beeinträchtigt, weil

> Kaltverfestigte Kupfer- und Aluminiumdrähte haben bis zu 5% niedrigere Leitwerte als das weiche, unverformte Ausgangsmaterial.

---

[22] Umfassender Begriff = Kneten; man unterscheidet Gießen und Kneten bei der Formgebung.

sie häufiger mit den deplazierten Atomrümpfen zusammenstoßen und dadurch öfters reflektiert werden. (Näheres in Kap. 5.)

1.4.3. Kornorientierung, Textur

Bei der plastischen Umformung verändern sich die Kristallformen bleibend; beim Walzen und Ziehen z. B. werden sie gestreckt, und ihre innere Struktur (Feinstruktur) wird durch Abgleiten von atomaren Schichten nach einer bestimmten Richtung ausgerichtet (Bild 1.4.−3); sie entsprechen dem Gleitschema der plastischen Umformung nach Bild 1.3.−3 und wurden durch Schnitte durch das Metall und mit Mikroskopen sichtbar gemacht und fotografiert.

Die dünnen Trafo- und Dynamobleche erhalten bei den letzten Kaltwalzungen ein von der Walzrichtung abhängiges *kornorientiertes* Gefüge, das mit *Textur* bezeichnet wird (Bild 1.4.−4).

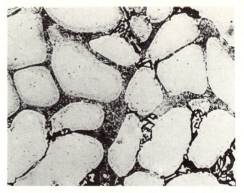

a) Unverformtes   Ausgangsgefüge ≙ Primärkristalle;

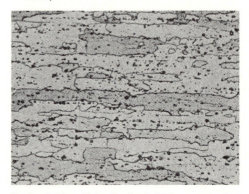

b) die gleichen Kristalle durch Walzen gestreckt.

Bild 1.4.−3. Hier ist die Kristallumformung sichtbar.

Es handelt sich um Al-Mischkristalle mit verschiedener Zusammensetzung (s. 1.6.3.); darum sind die Kristalle verschieden getönt.

Vergrößerung: 300fach; 10 μm Kristall ≙ 3 mm.

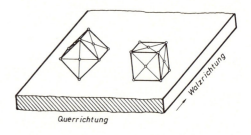

Bild 1.4.−4. Texturen; links: Goßtextur, rechts: Würfelstruktur. Beispiele für gerichtete Kristalle in einem gewalzten Blech.

Anisotrope magnetische Eigenschaften; wichtig bei weichmagnetischen Blechen (s. 7.2.3)

Eine Kornorientierung (Textur) kann man auf zweifache Weise erhalten:

1. primär aus der Schmelze durch eine gelenkte Erstarrung, bei der die Kristalle sich bei ihrem Wachsen in eine bestimmte Richtung ausdehnen;

2. durch Rekristallisation im festen Zustand[23], wobei das Metall zunächst in einer bestimmten Richtung kaltverformt und anschließend erwärmt wird; hierbei entsteht eine Kornausrichtung nach Bild 1.4.–4, die sog. Goß- oder Würfelstruktur.

(Im Kapitel 7 werden wir bei der Besprechung der Magnetwerkstoffe hierauf näher eingehen).

> Textur nennt man eine bevorzugte Ausrichtung der Kristallachsen in allen Kristallen eines Metalles; sie bewirkt Anisotropie! Magnete!

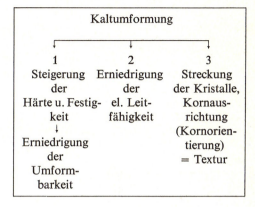

Übung 1.4.–3

Ist ein kornorientiertes Eisenblech isotrop, quasiisotrop oder anisotrop?

Übung 1.4.–4

Nennen Sie technische Umformungsprozesse von metallischen Leiterwerkstoffen und die dabei entstehenden Halbzeuge (Fabrikate)!

1.5. Rekristallisation

Lernziele

Der Lernende kann ...

... den Begriff „Sekundärkristall" erläutern.

... die Voraussetzung für die Entstehung von Sekundärkristallen angeben.

... den Einfluß der Rekristallisation auf die Eigenschaften der Metalle angeben.

... das Schema eines Rekristallisationsdiagrammes zeichnen.

... „kalt" und „warm" bei einer metallischen Umformung interpretieren.

1.5.0. Übersicht

In metallischen Kristallen entstehen bei einer Kaltumformung „Energiekeime"; bei anschließender Erwärmung entstehen aus ihnen neue Kristalle mit anderen Eigenschaften.

Diese Vorgänge werden hier erklärt.

---

[23] Erklärung folgt im Abschnitt 1.5.

1.5.1. Begriff der Rekristallisation

Kaltverfestigte Metalle befinden sich gegenüber dem Ausgangsgefüge in einem energetisch höheren Zustand, d. h. einem Zwangszustand, aus dem der Werkstoff sich zu befreien trachtet (Bild 1.5.−1), (Gesetz vom kleinsten Zwang!).

Der höhere Energiezustand ist nicht gleichmäßig im Werkstoff verteilt, wie etwa die Wärme in einem gleichmäßig erwärmten Metall, sondern es bestehen Raumbezirke mit unterschiedlicher Energiedichte. Bei Überschreitung einer kritischen Temperaturschwelle wird das Spannungsgefälle ausgeglichen, wobei die energiereichsten, d. h. die am stärksten aus ihrer Ordnung gebrachten atomaren Bereiche, als erste bestrebt sind, sich wieder neu, energiearm und spannungsfrei zu ordnen. Sie sind die Keimzellen für die Bildung neuer Kristalle, die aus den verzerrten Primärkristallen entstehen.

Diesen Vorgang nennt man „Rekristallisation", das neue Gefüge „rekristallisierte Körner" und die kritische Temperaturschwelle „Rekristallisationstemperatur" (Bild 1.5.−2).

Man beachte: *Neue Körner entstehen aus alten Körnern, ohne daß eine flüssige Phase auftritt.* Die neuen, rekristallisierten Körner können kleiner, gleich groß oder größer als die Primärkörner sein; der Metallurge hat es in der Hand, die gewünschte Korngröße herzustellen.

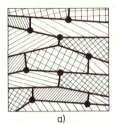 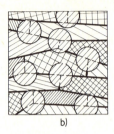

a)   b)

Bild 1.5.−1. Rekristallisation (Schema)

a) Längsgestrecktes Gefüge, vgl. Bild 1.4.−3b. Die schwarzen Punkte deuten Energiezentren ≙ Energiekeime an.

b) Die Energiekeime sind bei Erwärmung gewachsen; d. h. neue Kristalle wachsen aus den alten Kristallen. Sekundärkristalle bilden sich aus Primärkristallen; die Rekristallisation beginnt!

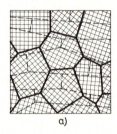 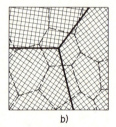

a)   b)

Bild 1.5.−2. Rekristallisation − schematisch

a) Die Primärkörner sind restlos durch die Sekundärkörner aufgezehrt; ihre Form ist durch die Strichel-Linie angedeutet.

b) Sekundärkörner = rekristallisiertes Gefüge! Die gestreckten, verformten Körner sind durch neue ersetzt.
Sie sind wieder so weich wie das unverformte Ausgangsgefüge.
Schraffur ≙ Netzebenen. Starke Linien: 3 Sekundärkörner infolge geringer Verformung → wenige Keime.

1.5.2. Ursachen und Bedingungen der Rekristallisation

Für eine Rekristallisation müssen demnach zwei Voraussetzungen erfüllt sein:

1. eine Kaltumformung,

2. eine Warmbehandlung oberhalb der Rekristallisationstemperatur (Tabelle 1.5.−1).

Tabelle 1.5.—1. Rekristallisationstemperatur von Reinmetallen in °C untere Grenze (etwa):

Pb, Sn, Zn	< 20
Mg, Al	150 ... 200
Cu, Ag, Au,	150 ... 200
Fe, Pt	400
Ni	600
Mo	1000
W	1100

Legierungen haben eine höhere Rekristallisationstemperatur als ihre Reinmetalle

> Je höher der Schmelzpunkt, desto höher die Rekristallisationstemperatur!

Übung 1.5.—1

Nennen Sie die ungefähre Temperaturgrenze für ein kalt- und ein warmgewalztes Kupferblech!

Übung 1.5.—2

Welches der beiden Bleche kann ein Sekundärgefüge erhalten?

Übung 1.5.—3

Wie entsteht dieses Sekundärgefüge?

Geringe Materialdeformationen verursachen nur geringfügige Gitterverspannungen. Sie werden bereits durch kurzzeitiges Erwärmen unterhalb der Rekristallisationstemperatur abgebaut, ohne daß sich neue Körner bilden; man spricht in diesem Fall von einer „Kristallerholung". Bei einer Deformation > 2 % ist bereits der kritische Umformungsgrad erreicht, bei dem eine Kornumbildung (Neubildung) einsetzt.

Die kritische Temperatur, bei der die Rekristallisation einsetzt, ist kein Fixpunkt, sondern hängt von dem Umformungsgrad ab; mit steigendem Umformungsgrad sinkt diese Temperaturschwelle.

Die Metallurgen bedienen sich bei den Umformungs- und Glühprozessen eines Raumdiagramms nach Bild 1.5.—3; in ihm ist die Größe der neugebildeten Körner in Abhängigkeit von dem Umformungsgrad und der Glühtemperatur aufgezeichnet.

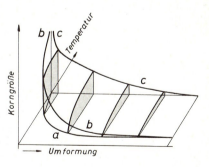

Bild 1.5.—3. Rekristallisationsschaubild (schematisch).

Die Linie *a* liegt auf der Basisebene: Temperatur-Umformung.

Parallel zur Temperaturachse sind 4 Schnitte gelegt; in jedem Schnitt wurde der Werkstoff um denselben Betrag umgeformt, aber bei verschiedener Temperatur geglüht; dabei wurden unterschiedliche Korngrößen erzielt.

Für jede Legierung wird durch Untersuchungen das Rekristallisationsschaubild aufgezeichnet, das bei der Fertigung von Halbzeug wie Rohren, Stangen, Blechen u. a. unentbehrlich ist.

Die Metalle Pb, Sn, Zn *rekristallisieren bereits bei Zimmertemperatur und darunter.* Dies ist die Ursache, daß diese Metalle bei Zimmertemperatur, also bei einer „Kaltumformung" durch Hämmern, Biegen, Pressen usw. *nicht* härter und spröder werden. Diese Metalle rekristallisieren bereits bei Raumtemperatur, d. h., sie bilden bei der Umformung sogleich neue Körner, die wieder weich und umformbar sind.

Blei kann gehämmert werden und bleibt weich. Bleikabelmäntel sollten aber nicht bei Kältetemperaturen verlegt werden, weil sie dabei verspröden und reißen können.

1. *Rekristallisation* = Umkristallisation

Primär-Körner
↓
Sekundär-Körner

kleiner ← gleich → größer
groß ↖ mittel ↗ klein
Umformungsgrad

2. *Entstehung des Rekristalles*

1. Stufe: Kaltumformung
2. Stufe: Warmbehandlung
↙ ↘
Temperatur: oberhalb   Dauer: in Std.
Rekristallisationstemp.

1.5.3. Wirkung der Rekristallisation

Die Korngröße eines Metalles beeinflußt seine physikalischen Eigenschaften. *Je kleiner die Einzelkristalle sind* (feinkristallin), *um so höher liegen die mechanischen* (konstruktiven) *Festigkeitswerte, wie Härte, Dehngrenze, Zugfestigkeit und der allgemeine Widerstand gegen eine Kaltverformung.*

Bild 1.5.−4 zeigt die unterschiedlichen Korngrößen in einem verschieden stark verformten Aluminiumblech mit unterschiedlich verformten Zonen.

fein- körnig	mittel- körnig	grob- körnig	sehr grob- körnig	nicht re- kristalli- siert

Abb. 1.5.−4. Reinaluminiumblech rekristallisiert, natürliche Größe.

Je mehr Korngrenzen die Elektronen bei ihrer Driftbewegung überschreiten, desto stärker werden sie durch die verschiedenen Gitterrichtungen behindert. Ein feinkörniges Gefüge hat daher einen schlechteren Leitwert als ein grobkörniges. Für Leitungszwecke strebt man bei Cu und Al daher eine mittlere Korngröße an, womit eine ausreichende Festigkeit ohne eine nennenswerte Beeinträchtigung der Leitfähigkeit gewährleistet ist (s. Kap. 4.).

Übung 1.5.—4

Sind Sekundärkörner größer oder kleiner als Primärkörner?

Übung 1.5.—5

In einer Kupferstange befinden sich Kristalle von verschiedener Größe. Was können die Ursachen sein?

1.5.4. Kalt- und Warmumformung

Nach Durcharbeitung der drei vorhergehenden Abschnitte ist die Erläuterung der Temperaturbezeichnungen „kalt" und „warm" bei einer Umformung einfach. Warm bzw. kalt bedeuten keine absoluten Zahlenwerte der Temperatur, sondern auf das betreffende Metall bezogene Werte einer kritischen Temperaturschwelle, bei der eine Umkristallisation stattfindet.

kalt   bedeutet: unterhalb der Rekristallisationstemperatur,

warm bedeutet: oberhalb der Rekristallisationstemperatur.

Ein kaltgezogener Draht oder ein kaltgewalztes Blech befindet sich im *verfestigten* Zustand; durch Glühen oberhalb der Rekristallisationstemperatur kann der Werkstoff wieder entfestigt (normalisiert) werden.

Warmverformte Metalle besitzen ihre Ausgangswerte; darum unterscheidet man streng: Kalt- und Warmumformungsprozesse! (Kalt- und Warm-Schmieden, -Preßwerke, -Ziehereien, -Walzwerke).

Ein geringfügig verzerrtes Gitter kann durch erhöhte Temperatur wieder entzerrt werden.

Spannungsabbau ≙ Kristallerholung durch Wärme; Atome rücken wieder an ihren „Normalplatz" (Normalisieren).

Umformung (%)		
warm		kalt
	Eigenschaften	
konstant		variabel
Härte, Festigkeit:		steigt
Dehnung, el. Leitfähigkeit:		fällt
Beispiel: warm/kalt ⟩—Walzen (Drahtziehen)		

Durch Warm- oder Kaltumformung haben es die metallischen Verarbeitungsbetriebe, Walz-, Preß-, Zieh- und Gesenkschmiedewerke in der Hand, unterschiedliche Festigkeitswerte aus gleichen Werkstoffen zu erzeugen!

F-Stufen![24]
F-Werte nach DIN!

---

[24] $F ≙$ Festigkeit in N/mm^2.

Übung 1.5.—6

Warum werden Kupfer- und Aluminium-
bleche durch Hämmern und Biegen härter und
spröder, Blei aber nicht?

Übung 1.5.—7

Wie können Sie harten Kupferdraht weicher
machen?

Übung 1.5.—8

Warum können Sie Leitungskupfer in verschiedenen Festigkeitsgraden kaufen?

1.6. Binäre Legierungen

Lernziele

Der Lernende kann ...

... Begriff und Aufgaben der Legierungen erläutern.

... Grundbegriffe der Legierungslehre, wie Phase, Phasenumwandlung, Komponente, Konzentration erläutern.

... für das Verhalten der Komponenten zueinander die Begriffe Kristallgemisch, Mischkristall,
feste Lösung, Gemisch von Mischkristallen erklären.

... die Abkühlungskurven und das Zustandsdiagramm eines Systems mit Unlöslichkeit der
Komponenten im festen Zustand interpretieren.

... die Abkühlungskurven und das Zustandsdiagramm eines Systems mit lückenloser Mischkristallbildung der Komponenten im festen Zustand interpretieren.

... das Zustandsdiagramm bei teilweiser Löslichkeit im festen Zustand interpretieren.

1.6.0. Übersicht

Reine Metalle können nur einen Teil der Aufgaben in der E-Technik erfüllen; sie sind konstruktiv
wenig belastbar. Für Sonderaufgaben verwendet man Legierungen mit speziellen Eigenschaften.

Der Aufbau von 2-Stoff-Legierungen wird in diesem Abschnitt beschrieben, insbesondere die
Entstehung, die Zusammensetzung und die Eigenschaften ihrer Kristallarten.

Der Lernende erwirbt anhand von Skizzen, Schaubildern und Originalfotos die notwendigen
Grundkenntnisse zum Verständnis von Legierungen, auf denen er ein Weiterstudium aufbauen
kann.

Für Schaltvorgänge mechanisch betriebener Kontakte und für Leiter und Widerstände ist dieser
Abschnitt wichtig.

1.6.1. Arten und Aufgaben von Legierungen

In der E-Technik werden reine Metalle nur für Leitzwecke benutzt. Für Widerstände und konstruktiv höher belastete Werkstoffe werden Legierungen benutzt, die aus Kombinationen von 2 oder mehreren Grundstoffen hergestellt werden; dies ist eine Hauptaufgabe der Metallfachleute.

Der weit überwiegende Anteil technischer Legierungen wird zunächst *geschmolzen* und dann in geeignete Formen gegossen, in denen sie erstarren *(Schmelzlegierungen)*.

● *Gußwerkstoffe* erhalten hierbei bereits ihre endgültige Form, während

● die *Knetlegierungen* spanlos zu Blechen, Bändern, Stangen, Profilen und Drähten, Preß- und Schmiedestücken verarbeitet werden.

● Man kann auch Legierungen aus *Metallpulver* herstellen und den Mischungen nichtmetallische Stoffe (z. B. Graphit, Kunststoff) zufügen, und sie zu Fertigteilen verpressen *(Pulvermetalle)*.

● Eine dritte Möglichkeit besteht darin, die verdichteten Pulvergemische zu erhitzen (sintern). Beim Sinterprozeß schmelzen die Metallkörner an den Korngrenzen zusammen, ohne daß die ganze Mischung schmilzt.

Auch nichtmetallische Stoffe können auf diese Weise zu Kompaktstoffen zusammen „gefrittet" oder „gesintert" werden *(Sinterwerkstoffe)*. Erzeugnisse dieser Art sind z. B. Hartmetalle, Oxidmagnete und Ferroelektrika; sie werden in den Kapiteln 7 und 8 besprochen.

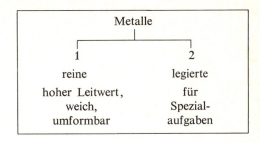

Metallische Werkstoffe
1. aus der Schmelze erstarrt: Reinmetalle, Legierungen
2. aus Pulver gepreßt: Pulvermetalle – Legierungen
3. wie 2, anschließend erhitzt = gebacken = gesintert: Sintermetalle = Metallkeramik, z. B. Hartmetalle[25]

Sinterstoffe aus Nichtmetallen:
Anwendung: 1. Sintermagnete
   Oxidmagnete
   Ferrite (7.5.2.2 u. 7.6.2)
2. Ferroelektrika (8.2.3.2)
3. E-Keramika (8.2.3)

1.6.2. Komponente, Konzentration, Phase

Eine Legierung setzt sich mindestens aus zwei verschiedenen Stoffen *(= Komponenten)* zusammen.

Zweistoff-Legierungen nennt man binäre, Dreistoff-Legierungen ternäre, darüber hinausgehende Legierungen Mehrstoff-Legierungen. Meistens sind die Komponenten Metalle; aber auch Nichtmetalle, insbesondere der

[25] z. B. Widia®.

Kohlenstoff C und das Silizium Si bei Eisen-legierungen und Si bei Aluminium- und Kupferlegierungen, werden als Legierungs-komponenten verwandt.

Die Zusammensetzung der Legierung wird in Masseprozentzahlen (= *Konzentration*) ihrer Komponenten angegeben.

Homogene Bestandteile einer Legierung, seien sie flüssig, fest oder beides zugleich, nennt man *Phasen*.

Eine flüssige Legierung kann einphasig (= homogen) oder zweiphasig (= heterogen) sein.

Alkohol/Wasser-Mischungen lösen sich völlig ineinander; sie sind einphasig/homogen. Öl/Wasser mischt sich nicht, Öl/Wasser-Gemische sind also zweiphasig/heterogen.

Beim Schmelz- bzw. Erstarrungspunkt reiner Metalle kann das Metall zweiphasig, d. h., teils fest, teils flüssig sein; unterhalb und oberhalb der Umwandlungstemperatur sind reine Metalle immer homogen/einphasig.

Aus homogenen/einphasigen, binären Schmelzen können bei der Abkühlung 3 verschiedene Kristallarten entstehen. Dies hängt von dem Raumgitter und dem Atomdurchmesser der beteiligten Elemente ab. Die Eigenschaften dieser 3 Kristallarten sind grundverschieden, daher auch die Gebrauchseigenschaften der Werkstoffe, die sich aus den Kristallarten zusammensetzen. Die drei Kristalltypen werden in dem folgenden Abschnitt beschrieben.

Komponente:	chemischer Bestandteil der Legierung
Konzentration:	in Legierungen Anteil der Komponente in Massen %
Phase:	homogener Bestandteil der Legierung
homogen:	1 Phase, gleichmäßig
heterogen:	2 oder > 2 Phasen

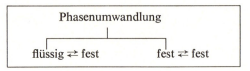

Phasenumwandlung

flüssig ⇌ fest   fest ⇌ fest

Die meisten technischen Legierungsschmelzen sind einphasig/homogen.

Ausnahmen z. B. Pb in Cu
                              Pb in Al

3 Kristallarten (Kristalltypen) nach Gehalt an Komponenten

1. Art: Reine Kristalle
          1 Komponente
2. Art: Mischkristalle
          2 oder > 2 Komponenten
3. Art: Kristalle aus intermetallischer Verbindung mit 2 oder > 2 Komponenten.

1.6.3. Kristallarten nach chemischer Zusammensetzung

Erstarrt eine binäre Metallschmelze mit den beiden Komponenten A und B, dann sind nach der Erstarrung folgende drei Fälle denkbar:

Fall 1. Kristallgemisch ≙ keine Löslichkeit

Die Legierung enthält zwei Kristallarten: reine Kristalle nur aus A-Atomen und reine Kristalle nur aus B-Atomen.

Jedes Element hat seine eigenen Kristalle gebildet; in diesen Kristallen besteht keine Plazierungsmöglichkeit (= Aufnahmefähigkeit = Lösungsvermögen) für Fremdatome. Die bei-

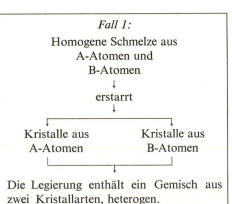

Fall 1:
Homogene Schmelze aus
A-Atomen und
B-Atomen
↓
erstarrt
↓

Kristalle aus   Kristalle aus
A-Atomen   B-Atomen

Die Legierung enthält ein Gemisch aus zwei Kristallarten, heterogen.

den Elemente A und B passen in Art und Größe nicht zusammen; sie bilden unterschiedliche Raumgitter, da ihre Atomdurchmesser unterschiedlich groß sind.

Diese Legierungen haben zwei Kristallarten mit völliger Unlöslichkeit für die andere Komponente; sie bilden ein heterogenes Gefüge aus zwei verschiedenen Kristallarten; man nennt es ein *Kristallgemisch* (Bild 1.6.–1).

Diese Legierungen sind im unverformten Urzustand oder, wenn sie nach einer Umformung geglüht wurden, weich und duktil (= gut umformbar). Daher sind Legierungen mit zwei reinen Kristallarten (kfz oder krz) immer weich und gut umformbar.

Fall 2. Mischkristalle mit unbegrenzter Löslichkeit

In einer derartigen Legierung können die A-Kristalle beliebig viele B-Atome und die B-Kristalle beliebig viele A-Atome lösen.

Nach der Erstarrung besteht die Legierung aus vielen Einzelkristallen mit der gleichen Zusammensetzung wie vordem die Schmelze.

Hatte z. B. die Schmelze 60 % A- und 40 % B-Atome, so hat jeder Kristall ebenfalls 60 % A- und 40 % B-Atome.

Diese Legierung hat *Mischkristalle* gebildet, da jeder Kristall eine Mischung aus A- und B-Atomen ist; man bezeichnet diese Mischung auch als „feste Lösung". Da alle Kristalle die gleiche Zusammensetzung haben, ist die Legierung einphasig/homogen.

Mischkristalle bilden sich auf zwei verschiedene Arten:

a) Beide Komponenten haben nahezu gleich große Atomdurchmesser und den gleichen Gittertyp. Man kann beide Atomarten gegeneinander austauschen und bezeichnet ihre Kristalle als Austausch- oder *Substitutions-Mischkristalle* (Bild 1.6.–2).

b) Die Atomdurchmesser sind sehr verschieden groß; das kleinere Atom kann dann in das Fremdgitter einschlüpfen und bildet dann einen *Einlagerungs-Mischkristall* nach Bild 1.6.–3.

Bild 1.6.–1. Kristallgemisch aus

○ A-Atomen, z. B. Cu und

● B-Atomen, z. B. Pb

Ergebnis: eine CuPb-Legierung mit zwei Kristallarten ≙ heterogenes Gemisch ≙ zwei Phasen

Fall 2:
Homogene Schmelze aus
A-Atomen und
B-Atomen
↓
erstarrt
↓
(A + B)-Mischkristalle,
eine Kristallart mit zwei Komponenten,
feste Lösung!

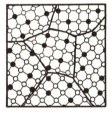

○ A-Atome

● B-Atome

Bild 1.6.–2. A- und B-Atome in einem Kristall. A- und B-Atome fast gleich groß. Austauschatome ergeben Substitutions-Mischkristalle z. B. (Cu–Ni).

○ A-Atome

● B-Atome

Bild 1.6.–3. A-Atome ≫ B-Atome. Einlagerungsatome ergeben Mischkristalle, z. B. C-Atome im γ-Fe.

Die sehr kleinen C-,O-,N-,H-Atome bilden z. B. diese Kristallart. Manche Mischkristalle, besonders rasch erstarrte, haben Konzentrationsunterschiede; man nennt diese Erscheinung *Kristallseigerung;* sie kann durch mehrstündiges Glühen (Diffusionsglühen) ausgeglichen werden. Genau so, wie sich unterschiedliche Gaskonzentrationen in einem Raum durch Diffusion ausgleichen, können sich auch im festen Zustand Konzentrationsunterschiede in der Wärme in einem Kristall ausgleichen (Bild 1.6.−4). In Halbleitern spielen solche Diffusionsvorgänge eine bedeutsame Rolle (Kap. 6).

Unterscheiden Sie genau:
1. Kristallgemisch = Mischung aus *zwei* Kristallarten
2. Mischkristall = *eine* Kristallart mit zwei oder mehr Komponenten

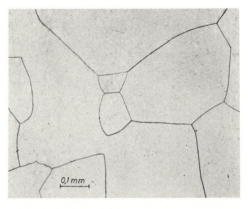

Bild 1.6.−4. Homogene Mischkristalle. Man erkennt die Korngrenzen. Vergrößerung 75fach.
Die Kristalle bestehen aus 97 % Al
                                       3 % Mg
Leg.: Al Mg 3
Norm-Bezeichnung nach DIN 17000

Fall 3. Intermetallische Verbindung

Es besteht noch eine dritte Möglichkeit einer Kristallbildung; hierbei schließen sich die beiden Komponenten in einem bestimmten stöchiometrischen Massenverhältnis[26] zu einer „intermetallischen Verbindung" zusammen und bilden aus ihr Kristalle.

Die Gitterstrukturen dieser Kristalle sind kompliziert und besitzen keine Gleitebenen; diese Kristalle sind daher hart und spröde. Insbesondere der Kohlenstoff bildet mit vielen Metallen intermetallische Verbindungen aus harten Karbiden.

Eisenkarbid Fe_3C ist der am meisten benutzte Kristall dieser Gattung; er verleiht den Eisenwerkstoffen Härte und Festigkeit (s. Kap. 3).

---
[26] Einfaches, ganzzahliges Verhältnis der Atommassen, wie 1 : 1; 1 : 2; 1 : 3; 2 : 3.

Fall 3:
Intermetallische Verbindung aus homogener Schmelze mit zwei Komponenten:
A-Atomen und B-Atomen ↓ Erstarrung (Kristallisation) ↓ *ein* Kristall aus $xA + yB \rightarrow A_x \cdot B_y$
Beide Atomarten haben ein bestimmtes stöchiometrisches Massenverhältnis
1. Beispiel: $3Fe + 1C \rightarrow Fe_3C$
2. Beispiel: $2Cu + 1Al \rightarrow Cu_2Al$
Kristall: sehr kompliziertes Gitter, nicht verformbar, hart, spröde.
Diese Kristallart allein ist als Werkstoff ungeeignet; sie muß als 2. Kristallart in einem heterogenen Gemisch vorliegen.

Kupfer und Aluminium bilden mit einigen Komponenten ebenfalls harte intermetallische Verbindungen (s. 4.2.6.3 und 4.4.2.0). Scheiden sie sich fein verteilt innerhalb der Kristalle aus, dann wirken sie wie harte Sandkörner auf Gleitebenen und blockieren die plastische Umformung; dadurch wird der Kristall härter und fester. Diese Festigkeitssteigerung wird technisch bei den aushärtbaren Legierungen ausgenutzt (siehe Bild 1.6.–15).

Schmelze mit (A + B)-Atomen

Homogene Lösung kann erstarren:

Fall 1. Legierung besteht aus

    A-Kristallen $\Big\}$ Gemisch von zwei
    B-Kristallen Reinkristallarten
    heterogenes Gemisch

Fall 2. Legierung besteht aus

    (A + B)-Mischkristallen
    eine Kristallart,
    homogene Kristalle

Fall 3. Legierung besteht aus

    (A/B/)-Kristallen,
    intermetallische, homogene
    Verbindung

Fall 4. Legierung besteht aus

    Kombination von
    Fall 1 + 2
    Fall 1 + 3
    Fall 2 + 3
    Fall 1 + 2 + 3

Übung 1.6.—1

Nennen Sie die Bezeichnungen für metallische Kristalle nach ihrer chemischen Zusammensetzung!

Übung 1.6.—2

Welche Bezeichnung führen die Elemente in einer Legierung?

Übung 1.6.—3

Eine Legierung besteht aus

1) einer Kristallart
2) zwei Kristallarten
3) drei Kristallarten

Wieviel Phasen hat die Legierung 1), 2), 3)?

Welche Legierung ist homogen?

Welche Legierung ist heterogen?

1.6.4. Begriff des Zustandsschaubildes

Das Verhalten der Legierungen beim Erkalten und Erwärmen kann man aus ihren *Zustandsschaubildern* entnehmen (Bild 1.6.−5). In diesen sind auf der Abszisse die Konzentrationen und auf der Ordinate die Temperaturen aufgetragen, bei denen sich Phasenumwandlungen fest → flüssig oder fest → fest abspielen. Am linken Eckpunkt eines binären Zustandsschaubildes befindet sich die reine Komponente A, darüber ihr Schmelzpunkt und gegebenenfalls ein 2. Phasenumwandlungspunkt fest → fest, wenn der Stoff A zwei Kristallarten bildet. Am rechten Eckpunkt befindet sich die reine Komponente B und darüber ihre Schmelztemperatur. Von links nach rechts steigt der Legierungsanteil B von 0 bis 100% und der Anteil A fällt von 100 auf 0%; damit ist jedes Konzentrationsverhältnis zwischen A und B erfaßt[27].

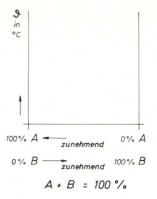

Bild 1.6.−5. Koordinaten eines Zustandsdiagramms

> Die Schmelz- bzw. Erstarrungstemperaturen der Legierungen werden durch die thermische Analyse nach 1.2.1 ermittelt.

Die Abkühlungs- und Erhitzungskurven aller Legierungen, ausgenommen die eutektischen, (s. 1.6.5) haben keinen Haltepunkt bei der Schmelz- bzw. Erstarrungstemperatur, sondern zwei Knickpunkte. Der obere Knickpunkt zeigt die obere, der untere die untere Grenze der Schmelztemperatur an; beide Punkte begrenzen das Erstarrungsintervall, das bei manchen Legierungen bis zu 250 K beträgt (Bild 1.6−6).

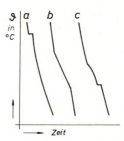

Bild 1.6.−6. Erstarrungskurven von Legierungen[28]

a reine Kristalle und eutektische Legierungen
b Mischkristalle
c über- oder untereutektische Legierungen

> Haltepunkte auf einer Abkühlungs- oder Erhitzungskurve sind vorübergehend konstante Temperaturen.

---

[27] In der Praxis interessiert nicht immer das ganze Zustandsdiagramm von 0 bis 100%, sondern nur ein Teilschaubild für technisch verwertete Legierungen, z. B. für Al-Legierungen mit Kupferzusätzen bis max. 10%.

[28] T = Temperatur in K
ϑ = Temperatur in °C.

1.6.5. Das V-Diagramm (Unlöslichkeit)

Man kann aus den Kurvenzügen eines Zustandsschaubildes den Legierungstyp erkennen.

Zunächst soll das System mit völliger Unlöslichkeit im festen Zustand − also der Fall 1 von 1.6.3 besprochen werden. Praktische Beispiele bilden die Legierungen aus Wismut (Bi) und Cadmium (Cd) oder aus Blei (Pb) und Zinn (Sn). Wir wählen für die beiden reinen Metalle die Allgemeinbezeichnungen A und B und für drei verschiedene Legierungen aus A + B die Bezeichnungen C, D, E nach nebenstehender Tabelle 1.6.−1.

Die Abkühlungskurven der beiden reinen Metalle A und B und der drei Legierungen mit den Zusammensetzungen A/B: 80/20, 60/40 und 30/70 sind in Bild 1.6.−7a abgebildet. Die Halte- und Knickpunkte werden nach Bild 1.6.−7b über der Legierungszusammen-

Tabelle 1.6.−1

Bezeichnung	Werkstoff	
	Bi %	Cd %
A	100	0
B	0	100
C	80	20
D	60	40
E	30	70

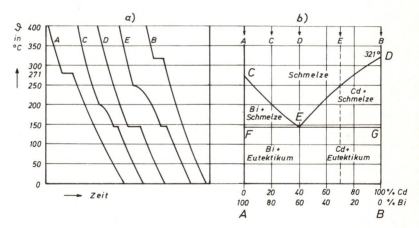

Bild 1.6.−7. Entstehung eines Zustandsdiagrammes mit völliger Unlöslichkeit beider Legierungskomponenten im festen Zustand

a) Abkühlungskurven von Reinmetallen A und B und von homogenen Schmelzen aus A und B: 80/20; 60/40; 30/70

b) Zustandsdiagramm, hergestellt nach den Punkten und Linien in a)

Erklärung zu Bild 1.6.−7b

Gebiet	Zahl der Phasen	Namen der Phasen
oberhalb CED	1	binäre BiCd-Schmelze
CFE	2	Bi-Kristalle + Schmelze
DEG	2	Cd-Kristalle + Schmelze
unterhalb FE	2	Bi- und Cd-Kristalle
unterhalb EG	2	Bi- und Cd-Kristalle

setzung aufgetragen; verbindet man die zusammengehörigen Punkte miteinander, so erhält man die Kurvenzüge CE, DE und die Horizontale FEG. *Nach dem Kurvenverlauf nennt man diesen Schaubildtyp das V-Diagramm.*

Aus Bild 1.6.–7 kann man entnehmen:

1. Die Schmelz- = Erstarrungstemperatur reiner Metalle wird durch den Zusatz einer Legierungskomponente erniedrigt[29].

2. Bei völliger Unlöslichkeit beider fester Komponenten in der anderen Komponente kristallisiert zunächst die Komponente mit der höheren Konzentration.

3. Infolge Ausscheidung (Kristallisation) einer Komponente (A) wird die homogene AB-Schmelze B-reicher, und die Kristallisationstemperatur für A-Kristalle wird nach der Kurve CE erniedrigt.

4. Der gleiche Vorgang vollzieht sich bei B-reichen AB-Legierungen. Es scheiden sich zunächst B-Kristalle aus, wobei die Schmelze A-reicher wird. Die Kristallisationstemperatur für B-Kristalle fällt nach dem rechten Kurvenzug DE.

5. Der *Schnittpunkt E* beider Kurvenzüge, d. h. der Punkt, den die beiden Erstarrungslinien für A- und B-Kristalle gemeinsam haben, heißt der *eutektische Punkt*[30]; er kennzeichnet die eutektische Konzentration K_E auf der Abszisse und die eutektische Temperatur ϑ_E *auf der Ordinate.*

6. *Eine „eutektische" Legierung kristallisiert* wie ein reines Metall *bei einem Temperaturpunkt* ϑ_E; bei ihm stehen beide Kristallarten (A- und B-Kristalle) und die AB-Schmelze, wie Eis und Wasser bei 0 °C, im Gleichgewicht. Sinkt die Temperatur unter ϑ_E, werden beide Kristallarten als eutektisches Gefüge (= *Eutektikum*) gleichzeitig ausgeschieden. (Ausscheiden ≙ kristallisieren ≙ erstarren).

Eutektikum E

1. eutektische Temperatur ϑ_E

2. eutektische Zusammensetzung K_E

3. eutektisches Gefüge G_E
   = zwei Kristallarten
   A-Kristalle
   B-Kristalle

Das feste Eutektikum besteht aus 2 Kristallarten!

---

[29] Wie bei Wasser; sein Gefrierpunkt (Kristallisationstemperatur) wird durch gelöstes Salz herabgesetzt. Es bilden sich zwei Kristallarten: H_2O- *und* Salz-Kristalle (zwei Phasen, Kristallgemisch!)

[30] eutektisch, griech. = gut gebaut.

7. Oberhalb des Linienzuges CED ist die Legierung flüssig; daher *Liquiduslinie*. Unterhalb der Geraden FEG, der eutektischen Geraden, ist die Legierung fest man nennt sie deshalb *Soliduslinie* (Bilder 1.6.−7 und 1.6.−8).

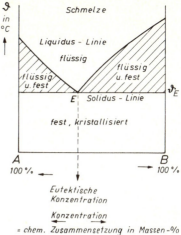

Bild 1.6.−8. Schema eines V-Diagramms ≙ Unlöslichkeit beider Komponenten A und B in *einem* Kristall.

Legierung bildet ein Eutektikum mit der Konzentration E bei der Temperatur ϑ_E.

| Liquidus-Temperatur = obere Schmelztemperatur |
| Solidus-Temperatur = untere Schmelztemperatur |

Eutektische Legierungen sind für einige Verwendungszwecke beliebt; hierfür drei Beispiele:

1. Für Weichlote benutzt man PbSn-Legierungen nach DIN 1707. Bild 1.6.−9 zeigt das Zustandsschaubild für PbSn-Legierungen mit K_E = Pb 63 Sn 37 und ϑ_E = 183 °C.

2. Für Gußteile aus Aluminium verwendet man oft die eutektische Legierung G AlSi 12 mit 88 % Al und 12 % Si und einem ϑ_S = 575 °C.

3. Extrem niedrige Schmelzpunkte haben einige Mehrstofflegierungen mit einem komplexen Eutektikum. Am bekanntesten ist das Wood'sche Metall mit einem ϑ_S von 70 °C, bestehend aus 4 Masse-Teilen Bi, 2 MT Pb, 1 MT Sn, 1 MT Cd. (Nach DIN: Bi Pb 25 Sn 12,5 Cd 12,5.)

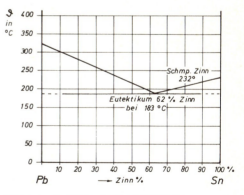

Bild 1.6.−9. Zustandsschaubild Pb-Sn
Weichlote: L Sn 50 Pb
　　　　　　L Sn 60 Pb
für El.-Industrie, für gedruckte Schaltungen. Niedriger Schmelzpunkt! Sickerlot!

Übung 1.6.—4

Durch welche 2 Punkte ist das Schmelzintervall einer Legierung begrenzt?

1.6.6. Das Linsen-Diagramm
(=völlige Löslichkeit=Mischkristalle)

Bei unbeschränkter Löslichkeit beider Komponenten im festen Zustand (Abschn. 1.6.3, Fall 2), bilden sich aus der Schmelze Mischkristalle gleicher Zusammensetzung. Für diesen Legierungstyp mit *„lückenloser Mischkristallbildung"* bieten die in der E-Technik oft verwandten CuNi-Legierungen ein gutes Beispiel (Bild 1.6.−10).

Die Abkühlungskurve von Cu hat einen Haltepunkt bei 1083 °C, die von Ni bei 1452 °C. Für vier Cu-Ni-Legierungen mit CuNi-Konzentrationen von 80/20, 60/40, 40/60 und 20/80 wurden die Ergebnisse der thermischen Analyse in Bild 1.6.−10a in ein Zustandsschaubild nach Bild 1.6.−10b übernommen.

Mischkristalle haben niedrige elektrische Leitfähigkeit (s. 5.2).

Sie werden bevorzugt für metallische Widerstände gebraucht.
Beispiele sind:

Cu Ni	Regeln
Cu Ni Mn	Messen
	Anlassen
Ag Mn Sn	
Au Ag	genaueste
Au Cr	Messungen
Fe Cr	
Fe Cr Ni	Heizen

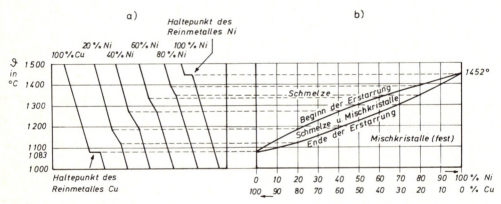

Bild 1.6.−10. Entstehung eines Zustandsdiagrammes mit völliger Löslichkeit beider Komponenten ineinander im festen Zustand

Wegen seiner typischen Kurvenform bezeichnet man dieses *Schaubild für unbegrenzte Löslichkeit* auch als *Cigarren-, Zeppelin-* oder *Linsendiagramm.* In dem linsenförmigen Gebiet sind alle Legierungen breiig (= fest/flüssig), oberhalb der Liquiduslinie schmelzflüssig und unterhalb der Soliduslinie fest.

Mischkristalle mit großem Erstarrungsintervall nach Bild 1.6.−11 haben bei rascher Erstarrung Zonen mit unterschiedlichen Konzentrationen. Man bedenke, daß alle Punkte bzw. Linien im Zustandsschaubild Gleichgewichtszustände verschiedener Phasen bei bestimmten Temperaturen darstellen!

Der Abstand zwischen Solidus- und Liquiduslinie über der Konzentration ist das Erstarrungsintervall einer Legierung.

Zur Einstellung eines Gleichgewichtes benötigt man eine gewisse Zeit. In der Praxis werden die Zeiten oft verkürzt (rasche Abkühlung!), wobei sich Umwandlungspunkte (Linien) verschieben; d. h. Konzentrationen und Temperaturen befinden sich im Ungleichgewicht.

Mischkristalle haben andere Eigenschaften als das entsprechende heterogene Gemisch aus reinen Kristallen der beiden Komponenten; sie werden daher häufig für Spezialaufgaben verwandt.

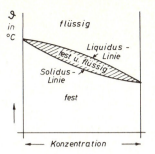

Bild 1.6.−11. Schema des Linsendiagramms. Legierung mit Mischkristallen ≙ unbeschränkte Löslichkeit der Kristalle für Atomarten A und B bei jeder Konzentration

1. Ihre Festigkeitswerte sind (meistens) höher, ohne daß die Duktilität (= plastische Umformbarkeit) leidet. Die im Gitter des Basismetalles eingelagerten oder substituierten (ausgetauschten) Fremdatome erhöhen durch die Gitterverspannung den Verformungswiderstand, d. h. Härte und Festigkeit des Kristalles, ohne daß die Umformbarkeit nachläßt (z. B. CuZn = Messing).

2. Die Beständigkeit gegen chemischen und korrosiven Angriff wird bei vielen Mischkristallen verbessert. Beispiele für 1. und 2. sind CuSn- und CuZn-Legierungen (Bronzen und Messinge).

3. Die *elektrischen Eigenschaften* sind für die E-Technik besonders interessant. Am Beispiel der AuAg-Legierungen soll der Unterschied der spezifischen elektrischen Leitfähigkeit $\varkappa$ von Legierungen mit *Kristallgemischen* (Fall 1) und mit *Mischkristallen* (Fall 2) erläutert werden: Für den Fall 1 *verpressen* wir verschiedene Mischungen aus *reinen Gold-* und *reinen Silberkristallen*, d. h. Gold- und Silberpulver zu dichten Kompaktstücken; wir erhalten so AuAg-Legierungen mit zwei reinen Kristallarten. Beim Stromdurchgang verhalten sie sich, als beständen sie aus Gold- und Silberteilen im Volumenverhältnis ihrer Mischung. Der Leitwert der Legierung entspricht etwa dem arithmetischen Mittelwert der Massen-, genau genommen der Volumenanteile beider Komponenten. Die Leitwerte für jede Zusammensetzung liegen daher auf der Verbindungsgeraden zwischen den Leitwerten beider Reinmetalle (Bild 1.6.−12).

Haupteigenschaften der 3 Kristallarten			
	1. Reine Kristalle	2. Misch-Kristalle	3. Verbind.-Kristalle
elektr. Leitf.	hoch	niedriger als 1	niedriger als 1
strukt. Eigenschaft.	weich, wenig fest, formbar	härter, fester, formbar	hart, unformbar

Geschmolzen und erstarrt bilden Gold und Silber eine „lückenlose *Mischkristall*reihe" (Fall 2). Der Kurvenverlauf der Leitwerte über der Konzentration erschmolzener Legierungen verläuft ganz anders. Beide Metalle haben zwar das gleiche kfz-Gitter und fast gleich große Atomdurchmesser, aber die kleinen Unterschiede verzerren doch die Gitterlinien. Diese Verzerrung behindert die Elektronen bei einer Strömungsbewegung und beeinträchtigt dadurch die Leitfähigkeit[31]. So können aus Kupfer und Nickel, Metalle mit relativ hoher Leitfähigkeit, Legierungen aus Mischkristallen mit bis zu 100-fach höherem spezifischen Widerstand erschmolzen werden[32].

Unterschied der elektrischen Leitfähigkeit zwischen

Fall 1		*Fall 2*
Kristallgemenge	und	Mischkristallen
Kristallgemisch		

Beispiel:

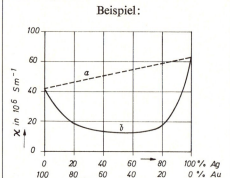

Bild 1.6−12. Elektrische Leitfähigkeit von Au-Ag-Legierungen
a Fall 1: aus Pulvergemisch verpreßt
b Fall 2: aus Schmelze kristallisiert

Beide Metalle bilden in jeder Konzentration Mischkristalle. Bereits kleine Zusätze von Silber in Gold bzw. von Gold in Silber setzen die Leitfähigkeit herab.

Wichtig für Widerstandslegierungen!

Übung 1.6.—5

Haben Mischkristalle einen Schmelzpunkt?

Übung 1.6.—6

Welche Kristallart bevorzugen Sie für

1) Leitzwecke, 2) Widerstände?

Übung 1.6.—7

Es liegen 2 Kontaktstücke aus einer Ag Cu-Legierung mit gleicher chemischer Zusammensetzung vor (80 % Ag, 20 % Cu).

Sie wurden hergestellt:

1) aus einer Schmelze erstarrt, umgeformt und ausgeglüht,

2) aus Silber- und Kupferpulver dicht gepreßt.

Welcher Kontakt (1 oder 2) hat eine bessere Leitfähigkeit?

Begründen Sie Ihre Antwort!

---

[31] Vorgang des elektrischen Leitungsmechanismus siehe 5.1.
[32] siehe 5.2. Metallische Widerstandswerkstoffe.

1.6.7. Das kombinierte Diagramm
(beschränkte Löslichkeit)

Einige Legierungen gehören weder zum Typ 1 noch zum Typ 2, sondern zu einem Zwischentyp 2 b mit „beschränkter Löslichkeit". Ihr Zustandsschaubild (Bild 1.6.–13) besitzt eine „Mischungslücke", die diesen Legierungstyp kennzeichnet. Beide Mischkristallarten – meistens als α- und β-Kristalle bezeichnet – bilden gemeinsam ein Eutektikum.

Im Fall 1 bestand das Eutektikum aus 2 Reinmetallen, im Fall 2 b bildet es sich aus 2 Mischkristallarten, den α- und β-Kristallen.

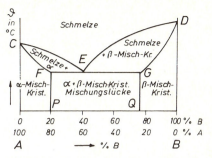

Bild 1.6.–13. Beschränkte Löslichkeit der A-Kristalle für B-Atome (α-Kristalle mit maximal 20 % B-Atomen) und der B-Kristalle für A-Atome (β-Kristalle mit max. 22 % A-Atomen).
Das Diagramm zeigt eine Mischungslücke zwischen 80 bis 25 % A. Dieser Legierungstyp tritt oft auf, z. B. bei Cu Sn (Sn-Bronze)
 Cu Al (Al-Bronze)
 Cu Zn (Messing).

Bei Mischkristallen mit beschränkter Löslichkeit tritt manchmal eine Erscheinung auf, die man *zur Härtesteigerung der Legierung ausnutzt.* Wie bei heißem Wasser, das mehr Salz als kaltes Wasser löst und beim Abkühlen Salzkristalle ausscheidet, steigt bisweilen die Aufnahmefähigkeit eines „beschränkt aufnahmefähigen" Mischkristalles für Fremdatome mit steigender und fällt mit abnehmender Temperatur (Bild 1.6.–14, Linie AB).

Schreckt man einen solchen Mischkristall von einer höheren Temperatur rasch in kaltem Wasser oder mit kalter Preßluft ab, dann werden eine Anzahl von Fremdatomen zwangsweise im Gitterverband festgehalten; sie können nicht so rasch aus dem Kristallgitter in die Korngrenzen entweichen (diffundieren); nur bei langsamerer Abkühlung ist dies möglich. Nach gewisser Zeit beenden manche eingefangenen Atome ihren Zwangsaufenthalt, indem sie einzeln entweichen, mit dem Basismetall oder einer dritten Komponente eine harte intermetallische Verbindung bilden und sich in feinster Verteilung in Fehlstellen der Körner plazieren. Manchen Atomarten gelingt dies bereits bei Zimmertemperatur, manchen erst bei größeren Schwingungen des Gitters, d. h. bei höherer Temperatur.

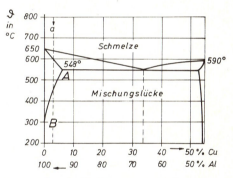

Bild 1.6.–14. Teil-Zustandsschaubild mit beschränkter Löslichkeit im festen Zustand (Mischungslücke); abnehmende Löslichkeit mit fallender Temperatur (Linie AB) am Beispiel der AlCu-Legierungen. Solche Legierungen können ausgehärtet werden. Benutzt für federnde, harte Kontakte und Kontaktträger (s. a. Bild 4.2.–7 und Abschn. 4.3.2.1).

Die feinen Materieausscheidungen in den Körnern – genau genommen in den Gleitebenen – blockieren eine Verformung und verfestigen so das Metall (Bild 1.6.–15).

Bei Raumtemperatur durch Ausscheidung verfestigte Legierungen bezeichnet man nach DIN als kaltausgehärtete, bei höherer Temperatur verfestigte als warmausgehärtete mit den Kurzzeichen ka bzw. wa.

Dieser wichtige Vorgang der „Ausscheidungshärtung" wird in Kap. 4 bei den aushärtbaren Cu- und Al-Legierungen nochmals besprochen.

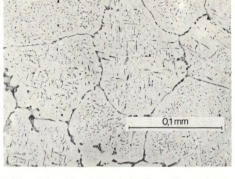

Bild 1.6.–15. Mischkristalle, Vergrößerung ≈ 250fach

Basis: Al
Komponente: 5% Cu
Ausscheidung: intermetallische Verbindung Al_2Cu
Die feinen Ausscheidungen setzen sich an Fehlplätze im Kristall, verzerren das Gitter und die Gleitebenen und beeinträchtigen eine Verformung. Härte- u. Festigkeitssteigerung!

Übung 1.6.—8

Eine Cu-Legierung führt hinter der DIN-Bezeichnung die Buchstaben „wa". Erklären Sie diese Buchstaben u. den dazugehörigen Vorgang.

1.6.8. Metallische Kristalle, Zusammenstellung

Kristalle sind die Bausteine aller metallischen und auch vieler nichtmetallischen Werkstoffe (Ionen-Kristalle und Halbleiter).

Die Werkstoffeigenschaften beruhen auf den Eigenschaften der Kristalle und ihrer Grenzschichten. Absichtliche oder unabsichtliche Fremdzusätze scheiden sich vorzugsweise an den Korngrenzen ab, wenn sie einen niedrigeren Erstarrungspunkt haben; sie können dort als „Kristallkitt" den Zusammenhalt (Kohäsion) der Einzelkristalle stärken oder schwächen.

In den folgenden Kapiteln werden Sie die Eigenschaften der wichtigsten technischen Metalle, Halbleiter und Nichtleiter erlernen; Metalle und Halbleiter sind immer kristallin, Nichtmetalle des öfteren. Eine zusammenfassende Übersicht über das bisher von den Kristallen Erlernte gibt die nebenstehende Tabelle 1.6.–2.

Tabelle 1.6.–2. Kristallzustände

1. *Gitter*

    kfz
    krz
    hex
    tetr. (nicht erklärt)
    Diamant
    kompliziert

2. *Chemische Zusammensetzung*

    reine Kristalle
    Mischkristalle
    intermetallische Verbindung

3. *Entstehung*

    primär aus Schmelze
    sekundär aus Kristallen
        rekristallisiert
        geglüht
    langsam erstarrt (grob)
    schnell erstarrt (fein)

Tabelle 1.6.–2. (Fortsetzung)

4. *Form*	**6. *Energieinhalt***
Platten	warm/kalt
Streifen	verspannt/unverspannt
Lamellen	im Gleichgewicht/im Ungleichgewicht ≙
Kugeln	stabil/instabil
Dendriten (Tannenbaumform)	**7. *Letzte Behandlung***
unverformt	Gußzustand
verformt	homogenisiert ≙ geglüht ≙ normalisiert
orientiert (Textur)	≙ stabilisiert
5. *Größe*	abgeschreckt ≙ verspannt ≙ instabil aus-
grob ≙ groß	gehärtet
mittel	warm wa
fein ≙ klein	kalt ka
hochfein	kaltverformt ≙ kaltverfestigt (instabil re-
höchstfein ≙ dispers	kristallisiert
	vergütet (bei Stahl)

Übung 1.6.—9

Sie haben 3 Zustandsdiagramme mit 3 Legierungsreihen zu beurteilen. Geben Sie für jede mit dem Pfeil gekennzeichnete Legierung die Kristallart bzw. die Kristallarten und ihren Massenprozentgehalt an!

Haben Sie das richtige Ergebnis erhalten, dann können Sie jedes binäre Zustandsdiagramm deuten, d. h. alle Legierungen auf Basis Cu, Al, Ag, usw.

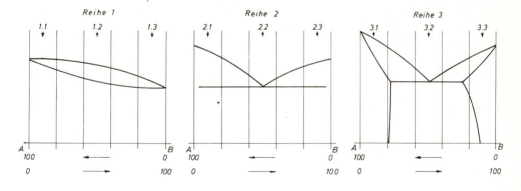

1.7. Lernzielorientierter Test

1.7.1. Der Anzahl der Gleitsysteme ist direkt proportional

A   die elektrische Leitfähigkeit
B   die thermische Leitfähigkeit
C   die Härte
D   die Verformbarkeit
E   der Schmelzpunkt

1.7.2. Ein rekristallisiertes Korn ist im Vergleich zu dem Primärkorn immer

A   größer
B   kleiner
C   gleich groß
D   mal größer, mal kleiner, mal gleich groß
E   härter
F   weicher
G   mal härter, mal weicher, mal gleich hart

1.7.3. Die höchste elektrische u. thermische Leitfähigkeit hat das gleiche Basismetall mit

A   homogenen Mischkristallen
B   Eutektikum
C   einem Gemisch aus Reinkristallen und Eutektikum
D   reinen, undeformierten Kristallen
E   reinen, deformierten Kristallen

1.7.4. Ordnen Sie die Legierungen nach der steigenden Härte, wenn Sie folgende Kristalle haben:

A   heterogenes Gemisch 50/50 aus zwei reinen Kristallen
B   heterogenes Gemisch 50/50 aus Reinkristallen und einer intermetallischen Verbindung
C   heterogenes Gemisch 50/50 aus zwei intermetallischen Verbindungen
D   homogene Mischkristalle
E   heterogenes Gemisch 50/50 aus Mischkristallen und Reinkristallen

1.7.5. Reine Kristalle haben höhere Werte als Mischkristalle für

A   die elektrische Leitfähigkeit
B   die thermische Leitfähigkeit
C   den Korrosionsangriff
D   die Härte
E   die bleibende Deformation

1.7.6. Quasiisotrop ist

A   ein Eutektikum
B   ein heterogenes Gemisch
C   ein Kupfer-Monokristall
D   Fensterglas
E   Aluminiumblech

1.7.7. Beim Erwärmen wird elektrisch leitfähiger

A   Glas
B   Kohle
C   Kupfer-Nickel-Legierung
D   Diamant
E   Platin
F   Eisenkarbid

1.7.8. Für die Zn-Cd-Legierung der Konzentration x sind die Kristalle der Legierung

A   übereutektisch
B   übersättigte Mischkristalle
C   homogen
D   eutektoid
E   heterogene Zn- und Cd-Kristalle

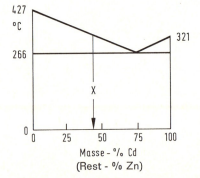

Masse - % Cd
(Rest - % Zn)

1.7.9.   Schreiben Sie die folgenden Werk-
         stoffe in die zugehörigen Spalten Ag,
         Al, Cu, α-Fe, γ-Fe, Ge, Glas, Gra-
         phit, Pt, Si, Zn

A	hex
B	Diamantgitter
C	krz
D	kfz
E	amorph

1.7.10. Ein kornorientiertes Magnetblech ist

         A   isotrop
         B   quasiisotrop
         C   amorph
         D   anisotrop
         E   kristallin

2. Konstruktive Eigenschaften der Werkstoffe, Werkstoffehler, Prüfverfahren

2.0. Überblick

Die Kontrolle und Gewährleistung normgerechter Werkstoffherstellung ist Aufgabe physikalischer und chemischer Laboratorien.

In diesem Kapitel erlernen Sie die Prüfverfahren für die wichtigsten konstruktiven[1] Eigenschaften der Werkstoffe: Festigkeit, Härte, Schlagzähigkeit und ein Beispiel für die Anwendung physikalischer Gesetze zur Ermittlung verborgener Werkstoffehler.

2.1. Konstruktive Eigenschaften

Begriff, Arten, Proben, Protokoll

Lernziele

Der Lernende kann ...

... den Begriff „konstruktiv" erläutern.

... die wichtigsten konstruktiven Eigenschaften nennen und erläutern.

... eine Übersicht über konstruktive Beanspruchungen geben.

... die Wichtigkeit einer repräsentativen Probenahme erläutern.

... die Arten von Prüfprotokollen angeben.

... DIN-Taschenbücher als Grundlage für die Werkstoffprüfung benutzen.

2.1.0. Übersicht

Mit dem Begriff „Feststoff" oder fester Werkstoff verbindet man automatisch einige Begriffe wie Härte, Festigkeit, Belastbarkeit, Formbeständigkeit. Man verlangt für diese sehr unterschiedlichen Eigenschaften — denken Sie nur an die vielen Belastungsmöglichkeiten und die Einflüsse von Zeit und Temperatur! — verbindliche Zahlenwerte. Sie müssen an genau definierten Proben in bestimter Zahl unter vergleichbaren Bedingungen ermittelt werden und für kleine und große Liefermengen garantiert gelten. Es sind dabei international gültige, bei uns in DIN-Vorschriften festgelegte Formalitäten einzuhalten, deren wichtigste Sie jetzt kennenlernen werden.

2.1.1. Begriff und Arten

Die Bauteile von Maschinen, Apparaten und Anlagen müssen unter Betriebsbedingungen formbeständig bleiben; sie dürfen sich zwar elastisch (= federnd) verformen, wie z. B. Maste und Kabel, keineswegs aber plastisch

> konstruktiv = umfassender Begriff für die Werkstoffeigenschaften:
> 1. bei der Herstellung für die Verformbarkeit;
> 2. bei der Verwendung für die Belastbarkeit.

---

[1] Das Wort „konstruktiv" ist nicht allgemein gebräuchlich; meistens verwendet man dafür „mechanisch"; es ist aber umfassender und geeigneter zur Abgrenzung gegen elektrotechnische und andere physikalische Eigenschaften.

(= bleibend), oder gar reißen, knicken und brechen. Ihre Querschnitte müssen wegen der Kosten und des Gewichts möglichst klein dimensioniert sein.

Anhand der Belastungen, die eine Konstruktion aufnehmen muß, errechnet der Konstrukteur ihre Querschnitte. Hierfür benötigt er meßbare Eigenschaften, insbesondere für die Festigkeit und Formbarkeit als konstruktive Haupteigenschaften.

Diese Begriffe sind so wichtig, daß Sie lernen müssen, sie mit eigenen Worten zu formulieren (siehe rechts).

Konstruktive Haupteigenschaften

Festigkeit | *Formbarkeit*
= mechanische Spannung σ | = Umformbarkeit
| = Verformungsfähigkeit
| = Dehnung ε
| = Bruchdehnung δ

Festigkeit

Begriff 1:

Festigkeit eines Werkstoffes ist sein Widerstand gegen Formänderung und gegen Bruch bei äußerer Belastung.

Begriff 2:

Festigkeit ist ein wirklicher oder gedachter mechanischer Grenzzustand der Spannung, der im Werkstoff durch äußere Kräfte hervorgerufen wird.

Die konstruktiven Belastungen, denen die Werkstoffe ausgesetzt sind, sind zahlreich und unterschiedlich, so daß man sie in Gruppen einteilen (klassifizieren) muß:

Gegensätzliche Beanspruchungsarten[2] sind:

1. statische − dynamische,
2. kurzzeitige − langzeitige (dauernde),
3. bei niedriger Temperatur − bei hoher Temperatur,
4. in trockener Umgebung − in feuchter Umgebung.

Die Werkstücke müssen allen betrieblichen Belastungen standhalten und daraufhin geprüft werden. Die Werkstoff-Fachleute haben viele international gültige Prüfverfahren entwickelt; sie sind in zwei Taschenbüchern „Materialprüfnormen für Metalle und für Kunststoffe" zusammengestellt, darin sind auch Prüfvorschriften für elektrische, magnetische und thermische Eigenschaften aufgeführt[3].

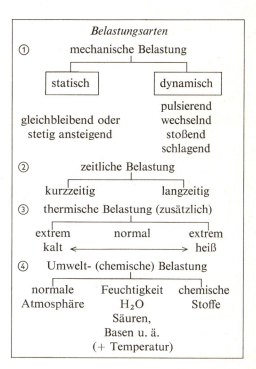

Belastungsarten

① mechanische Belastung

statisch | dynamisch

gleichbleibend oder stetig ansteigend | pulsierend wechselnd stoßend schlagend

② zeitliche Belastung

kurzzeitig | langzeitig

③ thermische Belastung (zusätzlich)

extrem kalt ⟵ normal ⟶ extrem heiß

④ Umwelt- (chemische) Belastung

normale Atmosphäre | Feuchtigkeit H_2O Säuren, Basen u. ä. | chemische Stoffe

(+ Temperatur)

---

[2] Belastung = Beanspruchung.

[3] Beuth-Vertrieb GmbH, Berlin/Köln/Frankfurt a. M.

Aus Bild 2.1.−1 ersehen Sie die wichtigsten Beanspruchungsarten eines Werkstückes: Zug, Druck, Biegung, Abscherung und Verdrehung.

Mechanische Spannungen in einem Werkstück werden mit dem griechischen Buchstaben σ bezeichnet und je nach der Spannungsart mit einem Index gekennzeichnet, z. B. siehe Zugspannung = σ_z.

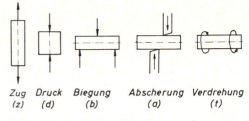

Zug	Druck	Biegung	Abscherung	Verdrehung
(z)	*(d)*	*(b)*	*(a)*	*(t)*

Bild 2.1.−1. Indizes für Beanspruchungsarten nach DIN 1350

Die konstruktiven Haupteigenschaften „Festigkeit und Formbarkeit" [4] beeinflussen auch die Formgebung!

spanlos:	*spanend:*
walzen	drehen
pressen	hobeln
ziehen	fräsen
drücken	bohren
schmieden	schleifen

2.1.2. Werkstoffprobe, DIN 1605, 50146, 50351

Die Eigenschaften der Werkstoffe werden meistens an besonderen *Proben* ermittelt; ihre Abmessungen sind für die verschiedenen Prüfmethoden in DIN-Vorschriften festgelegt. Die Prüfwerte der Proben sollen für eine größere Werkstoffmenge (Los) verbindlich sein. Damit ist das Problem einer richtigen *Probenentnahme* umrissen; es kann nur vom Hersteller und Abnehmer gemeinsam und von Fall zu Fall gelöst werden (Stichwort: statistische Qualitätskontrolle nach Refa-Richtlinien). Meistens wird für die Prüfung eine Charge (= Ofeninhalt) zugrunde gelegt; darunter versteht man eine Metallmenge von kontrolliert gleicher Zusammensetzung. Wird diese Menge oder eine Teilmenge bis zur Probenahme in allen Fertigungsstufen völlig gleich behandelt, z. B. abgekühlt, verformt, erwärmt u. ä., so müßte theoretisch die kristalline Struktur als Trägerin der Eigenschaften überall gleich sein.

Werkstoff-Probe ≙ repräsentativer Durchschnitt für eine bestimmte Werkstoffmenge

Probenahme ≙ mit technologischem Sachverstand getroffene Auswahl der Probe

---

[4] auch Verformungsfähigkeit, Verformbarkeit, Umformbarkeit.

Die betrieblichen Arbeitsbedingungen haben aber eine gewisse Toleranz in Zusammensetzung, Zeiten, Temperatur usw., und somit die Eigenschaften auch. Nach unten müssen sie durch *Mindestwerte* begrenzt sein; nach oben ist der Güte keine Grenze gezogen! Für jeden genormten Werkstoff hat der zuständige Normen-Fachausschuß Mindestwerte für die konstruktiven Größen festgelegt; werden sie an der Probe nicht erreicht, so muß man entscheiden, ob durch unglückliche Umstände die Probe versagt hat (Ausreißer) oder ob das ganze „Werkstofflos" zu beanstanden ist. Ausschuß bedeutet Zeit- und Geldverlust; je früher er bei der Fertigung erkannt wird und die Fehlerquellen beseitigt werden, um so geringer ist der Schaden.

Es gilt daher bei allen Fertigungen die Regel: *Je dichter am Fertigungsplatz kontrolliert und geprüft wird, um so schneller wird der Ausschuß entdeckt, die Ursache abgestellt und um so geringer ist die Ausschußquote.*

> Werkstoffproben müssen Mindestforderungen erfüllen; sie sind in DIN-Vorschriften festgelegt!

2.1.3. Prüfprotokoll, DIN 1605, 50049

Die Prüfergebnisse werden in einem Prüfprotokoll niedergelegt; es dient dem Hersteller und Verwender als *Gütegarantie.*

Man unterscheidet drei Protokollarten:

- Werksbescheinigungen (A)
  über die Einhaltung der Bestellvorschriften,
- Werkszeugnisse (B)
  über die Ergebnisse der Prüfung nach Bestellung,
- Abnahmezeugnisse einer amtlichen Prüfstelle (C)
  über die Einhaltung der Bestellvorschriften.

> Prüfprotokolle sind Garantiescheine für gewünschte Eigenschaften!

Übung 2.1.—1

In welche zwei Hauptgruppen lassen sich die Eigenschaften der Werkstoffe unterteilen?

Übung 2.1.—2

In welche Gruppe fallen die konstruktiven (mechanischen) Eigenschaften?

Übung 2.1.—3

Nennen Sie wenigstens fünf wichtige konstruktive Eigenschaften?

Übung 2.1.—4

Welches Formelzeichen ist international für
die Festigkeit (Spannung) eingeführt?

Übung 2.1.—5

Welche Namen und Indices sind für die fünf
wichtigsten statischen Belastungsarten eingeführt und in welcher Richtung zur Achse der
Probe verläuft dabei die Kraftrichtung?

Übung 2.1.—6

In welche zwei Untergruppen lassen sich die
konstruktiven (mechanischen) Beanspruchungen unterteilen?

Übung 2.1.—7

Nennen Sie die drei Arten von Abnahmepro-
tokollen für Werkstoffprüfungen nach DIN!

2.2. Zugversuch, DIN 50145/46

Lernziele

Der Lernende kann ...

... den DIN-Probestab skizzieren.

... den Versuchablauf beschreiben.

... die ermittelten Meßgrößen in Formelzeichen und Einheiten angeben.

... das Kraft-Längungs-Diagramm in das Spannungs-Dehnungs-Diagramm umzeichnen und
   daraus die Meßgrößen entnehmen.

... aus den Meßgrößen einen Werkstoff für seinen Einsatz beurteilen.

... konstruktive Allgemeinbegriffe wie weich, fest, zäh in Zahlenwerten ausdrücken.

Der Zugversuch ist das wichtigste konstruktive (= mechanische) Prüfverfahren.

Mit dem Zugversuch[5] erhält man rasch, einfach und zuverlässig die wichtigsten konstruktiven Werte für Metalle und Kunststoffe; darum sind in den DIN-Werkstoffblättern für alle genormten metallischen Werkstoffe und Kunststoffe die mit dem Zugversuch ermittelten bzw. zu ermittelnden Werte festgelegt.

Es sind Mindestwerte, die der betreffende Werkstoff haben und für welche der Hersteller garantieren muß.

2.2.1. Proben, Prüfmaschine

Der Zugversuch ist die wichtigste Prüfung für Metalle und Kunststoffe; einfach und zuverlässig lassen sich mit ihm Werte für die Festigkeit und Formbarkeit ermitteln. Als Proben dienen meistens Rundstäbe mit verdickten Enden zum Einspannen in die Halterung der Maschine; ihre Abmessungen sind genormt (Bild 2.2.−1). Für kleinere Werkstücke oder Bleche benutzt man kleinere Stäbe oder Flachproben (DIN 50114).

Allgemein bezeichnet man Ausgangswerte als Nullwerte und indiziert sie mit Null. Für Zerreißstäbe gelten die Bezeichnungen:

Meßlänge L in mm

Durchmesser d in mm

Querschnitt S in mm²

Ausgangs-Meßlänge L_0

Ausgangs-Durchmesser d_0

Ausgangs-Querschnitt S_0

Die Zugkraft F in N[6] wird durch Auseinanderfahren der Spannköpfe stoßfrei und ständig steigend in axialer Richtung auf den Stab übertragen.

Der Maschinenantrieb erfolgt mechanisch über Zahn- oder Reibräder oder über ölhydraulische Zylinder. An Meßvorrichtungen werden die jeweilige Kraft F und die zugehörige Längung ΔL des Stabes festgestellt. Die Wertepaare werden abgelesen, ggf. auch automatisch grafisch registriert.

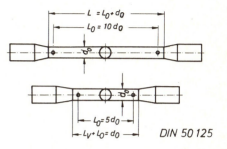

Bild 2.2.−1. Zugstäbe, Zerreißstäbe nach DIN 50125

oben: langer Proportionalstab
unten: kurzer Proportionalstab
d_0 meistens 10 mm

---

[5] Jeder Techniker sollte in einer Übung den Zugversuch kennenlernen; seit 1975 neue FZ! (Tab. 2.2−2).

[6] Angaben für die Zugkraft in der veralteten Krafteinheit Kilopond müssen mit der Beziehung 1 kp = 9,81 N ≈ 10 N umgerechnet werden.

2.2.2. Versuchsablauf; Kraft-Längungs-Schaubild

Bild 2.2.−2 zeigt grobschematisch, aber übersichtlich, den Zerreißvorgang an einem plastisch verformbaren (dehnbaren) Probestab.
Beim Steigen der Krafteinwirkung (F_1 bis F_6)
längt sich der Probestab zunächst elastisch,
dann plastisch; an einer Stelle wird er manchmal besonders dünn, der Stab „schnürt ein",
bis er bricht.

Wir verfolgen den Vorgang nochmals genauer.

Bei Beginn der Prüfung steigt die Kraft F in N
mit der Längung ΔL in mm der Probe linear
an.

Im Kraft-Längungs-Diagramm (Bild 2.2.−3)
folgt die Kurve damit dem Hook'schen Gesetz,
nachdem $F \sim \Delta L$ ist, bis zum Punkt E, der
Elastizitätsgrenze. Unterhalb E federt der Stab
bei Entlastung wieder in seine Ausgangsmeß-
länge L_0 zurück, wobei der Diagrammstift ab-
wärts dem geraden Kurvenast folgt. Das Be-
und Entlastungsspiel kann beliebig oft und beliebig schnell wiederholt werden (natürlich
auch im praktischen Einsatz der Werkstoffe).
Nach dem Überschreiten des E-Punktes, der
nur mit genauen Meßwerkzeugen und hohem
Zeitaufwand feststellbar ist, biegt die Kurve
nach rechts ab, d. h., die Längung ΔL wächst
jetzt bei weiter ansteigender Kraft F stärker
und folgt nicht mehr dem Hook'schen Gesetz. In den Kristallen der Probe verschieben
sich dabei auf den atomaren Gleitebenen
Materieteilchen bleibend gegeneinander, wobei sich der Stab zunehmend kaltverfestigt
und deshalb einer weiteren Längung (Verformung) einen ständig steigenden Widerstand
entgegensetzt (s. 1.4.1!). Der belastete Querschnitt wird infolge der Stablängung kleiner,
wenn die Kraft weiter ansteigt.

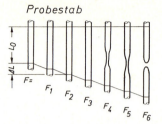

Bild 2.2.−2. Entstehung eines Kraft-Längungs-
Diagramms (grobschematisch)

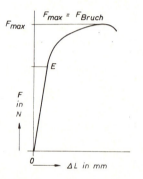

Bild 2.2.−3. Kraft-Längungs-Diagramm
E Grenzpunkt zwischen elastisch und plastisch

Aus dem Hook'schen Gesetz folgt (elasti-
sches Gebiet!):

ΔL in mm $\sim F$ in N

Übung 2.2.−1

Erläutern Sie den Punkt E in Bild 2.2.−3!

Der oberste Kurvenpunkt zeigt die Höchstkraft F_{max}, welche der Stab vor dem Bruch auf-
nimmt. Einige Metalle „fließen" (längen sich)
an einer bestimmten Stabstelle besonders
stark, d. h. hier konzentriert sich die aufge-
zwungene Längung, wobei der Stab dünner
und sein Querschnitt kleiner wird; man sagt, er
„schnürt sich ein" (Wespentaille!).

Diese Schwachstelle kann die hohe Zugkraft
nicht mehr aufnehmen; der Kraftanzeiger
fällt jetzt, und die Probe reißt. Ein Schlepp-
zeiger zeigt F_{max} auf dem Anzeigegerät an. Bild
2.2.−4 zeigt, daß man alle Spannungen auf
den Ausgangsquerschnitt A_0 bezieht; A ist der
verfestigte, eingeschnürte Querschnitt des Stabes mit der höchsten, wirklichen Spannung.

Übung 2.2.−2

Warum ist die Spannung $\dfrac{F}{S}$ größer als die

Spannung $\dfrac{F}{S_0}$?

Beachten Sie:

Festigkeit $\triangleq$ Spannung

$$\sigma = \frac{F}{S} \text{ in } \frac{N}{mm^2} \text{ oder } \frac{N}{cm^2} \quad (2.-1)$$

$\qquad$ (Metalle) $\qquad$ (Kunststoffe)

Bei allen Festigkeitswerten wird A_0 (Aus-
gangsfläche) eingesetzt!

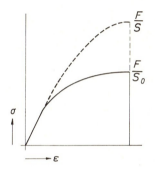

Bild 2.2.−4. Spannung-Dehnungsdiagramm
Errechnete Stabspannung:

$$\sigma = \frac{F}{S_0} \qquad\qquad (2.-2)$$

Wirkliche Stabspannung im kleinsten Querschnitt:

$$\sigma = \frac{F}{S}$$

2.2.3. Dehnung, Einschnürung

a) *Dehnung ε* und Bruchdehnung A (in %)

Bei der dem Stab aufgezwungenen Längung
muß man den elastischen und den plastischen
Anteil unterscheiden. Es interessiert nicht das
absolute Maß der Längung ΔL in mm des
Stabes, sondern seine prozentuale Längung
$(\Delta L/L_0) \cdot 100$ (Bild 2.2.−5); dieses Verhältnis
bezeichnet man mit Dehnung ε in %.[7]

$$L = L_0 + \Delta L$$
$$\Delta L = L - L_0$$

$$\varepsilon \% = \frac{\Delta L}{L_0} \cdot 100\% = \frac{L - L_0}{L_0} \cdot 100\% \quad (2.-3)$$

Bild 2.2.−5. Ermittlung der prozentualen Längenänderung

---

[7] Relative Größenänderungen, z. B. $\Delta L/L_0$ oder $\Delta T/T_0$ oder $\Delta R/R_0$, können als Zahlenwerte mit der Einheit 1
oder mit 100 multipliziert in % angegeben werden; $0{,}0005 \triangleq 0{,}05\%$.

Solange der Stab belastet wird, kann ε elastisch oder nach Überschreiten der elastischen Grenze elastisch und plastisch sein. Nach dem Bruch verbleibt in den Stabbruchstücken nur die plastische Dehnung; man bezeichnet sie als Bruchdehnung A in %; sie wird mit 5 oder 10 indiziert, je nach der Probenlänge $L_0 = 5\,d_0$ oder $10\,d_0$, man mißt sie durch Aneinanderlegen der beiden Bruchstücke.

Dehnung	
vor dem Bruch ε %	*nach* dem Bruch δ % nur plastisch
elastisch + plastisch	$L_0 = 5\,d_0\,; = 10\,d_0$ $A_5 \qquad A_{10}$

Beispiel 2.2.—1

Ein DIN-Zugstab 10 mm $\varnothing$ hat einen A_{10}-Wert von 12,5 %.

Wie groß sind L_0 und L?

Lösung:

Index 10: $\quad L_0 = 10\,d_0 = 10 \cdot 10\ \text{mm} = 100\ \text{mm}$

$\Delta L = 100\ \text{mm} \cdot 12{,}5\% = 12{,}5\ \text{mm}$

$L = L_0 + \Delta L = (100 + 12{,}5)\ \text{mm} = 112{,}5\ \text{mm}$

b) *Einschnürung Z in %*

Der Begriff wurde bereits erwähnt. Nach Bild 2.2.—6 ist die Einschnürung[8] die prozentuale Querschnittsabnahme des Probestabes an der Bruchstelle.

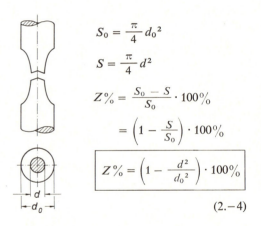

$$S_0 = \frac{\pi}{4}\,d_0{}^2$$

$$S = \frac{\pi}{4}\,d^2$$

$$Z\% = \frac{S_0 - S}{S_0} \cdot 100\%$$

$$= \left(1 - \frac{S}{S_0}\right) \cdot 100\%$$

$$\boxed{Z\% = \left(1 - \frac{d^2}{d_0{}^2}\right) \cdot 100\%}$$

$$(2.-4)$$

Bild 2.2.—6. Einschnürung Z

Dehnung und Einschnürung sind Maße für die Verformungsfähigkeit eines Metalles!

Beispiel 2.2.—2

Ein Zugstab $d_0 = 10$ mm hatte nach dem Zerreißen an der Bruchstelle ein $d = 7{,}6$ mm. Wie groß ist Z?

Lösung:

$$Z\% = \left(1 - \frac{7{,}6^2}{10^2}\right) 100\% = 42{,}24\%$$

---

[8] Wenn der Stab sich einschnürt, wird er nicht nur in axialer Richtung (= einachsig), sondern auch senkrecht zur Achse (= mehrachsig) beansprucht; nähere Erörterungen unterbleiben hier.

2.2.4. Spannungs-Dehnungs-Diagramm

Bezieht man die Zugkraft F auf die Stabfläche S_0, so erhält man die im Stab herrschende Spannung σ_z. Trägt man in einem Diagramm über den Dehnungswerten ε in % die zugehörigen Spannungswerte in N/mm² auf, dann bekommt man das Spannungs(σ)-Dehnungs-(ε)-Schaubild nach Bild 2.2.–7.

Die σ-ε-Schaubilder geben einen guten Überblick über die Festigkeits- und Verformbarkeitswerte eines Werkstoffes vom kleinsten Belastungsgrad bis zum Bruch.

Für fünf in der E-Technik häufig benutzte Werkstoffe sind in Bild 2.2.–8 die typischen σ-ε-Diagramme gezeichnet.

Manche Stäbe brechen ohne Einschnürung; sie dehnen sich plastisch bis zum Bruch über ihre Gesamtlänge gleichmäßig (Gleichmaßdehnung).

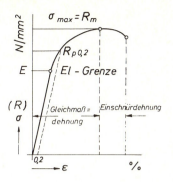

Bild 2.2.–7. Spannungs-Dehnungs-Schaubild

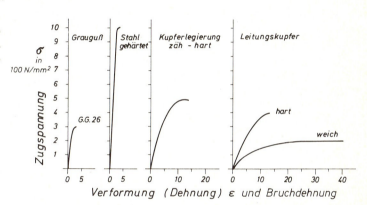

Bild 2.2.–8. Spannungs(σ)-Dehnungs(ε)-Diagramme einiger Metalle[10]

Übung 2.2.–3

Entnehmen Sie aus Bild 2.2.–8 die R_m- und A-Werte für den Bruchvorgang und übertragen Sie diese in die nebenstehenden Spalten!

1. Grauguß (Lamellen) GG 26 (s. 3.3.2.3)

2. Stahl (gehärtet) St 90 (s. 3.5.2)

3. Kupferlegierung (hart) Cu Al 10 Fe (s. 4.3)

4. Leitungskupfer (hart) E-CuF 40 (s. 4.2.1)

5. Leitungskupfer (weich) E-CuF 20 (s. 4.2.1)

Nr.	R_m N/mm²	A %
1.		
2.		
3.		
4.		
5.		

---

[10] In diesem Diagramm hat σ die Einheit 100 N/mm².
Mit Absicht! Sie müssen sich bei allen Diagrammen auf verschiedene Maßstäbe einstellen!

2.2.5. 0,2-Dehngrenze, Streckgrenze

Die im Probestab beim Übergang vom elastischen in das plastische Gebiet vorhandene Spannung, nämlich die Elastizitätsgrenze E in N mm^{-2} läßt sich beim DIN-Zugversuch nicht ohne großen Zeitaufwand ermitteln; dieser Grenzwert ist aber konstruktiv wichtig, gibt er doch die Belastungsgrenze an, bei deren Überschreiten der Stab (Werkstoff) unwiderruflich seine Gestalt bleibend verändert. Man schließt daher einen Kompromiß und bestimmt *die* Spannung im Stab, bei der er sich um 0,1 oder 0,2 % längt. Dieses Dehnungsmaß von 0,05 bis 0,2 mm läßt sich bei Meßlängen von 50 bzw. 100 mm mit Meßuhren einwandfrei bestimmen.

Man tastet sich durch Be- und Entlasten des Stabes an den betreffenden Dehnungswert heran oder bestimmt ihn durch grafisches Interpolieren nach Bild 2.2.–9 und legt die zugehörige Spannung als Konstruktionswert namens 0,2-(Dehn)-Grenze $R_{p0,2}$ fest[11]. *Dieser Wert ist eine wichtige konstruktive Normgröße und wird für alle konstruktiv belasteten Werkstoffe bestimmt. Bei weichen Stählen wird er durch die „Streckgrenze" (Bild 2.2.–10) ersetzt, die aus dem σ-ε-Diagramm entnommen werden kann. Die Höchstbelastungen einer Konstruktion müssen deutlich unter der $R_{p0,2}$-Grenze bzw. der Streckgrenze liegen.*

Die 0,2-Dehngrenze ($R_{p0,2}$) gibt die Spannung an, unter der sich ein Probestab bei zügiger Belastung um 0,2 % bleibend längt.

Die zulässige Betriebsbelastung muß deutlich unter diesem Wert liegen!

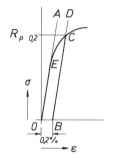

Bild 2.2.–9. Ermittlung der $R_{p0,2}$-Grenze aus dem σ-ε-Schaubild

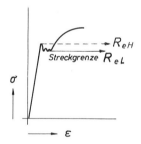

Bild 2.2.–10. σ-ε-Diagramm eines weichen Stahls mit oberer und unterer Streckgrenze

Streckgrenze R_e: bei weichen Stählen
0,2-Dehngrenze $R_{0,2}$: bei allen anderen Metallen

Beispiel 2.2.—3

Darf ein auf Zug belasteter Al-Träger mit einem Querschnitt von 500 mm^2 zeitweise mit 0,15 MN belastet werden, wenn seine 0,2-Dehngrenze 280 N mm^{-2} beträgt?

Lösung:

500 mm^2 · 280 N mm^{-2} = 140000 N = 140 kN = 0,14 MN [12].

Die Belastung liegt über der 0,2-Dehngrenze. Der Querschnitt des Trägers muß vergrößert werden.

---

[11] In Deutschland ist die 0,2-Dehngrenze üblich, in USA auch die 0,1-Grenze, d. h. die Spannung, bei der eine Probe sich bleibend um 0,1 % längt.

[12] 1 t = 1000 kg, Einheiten der Masse
1 kN = 1000 N, Einheiten der Kraft
Ein 10-t-Kran ist für die Masse 10 t ausgelegt, er besitzt die Tragkraft 0,1 MN, weil die Masse 10 t die Gewichtskraft 100 kN = 0,1 MN hat.

2.2.6. Elastizitätsmodul

Verwechseln Sie nicht die Elastizitätsgrenze mit dem Elastizitätsmodul! Es sind gänzlich verschiedene Größen, obwohl sie beide für das elastische Gebiet gelten und in gleichen Maßeinheiten (N/mm²) ausgedrückt werden.

Der E-Modul läßt sich mathematisch und grafisch interpretieren (erklären).

Jede Proportion (2.−5) läßt sich durch Einfügen des Proportionalitätsfaktors (P.-Konstante) in eine Gleichung umwandeln; dies wurde mit der Proportion nach Hook in den Gln. (2.−6, 7) gemacht. Auch die Einheiten müssen auf beiden Seiten einer Gleichung gleich sein. Für den E-Modul ergibt sich die Einheit N/mm², für die Dehnzahl a der Kehrwert mm²/N. Nach Gl. (2.−8) ist der E-Modul das Verhältnis der Spannung σ zu der elastischen Dehnung ε und nach Bild 2.2.−11 grafisch und rechnerisch zu ermitteln.

$\dfrac{\sigma}{\varepsilon} = \tan \alpha$, wobei α der Winkel zwischen der ansteigenden Geraden und der Abszisse im σ-ε-Diagramm ist.

Hook'sches Gesetz:

ε in %	$\sim$	σ in N mm^{-2} (2.−5)
$\varepsilon \; E$ in N mm^{-2}	$=$	σ in N mm^{-2} (2.−6)
ε in % oder Zahlenwert	$=$	$a \, \sigma$ in % oder Zahlenwert (2.−7)
E E-Modul	$=$	$\dfrac{\sigma}{\varepsilon}$ in N mm^{-2} (2.−8)
a Dehnungsmodul oder Dehnzahl	$=$	$\dfrac{\varepsilon}{\sigma}$ in mm² N^{-1} (2.−9)

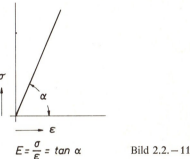

$$E = \frac{\sigma}{\varepsilon} = \tan \alpha$$ Bild 2.2.−11

Mit Worten läßt sich der Elastizitätsmodul so formulieren:

Der E-Modul ist die nur errechenbare, praktisch nicht erreichbare Zugspannung im Stab, bei der er sich elastisch auf die doppelte Länge dehnen würde!

Je höher der E-Modul, desto größer der Widerstand gegen elastische Formänderung.

Übung 2.2.−4

Zeichnen Sie schematisch die σ-ε-Diagramme für

1. einen hochfesten, schlecht verformbaren,

2. einen weichen, gut verformbaren Werkstoff!

Je größer der E-Modul eines Werkstoffes ist, um so höher ist sein Widerstand gegen eine elastische Verformung. Daher ist Eisen ein so begehrter Konstruktionswerkstoff; sein Widerstand gegen eine elastische Formänderung liegt etwa dreimal so hoch wie der von Aluminium und zweimal so hoch wie der von Kupfer (Tabelle 2.2.−1).

Praktisch heißt das, daß ein Mast oder eine Brücke und alle Konstruktionen aus Eisen zwei- bzw. dreimal so hoch elastisch belastet werden können wie solche aus Kupfer oder Aluminium, wenn eine bestimmte elastische Formänderung zulässig ist (Bild 2.2.−12). Eine Al-Stoßstange federt dreimal so weit zurück wie eine gleichdimensionierte Fe-Stange, bevor sie sich einbeult. Sie ist aber weniger kratzfest, trotz gehärteter Oberfläche, weil die harte Schutzschicht eingedrückt wird, wie eine Eisschicht auf dem Wasser.

Tabelle 2.2.−1. Zahlenwerte für E-Modul in $10^3 \cdot \text{N mm}^{-2}$

Fe und Fe-Legierungen	≈ 210
Cu und Cu-Legierungen	≈ 120
Al und Al-Legierungen	≈ 65
Pb und Pb-Legierungen	≈ 15
Kunststoffe	$\approx 0,5 \cdots 4$
Kunststoffe mit Glasfasern	$\approx 10 \cdots 40$
Glas	≈ 70

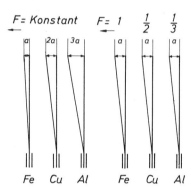

Bild 2.2.−12. Einfluß des E-Moduls auf elastische Formänderung

---

Übung 2.2.—5

Für die Bestimmung des E-Moduls wurden an einem Stab bei einer spezifischen Zugbelastung von 120 N/mm² eine elastische Dehnung von 0,057 % gemessen.

1. Wie groß ist der E-Modul?
2. Wie groß ist die Dehnzahl a?
3. Welcher Werkstoff liegt vor?

> Je größer der E-Modul, um so größer die Formfestigkeit!

2.2.7. Konstruktive Größen: Zusammenstellung

Tabelle 2.2.−2 zeigt eine Zusammenstellung der wichtigsten konstruktiven Größen mit Formelzeichen und Einheiten, die mit dem Zugversuch ermittelt werden; in der Tabelle sind die alten Formelzeichen mitaufgeführt, die seit 1975 der internationalen Norm ISO angepaßt wurden.

Prägen Sie sich diese Norm-Größen mit Formelzeichen und Einheiten ein! Sie finden sie in allen DIN-Tabellen, Druckschriften und Berechnungsunterlagen für Werkstoffe, und zwar als *Mindestwerte*, die bei der Werkstoffprü-

Tabelle 2.2.−2. Durch den Zugversuch zu ermittelnde konstruktive Werkstoffgrößen

Größe	FZ		Einheit
	neu	alt	
Zugfestigkeit	R_m	σ_B	N/mm²
Streckgrenze	R_e	σ_S	N/mm²
0,2-Dehngrenze	$R_{\text{p}0,2}$	$\sigma_{0,2}$	N/mm²
Bruchdehnung	A_5	δ_5	%
Bruchdehnung	A_{10}	δ_{10}	%
Brucheinschnürung	Z	ψ	%
Elastizitätsmodul	E	E	N/mm²
Dehnzahl	a	a	mm²/N

fung erreicht werden müssen und der Konstrukteur in seine Berechnungen einsetzen muß. In der Tabelle 2.2.−3 finden Sie für einige elektrotechnisch wichtige Werkstoffe Anhaltszahlen.

Bezeichnet man einen Werkstoff mit hochfest, fest oder weniger fest, so kann dies ein absoluter Begriff sein. Oft ist es aber auch ein werkstoffbezogener, also ein relativer Begriff; eine hochfeste Pb-Legierung z. B. kann niemals die Zugfestigkeit[13] eines mittelfesten Stahles erreichen.

Tabelle 2.2.−3. Anhaltszahlen für konstruktive = mechanische Werkstoffgrößen[14])

Werkstoff		$R_{p0,2}$ R_m N/mm^2		A_{10} %
E-Al	weich	60	100	> 20
E-Al	hart	130	180	< 1
E-Cu	weich	50	200	> 60
E-Cu	hart	400	500	< 6
CuZn 37	weich	100	300	> 60
CuZn 37	hart	500	600	< 8
Stahl	weich	200	300	> 25
Stahl	hart	800	1000	6

Tabelle 2.2.−4. Anhaltswerte für metallische Werkstoffe

Zugfestigkeit R_m in $N\ mm^{-2}$		Umformbarkeit A in %	
höchste	> 1200	höchste	> 100
sehr hohe	> 1000	sehr hohe	> 60
hohe	> 800	hohe	30 ··· 60
mittlere	400 ··· 800	mittlere	10 ··· 30
geringe	200 ··· 400	geringe	1 ··· 10
sehr geringe	< 200	sehr geringe	< 1

Bemerkungen zur Tabelle 2.2.−4:

1. Zahlenbereiche vom Verfasser ausgewählt;

2. Werkstoffgruppe muß berücksichtigt werden;

3. reine Metalle: weich, gut verformbar;

4. Knetwerkstoffe sind in der Regel besser umformbar als Gußwerkstoffe.

---

[13] Der Gegenversuch ist der Druck- oder Stauchversuch; er wird hier nicht behandelt. Auch die Biegeprobe nicht; sie wird vornehmlich bei spröden Werkstoffen, z. B. Gußeisen, Beton usw. angewandt.

[14] Zahlenwerte lernt man genauso wenig auswendig wie Telefonnummern, aber die wichtigsten prägen sich beim Gebrauch ein.

Übung 2.2.—6

Bei einem Zugversuch mit einem Probestab nach DIN mit $d_0 = 10$ mm, $L_0 = 100$ mm, Werkstoff Cu Zn 40, wurden folgende Werte gemessen:

$L = 117,4$ mm

$d = 7,3$ mm

0,2-Dehnkraft $= 28,4$ kN

Höchstkraft $= 38,2$ kN

Errechnen Sie die Werte von $R_{p0,2}$ R_m A_{10} Z

Übung 2.2.—7

Wie bezeichnen Sie den geprüften Werkstoff nach Übung 2.2. − 6: sehr fest, fest, mittelfest, wenig fest; nicht formbar (spröde), wenig formbar, mittelmäßig formbar, gut formbar, sehr gut formbar?

Übung 2.2.—8

Sie sollen eine zähharte Stahlwelle bestellen. Welche konstruktiven Werte schreiben Sie vor?

Übung 2.2.—9

Nennen Sie Namen, FZ und Einheit der fünf wichtigsten Kennwerte, die durch den Zugversuch ermittelt werden.

Nr.	Name	FZ	Ein-heit
1			
2			
3			
4			
5			

Übung 2.2.—10

Wie wird die Streckgrenze R_e von weichen Stählen ermittelt?

Übung 2.2.—11

Warum biegt sich ein Aluminiummast unter gleichen Bedingungen etwa dreimal so stark federnd wie ein Eisenmast?

Übung 2.2.—12

Ein Zugseil mit 15 mm Dmr. soll eine Dauer-last von 1 MN aufnehmen. Welcher Mindest-wert der maßgeblichen konstruktiven Meß-größe ist hierfür erforderlich?

Übung 2.2.—13

Geben Sie die ungefähren Zahlenwerte von R_m, $R_{p0,2}$ (R_e), A_{10} an für weiche Sorten von Stahl, E-Cu und CuZn 37 (Ms).

	R_m Nmm^{-2}	$R_{p0,2}$ (R_e) Nmm^{-2}	A_{10} %
Stahl, w			
E-Cu, w			
Ms, w			

2.2.8. Bruchflächen, Brucharten, statische Belastung

Brüche werden bei einwandfreien Werkstoffen nur durch Überlastung verursacht, beim Zugversuch z. B. durch eine langsam aber stetig zunehmende zügige Belastung (statisch). Hierbei entstehen bei spröden Metallen glatt-flächige *Trennungs*brüche; bei zähen, duktilen, formbaren Metallen zackige, narbige *Verformungsbrüche*. (Warum?)

Dynamische Dauerbelastung

Wird ein Werkstoff lange Zeit mit pulsierender oder wechselnder Kraft belastet (Schwingungen, Lastwechsel), dann „ermüdet" er. Der Dauerbruch ergibt glatte Bruchflächen.

Unter dauernden stoß- oder ruckartigen Belastungen verformen sich in oder zwischen den Kristallen ständig kleine Materieteilchen; durch diese kleinen Deformationen werden die Kohäsionskräfte erniedrigt und das Gefüge allmählich so gelockert, daß schließlich der Zusammenhalt abgebaut wird und der Werkstoff reißt. So können selbst plastisch gut verformbare Werkstücke unter einer pulsierenden Dauerbelastung ohne Spuren einer Deformation brechen.

Daher ist streng zwischen einem *Gewalt*bruch bei einer einmaligen Überlastung und einem *Ermüdungs*bruch bei Dauerbelastung zu unterscheiden.

Aussehen metallischer Bruchflächen:

glatt, nicht verformt	1. Gewaltbruch statisch oder dynamisch bei sprödem Metall
	2. Ermüdungsbruch durch Dauer-Wechsel-belastung bei jedem Metall
zackig, narbig verformt	Gewaltbruch bei zähem u. bei weichem Metall

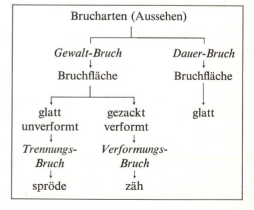

Bei Schadensfällen kann man an dem Bruchaussehen häufig die Bruchursachen erkennen.

Bei Gewaltbrüchen wie Zusammenstößen,
Aufprallen u. a. deformiert sich ein formbarer
Werkstoff; der glatte Trennungsbruch eines
zähen Werkstoffes ist dagegen ein Beweis für
die Ermüdung des Werkstoffes; er ist entweder
zu lange oder *zu hoch* belastet worden. Um dies
zu vermeiden, gibt es für alle Werkstoffe
Dauer-Wechselbelastungsschaubilder   nach
Bild 2.2.–13 (s. a. Bild 8.3.–1).

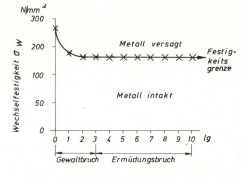

Bild 2.2.–13. Wöhlerkurve, Dauerwechselfestigkeit.

Bei der Prüfung wird ein Probestab so lange unter
einer wechselnden Belastung (Lastwechsel) geprüft, bis er bricht. Danach wird ein neuer Stab aus
dem gleichen Werkstoff unter einer größeren
Wechsellast bis zum Bruch geprüft u. s. f.

Man erhält dann einzelne Punkte aus der Anzahl
der Lastwechsel und der Belastung, die miteinander verbunden die sogenannte Wöhlerkurve ergeben.

Auf der Abszisse wird die Zahl der Lastwechsel
(Schwingungen!) im logarithmischen Maßstab
angegeben; die Zahl beträgt bis zu $60 \cdot 10^6$ (s. Bild
8.3.–1).

Übung 2.2.—14

Eine Motorwelle ist ohne Deformation gebro-
chen; die Bruchfläche war glatt.

a) Vermutliche Bruchursache?

b) Welche Bruchursache scheidet aus?

Übung 2.2.—15

Ein Metallstab wird mit steigender Zugkraft
F belastet und dabei plastisch deformiert. In
der Skizze sind 5 seiner Kristalle mit den Achsen angedeutet; diese liegen in der Papierebene
und sind die dichtesten Kugelebenen. Die Zugkraft F wirkt in der Papierebene parallel zu
den Längsseiten.

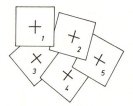

Kristalle 1 ⋯ 5
+ ≙ Achsenebene
↑ F_{zug}

Beantworten Sie anhand einer Skizze die Frage, ob alle 5 Kristalle gleichzeitig und um das
gleiche Maß gelängt werden!

Übung 2.2.—16

Aus welcher Kurve kann man die Belastbarkeit einer Welle auf wechselnde (pulsierende)
Kräfte ersehen?

2.3. Härte

Lernziele

Nach Durcharbeiten dieses Kapitels kann der Lernende ...

... den Härtebegriff erläutern.

... die Vickershärte beschreiben.

... die Rockwellhärte beschreiben.

... die Brinellhärte beschreiben.

... die Anwendbarkeit der 3 Härtearten gegeneinander abgrenzen.

... den Zusammenhang zwischen Zugfestigkeit und Härtewerten für Metalle angeben.

2.3.0. Übersicht

Die Härte ist eine wichtige Gebrauchseigenschaft und wird daher für jeden Werkstoff bestimmt. Allgemeine Angaben, wie z. B. der Werkstoff ist sehr hart oder mittelweich, genügen nicht; die Technik benötigt genaue Zahlenwerte.

Wir verbinden mit dem Begriff „Härte" unwillkürlich den Widerstand gegen Kratzer, Abrieb oder das Eindringen von Fremdkörpern.

Sie erlernen in diesem Kapitel die wichtigsten Normprüfungen für die Härte.

2.3.1. Begriff und Prüfverfahren

Härte ist der Widerstand eines Werkstoffes gegen das Eindringen eines Fremdkörpers.

Dabei setzen wir voraus, daß der Fremdkörper hart, spitz und klein oder kantig ist. Wesentlich ist auch, ob der Prüfling metallisch oder gummi-elastisch ist.

Härte = Widerstand gegen Eindringen von Fremdkörpern

Beim Einpressen eines härteren Prüfwerkzeuges in einen weicheren Stoff gibt dieser zunächst elastisch nach; erst bei größerem Flächendruck verformt er sich plastisch. Im Werkstück spielen hierbei Kohäsionskräfte und Gleitvorgänge in und zwischen den Kristallen die gleiche Rolle wie beim Zugversuch; damit ist der Zusammenhang zwischen Härte- und Festigkeitswerten erklärt: Je fester ein Werkstoff ist, um so härter ist er auch!

Härte ~ Festigkeit!

Für die Härtebestimmung von Werkstoffen bieten sich drei verschiedene Prüfarten an.

1. *Rückprallhärte* (elast. Körper)

Man läßt einen kleinen harten Prüfkörper (Kugel, Zylinder, Kegel) aus bestimmter Höhe auf die Probe fallen und schließt aus der Rückprallhöhe auf die Härte. Diese Methode wird bei gummielastischen Stoffen angewandt (Shorehärte; Bild 2.3.−1).

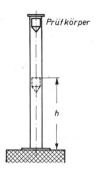

Bild 2.3.−1. Shorehärte für elastische Werkstoffe

2. *Ritzhärte* − Mohs'sche Härteskala

Sie ist die älteste Härtebestimmung. Als Härtevergleich dienen Mineralien mit unterschiedlicher Härte: Diamant hat als härtestes Mineral die Zahl 10, Korund 9, u. s. f., bis zum weichen Talkum mit 1.

> Mohs'sche Härteskala
>
>   1 ⋯ 10
>
> ältester Härtevergleich (für Werkstoffe nicht mehr angewandt)!

3. *Eindringhärte* mittels statischer Pressung

Für die Härtebestimmung von Metallen gibt es drei DIN-Prüfverfahren, die nebeneinander benutzt werden. Bei ihnen wird ein kleines, hartes Werkzeug stoßfrei in den Prüfling gepreßt und der bleibende Eindruck vermessen. Man erhält gut vergleichbare Härtezahlenwerte.

Die drei Eindringverfahren werden in den folgenden Abschnitten erläutert.

> Für Metalle gibt es drei DIN-Eindring-Härten:
>
> HV, HR, HB!
>
> Sie werden in Zahlen angegeben; je höher der Zahlenwert, um so härter ist der Werkstoff.

2.3.2. Vickershärte HV, DIN 50133

Bild 2.3.−2 zeigt das Meßprinzip. Eine rechteckige Diamantpyramide mit Öffnungswinkeln von 136° zwischen den gegenüberliegenden Flächen wird stoßfrei mit einer bestimmten Kraft (20 bis 1000 N) so lange in die Probe gepreßt, bis sie nicht mehr tiefer eindringt.

Die Einpreßkraft muß einen auswertbaren Eindruck hinterlassen. Sie richtet sich nach der Härte des Prüflings, die in etwa entweder bekannt sein oder durch einen Vorversuch festgestellt werden muß. Die auszuwählende Einpreßkraft wird danach aus einer Tabelle entnommen.

Die Eindringtiefe und der hinterlassene Eindruck sind sehr klein und betragen manchmal nur wenige μm. Man mißt mit einem Meßmikroskop die beiden Diagonalen des recht-

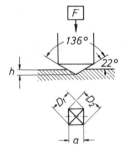

Bild 2.3.−2. Meßprinzip der Vickershärteprüfung

[15)] Genaue Informationen enthalten die DIN-Vorschriften.

eckigen Eindruckes und benutzt den arithmetischen Mittelwert für die Berechnung der Härtezahl. Aus Härtetabellen kann man sie entnehmen, wenn die Einpreßkraft F in N und die Diagonale in mm bekannt ist. Der Rechengang ergibt sich aus den Gleichungen (2.−10) bis (2.−16).

Die Zahlenwerte HV nach Vickers sind zuverlässig und genau, mit sehr geringen Fehlerabweichungen für alle Härtegrade von weichen bis zu extrem harten Werkstoffen und für alle Schichtstärken.[15]

Bei der Wertangabe wird der Zahlenwert vor-, die Prüfkraft nachgesetzt.

290 HV 100 bedeutet: Härtezahl 290 nach Vickers bei einer Einpreßkraft von (100/0,102) N = 980 N.[16]

Nicht zum Lernen!
Zum Verständnis der Errechnung von Härtetabellen!

$$HV = \frac{0,102 \cdot F}{A} \; ; \qquad (2.-10)$$

F Prüfkraft in N[16]
A Oberfläche des Eindrucks in mm²
$A = 2 \, ah \qquad (2.-11)$
a Seite der Pyramidenfläche in mm
h Höhe der Pyramide in mm

$$h = \frac{a}{2 \sin \dfrac{136°}{2}} \qquad (2.-12)$$

$$\sin \frac{136°}{2} = \sin 68° = \cos (90°-68°)$$
$$= \cos 22° \approx 0,927 \qquad (2.-13)$$

$$h \approx \frac{a}{1,854} \qquad (2.-14)$$

$$A \approx \frac{2a^2}{1,854} \approx \frac{D^2}{1,854} \qquad (2.-15)$$

$$HV = \frac{F}{A} \approx \frac{1,854 \cdot 0,102 \cdot F}{D^2} = \frac{0,189 \, F}{D^2}$$
$$(2.-16)$$

In der Praxis:

Hat man F und D ermittelt, entnimmt man aus Tabellen die HV-Zahl.

2.3.3. Rockwellhärte HRC und HRB, DIN 50103

Bei der Rockwellhärteprüfung HR wird (meist) ein kleiner Kegel (C)[17] oder (selten) eine kleine Kugel (B)[17] in zwei Laststufen, mit einer Prüfvorkraft von 98 N und der Prüfkraft von zusätzlich 1373 N in die Probe eingedrückt und die bleibende Eindring*tiefe* gemessen. Das Prüf- und Meßprinzip sind in Bild 2.3.−3 veranschaulicht.

---

[16] Der Umrechnungsfaktor 0,102 dient zur Beibehaltung der auf der veralteten Krafteinheit kp basierenden Vickershärtewerte.

[17] C = engl. Conus
B = engl. Ball.

Zunächst wird die Prüfvorkraft von 98 N auf-
gebracht, dann auf die tiefste Eindruckstelle
eine Tiefenmeßuhr gesetzt und ihre Skala auf
Null gestellt. Danach wird die Prüfkraft von
1373 N stoßfrei in 3 bis 6 Sekunden aufge-
bracht.

Wenn der Tiefenzeiger der Meßuhr zum Still-
stand gekommen ist, d. h., wenn die Prüfspitze
nicht weiter eindringt, wird die Probe bis auf
die Prüfvorkraft von 98 N entlastet und die
dann verbleibende Eindringtiefe als der für die
Härte maßgebliche Wert ausgemessen.

Wie aus Bild 2.3.−3 ersichtlich ist, beginnt die
Meßskala am tiefsten Punkt der Eindringstelle
durch die Prüfvorkraft ($e = 0$) mit dem Zahlenwert HRC bzw. HRB = 100, dem Höchstwert der Härte. Sehr harte Werkstoffe hinterlassen sehr kleine, kaum meßbare Eindrücke.
Für dünne harte Schichten ist diese Prüfung
bestens geeignet.

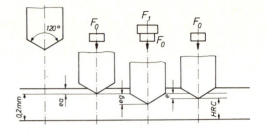

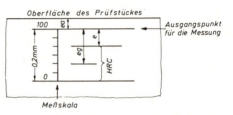

Bild 2.3.−3. Meßprinzip der Rockwell-Härteprüfung

ea Eindringtiefe nach Aufbringen der Prüfvorkraft F_0
eg Eindringtiefe nach Aufbringen der Prüfkraft F_1
e Eindringtiefe nach der Entlastung

Wie bei den beiden anderen Härteprüfverfahren haben bei der Rockwellhärte die weichen
Werkstoffe niedrige, die harten Werkstoffe
hohe Zahlen bis max. 100. Die Härtezahlen
nach Rockwell sind rasch und zuverlässig feststellbar (Bild 2.3.−4).

Bild 2.3.−4. Beziehung zwischen Eindringtiefe
und Rockwellhärte HRC

2.3.4. Brinell-(Kugeldruck)Härte HB, DIN 50351

Bei weicheren Werkstoffen wird vorzugsweise
das Kugeldruckverfahren, auch Brinell-Ver-
fahren[18] genannt, angewandt. Hierbei wird
eine Kugel von 2,5, 5 oder 10 mm Dmr. mit
einer bestimmten Kraft so lange stoßfrei in das
Prüfstück eingepreßt, bis sie nicht tiefer eindringt (Bild 2.3.−5). Dies dauert gewöhnlich
10 s; bei weichen Metallen, deren Rekristallisationstemperatur (s. 1.5!) unterhalb der

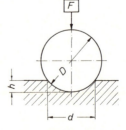

Bild 2.3.−5. Schema der Härteprüfung nach Brinell HB (Kugeldruckprobe)

---

[18] Brinell: schwedischer Ingenieur.

Raumtemperatur liegt, z. B. bei Blei und Zink, sind 30 s vorgeschrieben. Die Prüfkraft richtet sich nach der Härte des Werkstoffes, muß aber ein Vielfaches des Quadrates vom Kugeldurchmesser betragen[19].

Nach dem Entlasten wird mit einem Meßmikroskop der Durchmesser der hinterlassenen Kalottenfläche ausgemessen.

Nach Gl. (2.−21) läßt sich die Härtezahl HB aus der Prüfkraft F (N), dem Durchmesser der Kugel D und der Eindruck-Kalotte d (mm) errechnen.

In der Praxis entnimmt man den Härtewert, wenn F, D und d bekannt sind, aus Tabellen. Die HB-Zahlenwerte liegen zwischen 5 und 400.

Bei exakten Bestimmungen und Prüfattesten müssen Prüfkraft, Prüfzeit und Kugeldurchmesser mit den HB-Zahlen angeführt werden; 150 HB 10/100/30 bedeutet Härtezahl 150, ermittelt mit einer Kugel von 10 mm Durchmesser, einer Druckkraft von (100/0,102) N und 30 s Einwirkdauer.

| Zum Verstehen, nicht zum Lernen! |

$$HB = \frac{0,102 \cdot F}{A} \qquad (2.-17)$$

F Prüfkraft in N[20]

A Oberfläche der eingedrückten Kugelkappe (mm²)

$$A = \pi D \cdot h \qquad (2.-18)$$

h Kalottenhöhe (mm²)

umgeformt

$$A = \frac{\pi}{4}(d^2 + 4h^2) \qquad (2.-19)$$

umgeformt

$$A = \frac{\pi}{2} D (D - \sqrt{D^2 - d^2}) \qquad (2.-20)$$

eingesetzt in (2.−17)

$$HB = \frac{0,204 \cdot F}{\pi D (D - \sqrt{D^2 - d^2})} \qquad (2.-21)$$

Gleichung für die Errechnung der Härtewerte in Härtetabellen aus F, D und d

Übung 2.3.−1

Was bedeutet 50 HB 2,5/1875/30?

2.3.5. Anwendbarkeit und Vergleich der drei DIN-Prüfverfahren

a) *Anwendbarkeit*

Es erhebt sich die Frage:

Warum drei Prüfmethoden? Genügt nicht eine?

Die Antwort lautet: nein, denn kein Härteprüfverfahren ist für alle Werkstoffe ausreichend.

HV: *anwendbar* für alle Härtegrade und alle Schichtstärken;

nicht anwendbar für stark plastische und grobe Kristalle;

nachteilig: sorgfältige, zeitaufwendige Vorbereitung der Probe.

Tabelle 2.3.−1. Übersicht über Eindring-Härteprüfverfahren nach DIN

Verfahren		Werkzeug	Eindringkraft in N
Vickers HV		Viereck-Pyramide	50 ··· 500
Rockwell HR			
	C	Diamantkonus	98 + 1373
	B	Kugel	98 + 1373
Brinell HB		Kugel 2,5 ··· 10 mm ⌀	30 ··· 30000

---

[19] Näheres siehe DIN 50351.

[20] Der Umrechnungsfaktor 0,102 dient zur Beibehaltung der auf der veralteten Krafteinheit kp basierenden Brinellhärtewerte.

HR: *anwendbar* für alle Härtegrade und Schichtstärken;

nicht anwendbar für grobe Kristalle;

nachteilig: stoßempfindliche Diamantspitze.

HB: *anwendbar* bis zu Werten ∼ 400;

schlecht anwendbar über 400; Kugel plattet sich ab; Eindrücke zu klein und nicht genau meßbar.

b) *Vergleich der drei Härtezahlen*

Die drei Härtewerte lassen sich miteinander vergleichen, jedoch geben Umrechnungstabellen und Diagramme (Bild 2.3.−6) nur Anhalts- und keine exakten Werte. Da Härte und Festigkeit proportional verlaufen, erhält man aus den Härtezahlen auch Anhaltswerte für die Zugfestigkeit; am besten eignen sich hierfür die HB-Zahlen nach Tabelle 2.3.−2.

Beispiel 2.3.—1

Bei einem Eisenträger ergab die Härteprüfung 120 HB.

$R_m \approx 3{,}5 \cdot 120$ HB $= 420$ N/mm².

Übung 2.3.—2

Ein Kupferstab hat einen HV-Wert von 85; Wie groß ist ungefähr seine Zugfestigkeit?

Übung 2.3.—3

In welchen Fällen ist die HV- und die HR-Probe gut anwendbar, die HB-Probe aber nicht?

Übung 2.3.—4

Mit einer 10-mm-Kugel wurde bei einer Prüfkraft von 2943 N ein Eindruck von 4 mm ⌀ erzielt. HB 10/300/10 =   ?

Übung 2.3.—5

Geben Sie die ungefähren Härtezahlen für nebenstehende Tabelle an!

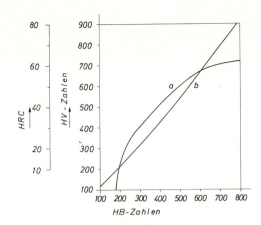

Bild 2.3.−6. Diagramm zur Umrechnung von HRC-Zahlen (*a*) und HV-Zahlen (*b*) in HB-Zahlen und umgekehrt

Tabelle 2.3.−2. Umrechnung von Härtezahlen HV und HB in Zugfestigkeit R_m in N/mm²

$R_m \approx a \cdot$ HB bzw. $R_m \approx a \cdot$ HV

Werkstoff	*a* (Faktor)
Eisen-Kohlenstoff-Legierung	3,5
Cu − weich	4,0
Cu − hart	5,5
Al − weich	3,5
Al − hart	2,5

	HB	HV	RC
Fe − weich			
Cu − mittel			
Al − hart			

2.4. Kerbschlagbiegeversuch, DIN 50155

Lernziele

Der Lernende kann ...

... die Versuchsdurchführung erklären.

... die Maßeinheiten der Kerbschlagzähigkeit und der Kerbschlagarbeit nennen.

... Hoch- und Tieflage erklären.

... Anhaltswerte der Prüfung für einige Werkstoffe nennen.

2.4.0. Übersicht

Dieser Schlagversuch erbringt rasch und billig ein zuverlässiges Ergebnis für das Verhalten eines Werkstoffes gegenüber Stößen und Schlägen.

2.4.1. Zweck

Im Betrieb werden Werkstoffe oft ungewollt oder gewollt Stößen und Schlägen ausgesetzt; diese Belastung fällt unter den Begriff „dynamische Beanspruchung" im Gegensatz zu einer statischen Beanspruchung, die konstant bleibt oder nur langsam zu- und abnimmt. Die klassischen konstruktiven Werte wie $R_{p0,2}$ R_m; $A_{5,10}$ und die Härtewerte bilden keinen Maßstab für die dynamische Haltbarkeit.

Die Schlagzähigkeit einiger Werkstoffe wird von der Temperatur stark beeinflußt; es gibt kritische Temperaturen bei Kältegraden, bei denen Werkstoffe, die normalerweise zäh sind, spröde wie Glas werden (2.4.4).

2.4.2. Versuchseinrichtung und -ausführung

Am meisten verwendet man eine kleine gekerbte Probe mit quadratischem Querschnitt, die sog. DVM[21]-Probe nach Bild 2.4.–1; sie wird auf einem Pendelschlagwerk nach Bild 2.4.–2 zerschlagen.

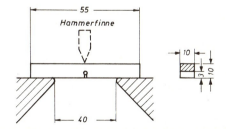

Bild 2.4.–1. DVM-Normalprobe (Beanspruchung angedeutet)

---

[21] DVM = Deutscher Verband f. Materialprüfung.

Ein in seiner Ausgangshöhe h_0 eingerasteter Schlaghammer schlägt nach dem Ausklinken am tiefsten Punkt der Pendelkreisbahn mit seiner höchsten Bewegungsenergie auf die ungekerbte Probenseite. Ein Teil der Fallarbeit wird durch die Trennarbeit verbraucht; die Steighöhe h ist also kleiner als die Ausgangshöhe h_0.

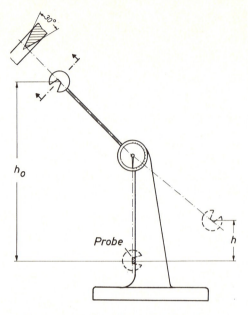

Bild 2.4.−2. Pendelschlagwerk (Schema)

2.4.3. Versuchsauswertung

Aus h_0, h in m und der Hammergewichtskraft F_G in N errechnet man nach Gl. (2.−22) die zur Trennung benötigte Schlagarbeit W_v in Nm = J. Die Kerbschlagzähigkeit α_K ist die auf den Probenquerschnitt bezogene Trennarbeit in J mm^{-2} nach Gl. (2.−23).

$$W_v = F_G\,(h_0 - h) \qquad (2.-22)$$
$$\text{Nm} = \text{Ws} = \text{J}$$

$$\boxed{\alpha_K = \frac{W_v}{A_0} \text{ in } \frac{\text{J}}{\text{mm}^2}} \qquad (2.-23)$$

W_v Schlagarbeit
F_G Hammergewichtskraft
h_0 Ausgangshöhe (meist 1 m)
h Steighöhe
α_K Kerbschlagzähigkeit
A_0 Ausgangsquerschnitt

2.4.4. Werte für α_K

Früher wurde die Kerbschlagzähigkeit α_K in $\dfrac{\text{kpm}}{\text{cm}^2}$ angegeben, jetzt gilt die Einheit $\dfrac{\text{J}}{\text{mm}^2}$.

$$\alpha_{K,\,neu} \text{ in } \frac{\text{J}}{\text{mm}^2} = 0,1\ \alpha_{K,\,alt} \text{ in } \frac{\text{kpm}}{\text{cm}^2}\ .$$

Überprüfen Sie diese Werte!

Fe-C-Legierungen, z. B. unlegierte Baustähle mit krz-Gittern verspröden in der Kälte (Bild 2.4.–3); Metalle mit kfz-Gitter, z. B. Cu, Al, Ag, Au und ihre Legierungen und γ-Eisen (Austenit) bleiben auch bei Tiefsttemperaturen zäh und verformbar.

Aus Tabelle 2.4.–1 ersehen Sie Zahlenwerte für α_K und ihre Bewertung.

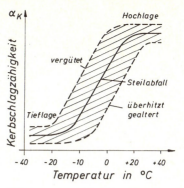

Bild 2.4.–3. Kerbschlagzähigkeit – Temperaturkurve

| kfz-Metalle behalten α_k-Werte auch bei Kältetemperaturen |
| krz-Metalle: Vorsicht! |
| Hochlage – Tieflage bei Temperaturunterschieden beachten! |

Tabelle 2.4.–1

α_K Spitzenwerte	$> 1{,}50$ J mm^{-2}
α_K gut	$\approx\ > 0{,}50$ J mm^{-2}
α_K mittel	$> 0{,}20$ J mm^{-2}
α_K schlecht	$< 0{,}05$ J mm^{-2}

Übung 2.4.–1

Welche metallischen Werkstoffe können bedenkenlos auch bei Tiefsttemperaturen dynamisch beansprucht werden, und welche nicht?

Übung 2.4.–2

Was bedeutet bei einer Schlagbiegeprobe Hoch- und Tieflage?

Übung 2.4.–3

Nennen Sie für die Kerbschlagprobe FZ und Einheit!

Übung 2.4.–4

Der Werkstoff A hat eine niedrige, der Werkstoff B eine sehr hohe Kerbschlagzähigkeit; nennen Sie die Richtwerte für die beiden Proben!

2.5. Zerstörungsfreie Werkstoffprüfung mit Ultraschall (US), DIN 54119 – 20[22)]

Lernziele

Der Lernende kann . . .

. . . wichtige zerstörungsfreie Prüfverfahren anführen.

. . . das Prinzip der Beschallung nach dem Impuls-Echo-Verfahren beschreiben.

. . . Anwendungsmöglichkeiten für das Impuls-Echo-Verfahren angeben.

2.5.0. Übersicht

Außer der Härte lassen sich die konstruktiven Eigenschaften nicht unmittelbar am Werkstück, sondern nur an Sonderproben bestimmen (s. 2.1.2). Oft muß aber das ganze Werkstück einer Einzel- oder Serienfertigung auf Tauglichkeit und verborgene Fehler untersucht werden. Hierfür dienen die für eine Werkstoffkontrolle unentbehrlichen, zerstörungsfreien Prüfmethoden; eine der wichtigsten ist die *Durchschallung mit unhörbaren Wellen (US)*.

2.5.1. Zweck und Übersicht zerstörungsfreier Prüfungen

Hängt vom Werkstück die Betriebssicherheit ab, dann genügen nicht allein Kontroll-Stichproben, sondern jedes Teil muß auf Oberflächen- und Innenfehler geprüft werden, ohne daß es hierbei beschädigt wird.

a) *Oberflächenfehler* treten meist als feine An- oder Haarrisse auf. Man kann das Werkstück einfärben und dadurch verborgene Risse besser sichtbar machen. Eisenteile lassen sich magnetisieren, wobei sich Eisen-Öl-Emulsionen an Rissen anhäufen.

b) Das *Innere der Werkstoffe kann*

- mit kurzen Wellen (Röntgen- oder Neutronen) durchstrahlt,
- mit längeren Wellen, Ultraschall, durchschallt und
- elektrischen oder magnetischen Feldern ausgesetzt werden.

Abweichungen vom Normalzustand werden bei diesen physikalischen Prüfmethoden aufgedeckt und erforderlichenfalls registriert.

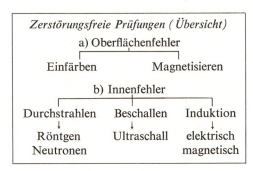

[22)] Erwünschte Vorkenntnisse: Wellenlehre; Entstehung, Arten, Fortpflanzung, Frequenz, Länge, Reflektion, Brechung, Resonanz.

Frischen Sie Ihre Kenntnisse aus dem Physikunterricht vor dem Lernen dieses Kapitels wieder auf!

2.5.2. Ultraschall; Begriff und Erzeugung

Zersprungene Gläser und Glocken tönen nicht mehr! Achslager und Bremsgestänge werden auch heute noch bei der Eisenbahn auf Risse abgeklopft! Durch den Schlag wird ein Schallstoß (Impuls) in den Werkstoff geleitet, der sich als geradlinige Welle im Werkstoff fortpflanzt, und zwar um so schneller, je dichter und homogener der beschallte Stoff ist; bei Feststoffen wirkt sich dabei der E-Modul aus. An den Begrenzungsflächen des Feststoffes wird die Welle reflektiert; das gleiche geschieht auch bei Spalten, Rissen und Poren, die selbst in kleinsten Abmessungen auf diese Weise entdeckt werden. Technisch genutzte Schallwellen haben höhere als vom menschlichen Ohr wahrnehmbare Frequenzen und werden deshalb Ultra-Schall (ultra = jenseits) genannt. Sie sind ungefährlich und lassen sich auf einfache Weise durch zwei physikalische Effekte erzeugen:

a) *magnetostriktiv* (7.2.3.3), wobei ferromagnetische Metalle sich im Magnetfeld längen oder kürzen und dadurch im Wechselfeld im Takt der angelegten magnetischen Durchflutungsfrequenz mechanische Schwingungen ausführen.

b) *piezoelektrisch*[23]; hierbei entstehen bei elastischen Formänderungen, die durch Zug- oder Druckkräfte hervorgerufen werden, auf den Außenflächen bestimmter Ionenkristalle elektrische Potentialunterschiede. Der Piezoeffekt (s. 8.1.4.6) ist umkehrbar; legt man außen an die Flächen eines Kristalls unterschiedliche Potentiale an, so gerät er im Takt der Potentialänderung in Schwingungen. Der gleiche Kristall kann daher zugleich als Geber und Empfänger dienen.

Am meisten wird das Impuls-Echo-Verfahren angewandt (Bild 2.5.−1). Im Prüfkopf sind Geber- und Empfängerkristall untergebracht. Der Geber ist an eine HF-Leitung angeschlossen und schwingt bei geschlossenem Stromkreis. Die Kristalle schwingen am besten bei Resonanz, d. h.,

> Je dichter der Stoff ist, um so größer ist die Schallgeschwindigkeit;
> D in g cm³, v in m s⁻¹.

Tabelle 2.5.−1. Grundbegriffe und Werte aus der Schalltechnik

1. *Schallwellen*, Frequenzen

Menschliches Ohr	< 20 kHz
Ultraschall (US)	> 20 kHz
technische US-Prüfverf.	0,5 ··· 20 MHz

2. *Schallgeschwindigkeit* in m/s

Stoff	Dichte g/cm³	m/s
Luft	0,0012	330
Öl	0,95	1250
Wasser	1	1480
Metalle	von 1,7	≈ 1300
	bis ≈ 20	≈ 5700

3. *US-Erzeugung*, Ursachen

magnetostriktiv	piezoelektrisch
Längenänderung des magnetischen Werkstoffes (Fe, Ni) im magnetischen Feld	Potentialerzeugung bei Kristallen[SiO₂(Quarz) und BaO TiO₂] durch Druck; Vorgang ist reversibel!

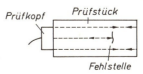

Bild 2.5.−1. Impuls-Echo-Verfahren (Schema)

---

[23] piezein (griech.): drücken.

wenn die von den Abmessungen abhängige Eigenfrequenz des Kristalles mit der Stromfrequenz übereinstimmt.

Um die kurzzeitigen Schallimpulse von 2 bis 10 μs Dauer gut in das Werkstück einzuleiten, benetzt man den Kristall oder die Kontaktstelle des Prüfstückes mit Wasser oder Öl.

Übung 2.5.—1

In welchem Frequenzbereich liegen die US-Wellen für Werkstoffprüfungen?

Übung 2.5.—2

Wie werden die US-Wellen erzeugt?

2.5.3. Vorgänge im Werkstück und ihre Aufzeichnung

a) *Werkstoffehler*

Die Schallimpulse durchlaufen gradlinig das Prüfstück und werden an der Wand, also beim Übergang fest → gasförmig, zurückgeworfen und kehren zum Empfänger zurück, wobei der Schallstoß vom Kristall in einen Stromimpuls verwandelt wird; dieser wird über einen Verstärker einem Elektronen — Oszilloskop zugeleitet. Auf dem Schirmbild erscheint die im Prüfstück zurückgelegte Schallstrecke als waagrechte Linie, der Sendeimpuls und der als Echo bezeichnete reflektierte Schallstoß auf der Ordinate als zackenförmige Lichtabweichungen (Bild 2.5. − 2).

Stoßen die Schallwellen, bevor sie auf die Rückwand treffen, auf Unterbrechungen im Gefüge, z. B. Risse, Poren, Blasen, dann werden sie an ihnen reflektiert und erscheinen auf dem Schirm als Zwischenzacken zwischen Sende- und Echozacken. (Bild 2.5.−2). Aus ihrer Lage und Größe kann man bei genügender Erfahrung auf die Lage und Größe der Fehlstellen schließen. Kleinste Fehlstellen bis herab zu einer linearen Ausdehnung von 10^{-6} mm können auf diese Weise gefunden werden.

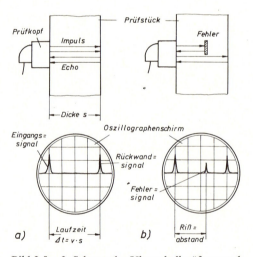

Bild 2.5. − 2. Schema der Ultraschallprüfung nach dem Impuls-Echo-Verfahren
a) fehlerfreie Probe
b) Risse in der Probe

b) *Wandstärke*

In der gleichen Weise, wie Wassertiefen mittels Schallecho ausgelotet werden, können auch

Wandstärken an schwer zugänglichen Stellen, z. B. von Behältern oder Rohrteilen gemessen werden; die Schallgeschwindigkeit des Stoffes muß hierbei bekannt sein (s. Tabelle 2.5.—1).

Übung 2.5.—3

Wie werden US-Wellen empfangen und registriert?

Übung 2.5.—4

Was heißt Impuls-Echo-Verfahren?

Übung 2.5.—5

Erläutern Sie die wesentlichen Vorzüge des US-Verfahrens bei der Ermittlung verborgener Werkstoff-Fehler!

2.6. Gestaltfestigkeit

a) *Abrundungen*

Die Haltbarkeit eines Werkstückes wird nicht nur durch die inneren Kohäsionskräfte, d. h. durch die Härtezahl, $\sigma_{0,2}$ und σ_B, sondern auch seine Gestalt bestimmt. Wie bei einem windschnittigen Körper der Luftwiderstand kleiner als bei einem kantig-eckigen ist, nimmt ein zweckmäßig gestaltetes Werkstück mit sanften Übergängen größere Spannungen auf als ein Teil mit schroffen und eckigen Übergängen, oder mit scharfen Kerben oder Aussparungen.

b) *Dickeneinfluß bei Gußteilen*

Dickwandige Gußstücke erstarren langsamer und werden dadurch grobkristalliner als dünnwandige (s. 1.2.2). Ungleiche Wandstärken in einem Gußstück führen wegen ungleicher Erstarrungsgeschwindigkeit zu inneren Spannungen und werden daher möglichst vermieden; anderenfalls kann die Abkühlungsgeschwindigkeit durch Schreckplatten vergrößert oder durch Wärme abgebende Isolierstoffe verlangsamt werden.

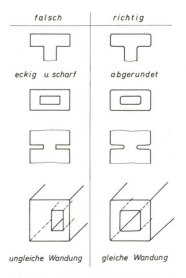

Bild 2.6.—1. Konstruktionshinweise

Metallurgischer Begriff in der Gießtechnik: „Gelenkte Erstarrung"

2.7. Lernzielorientierter Test

2.7.1. Das maßgebliche Formelzeichen für Kaltumformbarkeit ist

A σ
B α
C Z
D A
E   E-Modul

2.7.2. Das Formelzeichen für $\dfrac{L-L_0}{L_0} \cdot 100\%$ lautet

A σ
B A_5
C A_{10}
D Z
E ε

2.7.3. Das Formelzeichen mit Bezeichnung für $\dfrac{\sigma}{\varepsilon}$ im elastischen Bereich lautet

A α Dehnzahl
B σ_E Elastizitätsgrenze
C $R_{p0,2}$ 0,2-Dehngrenze
D E E-Modul
E R_m Bruchfestigkeit

2.7.4. $\sigma_{0,2}$ ist eine Größe für

A   Wärmespannung
B   Temperaturgrenze
C   elastische Formänderung
D   Zugspannung, bei der sich ein Stab bleibend um 0,2% dehnt
E   die Kraft, die einen Stab elastisch um 0,2% dehnt

2.7.5. In welcher Reihenfolge steigt der E-Modul?

A   Cu − Al − Fe − Kunststoff (unverstärkt)
B   Al − Cu − Fe − Kunststoff (unverstärkt)
C   Kunststoff (unverstärkt) − Al − Cu − Fe
D   Kunststoff (unverstärkt) − Cu − Al − Fe
E   Cu − Kunststoff (unverstärkt) − Fe − Al

2.7.6. Die Kerbschlagzähigkeit α_K eines Metalles beträgt 0,2 J mm^{-2}.

Dieser Wert ist

A   sehr hoch
B   hoch
C   mittel
D   niedrig
E   sehr niedrig

2.7.7. Magnetostriktion bedeutet

A   Temperaturänderung im Magnetfeld
B   elastische Spannungen im Magnetfeld
C   Änderung des Magnetflusses
D   reversible Formänderung im Magnetfeld
E   irreversible Formänderung im Magnetfeld

2.7.8. Die praktisch benutzte Frequenz im US-Prüfverfahren ist

A   4⋯2   kHz
B   2⋯20   kHz
C   20⋯200 kHz
D   0,5⋯5   MHz
E   5⋯50 MHz

2.7.9. Der $R_{p0,2}$-Grenzbereich in N/mm² für einen weichen Al-Draht ist

A   10 ⋯ 20
B   20 ⋯ 50
C   50 ⋯100
D   100⋯150
E   150⋯200

2.7.10. Der A_5-Wert in % für eine weiche E-Cu-Stange ist

A   < 5
B   < 10
C   < 25
D   > 25
E   > 50

2.7.11. Der R_m-Wert in $N\,mm^{-2}$ für hochfesten Baustahl ist

A   < 100
B   < 200
C   < 400
D   > 400
E   > 500

2.7.12. Rockwell-Härteprüfung HRC:

A   Eindringhärte
B   Rückprallhärte
C   runder Eindruck
D   für weiche Stoffe anwendbar
E   für sehr harte Stoffe anwendbar

2.7.13. Welche Werkstoffgrößen erhält man
durch den Zugversuch?

A   HB-Zahl
B   HRC-Zahl
C   Dauerschwingfestigkeit
D A
E $R_{p0,2}$

3. Eisenwerkstoffe

3.0. Überblick

Eisen (Fe) wurde schon vor Christi Geburt als Waffe benutzt; in großer Menge wird es seit Mitte des 19. Jahrhunderts nach Erfindungen wirtschaftlicher Verfahren (Bessemer, Thomas, Siemens, Martin) erzeugt.

> Fe-Herstellung begann im Eisenzeitalter vor Christi Geburt; ab 1850 Massenherstellung.

Wegen seines Preises und seiner variierbaren Eigenschaften ist Eisen das meistbenutzte Metall in der Gesamt- und in der E-Technik.

Die Werkstoffwahl nach konstruktiven Gesichtspunkten ist vornehmlich Aufgabe des Bauingenieurs und des Maschinenbauers, nach elektromagnetischen die des Elektrotechnikers. Oft lassen sich diese Gesichtspunkte nicht trennen; daher muß der E-Techniker zumindest Grundkenntnisse von den Eigenschaften der wichtigsten Fe-Werkstoffe haben.

Die vielen Eisensorten werden systematisch in DIN-Klassen unterteilt. Um ihren Gefügeaufbau (Kristallarten) und ihre Haupteigenschaften kennenzulernen, gehen wir schrittweise vom einfachen Kristall zu komplizierteren Vorgängen und Gefügen vor.

> Über 500 Eisensorten nach DIN!
> Jede Sorte hat eine Nummer!
> Jede Sorte hat einen Namen!

3.1. Wir beginnen mit dem *Reineisen*.

3.2. Danach betrachten wir die binären Eisen-Kohlenstoff-Legierungen; C ist für Fe die wichtigste und einflußreichste Legierungskomponente und in (fast) allen technischen Eisenwerkstoffen vorhanden; man bezeichnet die Fe-C-Legierungen daher als „unlegiert".

3.3. Die Eisensorten werden in *Stähle* (formbare Knetwerkstoffe) und in *Gußwerkstoffe* (in Urform vergossen) unterteilt; diese Unterteilung läßt sich am besten am *Fe-C-Zustandsdiagramm* besprechen. Seine Linien und ihre technische Bedeutung und prinzipielle Anwendung werden Sie erlernen (3.2.2).

3.1. Reineisen (Relais)

3.2. Fe-C-Werkstoffe
= Eisen-Kohlenstoff-Legierungen

3.3.

Fe-C-Werkstoffe (speziell)

Stähle (knetbar, umformbar) durch Verformung erhalten sie die Endgestalt

Gußwerkstoffe (urgeformt) endgültige Gestalt

3.4. Einige Legierungskomponenten verleihen dem *legierten Eisen* besondere Eigenschaften. Uns interessieren vornehmlich die magnetelektrischen (Magnetwerkstoffe) und die thermischen Eigenschaften (Bimetalle, Heizwiderstände).

3.4.
                    Legiertes Eisen

    <5% Legierungs-   >5% Legierungs-
        anteil   anteil
    = niedriglegiert   = hochlegiert

3.5. Erhöhte Temperaturen und unterschiedliche Abkühlungsgeschwindigkeiten wirken sich auf das Gefüge aus (Kap. 1). Sie werden über die wichtigsten *Wärmebehandlungsverfahren* (= Warmbehandlung) unterrichtet.

3.5.
                    Wärmebehandlung

        Glühen   Härten
     Normalisieren   Vergüten
       Entspannen

3.6. Jede Eisensorte besitzt eine DIN-*Werkstoffnummer und* eine DIN-*Kurzbezeichnung;* beide Bezeichnungs-Systeme werden kurz erläutert.

3.6.
                    DIN-Bezeichnungen

        Werkstoff-   Kurz-
        nummern   bezeichnung

3.1. Reineisen

Lernziele

Der Lernende kann ...

... die Abkühlungskurve von Fe aufzeichnen und erläutern.

... die Gitterarten von Fe nennen.

... magnetisches und unmagnetisches Eisen unterscheiden.

3.1.0. Übersicht

Reines Eisen ist schwer herstellbar und deswegen teuer. Die sogenannten „Eisenbegleiter", stammen vom Erz her oder gelangen bei der Herstellung (Verhüttung) in das Eisen (P, S, C, Si, Mn, Cu). Sie lassen sich schwer restlos entfernen und sie sind oft unerwünscht. Reine Eisenkristalle sind weich, weich-magnetisch, gut formbar und leicht rostend. Technisch reines Eisen wird als weichmagnetischer Relaiswerkstoff verwandt.

In diesem Abschnitt beschäftigen wir uns mit dem reinen Eisen; später gehen wir zu den komplizierteren Eisenlegierungen über.

> Fe (rein)
> selten technisch verwandt; teuer!
> Weichmagnetischer Relaiswerkstoff.
> Stichwort: A r m c o !
> (Arm an Kohlenstoff)

3.1.1. Thermische Analyse

Kühlt man geschmolzenes Reineisen langsam ab (s. 1.2.1) und mißt dabei Temperatur und Zeit, so erhält man die nebenstehende Abkühlungskurve (Bild 3.1.−1). Sie hat einen oberen Haltepunkt (Erstarren, Schmelzen) bei 1526 °C und einen unteren bei etwa 900 °C (Kristallumwandlung = polymorphe Umwandlung).

Bei 900°C geht gewissermaßen ein kleiner Ruck durch den festen, rotglühenden Haufen lebhaft schwirrender Atomkugeln, wobei diese ein wenig aus ihrer Lage verrutschen und sich anders formieren (Bild 3.1.−2).

In dem rotglühendem Eisen gruppieren sich dabei die Fe-Atome innerhalb der Kristalle zu einer anderen Struktur (Zelle, Gitterart) um.

Dieses Phänomen (Erscheinung) und seine Folgen sind technisch so bedeutungsvoll, daß wir sie in den folgenden Abschnitten genauer schildern.

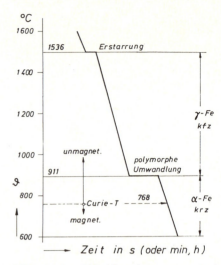

Bild 3.1.−1. Abkühlungskurve von Reineisen (vereinfacht), thermische Analyse

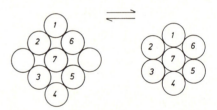

Bild 3.1.−2. Umgruppierung einer Kugelpackung in eine dichtere Packung; hierbei verlagern sich die Kugeln (= Atome) nur ein wenig

3.1.2. Die zwei Raumgitter

Eisen bildet zwei Kristallarten (Modifikationen):

1. γ-Fe, oberhalb 900°C, kfz-Gitter; die Kristalle heißen nach ihrem Entdecker *Austenit;* sie sind *unmagnetisch*, weich, gut formbar auch in extremer Kälte[1].

2. α-Fe, unterhalb 900°C, krz-Gitter; die Kristalle heißen *Ferrit*; sie sind *magnetisch*, weich, nicht ganz so gut formbar; in der Kälte verspröden sie! (Siehe 2.4.4.)

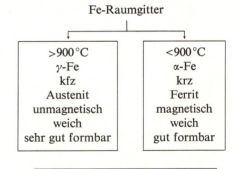

---

[1] Im Abschn. 3.4.1 werden Sie lernen, daß die Legierungstechnik es ermöglicht, die polymorphe Umwandlung $\gamma-$Fe $\to \alpha-$Fe zu unterdrücken und $\gamma-$Fe auch bei Zimmer- und extremer Kältetemperatur zu stabilisieren.

Übung 3.1.—1

Zeichnen Sie die Erwärmungskurve von Reineisen mit der polymorphen Umwandlungs-
und der Schmelztemperatur und markieren Sie
die beiden Gebiete, in denen die zwei Kristallarten beständig sind!

Übung 3.1.—2

Welche Fe-Zelle hat in der Mitte ein Fe-
Atom?

Übung 3.1.—3

Was vollzieht sich im Reineisen bei 900°C?

3.1.3. Curietemperatur

Bei 768°C vollzieht sich in dem rotglühenden
Ferritkristall etwas Bedeutsames; oberhalb
dieser Temperatur ist das Eisen unmagnetisch,
unterhalb magnetisch. Nach der Entdeckerin
wird dieser Umwandlungspunkt „Curiepunkt"[2] genannt.

Auch die beiden anderen Magnetmetalle,
Nickel und Kobalt, haben Curie-Tempera-
turen. Ursprünglich hielt man sie für polymorphe Gitterumwandlungen und bezeichnete
das Fe von 768 bis 900°C als β-Fe. Später erkannte man mit Hilfe der Röntgenstrahlen,
daß α-Fe und β-Fe die gleiche Struktur mit
krz-Gittern haben.

Erst in jüngster Zeit entdeckte man die wirkliche Ursache der magnetischen Umwandlung
am Curiepunkt (s. 7.1.1.4).

Reineisen
Curiepunkt ≙ magnetische Umwandlung
α-Fe magnetisch: < 768°C
α-Fe unmagnetisch: 768...900°C
γ-Fe unmagnetisch: > 900°C

Reinmetalle mit ferro-magnetischen Eigenschaften	
Metall	Curie-punkt °C
Ni	358
Fe	768
Co	1121

Übung 3.1.—4

An einem Ni-Magnet hängt ein Fe-Bolzen.
Der Magnet wird auf 360°C erwärmt. Erklären
Sie, was dabei geschieht!

---

[2] (sprich küri)

3.2. Eisen-Kohlenstoff-Legierungen

Lernziele

Der Lernende kann ...

... die Bezeichnung und Eigenschaften der wichtigsten Kristalle und eines Kristallgemenges (Eutektoides) in Fe-C-Legierungen nennen.

... den Einfluß des C-Gehaltes in Fe-C-Legierungen erläutern.

... technisch wichtige Vorgänge bei der Gitterumwandlung α-Fe $\rightleftarrows$ γ-Fe am Fe-C-Schaubild erläutern.

... weiche und harte Kristalle unterscheiden.

3.2.0. Übersicht

Jeder kennt die vielen eisernen Gegenstände im modernen Leben, in Baukonstruktionen, Maschinen, Geräten und Vorrichtungen. Sie bestehen nicht aus Reineisen, sondern überwiegend aus *Fe-C-Legierungen*. Erst durch den Kohlenstoff wird das Eisen vielseitig benutzbar: als weicher Bindedraht bis zur harten Schneide, als kleiner Schrankschlüssel bis zum Turbinengehäuse.

Der Kohlenstoff ist also − erstaunlich! − für Fe der wichtigste Legierungspartner; erstaunlich, weil er sich als Graphit oder Koks (90 % C) − wie Salz in Wasser − im flüssigen Fe bis ≈8 % löst. Alle anderen Gebrauchsmetalle, wie Cu, Zn, Sn, Al, Au, Ag, tun dies nicht; im Gegenteil, man benutzt für sie gerne Graphit als Schmelz- und Gießgefäße.

Die auffallend großen Unterschiede seiner konstruktiven, magnetelektrischen und chemischen Eigenschaften verdankt das Eisen seinen verschiedenen Kristallarten und ihren unterschiedlichen Mengenanteilen. Diese Zusammenhänge werden Sie jetzt kennenlernen.

> Der Kohlenstoff ist der wichtigste Legierungspartner in allen Eisen- und Stahlsorten!

Dies hat drei Gründe:

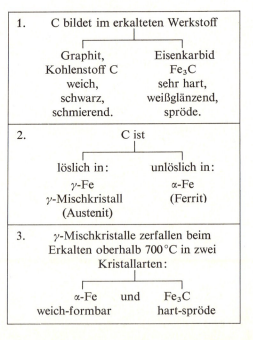

1.	C bildet im erkalteten Werkstoff	
	Graphit, Kohlenstoff C weich, schwarz, schmierend.	Eisenkarbid Fe_3C sehr hart, weißglänzend, spröde.
2.	C ist	
	löslich in: γ-Fe γ-Mischkristall (Austenit)	unlöslich in: α-Fe (Ferrit)
3.	γ-Mischkristalle zerfallen beim Erkalten oberhalb 700 °C in zwei Kristallarten:	
	α-Fe und weich-formbar	Fe_3C hart-spröde

3.2.1. Stabile und metastabile Kristalle

3.2.1.1. Graphit, Zementit

Erste Ursache für die mannigfachen Eigenschaften der Fe-Werkstoffe.

Der im flüssigen Eisen gelöste Kohlenstoff kann sich bei oder nach der Erstarrung in zwei Kristallarten ausscheiden:

1. Reiner *Graphit*, hex, schwarz, weich, schmierend. Die säuberliche Trennung der festen C-Atome (Kristalle) von den festen Fe-Atomen (Kristallen) bezeichnet man als *stabile* (= beständige) Erstarrung oder stabiles Erstarrungssystem. Nach der schwarz-weißen (= grauen) Gefügefarbe (= Bruch) nennt man die Erstarrung auch „grau" und das so erstarrte Eisen *Grauguß* GG.

2. Kristalle aus *Eisenkarbid* Fe_3C; je ein C-Atom verbindet sich mit drei Fe-Atomen zu der intermetallischen Verbindung Fe_3C und bildet aus ihr hellglänzende, hartspröde Kristalle namens *Zementit*. Alle intermetallischen Verbindungen haben komplizierte Raumgitter ohne Gleitsysteme und sind daher hart und spröde! Diese Erstarrungsart nennt man „weiß" oder *„metastabil"* (= nicht ganz stabil!), weil Fe_3C bei längerer Glühdauer nach der Gleichung $Fe_3C \rightleftharpoons 3\,Fe + C$ in Eisen und Kohlenstoff zerfällt. Diese Reaktionsgleichung ist reversibel und in jeder Pfeilrichtung technologisch[3] wichtig;

1. nach rechts zerlegt man harte Zementitkristalle durch Tempern (Glühen) in Ferrit und Graphit (Temperguß, Temperkohle),

2. nach links läßt man C-Atome in glühendes, reines Eisen (Ferrit)[4] eindiffundieren und erreicht Härtungseffekte (Carbonisierung, s. 3.5.3.1).

Durch Legierungszusätze und regulierte Erstarrungsgeschwindigkeit erzielt man treffsicher das gewünschte Gefüge im Eisen nach dem stabilen oder metastabilen Erstarrungssystem.

---

[3] technologisch $\hat{=}$ in der Herstellung,
technisch $\hat{=}$ in der Anwendung.

[4] Ferrit hier als Kristallart, nicht als Oxidmagnetwerkstoff.

Zwei Erstarrungsarten von Fe-C-Legierungen:

1. stabil $\hat{=}$ grau, $C \rightarrow$ Graphit
2. metastabil $\hat{=}$ weiß, $C \rightarrow Fe_3C$

1. Graphit $\rightarrow$ weich, schmierend
2. Fe_3C $\rightarrow$ sehr hart, spröde

In Stählen: niemals Graphit, also metastabil!

in unlegierten Stählen: Fe_3C
in legierten Stählen: Fe_3C oder γ-Fe-Mischkristall (= Austenit)

Graphit tritt nur in Gußlegierungen mit $> 2\%$ C auf (stabil!).

Stabil erstarrte Fe-C-Legierungen heißen Grau- oder Kugelgraphitguß;

sie haben 2 oder 3 Kristallarten:

1. Graphit = immer
2. Ferrit = immer
3. Zementit = manchmal (im Perlit, s. 3.2.1.3)

Eisen und Kohlenstoff stehen in der Wärme im chemischen Gleichgewicht:

Fe_3C $\rightleftharpoons 3\,Fe + C$
Eisenkarbid $\rightleftharpoons$ Eisen + Kohlenstoff
Zementit $\rightleftharpoons$ Ferrit + Graphit
metastabil $\rightleftharpoons$ stabil
weiß $\rightleftharpoons$ grau
bei Dauerglühung $\rightarrow$

Beispiele für *Aufkohlung* $\hat{=}$ Härten durch *Karbonisieren*:

● Zahnradflanken
● Nockenoberfläche an Nockenwellen
● Gewehrlauf-Innenfläche

Gesamtwerkstoff: zäh-formbar
aufgekohlte Zone: hart, verschleißfest.

Aus dem Schema der Tabelle 3.2.−1 ersehen Sie die wichtigsten Einflüsse auf die Erstarrungsarten:

- grau ≙ stabil
- weiß ≙ instabil

Silizium (Si)   → grau
Mangan (Mn)   → weiß
langsame Abkühlung → grau
schnelle Abkühlung   → weiß

Tabelle 3.2.−1. Entstehung der Kristalle (Gefüge) in Fe-C-Legierungen

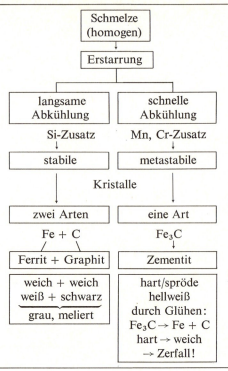

Übung 3.2.—1

Erklären Sie die Begriffe „stabil" und „metastabil" im Fe-C-Diagramm.

Übung 3.2.—2

Wie erzielt man ein stabiles Gefüge in Fe-C-Legierungen?

Übung 3.2.—3

Wie kann man Eisenkarbid in Ferrit und Graphit umwandeln?

Übung 3.2.—4

Ein Eisenwerkzeug hat ein graues Bruchaussehen.
Welche Kristallart enthält es?

Übung 3.2.—5

Was heißt „Aufkohlen" bei Fe-Werkstoffen?

3.2.1.2. Zementit, Austenit

Zweite Ursache für die mannigfachen Eigenschaften der Fe-Werkstoffe:

Die C-Atome können mit Fe-Atomen zwei verschiedene Kristallarten bilden:

1. Fe_3C-*Zementitkristalle:* kompliziertes Gitter, sehr hart und spröde, magnetisch (wir hatten sie soeben in 3.2.1.1. kennengelernt!).

2. γ-Fe-Mischkristalle, kfz, weich, zäh, sehr gut formbar, unmagnetisch, *austenitische Mischkristalle.*

Sie sind in Fe-C-Legierungen unbeständige „Übergangskristalle", erstarren aus der Schmelze, können aber nur rotglühend existieren, weil sie bei einer bestimmten Temperatur (700...900 °C, je nach dem C-Gehalt der Legierung) in zwei Kristallarten zerfallen; diesen Vorgang erlernen Sie im nächsten Abschnitt.

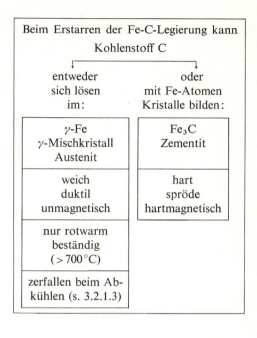

Beim Erstarren der Fe-C-Legierung kann Kohlenstoff C	
entweder sich lösen im:	oder mit Fe-Atomen Kristalle bilden:
γ-Fe γ-Mischkristall Austenit	Fe_3C Zementit
weich duktil unmagnetisch	hart spröde hartmagnetisch
nur rotwarm beständig ($> 700\,°C$)	
zerfallen beim Abkühlen (s. 3.2.1.3)	

Übung 3.2.—6

In welchem Eisen können sich C-Atome lösen und mit den Fe-Atomen Mischkristalle bilden? Wie heißen diese Körner?

3.2.1.3. Austenitzerfall, Perlitbildung

Die dritte Ursache (für die vielseitigen Gebrauchseigenschaften der Fe-C-Legierungen)

ist der eben erwähnte *Zerfall* der glühenden γ-Mischkristalle bei der Abkühlung; γ-Fe wandelt sich dabei in α-Fe um; γ-Fe ist aus kfz-Zellen aufgebaut; sie haben in der Kubusmitte kein Fe-Atom und können dort ein kleineres C-Atom aufnehmen (lösen). Das α-Fe besteht aus krz-Zellen, in deren Kubusmitte sich ein Fe-Atom befindet und die daher keinen Raum für C-Atome haben.

Heiße γ-Kristalle können mehr C-Atome als kältere lösen, da die mittleren Atomabstände sich durch die Wärmeschwingungen vergrößern[5].

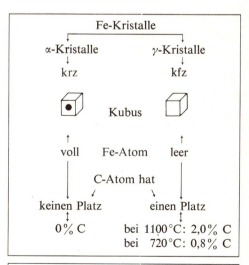

Die Lösungsfähigkeit der γ-Kristalle für C steigt mit der Temperatur!

---

[5] Darum löst warmes Wasser auch mehr Salz als kaltes!

Das γ-Fe löst bei 1150°C $\approx$ 2,0 C
bei 900°C $\approx$ 1,5 C
bei 720°C $\approx$ 0,8 C.

Bei der γ-Fe $\rightarrow$ α-Fe Umwandlung müssen die gelösten C-Atome aus dem Gitter diffundieren und reißen dabei je drei Fe-Atome mit sich, mit denen sie sich nach der Gleichung

$$3\,Fe + C \rightleftharpoons Fe_3C$$

zu Eisenkarbid, d. h. Zementkristallen, zusammenschließen. Zwischen ihnen kristallisieren lagenweise die C-freien α-Kristalle (Ferrit), so daß ein dicht geschichtetes, heterogenes Gefüge aus zwei Kristallarten entsteht, das man *Perlit*[6] nennt. Perlit setzt sich demnach abwechselnd aus hartfesten und weichduktilen Schichtkristallen zusammen und bildet so ein zähhartes, für hochbeanspruchte Maschinen und Werkzeuge geeignetes Kristallgefüge (Bild 3.2.−1).

Infolge ihrer Oberflächenspannung ziehen sich beim Glühen die Schichtkristalle zu Kugelkristallen zusammen (wie Quecksilber), und es entsteht ein kugeliger oder „körniger" Perlit nach Bild 3.2.−2, der gut bearbeitbar ist.

γ-Mischkristall
(Austenit)

zerfällt bei Abkühlung in:

$$Fe_3C + \alpha\text{-}Fe$$

(Zementit) + (Ferrit)
$\underbrace{\text{hart} \qquad \text{weich}}$

(Perlit)
zäh

Bild 3.2.−1. Perlit streifig. Vergr. $\times$ 500

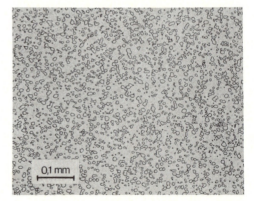

Bild 3.2.−2. Perlit, körnig geglüht. Vergr. $\times$ 100

---

[6] Das Gefüge hat einen perlmuttartigen Schimmer.

3.2.1.4. Kristallarten

Alle bisher besprochenen Kristallarten werden nochmals zur besseren Übersicht zusammengestellt (Tabelle 3.2.−2) und ihr Aussehen in mikroskopischen Bildern gezeigt. Diese Lichtbilder machen die „Metallografen", indem sie die Metalle „unter die Lupe" nehmen, die Kristalle betrachten und fotografieren. Die Bruch- oder Oberfläche des Metalles muß hierfür geschliffen und spiegelblank poliert werden. Um die Kornflächen und Korngrenzen zu verdeutlichen, ätzt man den „Schliff" mit einer geeigneten Lösung (Bild 3.2.−3).

Wichtige Kriterien für den Werkstoff sind: Art, Größe, Form, Grenzen, Mengenanteile und Verteilung der einzelnen Kristalle im Gefüge. *Das Gefüge ist der Träger aller Werkstoffeigenschaften.*

Tabelle 3.2.−2. Vier Kristallarten in Fe-C-Legierungen (Stählen und Gußwerkstoffen)

1. Graphit	2. Ferrit	3. Zementit	4. Perlit
C sehr weich	Fe weich, formbar	Fe_3C sehr hart, nicht formbar	$Fe + Fe_3C$ zäh, formbar
HV ≈ 10	HV ≈ 100 rostet leicht	HV ≈ 1100 rostet weniger	HV ≈ 250

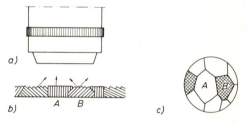

Bild 3.2.−3
a) Mikroskop (Schema)
b) geätzter Schliff; metallische Kristalle A und B
c) Kristallkörner hell/dunkel, Kristallgrenzen

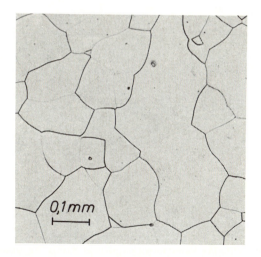

Bild 3.2.−4. Ferrit; reines α-Eisen. Vergr. × 100

Bild 3.2.−5. Austenit; γ-Eisen. Vergr. × 100 Zwillingsbildung; nur legiert bei Raumtemperatur erhaltbar

Übung 3.2.—7

Kann α-Fe mit C-Atomen Mischkristalle bilden? Begründung!

Übung 3.2.—8

Warum ist Ferrit immer weich und warum Zementit immer hart?

Übung 3.2.—9

Woraus besteht Perlit?

Übung 3.2.—10

Ist Perlit magnetisch?

Übung 3.2.—11

In welcher Form liegt C im Perlit vor?

3.2.2. Das Fe-C-Zustandsdiagramm (bzw. Fe-Fe$_3$C-Zustandsdiagramm)

3.2.2.0. Übersicht

Alle Vorgänge, die sich in einer Legierung beim Erwärmen oder Erkalten abspielen, und die Kristallarten, die im erkalteten Werkstoff vorhanden sind, kann man am besten aus dem *Zustandsschaubild* ersehen. Das Fe-C-Schaubild[7] erscheint zunächst so kompliziert, daß mancher Techniker und Ingenieur es beiseite legt; bei etwas Mühe und Geduld ist es aber für jeden verständlich und aufschlußreich.

Man beachte nochmals die Regeln aus der Legierungslehre (1.6):

a) Alle Linien setzen sich aus einzelnen Punkten zusammen; jeder Punkt markiert die Temperatur und die Zusammensetzung, bei der eine Phasenumwandlung stattfindet (Phase = homogener Stoff), also flüssig ⇌ fest oder fest ⇌ fest.

Wiederholung aus Kapitel 1	
Phase	≙ homogener Stoff fest, flüssig, gasförmig
2 Phasen	≙ 2 homogene Stoffe = heterogen
Mischkristall	≙ homogener Kristall[8]
Kristallgemisch	≙ heterogener Stoff
Phasenumwandlung	1. flüssig ⇌ fest 2. fest ⇌ fest

---

[7] Die Wissenschaft unterscheidet zwei Schaubilder:
   1. das Eisen-Kohlenstoff-Schaubild,
   2. das Eisen-Eisenkarbid-Schaubild.
   Die Linien beider Diagramme unterscheiden sich kaum.

[8] Nur im idealen Zustand; technische Mischkristalle haben oft Konzentrationsunterschiede; sie können durch Diffusionsglühungen ausgeglichen werden.

b) Die Linien begrenzen Felder (= Phasen-
gebiete), in denen eine oder zwei Phasen
beständig sind; z. B. Schmelze + Kristall,
oder eine Kristallart oder zwei Kristallarten.

c) Die unteren Phasenfelder zeigen die Kristallarten im erkalteten Werkstoff und sind
für den Verbraucher entscheidend.

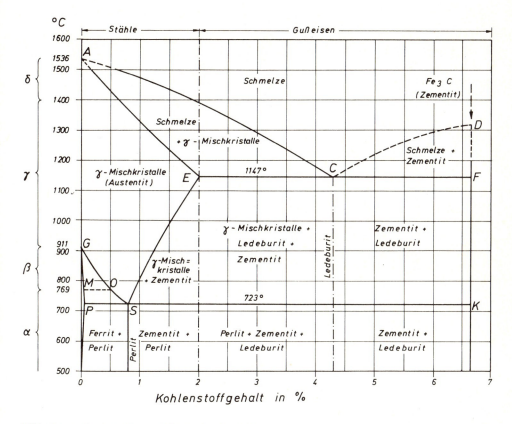

Bild 3.2.−6 Eisen-Kohlenstoff-Zustandsschaubild
Man unterscheidet: 1. Fe-C-Schaubild (stabil),
        2. Fe-Fe$_3$C-Schaubild (metastabil).
Beide Diagramme unterscheiden sich kaum voneinander; dieses eine Diagramm gilt daher für den stabilen
und den metastabilen Zustand.
Im allgemeinen enthalten Stähle Fe$_3$C (metastabil), die Gußeisen-Werkstoffe teils Fe$_3$C, teils C, d. h. sie
sind teils im stabilen, teils im metastabilen Zustand, je nach der Abkühlungsgeschwindigkeit und den
Legierungsgehalten.
Mn, Cr fördern den metastabilen, Si den stabilen Zustand

3.2.2.1. Aufbau

Das Gesamtschaubild Fe-C (Bild 3.2.—6) setzt sich aus drei Teildiagrammen nach den Bildern 3.2.−7 bis −9 zusammen.

a) Das erste Teildiagramm (Bild 3.2.−7) ist ein V-Diagramm mit dem Linienzug *ACD*; man vergleiche es mit dem Grundtyp nach Bild 1.6.−8. Aus der Schmelze entstehen zwei Kristallarten: γ-Mischkristalle und Fe₃C-Kristalle; bei 1150 °C und 4,3 % C entsteht ein Eutektikum aus den sich gleichzeitig ausscheidenden Zementit- und Austenitkristallen. Das Eutektikum (Ledebourit) lassen wir hier außer Betracht; bei Stählen tritt es nicht auf, und bei Gußwerkstoffen zerfällt es sofort in Graphit und Ferrit.

b) Bild 3.2.−8 zeigt ein Linsendiagramm (also Mischkristalle!) nach dem Linienzug *AEC*. Vergleichen Sie es mit Bild 1.6.−11!

c) Bild 3.2.−9 hat auch einen V-artigen Linienzug *GSE* mit der Horizontalen *PSK*. Oberhalb der *GSE* befindet sich aber keine Schmelze, sondern eine feste Phase, die γ-Mischkristalle.

Die γ-Mischkristalle zerfallen unterhalb der Linie *GS* in Ferrit, am Punkt *S* in Perlit und unterhalb der Linie *ES* in Zementit, bei *S* wieder in Perlit.

Der Punkt *S* entspricht dem eutektischen Punkt *C* des V-Schaubildes 3.2.−7; er wird zur Unterscheidung „eutektoider" Punkt und das Ferrit-Zementit-Gemisch (Perlit) „Eutektoid" genannt. Unterhalb der „eutektoiden Gerade" *PSK*, d. h. unterhalb 723 °C ist das Kristallgefüge der Fe-C-Legierungen so weit abgekühlt, daß es sich nicht mehr verändert.

Es besteht bei:

untereutektoider Zusammensetzung (< 0,8 C) aus Ferrit + Perlit,

eutektoider Zusammensetzung (= 0,8 C) aus Perlit,

übereutektoider Zusammensetzung (> 0,8 C) aus Zementit + Perlit.

Die Bilder 3.2.−7 bis 3.2.−9 zeigen Teile des gesamten Fe-Fe₃C-Diagrammes nach Bild 3.2.−6.

Hierdurch wird das zunächst kompliziert erscheinende Diagramm leichter verständlich.

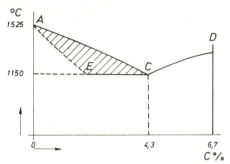

Bild 3.2.−7. Teildiagramm von FeC-Legierungen

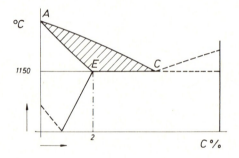

Bild 3.2.−8. Teildiagramm von FeC-Legierungen

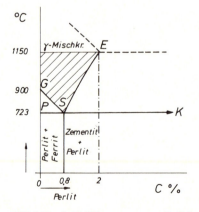

Bild 3.2.−9. Teildiagramm von FeC-Legierungen

Bemerkung!

Lesen Sie diesen Abschnitt mehrmals und verfolgen Sie den Text an den Abbildungen, dann begreifen Sie den Sinn und die Aussagefähigkeit des Fe-C-Schaubildes!

Alle Vorgänge sind reversibel, d. h., sie treten beim Erwärmen in umgekehrter Richtung wie beim Abkühlen auf.

Z. B. Ferrit + Zementit ⇌ γ-Misch-
kristall
→ Erwärmen
Abkühlen ←

Diese Vorgänge laufen bei langsamer Abkühlung vollständig ab; bei schneller Abkühlung können andere, härtere Kristalle entstehen (s. 3.5.2).

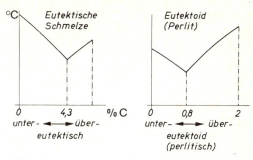

Bild 3.2.—10

> Ein Eutektikum (heterogen) entsteht aus der Schmelze!
> Ein Eutektoid (heterogen) entsteht aus einem Mischkristall!

> Bezeichnung des Gefüges und der Stahlsorten nach dem C-Gehalt:
> a) $< 0,8$ C: untereutektoid (Ferrit + Perlit)
> b) $= 0,8$ C: eutektoid (Perlit)
> c) $> 0,8$ C: übereutektoid (Zementit + Perlit)

Übung 3.2.—12

Was heißt übereutektoider Stahl?

Übung 3.2.—13

Erklären Sie den Begriff „Zerfall des Austenit"! Wann zerfällt er und in was zerfällt er?

Übung 3.2.—14

Nennen Sie die Kohlenstoffgehalte in Fe-C-Legierungen für:

a) untereutektoiden Stahl,
b) eutektoiden Stahl,
c) übereutektoiden Stahl!

3.2.2.2. Härte, Festigkeit, Formbarkeit der Fe-C-Legierungen

Sie wissen bereits:

Härte, Festigkeit und Formbarkeit metallischer Werkstoffe beruhen auf den Eigenschaften ihrer Kristalle (Körner) und deren Zwischensubstanzen (Korngrenzen). Sind alle Kristalle gleich hart, entspricht die Werkstoffhärte der Kristallhärte. Ist die Härte der einzelnen Kristalle unterschiedlich, so ist die Härte ein Zwischenwert, der sich aus den Härten der Kristalle und ihren Volumenanteilen ergibt.

C-armes Eisen enthält vornehmlich weichen Ferrit, ist also weich (Blumendraht). Eisen enthält mit steigenden C-% zunehmend größere Anteile an hart-sprödem Zementit (Fe$_3$C) und wird dadurch zunehmend härter und fester, aber gleichzeitig auch schlechter formbar (Scheren, Sägen, Feilen!); Bild 3.2.–11 zeigt dies.

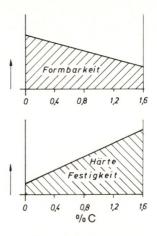

Bild 3.2. – 11. Einfluß des C-Prozentgehaltes auf die konstruktiven Eigenschaften der Fe-C-Legierungen (grobschematisch)

Kohlenstoff im Eisen als Fe$_3$C steigert Härte und Festigkeit, vermindert die Formbarkeit!

Ferrit: HV ≈ 100
Zementit: HV ≈ 1100
Perlit: HV 200 ... 300
Je feiner die Schichten aus Ferrit und Zementit, desto härter ist der Perlit.
feinkörnig → härter
grobkörnig → weicher

Übung 3.2.—15

Skizzieren Sie den Verlauf von σ_B und δ über den C-Gehalten von Fe-C-Legierungen!

Übung 3.2.—16

Ordnen Sie nach steigender Härte Perlit, Zementit, Ferrit!

3.3. Unlegierte Eisenwerkstoffe

Lernziele

Der Lernende kann ...

... unlegierte Knet- und Gußwerkstoffe unterscheiden.

... unlegierte Stähle nach C-Gehalten und Verwendung unterscheiden.

... unlegierte Gußwerkstofe nach C-Gehalten, Graphitausscheidung und Verwendung beurteilen

3.3.0. Übersicht

Es wurde bereits gelernt:

„Der C-Gehalt ist bestimmend für die Eigenschaften der Fe-C-Legierungen!"

Wir unterscheiden bei den *Stählen* (0,1 bis 1,7% C) zwei Hauptgruppen:

1. *Bau*stähle mit 0,1 bis 0,6% C, wobei Bau $\cong$ Konstruktion ist; eine Kurbelwelle oder ein Motorgehäuse ist auch ein *Bau*teil!
2. *Werkzeug*stähle mit 0,6 bis 1,7% C; sie müssen hart, fest und formbeständig sein (z. B. Bohrer, Fräser).

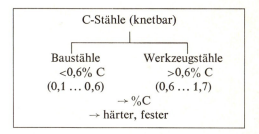

Bei den Gußwerkstoffen unterscheidet man

1. Gußstahl – ohne Graphit
2. Grauguß – mit Graphitlamellen
3. Temperguß – mit/ohne Graphit
4. Kugelgraphitguß (Sphäroguß) – mit Graphitkugeln.

3.3.1. Unlegierte Stähle

Unlegierte Stähle werden in großen Mengen hergestellt (Massenstähle); Baukonstruktionen, Maschinen Apparate, Rohre, Schrauben Bleche, Profileisen bestehen meist aus unlegierten *Bau*stählen; sie müssen sich kalt und warm formen lassen (Walz-Zieh-Preßwerke).

Stähle für einfache *Werkzeuge wie Hämmer*, Zangen, Meißel, Feilen, Lehren usw., sind unlegiert; meistens werden sie gehärtet (s. 3.5.2).

Ungehärtete C-Stähle (naturhart) haben nur zwei Kristallarten: Ferrit und Zementit.

Ferrit + Zementit $\cong$ Perlit (Bild 3.3.–1).

Für die Härte und Festigkeit eines Werkstückes aus Stahl ist der Kohlenstoffgehalt ausschlaggebend. Mit steigendem C-Gehalt (max. $\approx$ 1,7% C) steigen Härte und Festigkeit und sinken Dehnung und Schmelzpunkt; auch die Schweißbarkeit wird schlechter.

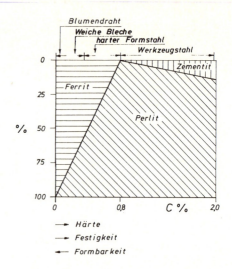

Bild 3.3. − 1. Einfluß des C-Gehaltes auf die Kristall-
sorten (Gefüge) und konstruktiven Eigenschaften

Übung 3.3.—1

Erklären Sie die Begriffe „Baustahl" und
„Werkzeugstahl"!

Übung 3.3.—2

Gibt es unlegierte Werkzeugstähle?

Übung 3.3.—3

Welches Gefüge hat ein Stahl mit 0,8% C? Begründung!

Übung 3.3.—4

Es liegen drei Stahlsorten vor mit 0,2, mit 0,4
und mit 0,6% C. Wie ist die Reihenfolge ihrer
steigenden Umformbarkeit?

3.3.2. Unlegierte Fe-Gußwerkstoffe

3.3.2.1. Arten; Unterschied zu Knetwerkstoffen

Für elektrische Zwecke werden viele Werkstücke aus Stahl- und Eisenguß benötigt; jeder
Elektrotechniker kommt täglich mit ihnen in
Berührung. Einfach und kompliziert gestal-
tete, kleine und große Teile, vom Apparate-
hebelchen bis zum Großturbinengehäuse werden im Gußverfahren (Gießen) aus Gußwerkstoffen hergestellt. Es war, ist und bleibt das
eleganteste und oft kostengünstigste Formge-

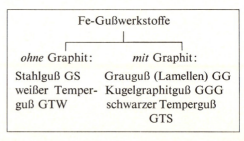

bungsverfahren für Einzel-, Klein- und Groß-serienteile und wird ständig zu rationellen Spezialverfahren weiterentwickelt. Meistens kann man aus Formgestaltung und Ober-flächenaussehen eines Werkstückes das Her-stellverfahren erkennen.

Gußformteile aus Eisen werden meistens in Sand gegossen, wobei sie langsam erstarren; sie stehen in starkem Konkurrenzdruck mit Schweißkonstruktionen.

Je niedriger der Schmelzpunkt eines Metalles und somit auch die Gießtemperatur liegt, um so kostengünstiger ist dies für den Gießvor-gang. Eutektische oder nah-eutektische Legie-rungen haben relativ niedrige Schmelzpunkte und werden daher bevorzugt. Aus Bild 3.3.−2 ersehen Sie den hohen Schmelzpunkt von Rein-eisen (1536°C) und den erheblich niedrigeren der eutektischen Fe-C-Legierung mit 4,3% C (1147°C).

Nicht alle C-Gehalte bilden mit Eisen brauch-bare Gußlegierungen; nach Bild 3.3.−3 be-schränken sie sich auf:

0,1 ... 0,5% C bei Stahlguß (GS).

2,2 ... 4,0% C bei Eisenguß (GG, GGG, GT).

Knet- und Gußwerkstoffe unterscheiden sich in der Zusammensetzung und in den Eigenschaften.

Knetwerkstoffe müssen gut formbar, *Gußwerkstoffe* müssen gut gießbar sein.

Aber auch einige Gußwerkstoffe sind form-bar; achten Sie auf die δ-Werte des Zug-versuches!

$A < 1\%$ = spröder Werkstoff
$A\ 1 ... 5\%$ = wenig duktil[9]
$A > 5\%$ = mäßig duktil
$A > 10\%$ = duktil
$A > 15\%$ = sehr duktil

Gußwerkstoffe: G vorgesetzt!

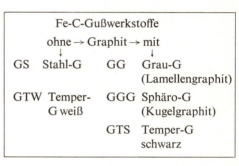

Fe-C-Gußwerkstoffe

ohne → Graphit → mit
↓   ↓
GS   Stahl-G   GG   Grau-G
                          (Lamellengraphit)

GTW Temper-   GGG Sphäro-G
    G weiß   (Kugelgraphit)

                     GTS Temper-G
                          schwarz

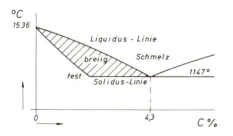

Bild 3.3.−2. Einfluß des C-Gehaltes auf die Schmelztemperatur von Fe-C-Legierungen
Wichtig für den Eisenguß: je höher die Tempera-tur, um so schwieriger gießbar

---

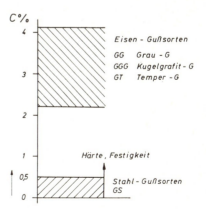

Bild 3.3.−3. Gußwerkstoffe aus Fe mit C-Gehalten (schematisch)

---

[9] duktil ≙ formbar, umformbar, verformbar.

Übung 3.3.—5

Was versteht man unter „unlegierten" Eisenwerkstoffen?

Übung 3.3.—6

Nennen Sie die Namen und DIN-Bezeichnungen der wichtigsten Fe-C-Gußwerkstoffe!

3.3.2.2. Stahlformguß GS[10]), DIN 1681

Wird niedrig gekohltes Eisen (0,1 bis 0,5% C)
zu Formteilen vergossen, erhält man Werkstücke aus Stahlformguß GS. Je niedriger Fe
„gekohlt" ist, desto schlechter läßt es sich vergießen; die Gießtemperatur muß hoch sein,
sonst schmiert das Eisen beim Gießen, d. h., es
beginnt bereits beim Eingießen in die Form fest
zu werden, außerdem schwindet es beim Erstarren stark, wodurch leicht Schwindungs-
hohlräume (Lunker) und innere Spannungen
beim Erstarren und Erkalten auftreten. Die
Primärkristalle sind grob, dendritenförmig
(Tannenbaumgestalt!) und spröde und müssen
daher anschließend geglüht (normalisiert) werden, was die Herstellung verteuert. Primäre
und normalisierte Kristalle zeigen die Bilder
3.3.—4 und 3.3.—5.

> Stahlformguß muß nach der Erstarrung
> immer geglüht werden!
>
> Hierbei wandelt sich das spröde, grobkör-
> nige Gefüge in ein zähes, feinkörniges Ge-
> füge um; gleichzeitig werden innere Guß-
> spannungen abgebaut.

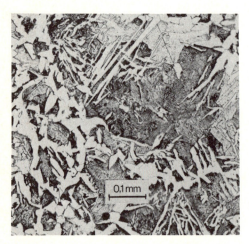 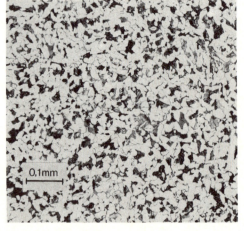

Bild 3.3.—4. Stahlformguß GS ungeglüht, grobe
Primärkristalle. Vergr. × 100

Bild 3.3.—5. Stahlformguß geglüht, feine Sekundärkristalle. Vergr. × 100

---

[10]) DIN-Bezeichnung: „Stahlguß" ist leicht irreführend, da jeder Stahl als Gußstahl vergossen wird; früher in
Blöcke, jetzt im kontinuierlichen Stranggluß zu Halbzeug in Voll- oder Hohlprofilen und Walzplatten.

Einen Vorteil bedeuten die guten konstruktiven Werte (Tabelle 3.3.−1) und die Schweißbarkeit, die bei anderen gegossenen Eisenwerkstoffen gar nicht oder kaum besteht.

GS wird zunehmend durch GGG und Schweißkonstruktionen verdrängt!

Tabelle 3.3.−1. Stahlguß GS, DIN 1681. Mindestwerte der Sorten 1 und 6

FZ	Einheit	(380) GS-38	(700) GS-70
R_e	N/mm²	190	410
R_m	N/mm²	380	700
A_5	%	25	12
α_K	J/mm²	0,5	−
HB	−	170	−

GS ist gut schweißbar, − ein wesentlicher Vorzug gegenüber den anderen Gußwerkstoffen!

Übung 3.3.—7

Was bedeutet das FZ „α_K" in Jmm^{-2}?

3.3.2.3. Grauguß GG, DIN 1691

Gußeisen mit Lamellengraphit, GG, ist der meistbenutzte Gußwerkstoff in der E-Technik; kleine, mittlere und große Gußstücke, wie Gehäuse von Motoren, Turbinen, Apparaten bestehen aus GG. Es läßt sich gut vergießen und zerspanen; Graphit schmiert und macht den Span kurzbröckelig. Die konstruktiven Werte lassen sich variieren; daher gibt es mehrere Güteklassen (Tabelle 3.3.−2). Der Graphit scheidet sich bei der Erstarrung blätter-(= lamellen-)förmig aus (Bild 3.3.−6), man nennt ihn daher lamellaren Graphit im Gegensatz zu dem Kugelgraphit in GGG-Sorten (Bild 3.3.−7). Graphit kann keine Zug-, sondern nur Druckkräfte aufnehmen[11]. Darum kann GG höhere Biege- und Druck- als Zugkräfte aufnehmen, im Verhältnis von etwa: Zug = 1; Biegung = 2; Druck = 3.

Der Gießer kann durch den C-Gehalt, Legierungskomponenten (Si, Mn, P, S) und eine regulierte Erstarrungsgeschwindigkeit das gewünschte kristalline Gefüge − bestehend aus Ferrit, Perlit, Zementit und Graphit − und dadurch die gewünschten Festigkeitswerte erzielen.

Hauptmerkmale in Stichworten

weit verbreitet!

preisgünstig!

Festigkeit und Härte: einstellbar, immer genügend

Zähigkeit, Formbarkeit, Dehnung: nicht vorhanden; spröder Trennungsbruch!

Kleinstteile, Großteile: schwingungsdämpfend schweißbar: nein! kaum möglich

Bearbeitbarkeit spanend: hervorragend

Magnetisierbarkeit: magnetisch! (weich ... hart)

Tabelle 3.3−2. Gußeisen mit Lamellengraphit, DIN 1691 (Auszug)

Kurzzeichen	R_m (mindestens) N mm^{-2}
GG-10	100
GG-15	150
GG-20	200
GG-25	250
GG-30	300
GG-35	350
GG-40	400

---

[11] In hydraulischen Apparaturen läßt sich bekanntlich jede Flüssigkeit beliebig stark auf Druck belasten, analog den von Fe-Kristallen eingeschlossenen C-Kristallen.

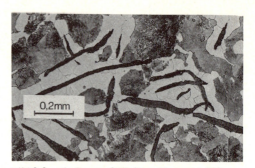

Bild 3.3.–6. Grauguß-Gefüge, Vergr. × 200
Perlit in Streifen, Graphit-„Adern", Blätter-Kristalle. Dunkel getönt: Perlit; hell: Ferrit
So sehen Motoren- und andere GG-Gehäuse in
200facher Vergrößerung aus.

Grauguß GG

hat Graphitkristalle in Blättchen- =
Lamellenform.

Graphit schmiert und hat keine Festigkeit,
daher gut zerspanbar.

Bei Stahl, der auf Automaten bearbeitet
wird (Automatenstähle), erzeugt man ähnlich wirkende Einschlüsse aus Mangansulfid MnS; man legiert absichtlich Schwefel
und Mangan hinzu.

3.3.2.4. Kugelgraphitguß GGG, DIN 1693

Die Kugel ist der Idealkörper; bei kleinstem
Volumen hat sie die größte Masse und bei
kleinster Oberfläche das größte Volumen! Im
letzten Weltkrieg gelang es erstmalig, gezielt
und gelenkt den im Eisenbad gelösten Kohlenstoff kugelförmig auszuscheiden (Bild 3.3–7).

Wie Quecksilbertropfen durch Kohäsionskräfte (innerer Zusammenhalt) sich zu Kugeln
zusammenziehen, so ziehen sich Graphitausscheidungen (Kristalle) in einer Eisenschmelze, die durch bestimmte Zusätze oberflächenentspannt wird (Wäschelauge!), ebenfalls zu Kugeln zusammen.

GGG ist heute ein vielgenutzter Gußwerkstoff
für hochbeanspruchte Eisengußteile; seine

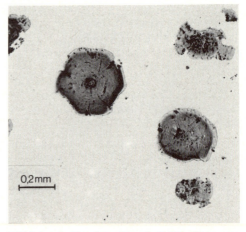

Bild 3.3.–7. Kugelgraphitguß GGG, Vergr. ×
200. Der Graphit ist kugelförmig ausgeschieden.
Ferrit und Perlit nehmen die Zugspannungen auf.
Der Werkstoff läßt sich gut vergießen; er hat etwa
3,5 % C.

konstruktiven Eigenschaften übertreffen bei weitem GG und sogar GS (Tabelle 3.3.−3).

Dies wird durch die Kugelgestalt des Graphits erreicht, wie aus dem Vergleich der Bilder 3.3.−8a) und b) erkennbar ist.

Unlegierter GGG enthält Ferrit und Perlit, ist daher magnetisch; GGG kann durch Ni + Cr-Zusätze ein austenitisches Gefüge erhalten und ist dann unmagnetisch.

Tabelle 3.3.−3. GGG-Kugelgraphitguß DIN 1691 (Grenzwerte)

Werk-stoff	R_m N/mm²	$R_{p0,2}$ N/mm²	A_5 %	HB-Bereich	E-Modul 10^3 N/mm²
GGG-35	340	220	22	130 … 160	15
GGG-80	720	500	2	230 … 320	18,5

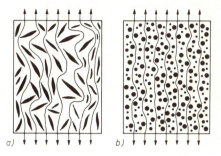

Bild 3.3.−8. Zug-Kraftlinien im Gußwerkstoff
a) Lamellengrauguß GG
b) Kugelgraphitguß GGG
Bei Druckbeanspruchung verhalten sich beide Gußsorten gleich
$\sigma_{Druck} \approx 3 \times \sigma_{Zug}$

Übung 3.3.—8

Warum benutzt der Gußhersteller und -Verbraucher mit Vorliebe Fe-Sorten mit hohen C-Gehalten?

Übung 3.3.—9

Warum ist GS schlechter bearbeitbar ($\triangleq$ zerspanbar) als GG und GGG?

3.3.2.5. Temperguß GTS, GTW, DIN 1962

Temperguß erstarrt primär nach dem metastabilen System, d. h., C-Atome scheiden sich gemeinsam mit Fe-Atomen aus und kristallisieren als Zementit. Die vielen spröd-harten Zementit-Kristalle machen den Werkstoff in diesem Zustand nicht einsetzbar; sie müssen daher durch eine Glühung (Tempern) nach der bereits erwähnten Gleichung

$Fe_3C + \text{Wärme} \rightarrow 3\,Fe + C$

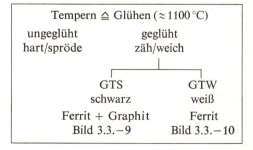

in Ferrit und Graphit zerlegt werden. Dabei werden nach zwei unterschiedlichen Verfahren zwei Tempergußsorten erzeugt:

1. *schwarzer* Temperguß GTS, dessen Name von den schwarzen Graphitkristallen herrührt (schwärzlicher Bruch!), nach Bild 3.3.−9;

2. *weißer* Temperguß GTW, mit hellen ferritischen und perlitischen Kristallen; die C-Atome werden nach ihrer Trennung von den Fe-Atomen durch Sauerstoff zu CO_2 vergast und entweichen aus dem Gefüge (Bild 3.3.−10).

Die konstruktiven Werte von GT ersehen Sie aus Tabelle 3.3.−4; die Dehnung und die Festigkeit sind höher als bei GG. GT wird für kleine, hochbeanspruchte Werkstücke benutzt.

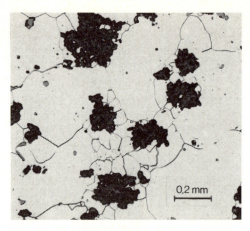

Bild 3.3.−9. Gefüge von GTS, Vergr. × 200. Ferrit + Graphit (schwarz)

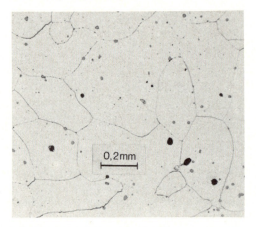

Bild 3.3.−10. Gefüge von GTW, Vergr. × 200. Ferrit

Tabelle 3.3.−4. Temperguß GT, Auszug aus DIN 1962 (Grenzwerte)

Werkstoff	R_m $R_{p0,2}$ N/mm²		A_5 %	HB
GTW 35	350	–	4	220
GTS 35	350	200	12	150
GTW 65	620	430	3	270
GTS 70	630	550	2	240

Übung 3.3.—10

Woran erkennt man in den DIN-Bezeichnungen, ob der Werkstoff eine Knet- oder eine Gußlegierung ist?

Übung 3.3.—11

Ist GG kalt oder warm umformbar?

Übung 3.3.—12

Läßt sich eine gegossene Werkstoffsorte umformen, z. B. durch Hämmern? Wenn ja, welche?

Übung 3.3.—13

Kennen Sie eine unlegierte Eisensorte, die unmagnetisch ist?

3.4. Legierte Eisenwerkstoffe

Lernziele

Der Lernende kann ...

... unmagnetische Fe-Werkstoffe und ihre Anwendung erläutern.

... Bimetallkontakte auf Fe-Basis nennen.

... Fe-Legierungen für Weichmagnete erläutern.

... Fe-Legierungen für Dauermagnete erläutern.

... Fe-Legierungen für Heizleiter erläutern.

3.4.0. Übersicht

Die Eigenschaften des Eisens können durch bestimmte Legierungszusätze verbessert werden. Manchmal genügt eine Zusatzkomponente, manchmal sind mehrere erforderlich. Den Namen erhält die Eisensorte durch das Zusatzmetall oder den Verwendungszweck; z. B. Chromstahl oder Heizdraht.

Sie erlernen in diesem Abschnitt die für die E-Technik wichtigsten legierten Eisenwerkstoffe, die für besondere Aufgaben benutzt werden.

3.4.1. Austenitisches Eisen

3.4.1.1. Begriff

Austenitisches Eisen ist unmagnetisch! Da dies allein nichts besonderes bedeutet, denn die meisten Gebrauchsmetalle sind unmagnetisch, müssen noch andere Eigenschaften die austenitischen Eisensorten attraktiv machen.

Zuvor soll aber die Herstellung erläutert werden.

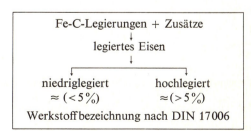

Fe-C-Legierungen + Zusätze
↓
legiertes Eisen
↓

| niedriglegiert | hochlegiert |
| $\approx (<5\%)$ | $\approx (>5\%)$ |

Werkstoffbezeichnung nach DIN 17006

3.4.1.2. Herstellung

Wir hatten bisher gelernt, daß γ-Fe nur in rotglühendem Zustand oberhalb 720 °C auf-
treten, also bei Raumtemperatur nicht existieren kann. Diese Regel gilt für reines Eisen,
binäre Fe-C-Legierungen, niedrig legierte und
auch für manche hochlegierte Eisensorten. Zur
Erzeugung austenitischer Eisensorten bedient
man sich wiederum eines metallkundlichen
Tricks. Um die natürliche $\gamma \rightarrow \alpha$-Umwandlung
zu unterdrücken, setzt man der Eisenschmelze
etwa 30 % Ni oder, da Ni teuer ist, 18 %
Cr + 8 % Ni zu. Bei der Primärerstarrung plazieren sich diese Fremdatome so in den γ-Kri-
stallen, daß ihre Gitteranordnung stabilisiert
wird; die übliche ruckartige Umgruppierung
der Fe-Atome beim Unterschreiten der GSE-
Linie unterbleibt; das Ni hat sein Gitter dem
Fe aufgezwängt und bleibt als kfz-Gitter
(γ-Fe) bestehen.

Darum haben Ni- oder NiCr-haltige Legierungen ein nach unten „erweitertes γ-Phasen-
feld"; das bedeutet im Klartext: γ-Fe ist auch
bei Raumtemperatur vorhanden.

Unmagnetisches Eisen ist immer γ-Fe = Austenit (kfz)!	
Reineisen Fe-C-Legierungen $\Big\}$	nur rotwarm unmagnetisch
xFeNi (> 22) xFeCrNi 18 8 $\Big\}$	bei allen Temperaturen unmagnetisch
(Austenit-Stabilisierung!)	

3.4.1.3. Eigenschaften, Anwendung

a) Austenit ist *unmagnetisch*, zäh-hart, auch
   bei Tiefsttemperaturen (kfz). Man benutzt
   ihn elektrotechnisch bei Teilen, die keinen
   magnetischen Nebenschluß geben dürfen,
   z. B. Induktorkappenringen, Verschlußkei-
   len von Nuten, Verschleißplatten von E-Ma-
   gneten und da, wo keine Wirbelströme auftreten dürfen, z. B. für Bolzen und Platten
   von Trafos.

Die beiden genannten austenitischen Legierungen ($\sim$ 30 Ni, 18 Cr 8 Ni) sind *rost-
frei*.

b) *Thermische Eigenschaften*

Fe-Legierungen mit höheren Ni-Gehalten
haben bemerkenswerte thermische Eigenschaften. Einige Legierungen haben einen
besonders niedrigen, andere einen normalen thermischen Längenausdehnungskoeffi-
zienten, im Verhältnis von etwa 1 : 20; man
benutzt diese Erscheinung für *Bimetall*-
Kontakte zum Öffnen und Schließen von
Stromkreisen bei bestimmter Temperatur
(Bild 3.4. − 1).

Austenit $\triangleq$ γ-Fe ist auch bei Tiefsttemperaturen zäh und weich!

kfz-Metalle verspröden nicht!

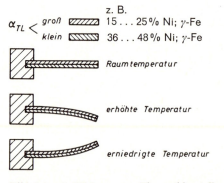

Bild 3.4. − 1. Wirkung von Thermobimetall

c) *Glasdurchführung*

Glas hat einen niedrigen thermischen Ausdehnungskoeffizienten α_{TL} und ist spröde.

FeNi-Legierungen mit niedrigen α-Werten benutzt man für *elektrische Durchführungen* und Verbindungsteile von Glaskörpern (z. B. Fernseh-Kolben); man nennt diese Stahlsorten Invarstähle (Ausdehnung invariabel $\triangleq$ Länge bleibt bestehen).

Invarstahl $\triangleq$ Stahl mit kleiner Wärmeausdehnung

invar $\triangleq$ nicht variabel

Tabelle 3.4.−1. Vergleich der Wärmedehnungsgrößen (eigentlich: Temperatur-Koeffizient der linearen Ausdehnung) wichtiger Werkstoffe in 10^{-6} K^{-1} (zur Übersicht stark abgerundet)

Invarstahl	1
Al	23
Blei	30
Eisen	12
Kupfer	17
Silber	20
Wolfram	5
Glas	10
Quarzglas	1
Porzellan	5
Kunststoffe	20 ... 200

Übung 3.4.−1

Erklären Sie den Begriff und die Bedeutung des „austenitischen Eisens"!

Übung 3.4.−2

Welche Legierungselemente hat austenitisches Eisen?

Übung 3.4.−3

Können Sie austenitisches Eisen unter üblichen Betriebsbedingungen magnetisch machen? Wie?

Übung 3.4.−4

Nennen Sie elektrotechnisch wichtige Anwendungsgebiete für austenitische Stähle!

3.4.2. Magnetisches Eisen

Die Magnetwerkstoffe werden in Kapitel 7 besprochen. Hier werden einige legierungstech-
nische Maßnahmen zur Erzeugung bestimmter
Kristalle behandelt.

*Alle Eisenmagnete sind ferritisch, d. h. sie be-
stehen aus ferritischem α-Fe oder/und Metall-
karbiden (Fe, Co, Cr, Ni).*

3.4.2.1. Weichmagnetisches Eisen

Reineisen ist sehr weich und leitet den Strom
relativ gut. Um bei Dynamo- und Trafoblechen die Härte zu steigern und gleichzeitig
durch erhöhten elektrischen Widerstand die
Wirbelströme zu begrenzen, siliziert man das
Eisen mit 0,5 bis 4,8 % Si (Bild 3.4.−2). Man
erreicht dadurch einen bis zu 4-fach höheren
Widerstand, erkauft diesen aber mit einer erhöhten Sprödigkeit; diese wird mit einer Biegeprobe geprüft (Bild 7.5−2).

Trafobleche erhalten durch Walzen und Re-
kristallisationsglühen eine Korntextur (Kornorientierung), wodurch sie bevorzugt in der
Walzrichtung magnetisiert werden können
(Goßstruktur − Texturbleche) (Bild 1.4.−4).

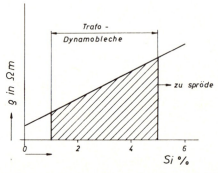

Bild 3.4.−2. Durch Si wird der elektrische Widerstand im Fe erhöht, die Sprödigkeit nimmt zu
(Näheres s. Kap. 7)

3.4.2.2. Hartmagnetisches Eisen

Bis etwa 1920 bestanden Hartmagnete aus
Martensit (3.5.2); später legierte man Co
oder Ni+Co hinzu (Kobalt ist teuer!). Seit
etwa 30 Jahren verwendet man als Zusätze
gemeinsam Al, Ni und Co (Merkname Alnico!); der Fe-Restanteil beträgt 40 bis 50 %.

Auch bei Gluttemperatur bleibt Alnico
magnetisch; die $\alpha \rightarrow \gamma$-Umwandlung wird un-
terdrückt. Bei hohen Temperaturen lösen
sich die Zusätze z. T. im Kristall; beim
Abkühlen scheiden sie sich hochdispers aus,
blockieren das Gleitvermögen der Gitterebenen
und machen den Magnetwerkstoff so hart, daß
er zur Bearbeitung nur geschliffen, nicht aber
abgespant werden kann. (Die physikalisch-
magnetischen Eigenschaften der Alnico-Ma-
gnete erlernen Sie im Abschnitt 7.3).

> Die meistbenutzte Legierung für Dauer-
> magnete ist eine Fe-Al-Ni-Co-Legierung
> Merkname: Alnico

Übung 3.4.—5

Wofür benötigt man Si-haltige Eisenbleche?
Was bewirkt der Si-Zusatz?

Übung 3.4.—6

Kennen Sie Hartmagnete auf Fe-Basis?

Nennen Sie Legierungskomponenten für diese
Magnete!

Übung 3.4.—7

Welches Gefüge haben

1. weichmagnetische Fe-Werkstoffe,
2. hartmagnetische Fe-Werkstoffe?

3.4.3. Eisen-Heizleiter

Normale Eisenwerkstoffe verzundern in der
Wärme und sind deshalb für glühende Heiz-
elemente unbrauchbar. Man kann die Zunderschicht durch Legierungs-Zusätze so dünn,
dicht und festhaftend machen, daß das Metall
nicht mehr mit dem Luftsauerstoff in Berührung kommt und glutbeständig wird.

Chrom hat im Eisen diesen Effekt; bereits
kleine Gehalte von 1 bis 2 % wirken sich merk-
bar aus (Kochplatten, Roste).

Besonders vorteilhaft wirken binäre Zusätze
von Cr+Al oder Cr+Ni durch Bildung von
Mischkristallen mit höherem elektrischem
Widerstand. (Näheres siehe 5.2.2.2.)

> Fe wird zunderbeständig durch Zusatz von
> Cr
> Cr + Al
> Cr + Ni
> Heizwiderstände.
> Bleche, Wendeln, Drähte!

Übung 3.4.—8

Ein auf Rotglut erwärmter gewöhnlicher Ei-
sendraht verzundert in wenigen Stunden und
würde keinen Strom mehr leiten.

Warum verzundert ein glühender Heizdraht
nicht?

3.5. Wärmebehandlung

Lernziele

Der Lernende kann ...

... die Begriffe Glühen, Härten, Vergüten erläutern.

... den Vorgang der Abschreckhärtung erläutern.

... die Martensitbildung erläutern.

... den Begriff Oberflächenhärtung erläutern.

... den Begriff Durchhärtung erläutern.

3.5.0. Übersicht

Hochwertige Konstruktions-(Bau-) und Werkzeugstähle werden im letzten Arbeitsgang „wärmebehandelt", damit das Gefüge härter und zäher wird. Diese Verfahren werden mit „Glühen", „Härten" und „Vergüten" bezeichnet (Tabelle 3.5.−1).

Jede Stahlsorte hat ihre Behandlungsvorschrift, die nach einem gesteuerten Programm einzuhalten ist.

Tabelle 3.5.−1. Wärmebehandlung von Stahl

1. *Glühen:*
1.1 Homogenisierung
zum Ausgleich der Konzentration durch Diffusion von Atomen im Kristall.
1.2 Weichglühen
≙ Normalisieren; zur besseren Bearbeitbarkeit.
1.3 Rekristallisations-Glühen zur Entfestigung durch Kornneubildung.
1.4 Entspannung
zum Abbau innerer Spannungen, die beim Abkühlen auftreten.

2. *Härten:*
2.1 Abschreck-Härtung
zur Erzielung höherer Festigkeit und Härte.
2.2 Vergüten = Anlaß-Härtung
zur Erzielung gleichmäßiger Härte in großen Querschnitten.
2.3 Oberflächen-Härtung
zur Erzielung harter Oberflächen bei zähem Gesamtverhalten des Werkstückes; Verschleißwiderstand wird erhöht.

3.5.1. Glühen, Normalisieren

In Kapitel 1 erlernten Sie metallkundliche Grundbegriffe, wie „real-normale Gitterstruktur", „Kristallverzerrung", „Entfestigung", „Rekristallisation", „Spannungsabbau durch Temperaturerhöhung" u. a. Diese Kenntnisse und die in Tabelle 3.5.−1 gegebenen Hinweise genügen im allgemeinen für E-Techniker und können im Bedarfsfall durch Fachbücher ergänzt werden.

Die Normalisierungs-Glühtemperatur liegt oberhalb der GSK-Linie nach den Bildern 3.2.−6 und 3.2.−9.

> *Glühen* oder *Normalisieren* bedeutet:
> Erwärmen des Werkstückes auf eine bestimmte Temperatur und anschließendes langsames Abkühlen.
> Hierdurch werden Spannungen abgebaut und das Gefüge in den Normalzustand gebracht.

Übung 3.5.−1

Was bedeutet „Entspannungs-Glühen"?

3.5.2. Abschreckhärtung

Die Eisenhüttenleute haben ein Verfahren entwickelt, um den von Natur weichen Ferrit in einen äußerst harten Kristall umzuwandeln; es beruht auf einem metallkundlichen Trick, den man Abschreckhärtung nennt.

Wie Sie wissen, sind in rotglühenden γ-Fe-Kristallen (Austenit) C-Atome löslich, im α-Fe aber unlöslich. Schreckt man C-haltige γ-Kristalle vom rotglühenden Zustand in kaltem Wasser ab, dann haben die C-Atome nicht genügend Zeit, mit je 3 Fe-Atomen aus den Kristallen zu entweichen und Fe_3C-Kristalle zu bilden; sie bleiben vielmehr wie eine Maus in der Falle in den α-Fe-Zellen gefangen (gelöst). Dort haben sie aber keinen Platz und es entsteht dadurch ein starker Streß im Gitter, der es so verzerrt und verrenkt, daß die Kristalle nadelartige, spitze Formen erhalten und glashart werden; man nennt sie *Martensit* nach ihrem Entdecker Martens (Bild 3.5.−1).

Das krz-Gitter wird in ein tetragonales Gitter umgewandelt.

> *Härten* heißt:
> - Erhitzen des C-Stahles bis in das Austenitgebiet,
> - anschließende rasche Abkühlung, wobei ein hartes Gefüge, meistens Martensit, erzielt wird,
> - Anlassen zur Milderung der Härte und Sprödigkeit.

Bild 3.5.−1. Martensit. Vergr. × 500

Martensit ist α-Fe und hartmagnetisch. Um seine extreme Härte zu mildern, erwärmt man ihn auf etwa 250 °C; hierbei entweichen (diffundieren) einige C-Atome aus dem Gitterverband, der Streßzustand und auch die Härte lassen nach; diesen Vorgang nennt man *Anlassen*.

Die Abschreckhärtung besteht demnach aus drei Teilvorgängen (Stufen):

1. Stufe: Erhitzen der Fe-C-Legierung (Stahl) in das Phasenfeld der γ-Mischkristalle oberhalb der Linie *GSE* (Bild 3.5.−2) je nach dem C-Gehalt der Legierung; hierbei lösen sich die C-Atome aus den Fe_3C-Kristallen und wandern in die γ-Kristalle; Perlit wandelt sich in Austenit um!

2. Stufe. Abschrecken in Wasser (manchmal bei legierten Stählen in Öl).

3. Stufe. Anlassen.

Manchmal faßt man die Stufen 2 und 3 zusammen, indem man den Stahl nicht ganz abkühlt, sondern noch warm aus dem Wasserbad holt.

Bei höherer Temperatur oxidiert jede Stahloberfläche; an der dünnen Oxidschicht bricht sich das Licht in Farben wie an einer auf dem Wasser liegenden Ölschicht. An der „Anlauffarbe" erkennt man die Stahltemperatur und daraus die „Anlaßhärte" bei bestimmtem C-Gehalt[12].

Die Abschreckhärtung erfordert eine „kritische Abkühlgeschwindigkeit" des erhitzten Stahles. Bei dickwandigen Werkstücken wird sie innen nicht erreicht, und die Kernzonen bleiben ungehärtet weich. Man kann durch geeignete Zusätze erreichen, daß die „kritische Abkühlgeschwindigkeit" kleiner wird und auch dicke, kompakte Werkstücke völlig durchhärten (legierte Vergütungsstähle mit Cr- + Mo- und anderen Zusätzen).

Bild 3.5.−2. Teildiagramm von Fe-C-Legierungen Wichtig für Härten: Erhitzen, $\approx$ 50 K, oberhalb GSE-Linie, dann in Wasser oder Öl abschrecken

---

Stahl-Abschreckhärtung

1. Stufe: Erwärmen

$$\boxed{\alpha\text{-Fe} + Fe_3C} \rightarrow \boxed{\gamma\text{-Fe-Mischkrist.}}$$

2. Stufe: Abschrecken

$$\boxed{\begin{array}{l}\gamma\text{-Fe}\\ \text{Mischkrist.}\end{array}} \rightarrow \boxed{\begin{array}{l}\alpha\text{-Fe}\\ \text{minimal C-haltig}\end{array}}$$

Streß im Gitter
Martensit
glashart

3. Stufe: Anlassen $\triangleq$ etwas Erwärmen $\rightarrow$ Härtemilderung

---

Einige Regeln:

1. Die Abschreckhärtung verlangt eine kritische Abkühlgeschwindigkeit in K/s.
2. Dickwandige C-Stähle härten nicht im Kern!
3. Legierte Stähle lassen sich besser härten und vergüten!
4. Ist im Werkstück nach dem Härten das Gefüge in den Randzonen und im Werkstück gleich hart, so ist es „durchgehärtet".
5. Ist die Randzone (Außenzone) härter als der Kern, dann spricht man von Schalen- oder Deckenhärtung.

---

[12] Das können Sie in jeder Werkzeugmacherei beobachten.

Übung 3.5.—2

Erklären Sie den Unterschied zwischen Glühen (= Normalisieren) und Härten!

Übung 3.5.—3

Auf welchem Effekt beruht die Abschreckhärtung von Stahl?

Übung 3.5.—4

Kann ein kohlefreies Eisen durch Abschrecken gehärtet werden?

3.5.3. Oberflächenhärtung

3.5.3.1. Carbonisieren, Nitrieren

In erhitztes Fe diffundieren gasförmige C-Atome oder N_2-Moleküle und erzeugen in den Außenschichten harte Einlagerungskristalle. Man kann die Werkstücke in Kästen einsetzen (Einsatzstähle), in Salzbäder einführen (Salzbadhärtung) oder in gashaltige Ofenkammern bringen (Gashärtung).

(Lesen Sie hierüber Näheres in einem Lehrbuch der Technologie!)

3.5.3.2. Flamm- und Induktionshärtung

Hierbei erhitzt man nur die Oberfläche des Werkstückes und schreckt sie ab, wobei sie härtet, während der Kern seine ursprüngliche, geringe Härte behält. Dei Anwendung erfolgt bei Gleitbahnen, Lagerstellen von Wellen, Zahnflanken u. a.

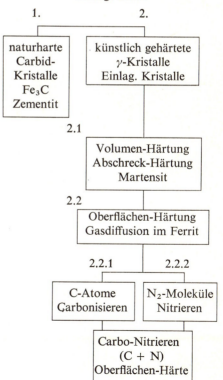

Einsatz-Stähle werden in einen Behälter oder Ofen „eingesetzt", um harte Mischkristalle oder Zementit-Carbide zu erzielen!

Stahlhärte in Fe-C-Legierungen, erzeugt durch

1.   2.

naturharte Carbid-Kristalle Fe_3C Zementit

künstlich gehärtete γ-Kristalle Einlag. Kristalle

2.1

Volumen-Härtung Abschreck-Härtung Martensit

2.2

Oberflächen-Härtung Gasdiffusion im Ferrit

2.2.1   2.2.2

C-Atome Carbonisieren

N_2-Moleküle Nitrieren

Carbo-Nitrieren (C + N) Oberflächen-Härte

Übung 3.5.—5

Wie kann man die Oberfläche eines Werkstückes härten, ohne dabei den weichen Kern
zu verändern?

Übung 3.5.—6

Welches Gefüge hat ein „glashart" gehärteter
Stahl?

3.6. Chemisches Verhalten[13]

Lernziele

Der Lernende kann ...

... Oxidation und Korrosion unterscheiden.

... die Rostvorgänge als elektrolytischen Vorgang erklären.

... Rostschutzmaßnahmen nennen.

3.6.0. Übersicht

Eisen ist ein unedles Metall, es oxidiert und rostet leicht; es gibt aber auch Eisen, das wenig oder
überhaupt nicht rostet. Normale Eisensorten müssen vor Rost geschützt werden.

3.6.1. Oxidation, Korrosion

Fe ist ein unedles Metall, d. h. das Fe-Atom
trennt sich leicht von seinen Elektronen, wobei
das entstehende Fe-Ion sich mit einem Nicht-
metall-Ion zu einer Ionenverbindung zusam-
menschließt.

Folgende zwei Reaktionen müssen dabei unterschieden werden:

1. Oxidbildung ≙ rein chemische Reaktion;
   sie tritt bei höherer Temperatur auf, wobei
   mit Luftsauerstoff folgende Eisensauer-
   stoff-Verbindungen entstehen:

   $Fe^{II}O$
   $Fe_2^{III}O_3$
   $Fe_3^{II\ III}O_4$;

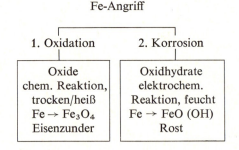

Fe-Angriff

1. Oxidation	2. Korrosion
Oxide chem. Reaktion, trocken/heiß Fe → Fe₃O₄ Eisenzunder	Oxidhydrate elektrochem. Reaktion, feucht Fe → FeO (OH) Rost

---

[13] Studien Sie zuvor nochmals

    1. Spannungsreihe der Metalle,

    2. chemische Reaktionen,

    3. elektrochemische Reaktionen!

Dies geschieht bei Glüh-, Walz-, Schmiede-
prozessen.

2. Rostbildung ≙ elektrochemische Reaktion; nur in feuchter Umgebung möglich
(Luftfeuchtigkeit genügt!).

Skizzieren Sie hier den Vorgang!

Fe wird zu: $\left.\begin{array}{l} \text{Fe (OH)}_2 \\ \text{Fe}_2\text{(OH)}_3 \\ \text{Fe}_3\text{(OH)}_4 \end{array}\right\} \cdot \text{FeO}$
Rost

Rosten ist ein elektrochemischer Vorgang und
erfordert einen wäßrigen Elektrolyten (Feuchtigkeit). Darum rostet in der stets trockenen
Sahara ein Eisenmast in 50 Jahren weniger als
hier an *einem* Tag! Zwischen den einzelnen
Kristallen, bei Mischkristallen sogar zwischen
den Zonen *eines* Kristalles, bestehen kleine Potentialunterschiede (mV); sie bilden galvanische Minielemente, in denen sich das unedlere
Metall anodisch als Kation auflöst und seine
Elektronen im Metall zu den Stellen mit gerin-
gerer Elektronenkonzentration fließen; so
entsteht ein geschlossener Stromkreis im
Elektrolyt und im Metall, wobei das unedle
Metall aufgelöst und in ein Salz umgewandelt
wird, wie in einer Zink-Kohle-Batterie das
unedlere Zink (Zinkbecher).

Blankes Eisen rostet schneller als geschütztes.
Die Gußhaut gegossener Teile bietet einen gewissen natürlichen Schutzfilm; sie rosten weniger als bearbeitete Flächen.

Zementit rostet nicht so schnell wie Ferrit.

Der rostbeständige (nichtrostende) Stahl wurde zufällig bei der Suche nach hochfesten
Stählen durch verschiedene Legierungszusätze
erfunden; der bereits erwähnte austenitische
Stahl mit 18% Cr und 8% Ni ist der bekannte
rostfreie Stahl für Haushalt und Industrie.

Meistbenutzter rostfreier Edelstahl:
Chromnickelstahl Fe Cr 18 Ni 8.

Übung 3.6.—1

Erklären Sie den Unterschied zwischen Oxidation und Rosten von Eisenwerkstoffen!

3.6.2. Rostschutz

Für den Rostschutz des Eisens bestehen mehrere Möglichkeiten:

1. Überzüge aus *nichtleitenden* Stoffen; sie müssen gut haften und dicht sein. Geeignet sind Lacke aus Öl oder Kunstharz, Email, Glasuren, Phosphate.

2. Überzüge aus edleren Metallen wie Cu, Ni, Sn, Ag, Au, Pt, oder wegen Passivierung aus scheinbar edleren, in Wirklichkeit unedleren Metallen wie Cr, Al. Diese Schichten müssen absolut dicht und festhaftend sein, sonst bilden sich in Feuchtigkeit (Elektrolyt!) lokale Mini-Elemente mit verstärktem Metallangriff.

3. Überzüge aus *unedlerem* Metall, meistens Zink, seltener Cadmium. Die Zn- oder Cd-Atome werden *vor* dem Eisen ionisiert und lösen sich im Elektrolyten; sie schützen elektrochemisch das Eisen vor einem Angriff.

4. Schutzanoden (= Opferanoden) aus unedleren Metallen wie Zink oder Magnesium, die in Berührung mit Eisen sich vor diesem anodisch auflösen.

5. Anlegen einer Gleichstromspannung an das Eisen, das durch elektrische Aufladung gewissermaßen „edler" gemacht wird.

Tabelle 3.6.–1. Rostschutzmaßnahmen

1.	Schutzschicht, elektr. nicht leitend	Lacke, Fette, Öle, Kunststoffe, Email, Glasuren, Phosphate
2.	Schutzschicht, elektr. leitend	
2.1	aus edlerem Metall als Fe	Pt, Au, Ag, Cu, Sn, Ni
2.2	aus scheinbar edlerem Metall als Fe	Al, Cr
3.	Schutzschicht aus unedlerem Metall als Fe	Zn, Cd
4.	Schutz-(=Opfer) Anoden	Mg, Zn
5.	elektrolytischer Schutz	Gleichstrom

Übung 3.6.—2

Warum bildet die Zunderschicht bzw. die Gußhaut einen gewissen Schutz vor einem chemischen Angriff?

Übung 3.6.—3

Warum fetten Sie blanke Eisenteile?

Übung 3.6.—4

Welche Maßnahmen ergreift man, um Eisenteile vor einem chemischen Angriff zu schützen?

Übung 3.6.—5

Erklären Sie den grundsätzlichen Unterschied des Korrosionsschutzes durch einen Zinn- und einen Zinküberzug auf Eisen!

3.7. Eisensorten, DIN-Bezeichnungen

Lernziele

Der Lernende kann ...

... Werkstoffnummern aus Werkstoff-Schlüssellisten entnehmen.

... DIN-Kurzbezeichnungen aus DIN-Blättern entnehmen und anwenden.

... Hauptkriterien (Merkmale, Gesichtspunkte) für die Einteilung der Eisenwerkstoffe nennen.

3.7.0. Übersicht

Jeder metallische Werkstoff besitzt zur Kennzeichnung seiner Sorte
1. eine Nummer (= Werkstoffnummer) nach DIN 17007 und
2. einen Namen (= Kurzbezeichnung); DIN 17006 ist für die Benennung von Fe-Werkstoffen maßgeblich.

3.7.1. Werkstoffnummern, DIN 17007

Mit einem genormten 7-stelligen Nummern-system sollen einmal alle Werkstoffe in einem Ordnungssystem datenmäßig erfaßt werden; z. Z. sind nur alle genormten Metalle (Anfangs-ziffer Fe = 1, NE [Nichteisen] = 2) mit Werkstoffnummern bezeichnet.

Nach Bild 3.7.−1 ist das System durch Punkte in 3 Gruppen aufgeteilt.[14]

Die Werkstoffnummern sind in einem Ver-zeichnis, dem „Werkstoffschlüssel", nieder-gelegt.

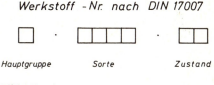

Bild 3.7.−1

Ein Beispiel für die Werkstoff-Nummer:

```
1       7 2 1 8         9 4
↓       ↓ ↓  ‿‿‿         ↓ ↓
Fe      Cr Mo genaue      ↓  zähvergütet
              Legierungs- Elektrostahl
              zusammen-
              setzung
```

3.7.2. Kurzbezeichnung, DIN 17006

3.7.2.0. Übersicht

Die Bezeichnungen „Stahl" und „Eisen" sind unklare Sammelbegriffe, die sich gegeneinan-der nicht genau abgrenzen lassen; sie erfor-dern ein Zusatzwort zur Kennzeichnung der Eigenschaften oder Verwendung. Dies läßt

---

[14] Das Werkstoffnummernverzeichnis läßt sich wie ein Telefonbuch benutzen; wichtige, ständig benutzte Nummern hat man im Kopf, die anderen schlägt man nach.

sich mit wenigen Buchstaben und Zahlen durch eine „Kurzbezeichnung" erreichen[15].

Die wichtigsten Gesichtspunkte für die Kurzbezeichnung der vielen Eisensorten ersehen Sie aus der nebenstehenden Übersicht (Tabelle 3.7.−1).

Tabelle 3.7.−1. Kriterien für die Einteilung der Fe-Werkstoffe nach DIN

1. Mindestzugfestigkeit R_m in N/mm²
2. Kohlenstoffgehalt, C in %
3. Legierungskomponenten:
3.1 unabsichtliche Eisenbegleiter (z. B. Si, Mn, P, S)
3.2 absichtliche Zusätze (z. B. Cr, Ni, W, Co)
4. Herstellverfahren:
4.1 Ofenart
4.2 metallurgisches Verfahren
5. Herstellung/Verwendung:
5.1 Knet-Werkstoff
5.2 Guß-Werkstoff
6. Anwendung:
6.1 Bau-Werkstoff (Stahl oder Eisen)
6.2 Werkzeug-Werkstoff (Stahl)
6.3 Spezial-Werkstoff (Stahl)

Jeder Fe-Werkstoff gehört zu einer Werkstoffgruppe; jede Gruppe trägt eine Kernbezeichnung, die vollständig angegeben werden muß; zusätzliche Angaben werden vor bzw. hinter die Kernbezeichnung gesetzt.

DIN-Kurzbezeichnung

vor	Kern	nach
kann	muß	kann
Herstellung	Zusammensetzung, Eigenschaft	Behandlung, Verarbeitung

Die wichtigsten Fe-Werkstoff-Gruppen ersehen Sie aus Tabelle 3.7.−2.

Der Hauptunterschied ist die Formgebungsart durch Kneten (1) (Walzen, Ziehen, Pressen, Schmieden) oder durch Gießen (2).

Tabelle 3.7.−2. Fe-Sorten

1. *Knet*-Werkstoffe (Stähle)
1.1 unlegierte Stähle (nur C)
1.1.1 Massen-Stähle
1.1.2 Qualitäts-Stähle
1.1.3 Edel-Stähle
1.2 niedriglegierte Stähle
1.3 hochlegierte Stähle

2. *Guß*-Werkstoffe
2.1 Stahl-Guß
2.2 Grau-Guß, Lamellar-Graphit
2.3 Grau-Guß, Globular-Graphit
2.4 Temper-Guß
2.4.1 Temper-Guß weiß
2.4.2 Temper-Guß schwarz

---

[15] Wer ständig mit bestimmten Werkstoffen umgeht, kennt ihre Kurzbezeichnung auswendig; anderenfalls muß man sich über das Bezeichnungssystem unterrichten.

Übung 3.7.—1

Welche Möglichkeiten gibt es nach DIN, um eine Eisensorte zu kennzeichnen?

3.7.2.1. Knetwerkstoffe

Die *Massenstähle* (1.1.1.) werden nur nach der Zugfestigkeit R_m beurteilt; sie müssen eine vorgeschriebene Mindestfestigkeit besitzen. (Noch sind nicht alle DIN-Werkstoffblätter auf die Krafteinheit N umgestellt.)

$$St\ 33\ (alt) \triangleq R_m = 33\ kp/mm^2$$
$$\approx 330\ N/mm^2$$

Qualitätsstähle (1.1.2) werden durch ihren C-Gehalt gekennzeichnet; er wird als Zahlenwert hinter „C" in 100fachem Wert des %-Gehaltes gesetzt.

C 10 $\triangleq$ unlegierter Stahl mit 0,1% C,

C 45 $\triangleq$ unlegierter Stahl mit 0,45% C.

Übung 3.7.—2

Was heißt St 52?

Übung 3.7.—3

Welche zwei Möglichkeiten gibt es, um in einer DIN-Kurzbezeichnung einen unlegierten Stahl zu kennzeichnen?

Unlegierte Edelstähle (1.1.3) erhalten ein zusätzliches „K"; ihre konstruktiven Eigenschaften lassen sich durch eine Warmbehandlung — die sogenannte Vergütung — verbessern.

Niedriglegierte Stähle (1.1.4), d. h. die Summe der Legierungs-Komponenten < 5%, enthalten immer C; man läßt C daher fort und gibt nur den Zahlenwert wie bei unlegierten Stählen an (= 100 · % C); es folgen die Legierungs-Komponenten in Reihenfolge der Konzentration, gekennzeichnet durch ihr chemisches Symbol und eine Zahl für ihre Massenkonzentration in %; die Zahl ist das Produkt aus einem Multiplikator (Tabelle 3.7.—3) und dem %-Gehalt.

Edelstähle:
z. B. CK 10 $\triangleq$ Kohlenstoffstahl mit 0,1% C
CK 35 $\triangleq$ Kohlenstoffstahl mit 0,35% C

Tabelle 3.7.—3. Multiplikatoren für Legierungs-Komponenten

4	10	100
Co	Al	C
Cr	Cu	P
Mn	Mo	S
Ni	Ti	N
Si	V	

Hochlegierte Stähle (1.1.5) *(Legierte Edelstähle)* haben eine Komponente mit > 5% und führen an erster Stelle ein X; den Kohlenstoff ausgenommen sind die Zahlen die richtigen %-Zahlen ohne Faktoren (Siehe nebenstehendes Beispiel!).

Übung 3.7.—4

Woran erkennen Sie, ob der Fe-Werkstoff ein Edelstahl ist?

| Zur Erklärung für E-Techniker,
↓ nicht zum Erlernen!

Beispiele für Tabelle 3.7.−3

1. 15 CrNiMo 10 4 ≙
   niedriglegierter Stahl mit
   0,15 C   (15/100)
   2,5 Cr   (10/4)
   1,0 Ni   (4/4)

   Spuren Mo

2. X 4 CrNiMo 18 8 ≙
   X = hochlegierter Edelstahl mit
   0,04 C   (4/100)
   18   Cr   18%
    8   Ni   8%

   Spuren Mo   −

3.7.2.2. Gußwerkstoffe

Alle Gußwerkstoffe führen an erster Stelle ein „G"; enthalten sie außer C keine weitere Legierungs-Komponente, dann ist die Zugfestigkeit R_m die kennzeichnende Eigenschaft; sie ist noch in den alten Einheiten in kp/mm² angegeben. Die gesetzliche Krafteinheit N ist ≈ 0,1 kp. Die anderen Buchstaben geben die Gußsorte an (Tabelle 3.7.−4).

Legierte Gußwerkstoffe werden nach dem gleichen System wie legierte Knetwerkstoffe (Stähle) bezeichnet.

Tabelle 3.7.−4. Fe-Gußwerkstoffe

Zeichen	Sorte
GS	Stahlguß
GG	Grauguß, Gußeisen mit Lamellengraphit
GGG	Gußeisen mit Kugelgraphit
GTW	Temperguß weiß
GTS	Temperguß schwarz

Beispiele für DIN-Bezeichnung

1. GS 38 ≙ Stahlformguß mit einer Mindestzugfestigkeit von 38 kp/mm² ≈ 380 N/mm²
2. GTS 42 ≙ Schwarz-Temperguß mit R_m mind. 42 kp/mm² ≈ 420 N/mm²

Übung 3.7.—5

Woran erkennen Sie in der Kurzbezeichnung, ob der Werkstoff eine Guß- oder eine Knetlegierung ist?

Übung 3.7.—6

Kann man aus der DIN-Kurzbezeichnung immer die chemische Zusammensetzung eines Fe-Werkstoffes erkennen?

3.8. Lernzielorientierter Test

3.8.1. α-Fe ist
- A   kfz
- B   krz
- C   magnetisch
- D   hex
- E   unmagnetisch

3.8.2. α-Fe ist
- A   im Perlit vorhanden
- B   Ferrit
- C   Martensit
- D   Austenit
- E   lösungsfähig für C-Atome

3.8.3. α-Fe ist
- A   bei Tiefsttemperatur beständig
- B   bei 373 K beständig
- C   bei 900 K beständig
- D   im weichen Bindedraht vorhanden
- E   im unmagnetischen Stahl vorhanden

3.8.4. Kohlenstoff C ist in einem harten Werkzeug vorhanden
- A   gar nicht
- B   als Graphit
- C   als Fe_3C
- D   als Zementit
- E   als Perlit

3.8.5. Eisenkarbid wird auch bezeichnet als
- A   Zementit
- B   Ferrit
- C   Austenit
- D   Martensit
- E   Perlit

3.8.6. Eisenkarbid ist
- A   härter als Ferrit
- B   härter als Austenit
- C   härter als Martensit
- D   härter als γ-Mischkristall
- E   härter als Graphit

3.8.7. Weichmagnete bestehen aus
- A   Karbiden
- B   Austenit
- C   Martensit
- D   Ferrit
- E   ferritischen Mischkristallen

3.8.8. Si-Gehalte in Eisenblechen sind
- A   immer unerwünscht
- B   für Verbesserung der Umformbarkeit
- C   für Weichmagnete erwünscht
- D   für Verbesserung der Leitfähigkeit
- E   zur Herabsetzung der Wirbelstrombildung

3.8.9. St 52 heißt
- A   Stahl mit 0,52% C
- B   Stahl mit $52 \cdot 10^6 \, Sm^{-1}$
- C   Stahl mit HB = 52
- D   Stahl mit $R_e = 520 \, Nmm^{-2}$
- E   Stahl mit $R_m = 520 \, Nmm^{-2}$

3.8.10. Normaler Baustahl, unlegiert, enthält/ist
- A   = 0,6 C
- B   > 0,6 C
- C   < 0,6 C
- D   übereutektoid
- E   ferritisch-perlitisch

3.8.11. Normaler Werkzeugstahl, unlegiert, enthält/ist
- A   > 0,6 C
- B   < 0,6 C
- C   ferritisch
- D   martensitisch
- E   perlitisch

3.8.12. GG ist
- A   härtbar
- B   legierbar
- C   walzbar
- D   für Motorgehäuse verwendbar
- E   unmagnetisch

3.8.13. GGG ist
  A   Name für Kugelgraphitguß
  B   umformbar
  C   legierbar
  D   vergütbar
  E   als Turbinengehäuse anwend-
         bar

3.8.14. Fe-Werkstoff mit > 500 HB könnte
  sein
  A   GG
  B   GGG
  C   Dynamoblech
  D   Brückenstahl
  E   Rasierklingenstahl

3.8.15. Als Korrosionsschutzüberzug für Fe
  geeignet und angewandt sind
  A   Metalle edler als Fe
  B   Metalle unedler als Fe
  C   Metalloxide
  D   Kunststoffe
  E   Phosphatschichten

3.8.16. Als Opferanoden für Fe geeignet ist
  A   Kupfer
  B   Zink
  C   Magnesium
  D   Mangan
  E   Silizium

4. Nichteisen (NE) – Metalle, Kupfer, Aluminium, Blei

4.0. Überblick[1]

Kupfer (Cu), Aluminium (Al) und Blei (Pb) sind neben den Edelmetallen die elektrisch wichtigsten NE-Metalle. Reines Cu und Al werden für stromführende, ihre Legierungen für konstruktiv belastete Teile benutzt.

Pb dient als Kabelmetall, Akkuelektrode, Strahlenschutz und Legierungskomponente von Weichloten.

Der Lernende wird mit den DIN-Bezeichnungen, dem Gefügeaufbau, den wichtigsten Eigenschaften und den Verwendungen vertraut gemacht.

4.1. Kurzbezeichnung, DIN 1700

Lernziele

Der Lernende kann die Kurzbezeichnung von NE-Metallen nach DIN 1700 deuten.

4.1.0. Übersicht

Die wichtigsten DIN-Kurzbezeichnungen für Fe-Werkstoffe wurden in Abschnitt 3.7.2 erlernt; sie sind nach unterschiedlichen Kriterien festgelegt und nur vom Fachmann ohne Schlüssel zu verstehen. Im Gegensatz hierzu sind die Kurzzeichen für NE-Metalle leicht erklärlich.

4.1.1. Herstellung, Verwendung

Metallteile werden durch „Kneten" oder „Gießen" geformt. Gußwerkstoffe sind durch ein vorgesetztes „G" gekennzeichnet; fehlt es, dann handelt es sich immer um einen Knetwerkstoff. Der Buchstabe hinter dem „G" kennzeichnet das spezielle Gießverfahren (Tabelle 4.1.−1).

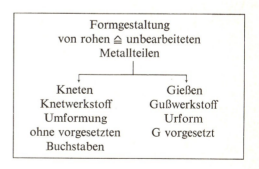

Formgestaltung
von rohen ≙ unbearbeiteten
Metallteilen

Kneten	Gießen
Knetwerkstoff	Gußwerkstoff
Umformung	Urform
ohne vorgesetzten	G vorgesetzt
Buchstaben	

---

[1] In diesem Kapitel 4 werden Cu, Al, Pb und ihre Legierungen besprochen; die Edelmetalle Pt, Au, Ag nicht; sie werden unter den Kontaktwerkstoffen in Kap. 5 erwähnt. Die in 4. erläuterten Vorgänge lassen sich leicht auf die Edelmetalle übertragen.

Der Leitungsmechanismus in den Metallen wird im Kap. 5.1 abgehandelt, weil er im engen Zusammenhang mit den Vorgängen in Widerstandswerkstoffen (5.2) steht.

Tabelle 4.1.−1. Bedeutung der vorgesetzten Kurzzeichen

G	= Guß, allgemein
GS	= Guß in Sandform
GD	= Druck − Guß
GK	= Kokillen − Guß
GZ	= Zentrifugal − Guß (Schleuder − Guß)
GC	= Strang − Guß (continues)
GL	= Gleitlagermetall
L	= Lotmetall
S	= Schweißmetall

4.1.2. Chemische Zusammensetzung, Komponenten

Durch chemische Symbole und Zahlen wird die chemische Zusammensetzung des Metalles angegeben. An 1. Stelle steht das Grundmetall (Basismetall); dann folgen die Legierungskomponenten in Reihenfolge ihrer Konzentration (Gehalte) mit der Prozentzahl. Der %-Gehalt des Basismetalls wird in Legierungen nicht angegeben, weil er die Ergänzungszahl zu 100% ist.

Für alle Sollgehalte der chemischen Zusammensetzung gibt es +/− Toleranzen, die in DIN-Blättern festgelegt sind.

Beispiel
Cu Ni44 Mn2Cr bedeutet:
Cu = Basismetall
Ni = Haupt-Komponente
Mn = 1. Zusatz-Komponente
Cr = 2. Zusatz-Komponente

4.1.3. Festigkeitszustand

Der Buchstabe *F* bedeutet in dem DIN-Kurzzeichen Festigkeitszustand; er wird durch eine nachgesetzte Zahl als Mindestwert der Zugfestigkeit R_m angegeben.

Der Festigkeitszustand von „Halbzeug", d. h. von Blechen, Bändern, Drähten, Stangen usw. hängt von der letzten Fertigungsstufe ab, also von dem Umformungsgrad in % des kalten Metalles (unterhalb der Rekristallisationstemperatur) durch Walzen, Ziehen, Pressen und ggf. ein nachträgliches Glühen (Normalisierung).

Manchmal ist der Härtezustand von Metallen auch durch angehängte kleine Buchstaben angegeben; diese DIN-Kurzzeichen sind in Tabelle 4.1.−2 aufgeführt.[3]

Tabelle 4.1.−2. Festigkeitszustände nach DIN 1700

F	Festigkeitszustand
F-Zahl	R_m in N/mm²
w	weich ≙ geglüht
	≙ normalisiert
	≙ 1fach
hh	halbhart ≈ 1,2fach
h	hart ≈ 1,4fach
f h	federhart ≈ 1,8fach
a	ausgehärtet
ka	kalt-ausgehärtet
wa	warm-ausgehärtet
wh	walz-hart
zh	zieh-hart
ho	homogenisiert
p	plattiert

Diese Buchstaben werden der Legierungs-Bezeichnung angehängt, z. B. AlSi10Mg wa

---

[2] früher: *F* in kp mm⁻² (veraltet)
  heute: *F* in N mm⁻²

[3] Diese DIN-Bezeichnung soll später fortfallen.

Tabelle 4.1.–3

1. Kennbuchstabe(n) für die Herstellung
   z. B. GS = *S*andguß (vorgestellt die
   Legierungsbezeichnung,   z. B.
   GS CuNi25)

2. chemische Zusammensetzung,
   chemisches Symbol für Element,
   Masse-% als Zahl,
   z. B. CuNi40 Mn 1

3. Besondere Eigenschaften

Behandlungs-   Mindestwert für
zustand   Zugfestigkeit

z. B. wa = warmausgehärtet; (*F* = hoch!)

4.1.4. Elektrische und thermische Leitfähigkeit

Metalle sind gute elektrische und thermische Leiter; zwischen den reinen Metallen und Legierungen sind die Zahlenwerte sehr unterschiedlich. Der elektrische Leitungsmechanismus wird im nächsten Kapitel (5.1) ausführlich beschrieben. Auch bei dem Wärmetransport spielen die Elektronen eine wichtige Rolle, aber die Vorgänge sind recht kompliziert und lassen sich nicht auf einfache Weise beschreiben.

Beide Leitfähigkeiten sind einander proportional und werden durch das Gesetz von Wiedemann-Franz miteinander in Beziehung gebracht (Gl. 4.–1). Einige Zahlenwerte finden Sie in Tabelle 4.1.–4; sie gelten bei Raumtemperatur. Die Konstante K_L heißt Lorentzzahl; mit ihr kann man aus der gemessenen elektrischen Leitfähigkeit eines Metalles (Legierung) „Anhaltswerte" der thermischen Leitfähigkeit ober umgekehrt aus gemessenen λ-Werten $\varkappa$-Werte errechnen. Wird bei gegossenem Kupfer ein elektrischer Leitwert vorgeschrieben, so wird er durch ein L (= Leitwert) und eine nachgesetzte Zahl in m/Ωmm² angegeben.

Gesetz von Wiedemann-Franz

$$\frac{\lambda}{\varkappa \cdot T} = K_L \qquad (4.-1)$$

$\varkappa$ [4] in Sm⁻¹ (elektr. Leitf.)
λ in W m⁻¹ K⁻¹ (therm. Leitf.)
T in K (absolute Temp.)
$K_L \approx 2,2 \cdot 10^{-8}$ V² K⁻² (Konstante)

Tabelle 4.1.–4. Spezifische Leitfähigkeiten bei 293 K

Metall	$\varkappa$ in 10^6Sm⁻¹	λ in Wm⁻¹K⁻¹
Ag	64	420
Cu	(>) 59	390
Au	46	297
Al	(>) 37	230
Fe	10	75
Pb	5	35

DIN-Bezeichnung

G Cu L 50 ≙ Kupferformguß mit mindestens 50 · 10^6Sm⁻¹

---

[4] Für $\varkappa$ wird auch σ als FZ benutzt.

4.1.5. Beispiele für DIN-Kurzbezeichnungen

1. CuNi 30 Mn F 450 ≙
   Kupferlegierung mit 30% Ni $< 1\%$ Mn;[5]
   R_m mind. 450 N/mm²

2. G AlSi 12 ≙
   Aluminium-Gußlegierung mit 12% Si

3. GL Sn Pb 20 ≙
   Guß-Gleitlager aus 80% Zinn, 20% Pb

4. Al 99 F 80 ≙
   Aluminium 99% mit R_m mind. 80 N/mm²

5. L SnZn 40 ≙
   Lot mit 60% Sn, 40% Zn

Übung 4.1.—1

Geben Sie die DIN-Kurzbezeichnung für drei
F-Zustände an!

Übung 4.1.—2

Geben Sie die DIN-Kurzbezeichnung für drei
Gießarten an!

Übung 4.1.—3

Geben Sie die Bedeutung für die nebenstehenden Buchstaben an, die an erster oder letzter
Stelle bei DIN-Kurzbezeichnungen stehen!

GS . . . .
GC . . . .
GL . . . .
ho . . . .
a . . . .
F . . . .

Übung 4.1.—4

Was bedeutet Cu Ni 20 F 300?

Übung 4.1.—5

Geben Sie die Kurzbezeichnung für einen
Messinghebel aus einer binären Kupferlegierung mit 37% Zink an, der

1. im Druckguß hergestellt ist,

2. im Gesenk geschlagen wurde.

Übung 4.1.—6

Gesetz von Wiedemann-Franz (Gl. 4.—1):
Leiten Sie die Einheit von K_L in $V^2 \cdot K^{-2}$ ab!

Übung 4.1.—7

Ein Messingblech hat bei 30°C einen $\varkappa$-Wert
von $32 \cdot 10^6$ Sm⁻¹.

Wie groß ist (etwa) λ?

---

[5] Ist eine Legierungskomponente < 1, so wird der Zahlenwert des %-Gehaltes nicht geschrieben.

4.2. Kupfer und Kupferlegierungen

Lernziele

Der Lernende kann ...

... Eigenschaften und Einsatzmöglichkeiten von Kupfer DIN 1708, 1750, 1773, 1787 und 40500 beurteilen.

... die elektrotechnisch wichtigsten niedriglegierten Kupferwerkstoffe und ihre Einsatzmöglichkeit nennen.

... die elektrotechnisch wichtigen hochlegierten Kupferwerkstoffe beschreiben.

4.2.0. Übersicht

Kupfer und seine Legierungen waren die ersten Gebrauchsmetalle. Kupfer wurde im jetzigen Irak schon vor der Sintflut benutzt, da es dort in nahezu reinem Zustand vorkam. Ab 3500 v. Chr. wurde es aus Erz im Herdfeuer erschmolzen.

> *Kupfer:* ältestes Gebrauchsmetall!
> *Bronze* (CuSn): älteste Legierung (Bronzezeitalter!)

Die Hälfte seiner Gesamterzeugung wird in der Elektrotechnik benutzt.

> Hälfte der Kupfer-Erzeugung für E-Technik!

Mitte des vorigen Jahrhunderts wurden die ersten kupfernen Telegrafendrähte gespannt, 1850 wurde ein mit Guttapercha isolierter Kupferdraht im Ärmelkanal verlegt; er riß allerdings. Man benutzte dann stahlgepanzerte Kabel mit vier Drähten.

1866 wurde das erste Seekabel zwischen Europa und Nordamerika verlegt.

Die guten Eigenschaften von Kupfer werden im nächsten Abschnitt behandelt.

4.2.1. Reinkupfer E-Cu, DIN 40500

Kupfer wird in der E-Technik hauptsächlich wegen seiner guten elektrischen Leitfähigkeit für stromführende Teile gebraucht; je reiner es ist, um so besser leitet es den Strom. Nur Silber (Ag) übertrifft seine Leitfähigkeit um rund 5 %, ist aber viel teurer. An dritter Stelle folgt mit einem rund 40 % niedrigerem Leitwert das Aluminium.

1. Neben der *elektrischen Leitfähigkeit* hat Cu noch folgende gute Eigenschaften:

2. *sehr gute Wärmeleitfähigkeit.* Gute elektrische Leiter sind auch immer gute Wärmeleiter; die Anzahl und Beweglichkeit der Elektronen sind für beide Energie-Transportarten ausschlaggebend (s. 1.1.3);

3. *gute Formbarkeit in kaltem und warmem Zustand;* wie alle Metalle mit kfz-Gitter, z. B. Ag, Al, Au, Pt, Pb, läßt Cu sich kalt und warm zu feinsten Drähten und zu dünnsten Folien walzen.

4. *Die konstruktiven Eigenschaften* sind mittelmäßig; mechanisch kann es, besonders bei höheren Temperaturen, nur gering belastet werden (s. 4.2.4).

5. *Gute chemische Beständigkeit* (s. 4.2.6).

6. Wichtige physikalische Werte von Reinkupfer enthalten die Tabellen 4.2.−2 und 4.2.−3.

Tabelle 4.2.−1. Eigenschaften von Reinkupfer (vgl. Tabelle 4.1.−4)

1. elektrisch	= sehr gut leitend
2. thermisch	= sehr gut leitend
3. formbar	= sehr gut
4. konstruktiv	= mäßig belastbar
5. chemisch	= beständig
6. lötbar, hart-weich	= sehr gut
7. schweißbar	= sehr gut

zu 1.   Vergleichswerte für $\varkappa$

	$10^6 Sm^{-1}$	%
Ag weich	≈ 64	100
Cu weich	≈ 58 [6]	90
Cu hart	≈ 56	87
Al weich	≈ 37	58
Al hart	≈ 34	53

zu 2. $\lambda \sim \varkappa$ (bei Metallen)

	λ in $Wm^{-1}K^{-1}$	%
Ag	≈ 420	≈ 100
Cu	≈ 390	≈ 90
Al	≈ 220	≈ 52

Die Werte gelten für Raumtemperatur

Tabelle 4.2.−2. Physikalische Eigenschaften von Reinkupfer

Eigenschaft	FZ	Zahlenwert	Einheit
Atommasse	m_a	63,54	g
Schmelzpunkt	ϑ_s	1083	°C
Dichte bei 20°C	ϱ_{D20}	8,94	gcm^{-3}
Temperatur-Koeffizient der linearen Ausdehnung	α	17,6	$10^{-6}K^{-1}$
spezif. elektr. Leitfähigkeit bei 20°C	$\varkappa$	57	$10^6 Sm^{-1}$
spezif. thermische Leitfähigkeit bei 20°C	λ	390	$Wm^{-1}K^{-1}$
Temperatur-Koeffizient des elektr. Widerstandes zwischen 20 und 100°C	α	3,93	$10^{-3}K^{-1}$
E-Modul	E	115	$kNmm^{-2}$

[6] Hochreines Cu 99,997 hat $\varkappa = 61 \cdot 10^6\ Sm^{-1}$.

Tabelle 4.2.—3. Kupfer für die Elektrotechnik nach DIN 40500, Blatt 1 bis 4 (1970)

Kurz-zeichen	Werkstoff-nummer	Legierungsbestandteile	Halbzeugarten					
			Bleche	Bänder	Rohre	Profile	Drähte	Stangen
E-Cu	2.0060	99,90 % Cu sauerstoffhaltig	X	X	X	X	X	X
E-CuAg	2.1203	0,09 bis 0,11 % Ag, Rest Cu sauerstoffhaltig	X	X		X	X	X
SE-Cu	2.0070	99,90 % Cu sauerstofffrei	X	X	X	X	X	X

Für Leitungskupfer E-Cu gibt es eine eigene Werkstoffnorm, DIN 40500, siehe Tabelle 4.2.–3. Beachten Sie die Zeichen S ≙ sauerstofffrei und Ag ≙ Silber!

Diese Werkstoffe werden in den nächsten Abschnitten erläutert.

Übung 4.2.—1.

Errechnen Sie die Konstante K_L nach Gl. (4.–1), Gesetz von Wiedemann-Franz, für Ag, Cu und Al bei 293 K!

Übung 4.2.—2

Nennen Sie mindestens fünf gute Eigenschaften von Cu, welche die häufige Anwendung in der E-Technik ermöglichen!

Übung 4.2.—3

Geben Sie die spezifische elektrische Leitfähigkeit für die nebenstehenden Reinmetalle an!

Ag ....

Cu ....

Al ....

Übung 4.2.—4

Geben Sie folgende physikalische Werte für E-Cu an:

1. Wärmeleitfähigkeit,

2. Temperaturkoeffizient des elektrischen Widerstandes,

3. Wärmeausdehnungskoeffizient.

4.2.2. SE - Cu, DIN 40500, DIN 1787

Weshalb benötigt die Elektroindustrie sauerstofffreies Leitkupfer?

SE-Cu $\triangleq$ Sauerstofffreies Cu!

Normales Reinkupfer enthält immer ein wenig
Sauerstoff in Form kleiner, fester Cu_2O-Ein-
schlüsse. Der Luftsauerstoff kommt beim
Schmelzvorgang mit der Oberfläche des Kup-
ferbades in enge Berührung. Dies ist sogar erwünscht, damit die unedleren Begleitelemente
wie z. B. Silizium (Si), Eisen (Fe), Phosphor
(P) oxidiert und als nichtmetallische, chemische Verbindungen in Form einer auf dem
Schmelzbad schwimmenden Schlacke entfernt
werden können. Da Cu immer im Überschuß,
d. h. in großer Konzentration vorhanden ist,
wird eine gewisse Menge ebenfalls zu Cu_2O
oxidiert. Cu_2O hat fast die gleiche Dichte wie
Cu und erstarrt mit dem Metall. Die Cu_2O-
Einschlüsse führen bei einer nachträglichen
Erwärmung des Kupfers in einer H_2-haltigen
Atmosphäre zu der gefürchteten „Wasserstoff-
Krankheit". Schweißt man z. B. Kupfer mit
H_2-haltigen Gasen (H_2 oder C_2H_4) oder erwärmt man es in einer H_2-haltigen Schutzgas-
Atmosphäre, dann diffundieren die winzigen
H_2-Moleküle in das rotwarme Kupfer; treffen
sie dort auf Cu_2O-Einschlüsse, so reagieren sie
mit ihnen nach der Gleichung

$$Cu_2O + H_2 \rightarrow 2\,Cu + H_2O$$

zu Kupfer und Wasserdampf. Die größeren
H_2O-Dampfmoleküle können nicht aus dem
Metall diffundieren und verbleiben im Metall,
das unter dem großen Dampfdruck Risse und
Blasen erhält und unbrauchbar wird. Enthält
das Kupfer keinen Sauerstoff (SE-Cu), dann
tritt dieses Übel nicht auf.

> **Vorsicht**
> beim Glühen und Schweißen von Kupfer
> in H_2-haltiger Atmosphäre:
> Nur Se-Cu verwenden!
> Sonst entstehen Blasen und Risse.

> Normales E-Cu (ist O_2-haltig)
> $Cu_2O + H_2 \rightarrow Cu + H_2O\ (> 250\,°C)$
>
> Wasserdampf mit hohem Druck sprengt
> das Kupfergefüge.

Übung 4.2.—5

Wann bestellen Sie Drähte aus SE-Cu?

4.2.3. Reinkupfer mit geringen Zusätzen

Je reiner das Kupfer, desto höher seine Leitfähigkeit! Mit dem Rohstoff (Erz und Schrott)
und den Heizstoffen (Gas, Kohle, Öl) gelangen
unerwünschte Elemente in das Metall; sie

> Je reiner Cu,
> desto höher $\varkappa$,
> desto höher λ.

lassen sich restlos nur unter hohem Kostenaufwand entfernen, so daß öfters kleine Gehalte verbleiben. Sie beeinträchtigen die Leitfähigkeit unterschiedlich. Sehr schädlich sind
P, Fe, As und O; bereits sehr kleine Gehalte
von 0,01 % dieser Elemente erniedrigen $\varkappa$ um
$\approx$ 10 %, und bei 0,1 % Gehalt sinkt $\varkappa$ auf die
Hälfte des Wertes von E-Cu.

> P, Fe, As, O
> sind $\varkappa$-schädlich!

Absichtliche Zusätze, welche die Eigenschaften
von Reinkupfer verbessern sollen, beeinträchtigen ebenfalls unterschiedlich stark den $\varkappa$-
Wert (Bild 4.2.–1).

Die Metalle Cd, Ag, Zn zum Beispiel beeinflussen die elektrische Leitfähigkeit kaum. Der
Einfluß kleiner, absichtlicher Legierungszusätze wird in den nächsten Abschnitten erörtert.

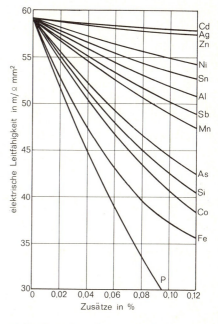

Bild 4.2.–1 Fremdzusätze erniedrigen die elektrische Leitfähigkeit von E-Cu

Übung 4.2.—6

Welche Legierungs-Elemente beeinträchtigen
stark die $\varkappa$-Werte von Cu?

4.2.4. Reinkupfer, konstruktive Eigenschaften

Lesen Sie zuvor nochmals Abschnitt 1.4!

4.2.4.1. Kaltverfestigung

Jeder Elektriker hat selbst schon festgestellt,
daß weiches Kupfer beim Hämmern, Biegen,
Abkanten härter und spröder wird; die sich
dabei im Werkstoff abspielenden Vorgänge
kennen Sie aus Abschnitt 1.4.

Tabelle 4.2.–4. Einfluß des Abwalzgrades auf
konstruktive Werte von Cu-Blechen

Verformungsgrad in %		0	20	50
$A_{5, 10}$	%	42	8	4
HB	1	40	90	120
$R_{p0,2}$	$N\,mm^{-2}$	50	250	350
R_m	$N\,mm^{-2}$	220	280	380

Exakte Zahlenwerte von der Veränderung der konstruktiven Werte von E-Cu durch Kaltverformung ersehen Sie aus Tabelle 4.2.−4 und Bild 4.2.−2. Sie wurden in diesem Fall beim Kaltwalzen eines Kupferbleches ermittelt, sind aber für alle Kaltformungsprozesse von Halbzeug repräsentativ, also auch für Drähte und Stangen.

Die Unterschiede der konstruktiven Werte von weichgeglühtem und kaltverfestigtem Kupfer sind erheblich:

Die Härtewerte verhalten sich wie 1:3,
die 0,2-Dehngrenzen   wie 1:7,
die Zugfestigkeiten   wie 1:2,
die Bruchdehnungen   wie 1:0,1.

(Bild 4.2.−2 und Tabelle 4.2.−4.)

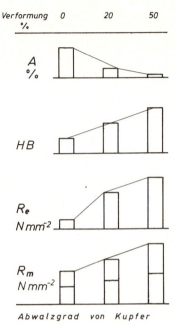

Bild 4.2.−2 Beachten Sie Härte, Festigkeits- und Dehnungsunterschiede von weichem und hartem E-Cu!

4.2.4.2. Temperatur-Einfluß

a) Bei allen Metallen fallen bei *erhöhter* Temperatur Härte und Festigkeit, und es verbessert sich die Umformbarkeit; darum werden Eisen, Kupfer und Aluminium oft *warm* gepreßt, geschmiedet und gewalzt. Aus den Linienzügen in Bild 4.2.−3 sehen Sie, wie sich $\sigma_{0,2}$, σ_B, ψ und δ von SE-Cu mit steigender Temperatur ändern.

b) Umgekehrt wirkt die Kälte (Bild 4.2.−4). Die reinen Metalle Cu und Al (und ihre Legierungen) werden mit zunehmender Kälte härter und fester, und was am wichtigsten dabei ist: Alle Metalle mit kfz-Gitter (Au, Ag, Al, Cu) verspröden *nicht* in der Kälte; sie bleiben selbst bei Tiefsttemperaturen zähduktil, im Gegensatz zu normalem α-Eisen (Ferrit, krz) und den meisten Kunststoffen.[7]

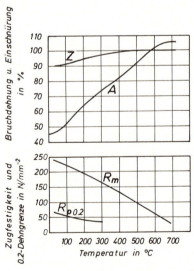

Bild 4.2−3 Einfluß der Temperatur auf die konstruktiven Eigenschaften von SE-Cu

---

[7] Sie haben dies bereits in den Abschnitten 2.4 und 3.4.1 gelernt; wichtige Dinge müssen aber mehrmals betont werden!

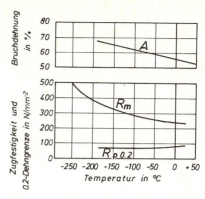

Bild 4.2.—4 Einfluß der Kälte auf die konstruktiven Eigenschaften von SE-Cu

> Kupfer und Aluminium und ihre Legierungen bleiben auch bei extremen Kältegraden schlagfest; kfz-Gitter!

Übung 4.2.—7

Füllen Sie die Spalten für SE-Cu aus!

°C	R_m in N mm^{-2}	$A_{5,10}$ in %
25		
250		
500		

4.2.4.3. Entfestigung[8])

Wird kaltverfestigtes Cu auf die Rekristallisationstemperatur (100 bis 200 °C) erwärmt, dann bilden sich neue Körner; ihre Größe kann man aus dem Rekristallisations-Schaubild erkennen. Das rekristallisierte Gefüge kann grobkörnig-weich oder feinkörnig und damit härter ausfallen. Es ist aber nach einer Glühung immer weicher als das ungeglühte, verfestigte Gefüge. Verfestigtes Cu wird bereits bei 150 °C erheblich weicher. Oberhalb 150 °C und bei längerer Glühzeit wird es grobkörnig und völlig weich; das muß man berücksichtigen.[9]

---

[8]) Lesen Sie nochmals Abschnitt 1.5!

[9]) Gefügeaufnahmen von verfestigtem und wieder entfestigtem CuZn (Messing) zeigen die Bilder 4.3.—4 und 4.3.—5.

Zu hohe Glühtemperaturen und zu lange Glühdauer machen das Metall grobkörnig und sehr
weich.

In Kaltziehereien und Kaltwalzwerken muß
das Halbzeug „zwischengeglüht" werden,
damit das kaltgeformte, verfestigte Metall sich
weiterverarbeiten läßt. Für elektrische Leitungen ist eine Entfestigung meistens unerwünscht. Für stromführende Teile, wie z. B.
Kontakte und Federn, die im Betrieb warm
werden, aber hart und fest bleiben müssen,
wurden warmfeste Cu-Legierungen entwick-
kelt; sie können weit über 150°C ohne Festigkeitsverlust erhitzt werden (s. 4.2.6.2).

> Vorsicht:
> Kaltverfestigtes E-Cu wird bereits bei Tem-
> peraturen dicht oberhalb 100°C entfestigt!
> In diesen Fällen warmbeständiges Kupfer
> einsetzen!

Übung 4.2.—8

Wann ist eine Entfestigung erwünscht bzw.
notwendig? Wann ist sie unerwünscht bzw.
schädlich?

4.2.5. Chemische Eigenschaften [10])

Die gute chemische Beständigkeit des Kupfers
beruht auf seiner Stellung in der elektrochemischen Spannungsreihe der Metalle; ein weiterer Beweis für seinen relativ edlen Charakter
ist die geringe Bildungswärme (Enthalpie) bei
der Reaktion mit anderen Elementen.

In trockener Luft reagiert Kupfer bereits unter
150°C mit dem Luftsauerstoff und bildet zunächst Cu_2^IO und dann den schwarzen Zunder
aus $Cu^{II}O$[11]. Im Freien, wo die Luft oft feucht
und CO_2-haltig ist, entsteht grünblaues basisches Kupferkarbonat, Patina genannt; es
bildet eine festhaftende, dichte Schutzschicht
gegen einen weiteren Angriff.

Ein Feind des Kupfers ist Schwefel; ist in
feuchter Luft Schwefeldioxid vorhanden, – und
dies ist bei Industrieabgasen häufig der Fall –,
dann bildet sich schweflige Säure, die zu
Schwefelsäure oxidiert, ($H_2SO_3 \rightarrow H_2SO_4$),
das Kupfer angreift und in wasserlösliches
Kupfersulfat ($CuSO_4$) umwandelt.

Gummiisolierte Kupferdrähte können durch
Schwefelaufnahme verspröden.

> Kupfer reagiert in einer Umgebung:
>
> warmtrocken   feucht
> $\downarrow O_2$ O_2; CO_2; H_2O
> Cu_2^IO $CuCO_3Cu(OH)_2$
> $Cu^{II}O$
>   ① Patina
> Oxide SO_2 (schwefeldioxid-
> $\downarrow$ haltige Luft)
> $CuSO_3$
>   ② $CuSO_4$ (Kupfersulfat)
>   ③ (mit Essigsäure) zu
>   Grünspan = Kupfer-
>   azetat.

> Vorsicht:
> Schwefelhaltige Abgase
> zerstören Kupfer!

---

[10]) Lesen Sie im Chemiebuch die Ausführungen über die „elektro-chemische Spannungsreihe".
[11]) Sprich: Kupfer-eins-Oxid / Kupfer-zwei-Oxid.

Übung 4.2.—9

Ist Kohlen- oder Schwefeldioxid in Abgasen
für Kupferteile gefährlicher?
Begründung!

4.2.6. Leitkupfer, niedrig legiert, DIN 17666

4.2.6.0. Übersicht

Einige Eigenschaften von E-Cu lassen sich
durch kleine Zusätze von Legierungselemen-
ten verbessern, ohne die Leitfähigkeit merklich
zu verschlechtern (Tabelle 4.2.–5).

Sie erlernen in diesem Kapitel die Wirkung der
wichtigsten Zusatzelemente in kleinen Mengen. In dem DIN-Blatt 17666 werden nicht
aushärtbare und aushärtbare Legierungen
unterschieden; der bereits besprochene Aushärtungseffekt (s. 1.6.7) wird hier nochmals erklärt.

Tabelle 4.2.–5. Übersicht über die durch
kleine Zusätze bewirkte Verbesserung der Eigenschaften von Reinkupfer; die Leitfähigkeit
wird dabei kaum verschlechtert!

Verbesserte Eigenschaft	Zusatz
Zerspanbarkeit	Te
konstruktiv höher belastbar	Ag, Cd, Cr, Zr, Be, Be + Co
nicht aushärtbar	Ag, Cd, Cd + Sn
aushärtbar	Cr, Zr, Be, Be + Co
erhöhte Entfestigungs- temperatur	Si, As, Te, Cr, Ag, Sn, Cd
Nähere Erklärungen folgen!	

4.2.6.1. Verbesserte Zerspanbarkeit durch Tellur (Te)

Weiche, gut formbare Metalle lassen sich
schlecht zerspanen; es bilden sich lange, zähe
Späne, die sich leicht in Werkzeugen und Spin-
deln verwickeln und daher die Bearbeitung auf
Automaten unmöglich machen.

Gute Abhilfe schafft hier ein kleiner Zusatz
von Tellur. Te bildet mit Kupfer kleine, spröde
Einschlüsse von Cu_2Te, die den Span kurzbröckelig machen, ohne die guten Eigenschaften des Kupfers merklich zu beeinträchtigen;
natürlich leiden die $\varkappa$-Werte ein wenig. Vorteilhaft ist aber zugleich die Erhöhung der Entfestigungstemperatur. Während E-Cu bereits
bei 150 °C merklich entfestigt wird, tritt sie bei
CuTe1 erst bei ≈ 350 °C auf.

Mit etwa $48 \cdot 10^6$ Sm^{-1} ist die Leitfähigkeit
von CuTe1 noch erheblich besser als die von
E-Al mit ≈ $37 \cdot 10^6$ Sm^{-1}. Stromführende,
gedrehte Massenteile wie Schrauben, Klemmen,
Bügel, werden daher oft aus CuTe1 angefer-
tigt.

CuTe ≙ verbesserte Zerspanbarkeit
(Automatenkupfer!)
$\varkappa$:
$58 \cdot 10^6 Sm^{-1} \rightarrow 48 \cdot 10^6 Sm^{-1}$

Entfestigungstemperatur:
E-Cu 150 °C → CuTe 350 °C

4.2.6.2. Erhöhte Entfestigungstemperatur

Durch den Stromfluß oder andere Einflüsse erwärmen sich oft stromleitende Teile; müssen
sie gleichzeitig konstruktive Aufgaben erfüllen, wie z. B. Kontaktfedern, dann dürfen sie
nicht erweichen und müssen hart, fest und
elastisch bleiben. Einige Metalle wirken bereits
bei kleinen Zusätzen günstig auf die Warmfestigkeit; d. h. sie verhindern, daß sich das
kaltverfestigte Material schon bei 150 bis
200 °C wie E-Cu entfestigt.

Aus Bild 4.2.−5 erkennen Sie die günstige
Wirkung einiger Zusatz-Metalle; die beste hat
Zirkon (Zr); es folgen Cadmium (Cd), Zinn
(Sn), Ag und Cr. Als Beispiel wird die Entfesti-
gungskurve der ternären CuCrZr-Legierung
gezeigt (Bild 4.2.−6).

Man benennt eine Legierung nach dem Haupt-
zusatzstoff; CuCd 1 wird Cadmiumkupfer genannt. Bei höheren Zusätzen, ab etwa 2,5 %,
z. B. CuBe 2,5, ist die Bezeichnung „Bronze"
(Bz), in diesem Falle „Berylliumbronze", gebräuchlich. Bronzen sind „Zn-freie" Cu-
Legierungen.

Genaue Informationen über die niedrig-legierten Cu-Sorten erhalten Sie durch Din 17666,
17670 bis 17674 oder das DKI (= Deutsches
Kupfer-Institut Berlin, Düsseldorf).

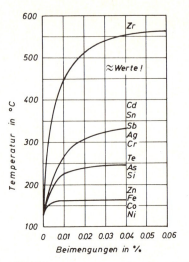

Bild 4.2.−5 Legierungs-Zusätze erhöhen die Entfestigungstemperatur (Ordinate)

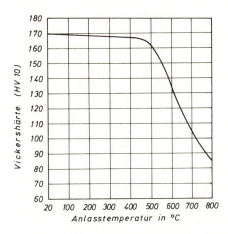

Bild 4.2−6 Warmfestigkeit von CuCr1Zr1

Tabelle 4.2.−6. Anhaltswerte für die Entfesti-
gungstemperaturen von E-Cu und niedrig legierten Leitkupfer-Legierungen

Reinkupfer	150 ... 200 °C
bei Si, As, Te	230 ... 250 °C
bei Cr, Ag, Sn, Cd	320 ... 350 °C
bei Zr	≈ 550 °C

Übung 4.2.—10

Sie benötigen gut leitende, federnde Kontakte.
Kontakt A wird 200°C warm,
           B wird 300°C warm,
           C wird 500°C warm.

Welche Cu-Sorte(n) bestellen Sie?

4.2.6.3. Einteilung niedrig legierter Kupfersorten

Die niedrig-legierten Cu-Legierungen lassen sich nach nebenstehenden Systemen untergliedern (Tabelle 4.2.−7), wobei als wichtigste Kriterien (= Unterscheidungsmerkmale)

1. die Leitfähigkeit $\varkappa$ und
2. der Festigkeitszustand F

zu beachten sind; auf diese Werte müssen Sie bei der Suche nach dem bestgeeigneten Leiterwerkstoff immer achten.

Wichtig ist ferner die Unterscheidung der niedriglegierten Cu-Legierungen nach:

nicht aushärtbaren und
aushärtbaren Sorten.

Die erstgenannten werden durch Mischkristall-Bildung fester, die zweitgenannten müssen durch einen besonderen Arbeitsgang ausgehärtet werden.

Der Effekt der *Ausscheidungshärtung* wurde bereits in 1.6.7 erklärt; er beruht auf der abnehmenden Löslichkeit des Mutterkristalles — in diesem Falle von Cu — für einen Zusatzstoff mit sinkender Temperatur und einer hochdispersen Ausscheidung der Zusatzkomponente in Form einer harten intermetallischen Verbindung.

Am Beispiel des oft benutzten Chromkupfers CuCr1 wird der Aushärtungsvorgang nochmals erläutert. In Bild 4.2.−7 zeigt die Linie *BC* die von 0,5% bis auf 0% sinkende Löslichkeit der Kupferkristalle für Chrom bei fallender Temperatur von $\approx$ 1000°C auf 200°C. Erwärmt man CuCr von Raumtemperatur auf 900°C, dann löst sich $\approx$ 0,25% Cr im Cu; schreckt man die heiße Legierung mit Mischkristallen von dieser Temperatur in kaltem Wasser ab, dann können die Cr-Atome

Tabelle 4.2.−7. Einteilung von niedrig-legierten Leitkupfersorten DIN 17666 nach

---

1. $\varkappa$-Werten (DIN 48200, 48300)
   1.1 Leitbronze   I $> 48 \cdot 10^6 \mathrm{Sm^{-1}}$
   1.2 Leitbronze II $> 36 \cdot 10^6 \mathrm{Sm^{-1}}$
   1.3 Leitbronze III $> 18 \cdot 10^6 \mathrm{Sm^{-1}}$

2. $\varkappa$ = sehr hoch; F = hoch
  CuAg;   CuZr (aushärtbar)

3. $\varkappa$ = hoch; F = sehr hoch
  CuCd;   CuCr (aushärtbar)
  CuCdSn;   CuCrZr (aushärtbar)

4. $\varkappa$ = mittel; F = sehr hoch
  CuBe (aushärtbar)

5. nicht aushärtbar − aushärtbar

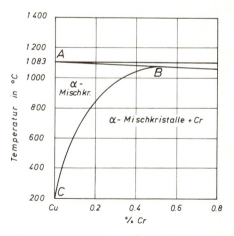

Bild 4.2.−7 Erklärung des Aushärtungseffektes am Zustandsschaubild Cu-Cr. Abnehmende Löslichkeit für Cr-Atome im Cu-Kristall mit fallender Temperatur nach der Linie *BC* (Bild 1.6.−14)

nicht so rasch aus dem Cu-Kristall entweichen (diffundieren) und sich in den Korngrenzen absondern, sie bleiben dispers (feinst) verteilt im Cu-Kristall und blockieren bei einer Belastung die Gleitebenen gegen eine Verschiebung. Durch diese „Ausscheidung" werden die „Härte" von 50 auf 380 HV (Federhärte), $R_{p0,2}$ von 70 auf 440 N/mm² und R_m von 120 auf > 1000 N/mm², also alle Werte um ein Vielfaches erhöht.

Aushärtbare Cu-Legierungen:

CuCr
CuZr
CuBe
CuCoBe

Wirkungen:

1. HV 50 → 380
2. $R_{p0,2}$ 70 Nmm^{-2} → 440 Nmm^{-2}
3. R_m 100 Nmm^{-2} → 1000 Nmm^{-2}
4. Entfestigungstemperatur siehe Bild 4.2.−5

Aushärtbare Knet-Legierungen werden zuerst ausgehärtet und dann kaltumgeformt = kaltverfestigt; doppelte Wirkung! (Drähte, Stangen, Bänder usw.)

Tabelle 4.2.−8. Leitfähiges Kupfer und niedrig-legierte Kupferlegierungen (Leitwert, Bruchfestigkeit und Anwendungsfälle), Zusammenstellung von Leitmetallen auf Cu-Basis

Werkstoff	$\varkappa$ in 10⁶Sm⁻¹ bei 20°C	R_m in Nmm⁻² bei °C			Verwendung
	bei 20°C	20	250	500	
1. E − Cu weichgeglüht	57	210	150	80	Leiterwerkstoff Schienen
2. E − Cu hartgezogen	56	340	250	80	Drähte Kabel
3. Cu Ag (≈ 0,05) hartgezogen	56	370	besser als 1. u. 2.		Kommutatorlamellen
4. Cu Cd 0,75 hartgezogen	≈ 48	470	verschleißfest ≈ wie 3.		Fahrleitungen Freileitungen (große Spannweite)
5. Cu Cr 0,6 warm u. kalt-verfestigt	≈ 47	480	gute Warmfestigkeit ≈ 400°C		Kommutatorlamellen stromführende Federn Schweißelektroden
6. Cu Zr 0,2	≈ 50	490	sehr warmfest ≈ 550°C		hoch wärmebeanspruchte Teile in der Elektrotechnik Reaktoren Raketen
7. Cu Zr Cr	≈ 45	490			
8. Cu Be 2	8 bis 18	420 bis 1 500	warmfest bis > 350		hoch beanspruchte Federn, Hebel, Buchsen u. a.

4.3. Kupfer, hochlegiert

Lernziele

Der Lernende kann ...

... Das binäre Zustandsschaubild Cu Zn erläutern.

... Die guten Eigenschaften und die Festigkeitszustände von Cu Zn-Legierungen benennen.

... Die Glühtemperaturen zur Entfestigung von Cu Zn-Legierungen angeben.

... Die Bezeichnung und den Einsatz von Sondermessing erklären.

... Eigenschaften und Anwendung von Cu Ni-Legierungen angeben.

... Cu Sn- und Cu Al-Legierungen als Konstruktionsbronzen benennen.

4.3.0. Übersicht

Stromführende Teile benötigen nicht immer eine extrem hohe Leitfähigkeit; bei metallischen Widerständen ist dies unerwünscht, und sie wird absichtlich möglichst niedrig eingestellt (s. 5.2). Hochlegierte Kupfersorten gebraucht man einerseits aus technischen, andererseits aus wirtschaftlichen Gründen dann, wenn sie billiger als Reinkupfer sind.

Man unterscheidet Gruppen hochlegierter (hochleg. $\triangleq$ > 5 %) Kupfersorten mit folgenden Hauptzusätzen:

1. *Zink* (Zn) bildet die CuZn-Legierungen, auch Messing (Ms)[12] oder Sondermessing (SoMs)[12] genannt; sie werden als Knet- und Gußwerkstoffe oft benutzt. Zink ist billiger als Kupfer und verbessert dessen konstruktive Eigenschaften, ohne daß die Umformbarkeit leidet.

2. *Nickel* (Ni) bildet mit Cu unbeschränkt Austauschmischkristalle; bei bestimmten Ni-Gehalten ($\approx 40 \%$) entstehen Legierungen mit hohem Widerstand und besonderen elektrothermischen Eigenschaften; Konstantan ist die bekannteste Legierung dieser Werkstoffgruppe; sie wird für Widerstände und Thermoelemente benutzt.

3.1. *Zinn* (Sn) bildet die CuSn-Legierungen, die auch Zinnbronzen (SnBz),

3.2 *Aluminium* (Al) bildet die CuAl-Legierungen, die auch Aluminiumbronzen (AlBz) genannt werden. Wie bereits erwähnt, sind Bronzen zinkfreie Cu-Legierungen mit guter konstruktiver Belastbarkeit.

Übung 4.3.—1

Kann man einen Sondermessing-Draht auch als Bronzedraht bezeichnen?

---

[12] Die Bezeichnungen Messing und Sondermessing sollen durch die DIN-Kurzbezeichnungen Cu_xZn_y ersetzt werden.

4.3.1. CuZn-Legierungen, Messing (Ms) DIN 1709, 1718, 17660

4.3.1.0. Übersicht[13])

Durch einen Zn-Zusatz werden die konstruktiven Eigenschaften von Cu verbessert; Härte und Festigkeit steigen mit steigenden Zn-Gehalten, ohne daß bis zu Gehalten von etwa 40% die Duktilität (= Umformbarkeit $\triangleq A$- und Z-Werte) abnehmen. Im Gegensatz zu Reinkupfer und Reinaluminium lassen sich die CuZn-Legierungen sehr gut vergießen; viele Werkstücke bestehen deshalb aus G CuZn.

Auch die chemische Beständigkeit (Ausnahmen siehe 4.3.1.4), die Umformbarkeit im kalten und warmen Zustand, die Lötbarkeit hart und weich, die Galvanisierbarkeit und die Zerspanbarkeit sind gut und lassen sich durch Zusätze zu den binären Legierungen noch verbessern.

Es gibt etwa 80 verschiedene genormte CuZn-Legierungen, darunter:

1. $\approx$ 12 CuZn-Legierungen (Ms) mit 5 bis 45% Zn in jeweils 2 bis 5 Festigkeitsstufen (F);

2. $\approx$ 12 CuZn-Legierungen mit Legierungszusätzen (SoMs) in jeweils 2 bis 4 F-Zuständen (-Stufen);

3. $\approx$ 6 G CuZn-Legierungen.

Die einzelnen Sorten unterscheiden sich in der Verarbeitbarkeit und den Gebrauchseigenschaften. Die E-Technik ist natürlich zusätzlich bzw. in erster Linie an den guten $\varkappa$-Werten interessiert.

CuZn (Messing, Ms)	
Knet-Legierungen DIN 1718, 17660	Guß-Legierungen DIN 1709
gut umformbar	sehr gut gießbar
Bleche	GS
Bänder	GK
Stangen	GZ
Drähte	GC
Profile	GD

gut bearbeitbar und zerspanbar, hart-weich lötbar, galvanisierbar,

weich → hart → sehr hart →

$\approx$ 80 DIN-Sorten!

gute thermische und elektrische Leitfähigkeit; preisgünstiger als Cu.

Denken Sie an Glühlampenfassungen!

Übung 4.3.—2

Ist ein Hebel aus GD CuZn 15 gut umformbar?

---

[13]) Diese Legierungsgruppe wird ausführlich behandelt, da sie oft in der E-Technik benutzt wird und gute Anwendungsbeispiele für die Kristall- und Legierungslehre (s. Kap. 1) bietet.

4.3.1.1. Kristalle, Zustandsdiagramm

Das Zustandsschaubild CuZn (Bild 4.3.–1) zeigt, daß Cu bis 37 % Zn homogene Mischkristalle, α-Kristalle genannt, bildet. Zn-Atome sind 13 % größer als Cu-Atome und weiten als Austauschatome das Gitter der Cu-Kristalle auf; so entstehen Gitterdeformationen nach Bild 4.3.–2.

Je mehr Zn-Atome sich im Cu-Kristall plazieren, desto verzerrter wird das Gitter, d. h., desto fester und härter, aber um so schlechter elektrisch leitend wird die Legierung.

Bei 37 % Zn ist die Aufnahmefähigkeit des α-Mischkristalles für Zn-Atome erschöpft; enthält die Schmelze > 37 Zn, dann bilden sich bei der Erstarrung der Schmelze komplizierte β-Kristalle, die härter und fester als die „gesättigten" α-Mischkristalle sind. Das sogenannte α-β-Messing (heterogen) ist zähhart und wird für konstruktiv hochbelastete Teile verwendet.

Aber auch die β-Kristalle haben keine unbeschränkte Löslichkeit für Zn-Atome: bei 50 % ist Schluß. Darüber hinausgehende Zn-Gehalte bilden sehr harte und spröde γ-Kristalle mit einer komplizierten, unverformbaren, harten Gitterstruktur, die für Werkstoffe unbrauchbar ist. Damit ist die obere Grenze der Zn-Gehalte im Cu mit < 50 % festgelegt!

(Haben Sie den Text zu Bild 4.3.–1 verfolgt?)[14]

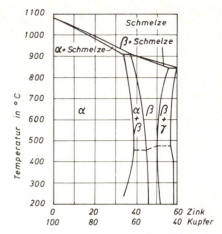

Bild 4.3.–1 Teil-Zustandsschaubild CuZn-Legierungen

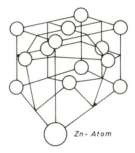

Bild 4.3.–2 Gitterverzerrung durch eingebautes Fremdatom (grobschematisch)

Übung 4.3.–3

Welche Kristalle besitzt die (nicht benutzte) Legierung CuZn 45?

Warum wird sie nicht benutzt?

4.3.1.2. Kaltumformung, Kaltverfestigung

In DIN 17670 sind für Bleche und Bänder, in DIN 17672 für Stangen und Drähte alle binären CuZn-Legierungen mit unterschiedlichen Zn-Gehalten und mit verschiedenen *F*-Zuständen aufgeführt.

---

[14] Den Werkstoffverbraucher interessiert in erster Linie der „Zustand der Legierung bei Gebrauchstemperatur. den Werkstoffhersteller das gesamte Zustandsdiagramm.

Bild 4.3.–3 gibt einen Ein- und Überblick über die Auswirkung des Kaltumformungsgrades auf die viel benutzte binäre Legierung CuZn 37, früher mit Ms 63 = Messing mit 63 % Cu bezeichnet.

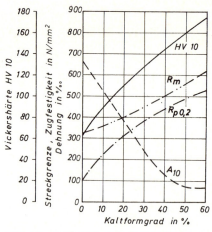

Bild 4.3.–3 Einfluß einer Kaltumformung auf die konstruktiven Eigenschaften von CuZn 37

Für CuZn 37 gibt es z. B. fünf *F*-Zustände.

Bleche, Drähte, Stangen sind in folgenden Qualitäten lieferbar:

F 300 R_m = 300 N mm^{-2} = weich
F 380 R_m = 380 N mm^{-2} = halbhart
F 450 R_m = 450 N mm^{-2} = hart
F 550 R_m = 550 N mm^{-2} = federhart
F 620 R_m = 620 N mm^{-2} = doppelfeder-
                                       hart
Durch Prüfatteste sind diese Werte zu belegen.

Übung 4.3.—4

Welche Zugfestigkeit R_m kann ein weiches Messingblech CuZn 37 durch Kaltstrecken erhalten?

4.3.1.3. Entfestigung

Sie wissen bereits: Durch die Erwärmung auf eine bestimmte Temperatur wird ein kaltverfestigtes Metall – zum Teil oder vollkommen – durch Rekristallisation bzw. Normalisierung wieder entfestigt. Elastische Gitterverzerrungen von CuZn, d. h. innere Spannungen, werden bei 250 bis 300 °C abgebaut; dabei rutschen die verschobenen Atome in ihre Ausgangslage zurück und bilden wieder gerade Gitterebenen, auf denen der Werkstoff sich sich wieder gut verformen läßt. Plastisch deformierte Kristalle müssen bei höheren Tempe-

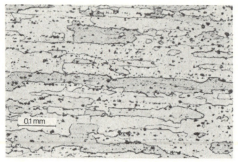

Bild 4.3.–4 Messingblech CuZn 37 um 30 % kaltgewalzt, verfestigt, mit Gleitlinien in den Kristallen; nicht mehr weiter walzbar, da zu hart. Es muß jetzt entfestigt werden (Vergr. × 100)

raturen geglüht werden; zwischen 300 bis 450°C werden sie teilweise, zwischen 450 bis 600°C völlig entzerrt (normalisiert!).

Deformierte Kristalle mit Gleitlinien (Gleit-ebenen) zeigt Bild 4.3.–4, ein entzerrtes, rekri-stallisiertes Gefüge Bild 4.3.–5. Wie sich die Höhe der Glühtemperatur auf die Entfesti-gung auswirkt, zeigt Bild 4.3.–6.

Übung 4.3.—5

Nennen Sie die Erwärmungstemperatur von Messingteilen

1. für eine Entspannung,
2. für eine völlige Entfestigung!

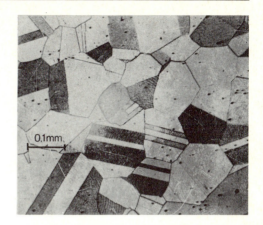

Bild 4.3.–5 Das gleiche Messingblech wie Bild 4.3.–4, aber bei 550°C in 30 min normalisiert.
Rekristallisiertes ≙ normalisiertes ≙ weiches Aus-gangsgefüge.
Dieser Werkstoff läßt sich weiter walzen.

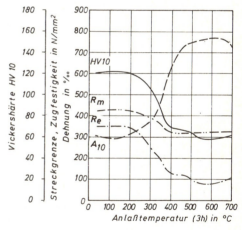

Bild 4.3.–6 Entfestigung von CuZn 37 mit einem Kaltumformgrad von 25 %. Das Diagramm zeigt die mit steigender Glühtemperatur abnehmenden Härte- und Festigkeitswerte und die zunehmende Dehnung

4.3.1.4. CuZn mit Zusätzen

Um die Warmfestigkeit, Zähigkeit und Korro-sionsbeständigkeit binärer CuZn-Legierungen (Messing, Ms) zu verbessern, fügt man ihnen bestimmte Komponenten zu; man bezeichnet diese Legierungen als Sondermessinge (SoMs). Zusatzelemente sind

Al, Sn, Ni, Fe, Si, Mn.

> Binäre CuZn-Legierungen werden durch Zusätze von Al, Si, Ni, Fe, Mn für Spezial-aufgaben verbessert.

Besondere Aufmerksamkeit verlangt die chemische Beständigkeit. Bei gewöhnlichem Messing mit > 20 Zn tritt in feuchter Luft mitunter eine „*Entzinkung*" auf, bei der sich zunächst beide Metalle elektrolytisch auflösen, in dem entstandenen „Loch" das Cu aber als schwammiger Pfropfen wieder ausscheidet. Kleine Zusätze von As verhindern diese unangenehme Erscheinung.

In feuchter NH_3- oder SO_2- haltiger Atmosphäre bekommen Messingteile, die konstruktiv belastet sind, Risse an den Korngrenzen; diese als „*Spannungsriß-Korrosion*" bezeichnete Erscheinung läßt sich durch gewisse Legierungszusätze vermeiden. Besser ist es aber, dort, wo Fäulnisprozesse (NH_3) oder starke Industrieabgase (SO_2) auftreten, Messing nicht zu verwenden. Innere Spannungen lassen sich durch Erwärmen abbauen, äußere natürlich nicht!

> In feuchter Luft tritt mitunter eine elektrolytische „Entzinkung" auf.
> Sie wird durch As-Zusatz verhindert.

> In SO_2- und NH_3-haltiger Atmosphäre tritt die „Spannungsriß-Korrosion" auf. Sie läßt sich durch Legierungszusätze vermeiden.

Übung 4.3.—6

Darf man konstruktiv belastete gewöhnliche Messingsorten in der Umgebung von Verbrennungsgasen benutzen?

Übung 4.3.—7

DIN-Kurzbezeichnung für

1. Messing (Ms):
2. Zinnbronze (SnBz):
3. Aluminiumbronze (AlBz):

Übung 4.3.—8

Wann und wofür bevorzugt man CuZn-Legierungen anstelle von E-Cu für stromführende Teile?

Übung 4.3.—9

Welche wichtige technologische Eigenschaft (für die Herstellung) haben CuZn-Legierungen im Gegensatz zu Reinkupfer (und auch Reinaluminium)?

Übung 4.3.—10

Welche Messingsorte wird für dünne Bleche (z. B. Glühlampensockel) oder dünne Drähte vorwiegend eingesetzt? Begründung!

Übung 4.3.—11

In welchen Fällen ist bei Verwendung von CuZn Vorsicht geboten?

Übung 4.3.—12

Wie hoch muß verfestigtes Messing geglüht werden, damit es wieder normalisiert (weich) wird?

Übung 4.3.—13

Welche Legierungskomponente enthalten die meisten Gleitlager, die auf Kupferbasis hergestellt sind? Begründung!

Übung 4.3.—14

Was versteht man unter „Entzinkung"?

Beschreibung und Vermeidung des Vorganges!

4.3.2. Kupfer-Nickel, DIN 17471

Lesen Sie zuvor nochmals 1.6.6!

4.3.2.1. Widerstands-Legierungen

(s. 5.1 und 5.2)

Cu- und Ni-Atome sind fast gleich groß und lassen sich daher im Kristallgitter gegeneinander in jedem Massenverhältnis austauschen (Substitution!). Das Kristallgitter deformiert sich dabei aber doch so stark, daß die spezifische elektrische Leitfähigkeit erheblich beeinträchtigt wird und bei einem Ni-Gehalt von 50% etwa auf 1% des Wertes von E-Cu sinkt. Diesen Effekt benutzt man für Widerstandslegierungen (Bild 4.3.−7). Zwei CuNi-Legierungen haben als Widerstandslegierungen eine große Bedeutung erlangt:

1. CuNi 44 Mn, allgemein unter dem Namen *Konstantan* bekannt; nahezu „konstant" ist der spezifische Widerstand ϱ von $0,49 \cdot 10^{-6}\,\Omega\text{m}$, weil der Temperatureinfluß ganz gering ist; mit dem sehr niedrigen Zahlenwert von $4 \cdot 10^{-5}\ \text{K}^{-1}$ beträgt der Tempe-

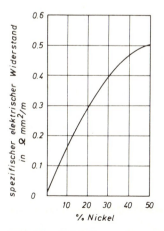

Bild 4.3.−7 Erhöhung des elektrischen Widerstandes von Cu durch Ni-Zusatz (s. a. 1.6.6.4)

ratur-Koeffizient des elektrischen Widerstandes von Konstantan nur 1 % des Wertes
von Reinkupfer (Bild 4.3.–8).

Ein konstanter Widerstand benötigt keine
Kompensation (Ausgleich) bei schwankenden
Temperaturen, was das Regeln, Steuern und
Messen elektrischer Vorgänge vereinfacht.

2. CuNi 30 hat auch einen kleineren spezifischen elektrischen Widerstand, aber einen
etwa 3,5fachen Temperaturkoeffizienten α
gegenüber CuNi 44; man verwendet diese
Widerstandslegierung, wenn die Erhöhung
des Widerstandes mit steigender Temperatur belanglos oder sogar erwünscht ist (s.
5.1.1.9).

Beachten Sie die Gegenläufigkeit der beiden
Kurven in den Bildern 4.3.−7 und 4.3.−8!

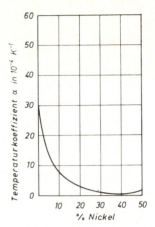

Bild 4.3.−8 Einfluß von Ni-Zusätzen auf den
Temperatur-Koeffizienten des Widerstandes α in
$10^{-4} K^{-1}$

Es gilt die Regel von Matthiesen für Mischkristalle:

$$\underset{\text{reines Metall}}{\varrho \cdot \alpha} = \underset{\text{Mischkristall}}{\varrho \cdot \alpha} = \text{konstant}$$

(Fassen Sie diese Gleichung in Worte!)
Lesen Sie hierüber Näheres in 5.2!

4.3.2.2. Thermospannung

CuNi-Legierungen mit 40 bis 50 Ni (Konstantan) haben gegenüber Eisen und Kupfer hohe
Thermospannungen und werden in Verbindung mit Cu oder Fe als Thermoelemente für
Temperaturmessungen von 0 bis 600 °C
benutzt (Bild 4.3.−9).

(Sie erfahren über den Thermoeffekt Näheres
in 5.1.1.10).

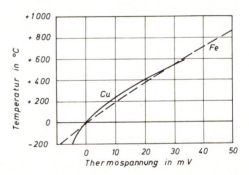

Bild 4.3.−9 Thermospannung von CuNi 44 gegen
Cu und Fe (Grundwerte der Thermospannung
nach DIN 43710).
In dem Diagramm müßte eigentlich die Temperatur als unabhängige Variable auf der Abszisse
aufgetragen werden. Üblich ist aber die abgebilde-
te Darstellung, weil man von der abgelesenen
Spannung auf die Temperaturhöhe schließt.

Übung 4.3.—15

Nennen Sie Verwendungszwecke für CuNi-Legierungen!

Übung 4.3.—16

Wie heißt der Name der bekanntesten CuNi-Legierung? Warum?

Übung 4.3.—17

Wie groß ist ungefähr die Thermospannung von CuNi 44 gegenüber Cu bei einem ΔT von 400 K?

4.3.2.3. Kupfer – Zinn; Kupfer – Aluminium

Sn und Al lösen sich unbeschränkt in Cu-Schmelzen und bei normaler Abkühlungsgeschwindigkeit bis rd. 10 % im Cu-Kristall. Beide Mischkristallarten sind zähhart, verschleißfest und korrosionsbeständig gegen Wasser, Meerwasser und andere Chemikalien.

Diese als Zinn- bzw. Aluminiumbronzen bezeichneten Legierungen werden für mechanisch hochbeanspruchte, stromführende Teile, z. B. als Federbleche und Bänder benutzt.

Eine CuSn-Mehrstofflegierung ist unter dem Namen „Rotguß" (Rg) als Gleitlagerlegierung bekannt; sie enthält Blei (Pb), das sich im Kupfer nicht löst, sondern eigene weiche Kristalle bildet, die einen weichen, glatten Schmierfilm auf der Gleitfläche bilden, so daß bei Schmierölmangel das Lager eine gewisse Zeit weiterlaufen kann, bevor es zerstört ist.

Pb verleiht den GL-Legierungen auf Cu-Basis hierdurch die sog. „Notlaufeigenschaft". (Sie werden in 4.6.1 nochmals wiederholen, was Sie in 1.5.2 bereits über die Rekristallisation von Pb erlernt haben.)

Sn	härtet das Kupfer, Zusatz max. 12 %
Al	macht Kupfer zähhart, Zusatz bis 10 %
Cu	Al-Legierungen heißen Al-Bz (Aluminiumbronzen)
Cu Al Fe Ni	Al-Mehrstoff-Bronzen (fest und korrosionsbeständig)

Rotguß (Rg) ist eine CuZnSnPb-Legierung; Pb = Schmiermittel für Gleitlager.

Übung 4.3.—18

Sie haben in einer Maschine ein defektes Gleitlager auf Cu-Basis. Welche Cu-Legierung ist allgemein als Ersatz verwendbar?

Übung 4.3.—19

Sie benötigen Kontaktfedern bei Temperaturen unter 100 °C. Welche Legierung bietet sich an?

Übung 4.3.—20

Welche Cu-Legierung ergibt hohe Härtezahlen?

4.4. Aluminium und Aluminiumlegierungen

Lernziele

Der Lernende kann . . .

. . . Eigenschaften und Einsatzmöglichkeit von Aluminium DIN 1712, 1725, 40501 und VDE 0202 beurteilen.

. . . Eigenschaften und Einsatzmöglichkeiten von Aluminiumlegierungen DIN 1725 und 1749 beurteilen.

. . . Gesichtspunkte für die Auswahl des optimalen Leiterwerkstoffes anführen.

4.4.0. Übersicht

Aluminium ist ein „junges Metall". 1827 erhält der Deutsche *Wöhler* die ersten Flitterchen im Reagenzglas; 1852 wird das erste Aluminium elektrolytisch hergestellt; es ist teurer als Gold.

1886 beginnt die industrielle Erzeugung in Frankreich, um 1900 auch in Deutschland.

Ab 1900 wird Aluminium für Automobil-Motoren und -Kolben benutzt; 1909 wird das erste Kabel hergestellt. Von da an steigt der Bedarf ständig; 20% der Erzeugung benötigt die Elektroindustrie für stromführende Teile.

Aluminium wird wie Kupfer wegen seiner guten elektrischen und thermischen Leitfähigkeit verwendet; auch hier gilt die bereits bekannte Regel: „Je reiner das Metall, desto besser die Leitfähigkeit". Die grundsätzlichen metallkundlichen Vorgänge wie Kaltverfestigung, Entfestigung, Rekristallisation, Mischkristallbildung, Aushärtung u. a. sind Ihnen bereits bekannt; hier werden Sie einige Zahlenwerte erfahren und sich die wichtigsten merken. Interessant ist der Oberflächenschutz der aus dem Metall selbst entsteht, wobei der gute Leiter in einen hervorragenden Isolator umgewandelt wird und die Leitfähigkeit um viele Zehnerpotenzen sinkt.

Über die chemischen Eigenschaften, die Verarbeitbarkeit und die Legierungsfähigkeit erhalten Sie die notwendigen Hinweise.

E-Al und E-Cu stehen als Leiterwerkstoffe im Wettbewerb; die wesentlichen Gesichtspunkte für die Wahl des bestgeeigneten Werkstoffes für bestimmte Zwecke werden genannt.[15]

4.4.1. Reinaluminium

4.4.1.1. Allgemeine Eigenschaften

Wertangaben s. Tabelle 4.4.–1.

Hervorstechende Eigenschaften sind:

- Dichte: sehr gering (Leichtmetall!), $\varrho_D =$ 2,7 kg dm^{-3}, nur von Magnesium (Mg) mit 1,7 kg dm^{-3} übertroffen.

---

[15] In allen technischen Fragen erteilt die Aluminium-Zentrale e. V., Düsseldorf, Auskunft; ihre Merkblätter geben wichtige Hinweise für Technologie und Anwendung.

- *elektrische Leitfähigkeit:* sehr gut, nur von Ag und Cu übertroffen.

- *thermische Leitfähigkeit:* sehr gut

- *Umformbarkeit:* sehr gut, feinste Drähte, Blattaluminium (kfz).

- *Legierbarkeit:* sehr gut, hierdurch hervorragende Gießbarkeit.

- *Korrosionsbeständigkeit:* ausreichend und durch bestimmte Maßnahmen sehr gut.

- *Schweißbarkeit:* mit modernen Hilfsmitteln sehr gut.

- *Lötfähigkeit:* gut möglich bei Sondermaßnahmen.

- *Isolierfähigkeit:* durch elektr. Oxidation im galvanischen Bad (Eloxal) hervorragend und einzigartig.

- *Amagnetismus:* geringe magnetische Suszeptibilität (s. 7.1).

- *Wärmedehnung:* groß.

Tabelle 4.4.–1. Physikalische Eigenschaften von Reinaluminium[16]

Eigenschaft	Einheit	Wert
Atommasse (relativ)	1	26,9
Atom-Durchmesser	10^{-10}m	2,86
Gitter	–	kfz
Dichte	kg dm^{-3}	2,7
Schmelzpunkt	°C	658
Rekristallisations-Temperatur	°C	250/300
Temperaturkoeffizient der linearen Wärmeausdehnung, 0 ... 100 °C	10^{-6}K^{-1}	24
spezif. Wärmeleitfähigkeit	Wm^{-1}K^{-1}	222
spezif. elektrische Leitfähigkeit	10^6 Sm^{-1}	37,3
Temperaturkoeffizient des elektrischen Widerstandes bei 20 °C	10^{-3}K^{-1}	4,6
mittlere spezif. Wärme zwischen 0 und 100 °C	Jg^{-1}K^{-1}	0,896

4.4.1.2. E-Al, DIN 1745, 40 501

DIN-Werkstoffblätter

Leitaluminium E-Al muß einen Reinheitsgrad von mindestens 99,5 Al haben. Es wird den Herstellern elektrischer Erzeugnisse als Halbzeug geliefert in Form von

E-Al hat mindestens 99,5 % Al.
F 70 ... F 170 $\triangleq R_m$= 70 ... 170 N mm^{-2}
$\varkappa \approx 37 \cdot 10^6$ Sm^{-1}

1. Blechen und Bändern
   DIN 40 501 1973 Bl. 1
   in F 70, 100, 130, 160[17]

2. Rohren, Bl. 2
   in F 70, 100

3. Profilen und Stangen, Bl. 3
   in F 65, 80, 100, 130

4. Drähten, Bl. 4, in F 70, 90, 170.

---

[16] Zahlenwerte zur *Übersicht* als Zusammenstellung. Zum *Vergleich* mit anderen Werkstoffen ist diese Tabelle ungeeignet.

[17] Achten Sie bitte darauf, daß sich F-Werte in älteren Quellen noch auf die veraltete Krafteinheit kp beziehen können (1 kp mm^{-2} $\approx$ 10 N/mm^2)!

Die DIN-Blätter enthalten Vorschriften für die Eigenschaften:

1. konstruktive Mindestwerte für $R_{p0,2}$, R_m, $A_{5,10}$, HB, E-Modul;

2. elektrische Mindestwerte für ϱ_{20}, $\varkappa = 1/\varrho$, $\alpha \triangleq$ thermischer Ausdehnungs-Koeffizient.

Tabelle 4.4.−2 ist ein Auszug von DIN 40501, Bl. 4.

Tabelle 4.4.−2. Konstruktive und elektrische Werte von E-Al 99,5[18]

Fz	Einheit	F70 weich	F130 hart
$R_{p0,2}$	Nmm^{-2}	20/40	100/150
R_m	Nmm^{-2}	70/90	130/180
A_{10}	%	30/35	4/8
HB 2,5	−	18/23	33/40
E-Modul	kNmm^{-2}	72,5	72,5
$\varkappa$	10^{-6} Sm^{-1}	35,7	34,5

b) *Einflüsse auf die elektrische Leitfähigkeit*

Alles, was die Gitterstruktur stört, erniedrigt die Leitfähigkeit! Bild 4.4.−1[19] zeigt den Einfluß geringer Zusätze von einigen Begleitelementen auf die elektrische Leitfähigkeit, Bild 4.4.−2[19] den Einfluß einer Kaltumformung von E-Al 99,5 bei verschiedenen Ausgangszuständen (F-Zuständen) und Glühtemperaturen als Parameter.

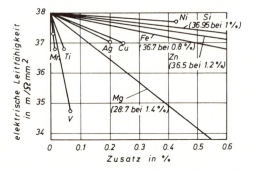

Bild 4.4.—2 Einfluß von Zusätzen auf die elektrische Leitfähigkeit von Reinstaluminium

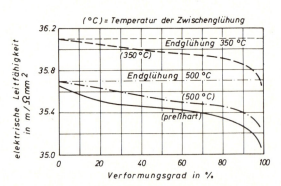

Bild 4.4.−2 Einfluß einer Kaltumformung auf die elektrische Leitfähigkeit von E-Al.
Beachte: 36 m/(Ω mm²) = 36 · 10⁶ Sm⁻¹.

---

[18] Achten Sie auf die Krafteinheit!

[19] Die beiden Diagramme sollen nur eine Vorstellung über den Einfluß von Verunreinigungen und von der Verfestigung auf E-Al geben. Sie brauchen den Verlauf nicht genau zu wissen.

4.4.1.3. E-Al Mg Si; Aldrey; DIN 1725

Manchmal reichen Härte und Festigkeit von hartgewalztem oder hartgezogenem Reinaluminium nicht aus. Deshalb hat man durch einen gleichzeitigen Zusatz von ca. 1 % Magnesium (Mg) und ca. 1 % Silizium (Si) eine aushärtbare Legierung (Al Mg Si) entwickelt, deren elektrischer Leitwert nur rd. 10 % schlechter, deren Festigkeit aber doppelt so hoch als die des härtesten Reinaluminiums E-Al F 17 ist.

Der Aushärtungseffekt beruht auf der Ausscheidung hochdisperser, harter Mg_2Si-Kristalle, die die Gleitebenen blockieren. Diese unter dem Namen *Aldrey* bekannt gewordene AlMgSi-Legierung wird für mechanisch hochbeanspruchte Leitungsdrähte benutzt. Ihre physikalischen Werte, insbesondere die Temperatur-Koeffizienten des elektrischen Widerstandes und der linearen Ausdehnung, sind fast die gleichen wie die von E-Al 99,5.

„Aldrey", E-Al Mg Si ist eine konstruktiv und elektrisch hochbelastbare Al-Legierung mit Mg- und Si-Gehalten; sie wird in der E-Technik häufig verwendet.

E-Al Mg Si F 340!

$\varkappa \approx 33 \cdot 10^6 \, Sm^{-1}$

Korrosionsbeständigkeit wie E-Al, da kupferfreie Legierung!

4.4.1.4. Chemisches Verhalten, Korrosion

Lesen Sie die betreffenden Abschnitte über Al in Ihrem Chemiebuch!

a) *Aluminiumoxid-Schicht*

In trockener Luft überzieht sich Al spontan mit einer dünnen, unsichtbaren, festhaftenden Schutzschicht aus Al_2O_3. Feines Al_2O_3-Pulver heißt *Tonerde*; kristallines Al_2O_3 heißt Korund; dieses Mineral ist äußerst hart und wird nur noch vom Diamant übertroffen. Die Elektronenbindung zwischen Aluminium und Sauerstoff ist so eng und beständig, daß Al_2O_3 ein hervorragender Nichtleiter ist (s. 8.2.3.2) und häufig in der Isoliertechnik benutzt wird.

Die harte hochohmige Schutzschicht von etwa 0,01 μm Stärke kann durch eine galvanische Oxidation bis zu 20 μm verstärkt werden (El-Ox-Al!). Durch die Eloxierung erzeugt man auf dem guten Leiter hochohmige Dünnschichten, z. B. auf Bändern, Folien und Drähten, die gut wickelfähig bleiben. Die Leitfähigkeit bzw. der Widerstand von Al zu Al_2O_3 verhält sich wie $1 : 10^{20}$. Praktisch heißt dies: Ein Al-Draht von der Erde bis zum Mond und fast wieder zurück hat den gleichen elektrischen Widerstand wie eine 1 mm dicke Al_2O_3-Schicht auf einem Drahtende!

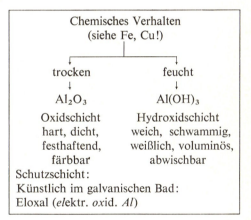

Chemisches Verhalten
(siehe Fe, Cu!)

trocken	feucht
Al_2O_3	$Al(OH)_3$
Oxidschicht hart, dicht, festhaftend, färbbar	Hydroxidschicht weich, schwammig, weißlich, voluminös, abwischbar

Schutzschicht:
Künstlich im galvanischen Bad:
Eloxal (*el*ektr. *ox*id. *Al*)

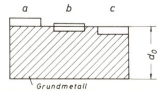

Bild 4.4.–3 Schichten auf Al
a galvanische Schicht; *b* Eloxalschicht, +1/3, −2/3; *c* anodisches Sonderverfahren

Al und Al-Legierungen lassen sich gut „Walzplattieren", z. B. mit Kupfer und nichtrostendem Edelstahl, und Galvanisieren, z. B. mit Kupfer, Chrom, Nickel und Edelmetallen.

b) *Korrosion*[20]

Korrosion heißt Zerstörung durch chemischen oder elektrochemischen (mikrogalvanischen) Angriff. In Tabelle 4.4.−3 werden die wichtigsten Korrosionsarten und ihre Auswirkungen genannt.

Zu beachten sind in der E-Technik besonders die unter 5. genannten Kontaktelemente, die unbedingt vermieden werden müssen.

Aus Bild 4.4.−4 erkennen Sie das Prinzip des Korrosionsangriffes von Aluminium, bei dem sich, wie in einem galvanischen Element, das unedlere Metall oder bei einem heterogenen Kristallgemisch der unedlere Kristall unter Zurücklassung seiner e^- anodisch im Elektrolyten als positives Ion auflöst. Darum dürfen AlCu-Legierungen nicht im Freien (Feuchtigkeit) verwendet werden.

Aus der elektro-chemischen Spannungsreihe der Elemente ersehen Sie die geringe Spannungs-Differenz zwischen Cd/Al; darum werden bei Al verkadmete Eisenschrauben benutzt.

Bei Lötungen ist Vorsicht geboten: Lötmittelreste (Salze) sind sorgfältig zu entfernen; sie bilden bei Feuchtigkeit einen Elektrolyten, in dem sich das unedle Al anodisch auflöst.

4.4.1.5. Al als Kabelmantel

Reinaluminium wird in der E-Technik in erster Linie für Leitzwecke benutzt.

Wegen seiner schlechten Gießbarkeit werden Gußstücke aus Reinaluminium selten hergestellt; nur Käfiganker von Kurzschlußläufern werden mit E-Al ausgegossen.

Wollen Sie E-Al schweißen, hart oder weich löten (DIN 8505, 8512), kleben oder zerspanen, dann richten Sie sich nach den „Merkblättern der Al-Zentrale"!

Bei *Kabeln* wird Al als Leiter, Kabelmantel und Abschirmfolie benutzt. Gegenüber Pb hat Al als K-Mantelwerkstoff folgende Vorteile:

Tabelle 4.4.−3. Korrosionsarten und ihre Auswirkung

1. Gleichmäßiger Angriff über die ganze Oberfläche, → weißgrauer Hydroxidbelag.

2. Örtlicher Angriff (Lochfraß, Pitting) durch galvanische Ströme, Lokalelemente.

3. Interkristalline Korrosion (Korngrenzen lösen sich auf!) durch galvanische Ströme. → Festigkeitsverlust.

4. Spannungskorrosion (Spannungsrißkorrosion). Unter mechanischer Belastung entstehender elektro-chemischer Angriff mit Rißbildung, bei Al interkristallin.

5. Kontaktelemente (s. Bild 4.4.−4). Galvanisches Element. Unedle Kristalle lösen sich auf! Cu-haltige Al-Legierungen nicht ungeschützt im Freien verwenden!

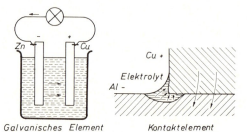

Galvanisches Element   *Kontaktelement*

Bild 4.4.−4 Vergleich von gewollter und ungewollter Elementbildung. Regel: das unedlere Element geht anodisch in Lösung.

---

[20] Ersehen Sie aus Ihrem Chemiebuch die elektrisch-chemische Spannungsreihe der Metalle!

- geringeres Gewicht: Verhältnis 1:4;
- höhere Festigkeit: Verhältnis 2:1;
- höhere Schwingungsfestigkeit: Verhältnis 2:1;
- höhere elektrische Leitfähigkeit; sie wird bei Niederspannung als 4. Leiter ausgenutzt: Verhältnis 7:1;
- niedrigerer Preis, besonders, wenn auch die Innenleiter aus E-Al bestehen.

Übung 4.4.—1

Nennen Sie mindestens fünf gute Eigenschaften von Al, welche die häufige Anwendung in der E-Technik ermöglichen!

Übung 4.4.—2

Geben Sie folgende Eigenschaften in FZ und Einheit für E-Al an:

1. spezif. elektrische Leitfähigkeit,
2. spezif. thermische Leitfähigkeit,
3. Temperaturkoeffizient der linearen Ausdehnung.

Übung 4.4.—3

Was ist Aldrey?
Wann wird es verwendet?

Übung 4.4.—4

Was heißt Eloxal?

Übung 4.4.—5

Welche Bedeutung hat eloxiertes Aluminium?

Übung 4.4.—6

Ist E-Al schweißbar?

Übung 4.4.—7

Ist E-Al lötbar?

Übung 4.4.—8

Welche gefährliche Erscheinung müssen Sie bei der Berührung von zwei verschiedenen metallischen Stoffen vermeiden?

Welche Verhütungsmaßnahmen können Sie gegen diese Erscheinung treffen?

4.4.2. Aluminium-Legierungen

4.4.2.0. Übersicht

Aus der nebenstehenden Übersicht und aus Bild 4.4.−5 entnehmen Sie die Einteilung in:

1. Guß- und Knet-Legierungen,

2. nicht aushärtbare und aushärtbare Legierungen,

3. binäre und ternäre Al-Legierungen.

Die Legierbarkeit von Al ist begrenzt; bei Raumtemperatur nehmen Al-Kristalle maximal ≈ 1% eines Fremdelementes auf; bei höherer Temperatur lösen sich größere Mengen im Kristall, wie Bild 4.4.−5 deutlich zeigt; diese Erscheinung benutzt man zum Härten. Die wichtigsten Legierungspartner sind:

1. Magnesium (Mg) − verwechseln Sie es nicht mit Mangan (Mn)!

2. Zink (Zn)

3. Silizium (Si)

4. Kupfer (Cu)

Mehrstofflegierungen enthalten:

1. Mg + Si im atomaren Verhältnis 2:1,

2. Mg + Zn im atomaren Verhältnis 1:2,

3. Cu + Mg (nur als Konstruktionswerkstoff in trockenen Räumen verwendbar); beide Komponenten scheiden sich als intermetallische, harte Verbindungen aus. Sie sind edler als die Al-Kristalle, mit denen sie bei Feuchtigkeit sog. Lokalelemente (= Minielemente) bilden, wobei durch *interkristalline Korrosion* sich Al-Kristalle im Elektrolyten auflösen (Bild 4.4.−4).

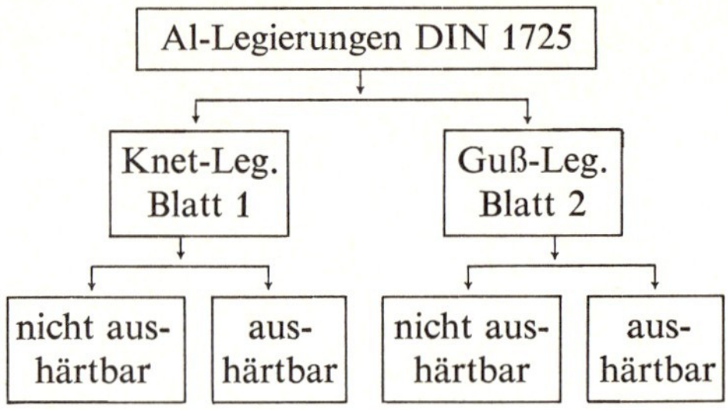

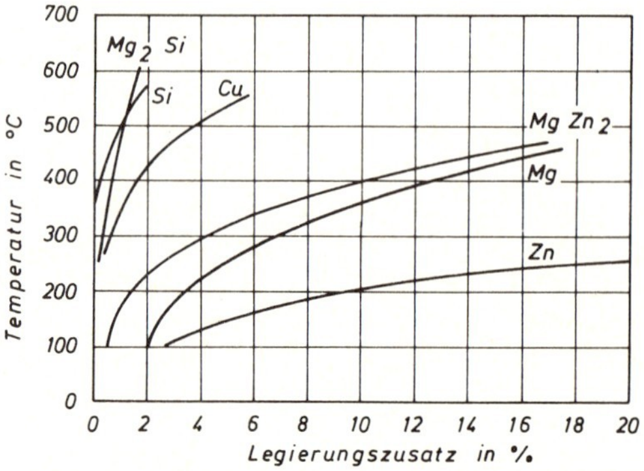

4.4.2.1. Eigenschaften; Anwendung

Neben Eisen ist Aluminium das verbreitetste Konstruktionsmetall für Knet- und Gußteile. Cu und Si verbessern die Vergießbarkeit erheblich, so daß selbst dünnwandige Konturen scharf und maßgenau in GS-, GK-, GD-Teilen (s. Tabelle 4.1.−1) hergestellt werden können.

Bild 4.4.−5 Mit steigender Temperatur lösen sich mehr Metallatome und intermetallische Verbindungen in Al-Kristallen

Die wichtigsten Legierungselemente: Mg; Zn; Si; Cu.

Die wichtigsten Legierungen:

Al Mg
Al Mg Si } Knet- und Guß-Legierungen

Al Zn
Al Si(Mg) } Gußlegierungen

Al Cu Mg   Knetlegierung

Hinter den Eisenkohlenstofflegierungen nehmen die Aluminiumlegierungen den zweiten Platz als Konstruktionswerkstoff ein.

Als Anwendungsgebiete seien genannt:

- *Anlagen*

  Verschalungen großer Motoren, Generatoren und Trafos, Lüfter, Motoren-Lagerdeckel, Gehäuse, E-Werkzeuge, E-Maschinen.

- *Meßtechnik*

  Montageplatten, -rahmen, Gehäuse, Zeiger, Zählerteile, Rollen.

- *Nachrichtentechnik*

  Teile zur Abschirmung, Abstimmkoppelspulen, Stabantennen, Rundfunkantennen, Maste, Gehäuse und Chassis, Platten in Apparaturen.

- *Beleuchtung*

  Lampengehäuse, Gestänge, Rohre, Reflektoren (besser als Ag!).

- *Elektronik*

  aufgedampfte Leiterbahnen.

Die Festigkeitswerte der wichtigsten Guß- und Knet-Legierungen ersehen Sie aus Tabelle 4.4.–4.

Al-Legierungen mit Cu-Gehalten bilden in Feuchtigkeit galvanische Mikroelemente und sind deshalb chemisch unbeständig; sie dürfen im Freien mit blanker Oberfläche nicht eingesetzt werden.

Al-Legierungen	
Knetwerkstoffe	Gußwerkstoffe
zum Teil mit gleicher Zusammensetzung	

Tabelle 4.4.—4. Anhaltswerte für einige der gebräuchlichen Al-Legierungen (* = aushärtbar)

Legierung	Zustand	$R_{p0,2}$ Nmm^{-2}	R_m Nmm^{-2}	$A_{5/10}$ $^0/_0$	HB
Al Mg 3 Al Mg 5 (G)	F 180...320	80...300	180...400	4..25	45...100
*Al Mg Si (G)	F 200...400	100...300	200...360	9...25	60...100
*Al Cu Mg[21]	F 440	≈320	>440	14...25	≈115
*G Al Si 12	Sand Kokille	>100	≈220	3...10	≈60
*GK Al Cu4 Ti[21]	W9	≈250	≈350	≈5	≈100

[21] Verlangen Sie bei Bedarf DIN 1725, Bl. 1 und 2! Hieraus erfahren Sie alle Angaben über elektrotechnisch wichtige Werte und Verwendungsmöglichkeiten.

4.4.2.2. Aushärtung[22])

Voraussetzung für alle *Ausscheidungshärtungen*: die Legierung muß eine Komponente enthalten, die sich bei erhöhter Temperatur mehr als bei niedriger im Basis-Kristall löst.

Die Aushärtung ist ein 3-stufiger Arbeitsvorgang:

1. Lösungsglühen, je nach der Legierungsart zwischen etwa 450 bis 525 °C;

2. Abschrecken in kaltem Wasser;

3. Auslagern während einer Zeitdauer von Stunden oder mehreren Tagen, wobei die Legierung fester und härter wird.

3.1 bei Zimmertemperatur: kaltauslagern (ka), viele Stunden bzw. einige Tage;

3.2 bei erhöhter Temperatur von 150 bis 200 °C: warmauslagern (wa); die Härtesteigerung erfolgt schneller; in wenigen Stunden.

Härte und Festigkeit steigen hierbei um das Zwei- bis Dreifache! Aushärtbare Legierungen siehe Tabelle 4.4.−4 (mit * bezeichnet).

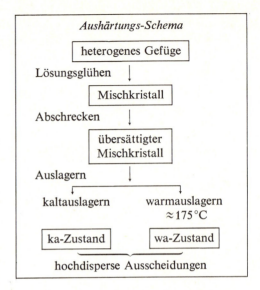

Aushärtungs-Schema

HB ⎱
HV ⎰ 2 … 3fach des Ausgangszustandes
R_m 1 … 2fach des Ausgangszustandes

Übung 4.4.—9

Nennen Sie die Kurzbezeichnung von wichtigen Al-Legierungen!

Übung 4.4.—10

Sind Al-Legierungen knetbar?

Übung 4.4.—11

Sind Al-Legierungen nach verschiedenen Verfahren gießbar?

Übung 4.4.—12

Wodurch wird die Aushärtbarkeit von Al-Legierungen ermöglicht? (Diagramm skizzieren!)

---

[22]) Lesen Sie nochmals die Ausführungen in 1.6.7 und 4.2.6.3!

4.4.3. Vergleich der Leiterwerkstoffe Cu und Al

Für Leitzwecke stehen Kupfer und Aluminium miteinander im Wettbewerb. Es gibt keine Formel für die Wahl des besser geeigneten Werkstoffes für Freileitungen, Kabel, Stromschienen und Wicklungen; man muß vielmehr für jeden Verwendungsfall technische und wirtschaftliche Gesichtspunkte prüfen und dann entscheiden.

Al ist im Gegensatz zu Cu preisstabiler und immer greifbar [23].

Tabelle 4.4.−5 gibt eine Übersicht über Leitungen mit

1. gleichem Querschnitt,

2. gleichem Leitwert,

3. gleicher Temperaturerhöhung bei Stromfluß.

Tabelle 4.4.−5. Vergleichszahlen für E-Cu (= 1) mit E-Al

	Cu:Al
1. *querschnittsgleich*	
Gewicht	1:0,37
Leitwert	1:0,63
Stromstärke bei gleicher Erwärmung	1:0,8
2. *leitwertgleich*	
Querschnitt	1:1,6
Durchmesser u. Oberfläche	1:1,27
Gewicht	1:0,49
Therm. Grenzstromdichte [24]	1:1,06
Schmelzstrom	1:1
3. *erwärmungsgleich*	
Querschnitt	1:1,37
Durchmesser u. Oberfläche	1:1,17
Gewicht	1:0,42
Therm. Grenzstromdichte [24]	1:0,93
Schmelzstrom	1:0,87

Übung 4.4.−13

Welche drei Kriterien (Betriebsbedingungen) müssen bei einem Vergleich von Leiterwerkstoffen berücksichtigt werden?

---

[23] Als 1969 Cu auf dem Weltmarkt knapp und deshalb teuer wurde, machte der größte englische Kabelhersteller kurzen Prozeß und stellte sich ganz auf Al um.

[24] Thermische Grenzstromdichte ist die Stromdichte S in A mm^{-2}, bei der nach 1 s Belastung die Leitertemperatur von 35°C auf 200°C steigt (Wärmeableitung vernachlässigt).

In Tabelle 4.4.−6 sind Vergleichszahlen für die Leiterwerkstoffe E-Cu (= 100), CuZn 42, E-Al und E-AlMgSi aufgeführt, und zwar ebenfalls für

1. gleiche Querschnitte,

2. gleiche Leitwerte und

3. gleiche Erwärmung.

(Diese Werte dienen nur zur Übersicht und nicht zum Erlernen.)

| Zur Übersicht, nicht zum Lernen!

Tabelle 4.4.−6. Vergleichszahlen für Leitermetalle; Cu = 100

1. Gleicher Querschnitt	E-Cu	Cu Zn 42	E-Al	E-Al Mg Si
Gewicht [25]	100	93	30	30
Leitwert [26]	100	32	63	55
I in A bei gleicher Erwärmung	100	56	80	14

2. Gleicher Leitwert				
Querschnitt [27]	100	310	160	180
Durchmesser u. Oberfläche [27]	100	177	127	135
Gewicht [28]	100	300	49	55
Therm. Grenzstrom [29]	100	171	106	122
Schmelzstrom [30]	100	180	100	110

3. Gleiche Erwärmung				
Querschnitt	100	217	137	150
Durchmesser u. Oberfläche	100	146	117	122
Gewicht	100	204	42	45
Therm. Grenzstrom	100	125	93	98
Schmelzstrom	100	131	87	93

Übung 4.4.—14

Welche Al-Legierung wird für Leitzwecke benutzt, wenn der Leiter konstruktiv belastet wird?

[25] für Al: $\dfrac{2,7}{8,9}$ [26] für Al: $\dfrac{35}{56}$ [27] für Al: $\dfrac{56}{35}$ [28] für Al: $\dfrac{56 \cdot 2,7}{35 \cdot 8,9}$

[29] Thermische Grenzstromdichte ist die Stromdichte, bei der nach einer Belastungszeit von 1 s die Temperatur von 35°C auf 200°C ansteigt (Wärmeableitung vernachlässigt).

[30] Wie [29], nur Temperaturanstieg auf Schmelztemperatur.

4.5. Blei und Bleilegierungen (Pb)

Lernziele

Der Lernende kann . . .

. . . die Anwendung von Blei und Bleilegierungen, DIN 17 670, in der E-Technik beurteilen.

. . . Die Verwendung von Blei für Kabelmäntel, Akkumulatoren, Strahlenschutz, Lotlegierungen erklären.

4.5.0. Übersicht

Blei diente schon vor 2000 Jahren den Römern als Wasserrohr und zur Auskleidung von Bädern; es ließ sich gut formen und war „wasserfest"!

Blei bildet mit Eisen, Zink und Aluminium keine nützlichen Legierungen. Mit Cu und Sn wird es für Gleitlager, mit Sn für Lote, mit Sb und As als Kabel- und Leitermetall benutzt.

Elektrotechnisch ist es daher ein wichtiges Metall.

4.5.1. Kabelblei, Kb-Pb, DIN 17640

Reines Blei, auch Weichblei genannt, bildet in feuchter Umgebung festhaftende, dichte und isolierende Schutzschichten; es läßt sich sehr gut ohne Zwischenglühen kaltumformen, ohne daß es dabei fester, härter und spröder wird. Der Grund wurde bereits in 1.5.2 erläutert (Rekristallisationstemperatur liegt bei Frostgraden!). Diese Eigenschaften werden zur Ummantelung erdverlegter Cu- und Al-Kabel genutzt. Der Konkurrenzdruck von Al und Kunststoff wächst aber ständig, so daß die Verwendung als Kabelmantel fällt.

Man unterscheidet:

1. unlegiertes Kb-Pb für normale Beanspruchungen und

2. niedriglegiertes Kb-Pb mit geringen Zusätzen von Antimon (Sb) oder/und Zinn (Sn) und Tellur (Te), für stärkeren Erschütterungen ausgesetzte Kabel auf Brücken, Bahnen, und für blanke Fernsprechkabel.

Vorsicht:

Blei, Bleidämpfe und die meisten Bleiverbindungen sind giftig!

In Wasserrohren bildet sich ungiftiges basisches Bleikarbonat $Pb(HCO_3)_2$.

Tabelle 4.5.−1. Eigenschaften von Reinblei

Eigenschaft	Einheit	Zahl	Bemerkung
Gitter	−	kfz	−
Dichte	$kg\,dm^{-3}$	11,3	sehr dicht
Schmelzpkt.	°C	327	niedrig
Rekristallisationstemperatur	°C	−33	sehr niedr.
elektrische Leitfähigkeit	$10^6\,Sm^{-1}$	4,8	sehr niedrig
TC des el. Widerstandes	K^{-1}	0,004	normal
R_m	Nmm^{-2}	20	sehr niedrig
E-Modul	$kNmm^{-2}$	17,5	sehr niedrig
HB-Zahl	−	3	sehr niedrig
$A_{5,10}$	%	30	hoch

Pb wird in der E-Technik benutzt als
1. Kabelmantel,
2. Akku-Elektroden,
3. Lötlegierungen (PbSn-Legierung),
4. Gleitlager (GL CuSnPb).

Da bei Kältegraden auch Blei versprödet, dürfen Bleikabel dann nicht verlegt (verbogen) werden.

Weitere Eigenschaften von Pb:

1. keine Kaltverfestigung, da Rekristallisationstemperatur $\approx -33\,°C$,
2. chemisch beständig gegen H_2O und H_2SO_4.

Kb-Pb

1. unlegiert
   für niedrig beanspruchte Teile;
2. legiert mit Sb, Sn, Te
   für hoch beanspruchte Teile

4.5.2. Blei für Akkumulatoren

Lesen Sie den entsprechenden Abschnitt in Ihrem Chemiebuch!

Platten für Akkumulatoren werden aus einer Kombination von Weich- (reines Pb) und Hartblei (legiertes Pb) hergestellt. Pb ist hierfür ein geeigneter Werkstoff, einerseits wegen seiner chemischen Beständigkeit gegenüber Schwefelsäure, andererseits wegen seiner Doppelwertigkeit (II,IV) als Donator (Geber) und Akzeptor (Empfänger) von Elektronen (s. 6.2.2).

Das harte Pb-Gitter wird aus Pb Sb 8, die harten Verbindungsstege werden aus Pb Sb 5 hergestellt.

Akku-Platten

1. Rahmen $\left.\right\}$:   Pb-Legierung hart
   Gitter

2. Füllmasse: Pb-Pulver weich

                   Pb
          ┌────────┴────────┐
      II-wertig   IV-wertig

        PbO   PbO$_2$
        Pb^{++} Pb^{++++}

4.5.3. Blei für Strahlenschutz

Pb hat die hohe Dichte von $11,94\ \mathrm{kg\,dm^{-3}}$ und ist wegen der Anhäufung von Materie selbst für kurzwellige Strahlen schwer durchlässig. Die kurzwelligen Röntgenstrahlen durchdringen die meisten Werkstoffe, von Pb werden sie viel stärker absorbiert. Die Absorbtionsfähigkeit von Strahlen wird durch die „Halbwertdicke" ausgedrückt; darunter versteht man die Wandstärke in mm, welche die Strahlungsintensität auf die Hälfte reduziert. Bei einer Strahlung von 1 MeV betragen die Halbwertsdicken von Al = 42 mm, von Cu = 14 mm, von Pb = 8 mm.

Schutz gegen γ-Strahlen:

Halbwertdicke in mm
bei 1 MeV: Pb   8 mm
            Cu 12 mm
            Al 42 mm

4.5.4. Weichlot, DIN 1707

Pb dient als Haupt- und Legierungskomponente für Weichlote in den Pb-Sn-Legierungen (s. Bild 1.6.−9). Sie erhalten zur Härtesteigerung einen Zusatz von 0,5 bis 3,5% Sb.

Beim Löten werden feste Metalle durch ein verflüssigtes Metall mit niedrigerem Schmelzpunkt (oder Schmelzintervall) durch Adhäsion fest miteinander verbunden. Die Lotbindung beruht auf Adhäsionskräften (= Anhaftung), im Gegensatz zu einer Verschweißung mit Kohäsionskräften (= Zusammenhalt). Das Lot ist bei der Liquidustemperatur (oberer Schmelzpunkt) völlig flüssig, beginnt aber bereits beim Soliduspunkt (unterer Schmelzpunkt) zu schmelzen. Unterscheiden Sie daher streng zwischen der Verarbeitungstemperatur eines Lotes und der maximalen Gebrauchstemperatur der gelöteten Verbindung. (Warum?)

Es ist ein weit verbreiteter Irrtum, daß beide Temperaturen gleich seien; dies trifft nur bei Reinmetallen und eutektischen Loten zu (s. 1.6.5!).

Durch Lötmittelzusätze (wasserlösliche Salze) soll eine Oxidation des Metalles verhindert bzw. gebildete Oxidschichten sollen entfernt werden. Diese Zusätze sind nach dem Löten zu entfernen, da sie in Feuchtigkeit stark angreifende Elektrolyten bilden.

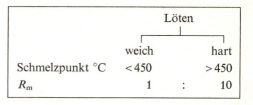

	Löten	
	weich	hart
Schmelzpunkt °C	< 450	> 450
R_m	1 :	10

Die Haltbarkeit der Lotverbindung hängt ab von
1. benetzter Fläche
2. Stärke der Lotfuge
3. konstruktiven Eigenschaften des Lotes
4. Temperatur
5. chemischer und korrosiver Beanspruchung

Tabelle 4.5.−2. Weichlote, DIN 1707 (Auszug)

DIN-Kurzbezeichnung	Pb % etwa	Sn % etwa
L Pb 98,5	98,5	−
L Sn 25	72	25
L Sn 50	48	50
L Sn 60[31]	38	60
L Sn 90	8	90

[31] In der E-Technik am meisten verwandte Legierung, Sickerlot genannt, zum Verzinnen und Verbinden von Leitungsdrähten.

Übung 4.5.—1

Nennen Sie die vier wichtigsten Verwendungszwecke von Pb in der E-Technik!

Übung 4.5.—2

Welche Eigenschaften des Blei werden bei der
Kabelummantelung ausgenutzt?

Übung 4.5.—3

Warum dürfen bei starkem Frost bleiumman-
telte Kabel nicht verlegt werden?

Übung 4.5.—4

Blei für Akkumulatoren:

1. Warum ist Pb für Elektroden geeignet?

2. Woraus besteht der harte Gitterrahmen?

3. Woraus besteht die Füllung?

Übung 4.5.—5

Blei für Strahlenschutz:

1. Warum ist es vorzüglich geeignet?

2. Was bedeutet Halbwertdicke?

3. Welche Halbwertdicke hat Pb?

Übung 4.5.—6

Pb als Legierungskomponente von Weichlot:

1. Welche Lotlegierung ist als „Sickerlot" am
   besten geeignet?

2. Warum?

4.6. Lernzielorientierter Test

4.6.1. Die DIN-Bezeichnung für eine Al-Legierung mit 3 % Si und 1 % Mg, die warm ausgehärtet wurde (werden soll) und in Druckguß hergestellt ist, lautet:

A   Al Mg3 Si GD wa
B   GD Al Mg3 Si wa
C   GD wa Al Mg Si
D   wa GD Al Mg3 Si
E   DG Al Mg3 Si wa

4.6.2. G Cu L 52 bedeutet

A   Lötlegierung mit 52 % Cu
B   Lötlegierung mit R_m 520 N mm^{-2}
C   Gußlagerlegierung mit 52 % Cu
D   Kupferguß mit $52 \cdot 10^6$ Sm^{-1}
E   Kupfer geglüht mit HV 52

4.6.3. SE-Cu 150 bedeutet

A   Elektrolyt-Kupfer, Sandguß, $R_m = 150$ N mm^{-2}
B   Sauerstofffreies Elektro-Kupfer, $R_m = 150$ N mm^{-2}
C   Einsatzgehärtetes Kupfer, $R_m = 150$ N mm^{-2}
D   Extra sauberes Kupfer mit HV 15
E   Kupfer extra stark (= fest), $\varkappa = 15 \cdot 10^6$ Sm^{-1}

4.6.4. $\varkappa$-Werte steigen in der Reihenfolge

A   Ag − Cu w − Cu h − Al w − Al h
B   Al h − Al w − Cu h − Cu w − Ag
C   Al w − Al h − Al w − Al h − Ag
D   Al h − Cu h − Al w − Al h − Ag
E   Al h − Al w − Ag − Cu h − Cu w (w = weich, h = hart)

4.6.5. Temperaturkoeffizient des Widerstandes von E-Cu (von 20-100°C), α in K^{-1}:

A   0,001
B   0,01
C   0,4
D   0,04
E   0,004

4.6.6. $\varkappa$ von Cu wird durch das angegebene Element stark herabgesetzt:

A   Ag
B   Zn
C   P
D   Fe
E   Si

4.6.7. Weiches E-Cu wird durch Walzen, Pressen, Ziehen im kalten Zustand härter und fester und weniger umformbar.

Kreuzen Sie den Faktor an, durch den die HB-Zahlen und die A_5-Werte maximal verändert werden können (abgerundet):

	HB	A_5
A	3	0,1
B	10	0,01
C	2	0,2
D	1,5	0,5
E	20	0,001

4.6.8. Bei extremer Kälte versprödet

A   Cu Zn 40
B   E-Cu Ag
C   C 60
D   Elektroblech
E   E-Al

4.6.9. Kaltverfestigtes E-Cu wird entfestigt bei einer Mindesttemperatur von etwa

A   100°C
B   150°C
C   200°C
D   300°C
E   500°C

4.6.10. E-Cu wird erheblich besser zerspanbar durch kleine Zusätze von

A   Ag
B   Sn
C   Al
D   Te
E   Cr

4.6.11. Die Enfestigungstemperatur von E-Cu wird durch Zr-Zusätze erhöht auf etwa

A   150 °C
B   250 °C
C   350 °C
D   450 °C
E   550 °C

4.6.12. Cu bildet Widerstandslegierungen mit Austausch-Mischkristallen von hohem spezifischem elektrischem Widerstand mit

A   Si
B   Cr
C   Al
D   Zn
E   Ni

4.6.13. Die Thermospannung U_{th} zwischen Cu Ni 44 und Fe beträgt bei 500 °C etwa

A   3000 mV
B   300 mV
C   30 mV
D   3 mV
E   0,3 mV

4.6.14. Ein Al-Draht von 100 m Länge verlängert sich bei einer Erwärmung um 100 K um etwa

A   10 mm
B   25 mm
C   100 mm
D   250 mm
E   500 mm

4.6.15. Bei der Erwärmung nach 4.6.14 steigt der ϱ-Wert in der Leitung um etwa

A   0,5 %
B   1 %
C   10 %
D   50 %
E   100 %

4.6.16. Aldrey ist eine Al-Legierung mit den Zusatzkomponenten

A   Cu + Mg
B   Cu + Si
C   Mg + Si
D   Zn
E   Cu + Ti

4.6.17. Die maximalen Festigkeits- und Härtezahlen für Al-Legierungen betragen etwa

A R_m: 100 N mm^{-2}, 50 HB
B R_m: 200 N mm^{-2}, 75 HB
C R_m: 300 N mm^{-2}, 100 HB
D R_m: 400 N mm^{-2}, 125 HB
E R_m: 500 N mm^{-2}, 150 HB

4.6.18. Pb-Kabelmäntel werden härter und fester durch

A   Kaltumformung bei Raumtemperatur
B   Cu-Zusatz
C   Zn-Zusatz
D   Sn-Zusatz
E   Sb-Zusatz

4.9.19. Pb hat gegenüber Röntgenstrahlen eine Halbwertdicke von

A   1 mm
B   3 mm
C   5 mm
D   8 mm
E   12 mm

5. Metallische Leiter-, Widerstands- und Kontaktwerkstoffe

5.0. Lerninhalt

Gemeinsame Aufgabe der drei Metallgruppen Leiter, Widerstände und Kontakte ist es, den Strom zu leiten bei Leitern und Kontakten mit möglichst kleinem Widerstand, der immer einen Verlust bedeutet, bei Widerständen mit bestimmten magnetelektrischen oder thermischen Aufgaben.

Hauptpunkte unserer Betrachtungen sind die spezifische elektrische Leitfähigkeit oder ihr Kehrwert, der spezifische elektrische Widerstand, und alle Einflüsse, die diese Werte ändern.

Die Gebrauchsdauer eines Bauteiles hängt davon ab, wie lange die ursprünglichen Eigenschaften unverändert bestehen bleiben. Nicht nur Überlastungen sind schädlich, auch die Struktur kann sich wie bei einer lebenden Zelle ändern; ,,Altern" nennt man diesen Vorgang bei metallischen und nichtmetallischen Werkstoffen.

In diesem Kapitel erlernen Sie die theoretischen Grundlagen für die Auswahl der geeigneten Metalle und Legierungen zum praktischen Einsatz für die drei genannten Aufgabengebiete.

5.1. Der elektrische Leitungsvorgang

Lernziele

Der Lernende kann ...

... die Elektronendichte (-konzentration) erklären.

... die Fließgeschwindigkeit der Elektronen erklären.

... die Stromdichte als Produkt der Dichte und der Fließgeschwindigkeit der Elektronen erklären.

... die spezifische elektrische Leitfähigkeit als Produkt der Konzentration und der Beweglichkeit der Elektronen erklären.

... rechnerische und meßtechnische Verfahren für die Bestimmung der Beweglichkeit und der Dichte der Elektronen angeben.

... die wichtigsten Einflüsse auf die Änderung der elektrischen Leitfähigkeit nennen.

... die Regel von Matthiesen erläutern.

... Entstehung und Bedeutung des Seebeck- und des Peltiereffektes erklären.

5.1.0. Übersicht

Es gibt drei Arten von elektrischem Stromtransport:

1. die Elektronenleitung in Metallen (s. 5.1),
2. die Elektronen- und Löcherleitung in Halbleitern (s. Kap. 6),
3. die Ionenleitung von Kationen und Anionen in Ionenverbindungen, z. B. Glas und Porzellan (s. Kap. 8).

Elektronen haben eine für unsere Betrachtungen vernachlässigbare geringe Masse, und Löcher sind materiefrei, während Ionen aus Materie bestehen und bei einem Ionenfluß Materie transportiert wird.

Eine genaue Erklärung der Leitungsvorgänge in Metallen ist nur mit der Quantenmechanik möglich, aber die im folgenden Abschnitt dargestellte Elektronengastheorie gibt einen verständlichen und hinreichenden Einblick.

5.1.1. Spezifische elektrische Leitfähigkeit

5.1.1.0. Übersicht, Ohmsches Gesetz

Zum theoretischen Verständnis der Leitungsvorgänge wandeln wir das Ohmsche Gesetz in der üblichen Fassung nach Gl. (5.−1) über Gl. (5.−2) bis (5.−5) in die allgemeine Fassung nach Gl. (5.−6) um.

$$U = RI \qquad (5.-1)$$

oder

$$I = GU \qquad (5.-2)$$

$$G = \frac{1}{R}$$

$$\varkappa = G \cdot \frac{L}{A} \qquad (5.-3)$$

$$\frac{I}{A} = \frac{G}{A} \cdot U \qquad (5.-4)$$

$$\frac{I}{A} = \frac{GL}{A} \cdot \frac{U}{L} \qquad (5.-5)$$

$$S = \varkappa \cdot E \qquad (5.-6)$$

L Leiterlänge   in m
A Leiterquerschnitt   in m²
U Spannung   in V
R Widerstand   in Ω
I Stromstärke   in A
G elektrischer Leitwert   in S
$\varkappa$ spezif. elektrische Leitfähigkeit in Sm⁻¹
S Stromdichte   in A m⁻²
E elektrische Feldstärke   in Vm⁻¹

Die spezifische elektrische Leitfähigkeit $\varkappa$ in Sm⁻¹ bzw. ihr Kehrwert, der spezifische elektrische Widerstand ϱ in Ωm sind die wichtigsten Größen stromführender Werkstoffe. Die Meßgröße $\varkappa$ ist das Produkt aus zwei Werkstoffgrößen, die sich auf die Leitungselektronen e^- beziehen; sie werden in den folgenden Abschnitten besprochen.

$$\varkappa \text{ in Sm}^{-1} = \frac{1}{\varrho} \text{ in } \Omega^{-1} \cdot \text{m}^{-1}$$

In der E-Technik bezieht man die spezifische elektrische Leitfähigkeit meist auf 1 mm² Querschnitt. Legt man 1 m² als Querschnitt zugrunde, dann ist der $\varkappa$-Wert 10⁶-fach größer:

$$\varkappa \text{ in } \frac{\text{m}}{\Omega \, \text{mm}^2} = \frac{\text{Sm}}{10^{-6} \, \text{m}^2} = 10^6 \text{ Sm}^{-1}$$

5.1.1.1. Elektronendichte (E-Konzentration) = Ladungsdichte

Unter der Konzentration oder der Dichte n von Elementarteilchen versteht man die Zahl N, bezogen auf die Einheit des Volumens in m³; also $n = N/m^3$. Dementsprechend ist die Elektronendichte (Konzentration) ne^- die Anzahl N der freien Elektronen e^-, die sich in der Volumeneinheit von 1 m³ eines Werkstoffes befinden. Jedes Elektron e^- trägt die Elementarladung e, die kleinstmögliche elektrische Ladung von $1,6 \cdot 10^{-19}$ As; demnach hat die Elektronenkonzentration ne^- die Einheit As/m³.

$$\text{Elektronendichte (E-Konzentration)} = \frac{\text{Anzahl der Elektronen}}{\text{Volumen}}$$

$$ne^- = \frac{Ne^-}{\text{Vol}} \text{ in } \frac{As}{m^3}$$

$$\text{Elementarladung } e = 1,6 \cdot 10^{-19} \text{ As}$$

Zahlenangaben s. Tabelle 5.1.−1.

5.1.1.2. Elektronenbeweglichkeit

Das Gewimmel freier Leitungselektronen in metallischen Werkstoffen bewegt sich in willkürlichen Zickzack-Kursen zwischen den Potentialfeldern der Metallionen; je höher die Temperatur des Werkstoffes ist, desto größer sind die Schwingungsamplituden der Ionen um ihren Festplatz, den sie bei Tiefsttemperaturen nicht verlassen. Geraten die Elektronen unter den Einfluß eines elektrischen Feldes E in Vm⁻¹, dann wird die Zickzackbewegung durch eine gerichtete Bewegung (Fließ- oder Driftbewegung) u_{e^-} überlagert. Bei gleicher Feldrichtung, d. h. bei Gleichspannung, bewegen sich die Elektronen in gleicher Richtung; wechselt die Feldrichtung (Wechselspannung), dann ändert sich die Fließbewegung der Elektronen im Takte (Frequenz) des Spannungswechsels; sie bewegen sich (schwingen) hin und her. *Die Fließgeschwindigkeit u_{e^-} in ms⁻¹ ist der angelegten Feldstärke E proportional.* Jede Proportion läßt sich durch Einsetzen des Proportionalitätsfaktors in eine Gleichung umwandeln, in der dann auf beiden Seiten gleiche Größen stehen.

In Gl. (5. − 7) hat der Proportionalitätsfaktor das Formelzeichen b_{e^-}; er wird die „Elektronenbeweglichkeit" genannt; die Elektronenbeweglichkeit b_{e^-} ist die auf Einheit der Feldstärke E in V · m⁻¹ bezogene Fließgeschwindigkeit u_{e^-} der Elektronen in ms⁻¹.

b_{e^-} ist eine meßbare Werkstoffgröße, wie wir gleich noch sehen werden; sie ist bei allen kristallinen Stoffen, also Metallen und Halblei-

Geraten Leitungselektronen unter den Einfluß eines elektrischen Feldes, dann wird aus ihren ungeordneten Bewegungen eine Fließbewegung.

$$u_{e^-} \sim E$$
$$ms^{-1} \sim Vm^{-1}$$

$$u_{e^-} = b_{e^-} \cdot E \qquad (5.-7)$$
$$m/s = (m^2/Vs) \cdot (V/m)$$

$$b_{e^-} = \frac{u_{e^-}}{E} \qquad (5.-8)$$
$$\frac{m^2}{Vs} = \frac{m/s}{V/m}$$

Der Proportionalitätsfaktor b_{e^-} heißt die Elektronenbeweglichkeit; er ist die auf die Feldstärke E bezogene Geschwindigkeit der Elektronen v_{e^-}.

tern, keine Werkstoffkonstante, sondern ändert sich, wenn sich das Kristallgitter unter einem physikalischen Einfluß ändert.

Übung 5.1.—1

Was verursacht die Driftbewegung der Elektronen?

Übung 5.1.—2

Was ist das FZ für die bezogene Elektronenbeweglichkeit, und in welchen Einheiten wird sie gemessen?

5.1.1.3. Stromdichte, spezifische elektrische Leitfähigkeit

Aus Bild 5.1.—1 ist erkennbar, daß die Stromdichte S in A/m² das Produkt zweier Werkstoffgrößen nach Gl. (5.—9) ist:

1. der Elektronen-Konzentration ne^- in As/m³ und

2. der Elektronen-Driftgeschwindigkeit u_{e^-} in m/s.

Wir werden nun schrittweise durch elementare Umformungen und Anwendung des Ohmschen Gesetzes die Gl. (5.—9) in Gl. (5.—14) umwandeln, die eine wichtige Beziehung von drei Werkstoffgrößen darstellt.

Gl. (5.—9) mit dem Leiterquerschnitt A in m² multipliziert ergibt Gl. (5.—10).

Gl. (5.—8) in Gl. (5.—10) eingesetzt ergibt Gl. (5.—11).

Für $E = \dfrac{U}{L}$ in $\dfrac{V}{m}$ eingesetzt in Gl. (5.—11) ergibt Gl. (5.—12).

Gl. (5.—12) umgestellt ergibt Gl. (5.—13).

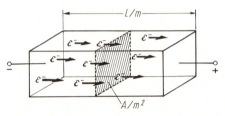

Bild 5.1.—1. Fließbewegung der Elektronen unter Einwirkung eines elektrischen Feldes (Schema)

$u_{e^-} \;\hat{=}\;$ Fließgeschwindigkeit $\vec{u}$ der Elektronen e^-

$$S = ne^- \cdot u_{e^-} \qquad\qquad (5.-9$$

$$\frac{A}{m^2} = \frac{As}{m^3} \cdot \frac{m}{s}$$

> Die Stromdichte S ist das Produkt der Konzentration und der Fließgeschwindigkeit der Elektronen u_{e^-}.

$$I = ne^- \cdot u_{e^-} \cdot A \qquad\qquad (5.-10)$$

$$A = \frac{As}{m^3} \cdot \frac{m}{s} \cdot m^2$$

$$I = ne^- \cdot b_{e^-} \cdot E \cdot A \qquad\qquad (5.-11)$$

$$I = ne^- \cdot b_{e^-} \cdot \frac{U}{L} \cdot A \qquad\qquad (5.-12)$$

$$ne^- \cdot b_{e^-} = \frac{I}{U} \cdot \frac{L}{A} \qquad\qquad (5.-13)$$

$$\frac{I}{U} = G \text{ in } \frac{A}{V} = S$$

$$\frac{L}{A} \text{ in } \frac{m}{m^2} = \frac{1}{m}$$

Durch Umformung und Kürzen erhalten wir Gl. (5.−14).

Die spezifische elektrische Leitfähigkeit $\varkappa$ hat die Einheit $S\,m^{-1}$. Damit ist nachgewiesen, daß die spezifische elektrische Leitfähigkeit $\varkappa$ sich aus zwei Werkstoffgrößen, der Dichte und der Beweglichkeit der Elektronen, zusammensetzt.

$$ne^{-} \cdot b_{e^{-}} = \varkappa \qquad (5.-14)$$
$$\frac{As}{m^3} \cdot \frac{m^2}{Vs} = \frac{S}{m}$$

> Die spezifische elektrische Leitfähigkeit ist das Produkt der Dichte und der Beweglichkeit der Elektronen.

Übung 5.1.—3

Drücken Sie den spezifischen elektrischen Widerstand ϱ durch zwei Werkstoffgrößen aus!

5.1.1.4. Errechnung der Elektronenkonzentration[1])

Sie wissen:

Äquivalente Stoffmassen besitzen die gleiche Anzahl N von Atomen bzw. Molekülen; nämlich

$6 \cdot 10^{23}$ N/Mol; Mol in g, oder
$6 \cdot 10^{26}$ N/Mol; Mol in kg.

Für die Leitermetalle Ag, Cu, Al mit kfz-Gitter und der Koordinationszahl 12 hat man nachgewiesen, daß praktisch jedes Atom ein Leitungselektron besitzt. Mit der Dichte des Metalles und seiner Atommasse läßt sich nach nebenstehender elementarer Rechnung z. B. für Cu die Konzentration der Leitungselektronen ne^{-} bestimmen.

Beispiel 5.1.—1. Errechnung von ne^{-} für Cu

Dichte ϱ_D = 9 kg dm^{-3}
Atommasse = 63,5
9 kg Cu $\triangleq$ 1 dm³ Cu ($\triangleq$ bedeutet
1 dm³ Cu $\triangleq \dfrac{6 \cdot 10^{26} \cdot 9}{63,5}$ Atome entspricht)
1 dm³ Cu $\triangleq 8,5 \cdot 10^{25}$ Atome
1 m³ Cu $\triangleq 8,5 \cdot 10^{28}$ Atome
1 m³ Cu $\triangleq 8,5 \cdot 10^{28}$ Elektronen
1 m³ Cu $\triangleq 8,5 \cdot 10^{28} \cdot 1,6 \cdot 10^{-19}$ As/m³
1 m³ Cu $\triangleq 1,36 \cdot 10^{10}$ As/m³

$$ne^{-}{}_{Cu} = 1,36 \cdot 10^{10}\ As/m^3 \qquad (5.-15)$$

Übung 5.1.—4

Führen Sie diese Rechnung für Ag und Al selber aus und tragen Sie die errechneten Werte in die nebenstehende Tabelle ein (Anhaltswerte)!

	ne^{-} in As/m³
Ag	errechnet:
Cu	$1,36 \cdot 10^{10}$
Al	errechnet:

---

[1]) Lesen Sie in Ihrem Physik- oder Chemiebuch das Kapitel, das die Avogadro'sche und die Loschmidt'sche Zahl behandelt!

Avogadro- und Loschmidt-Zahl (Konstanten) werden oft miteinander vertauscht. Die Avogadro-Zahl bezieht die Zahl N der Atome bzw. der Moleküle auf die Masse eines Moleküles in g oder kg, die Loschmidt-Zahl auf das Volumen von 1 m³.

Die Elektronenkonzentration ne^- ist bei metallischen Werkstoffen eine *konstante* Werkstoffgröße; sie ändert sich nicht beim Erhitzen, beim Schmelzen, unter Bestrahlung und bei elastischer oder bleibender Verformung. Zahlenwerte der spezifischen Anzahl der Elektronen und ihrer Beweglichkeit gibt Tabelle 5.1.–1[2].

Tabelle 5.1.–1

Metall	Elektronen-	
	Zahl/m³ = $N \cdot m^{-3}$	Beweglichkeit b_e- in $m^2 \cdot V^{-1} \cdot s^{-1}$
Ag	$\approx 5,9 \cdot 10^{28}$	$6,6 \cdot 10^{-3}$
Cu	$\approx 8,4 \cdot 10^{28}$	$4,3 \cdot 10^{-3}$
Al	$\approx 8,3 \cdot 10^{28}$	$2,7 \cdot 10^{-3}$

5.1.1.5. Errechnung der Fließgeschwindigkeit[3]) der Elektronen

Man kann nach einer einfachen Rechnung die Fließgeschwindigkeit der Elektronen u_e- in m/s in metallischen Werkstoffen bestimmen. Am Beispiel des Kupfers soll dieser interessante Wert errechnet werden.

Man kann Cu bedenkenlos mit 5 A mm^{-2} = $5 \cdot 10^6$ A $\cdot$ m^{-2} belasten, ohne daß es sich erwärmt. Setzt man diesen Wert und die nach Gl. (5.–15) errechnete Elektronenkonzentration im Kupfer in die Gl. (5.–9) ein, so ergibt sich nach nebenstehender Rechnung aus Gl. (5.–17) eine Fließgeschwindigkeit von $\approx 0,4$ mm $\cdot$ s^{-1}; dies ist wirklich ein Schneckentempo! Die Stromwirkung beruht demnach nicht auf der kinetischen Energie der Elektronen, sondern auf ihrer astronomischen Zahl.

Im Wechselfeld pulsieren (oszillieren) die Elektronen im Werkstoff je nach der Frequenz nur wenige μm hin und her; dabei „fließt" kein Strom, sondern es entstehen und verschwinden elektrische Felder in wechselnder Richtung.

Für Kupfer gilt

$$S = ne^- \cdot u_e\text{-}$$
$$S = 5 \cdot 10^6 \text{ A} \cdot \text{m}^{-2}$$

(5.–16)

$$ne^- = 1,36 \cdot 10^{10} \text{ As} \cdot \text{m}^{-3}$$

$$u_e\text{-} = \frac{S}{ne^-} = \frac{5 \cdot 10^6 \text{ A} \cdot \text{m}^{-2}}{1,36 \cdot 10^{10} \text{ As} \cdot \text{m}^{-3}}$$

(5.–17)

$$u_e\text{-} = 3,7 \cdot 10^{-4} \text{ m} \cdot \text{s}^{-1}$$
$$u_e\text{-} \approx 0,4 \text{ mm} \cdot \text{s}^{-1}$$

Die Wirkung des elektrischen Stromes beruht auf der großen Anzahl und *nicht* auf der kinetischen Energie der Leitungselektronen!

Übung 5.1.—5

Mit welcher Geschwindigkeit u_e-, in m $\cdot$ s^{-1} gemessen, bewegen sich die Elektronen in einem metallischen Leiter im Gleichfeld?

[2]) Anhaltswerte! Bedenken Sie, daß bei Wechselfeldern die Elektronen stets aus einer Richtung abgebremst und dann wieder in die andere Richtung beschleunigt werden; fernerhin auch den Temperatureinfluß!

[3]) Fließgeschwindigkeit = Driftgeschwindigkeit.

5.1.1.6. Halleffekt

Man verwendet den Halleffekt in der E-Technik hauptsächlich, um die Stärke und Richtung magnetischer Felder zu bestimmen. Hier soll er erklärt werden, weil man mit ihm die Elektronenkonzentration und -beweglichkeit zahlenmäßig bestimmen kann (bei Halbleitern auch das Vorzeichen + oder − der Ladung; s. 6.4.4).

Worauf beruht dieser Effekt? Leitet man einen elektrischen Strom durch ein Metall- oder Halbleiterplättchen, und durchflutet es gleichzeitig senkrecht zur Stromrichtung mit einem Magnetfeld, dann werden die Elektronen senkrecht zu ihrer Driftbewegung abgelenkt (Bild 5.1.−2). In der nebenstehenden Skizze fließen die Elektronen durch das Metallplättchen (Breite *b*) von rechts nach links; das Plättchen wird von unten nach oben magnetisch durchflutet, wodurch die Elektronen nach links (in der Skizze nach vorne) abgelenkt werden. Die auf die Elektronen wirkende magnetische Ablenkkraft wird nach ihrem Entdecker Lorentzkraft F_L genannt; ihre Größe in N läßt sich nach Gl. (5.−18) errechnen. Auf der Seite des Plättchens, nach der die Elektronen abgelenkt werden (in Bild 5.1.−2 vorne), entsteht ein Elektronenüberschuß, auf der Gegenseite ein Elektronenmangel. Zwischen den mit *1* und *2* bezeichneten Meßpunkten herrscht ein meßbares Potential, das als Hallspannung U_H bezeichnet wird. Sie erzeugt ein elektrisches Feld $E_H = U_H \cdot b^{-1}$, das auf jedes Elektron eine Kraft $\dfrac{U_H}{b} \cdot e$ in N ausübt, die mit der Lorentz-Ablenkkraft F_L im Gleichgewicht steht. In den Gl. (5.−19) bis (5.−23) ist dies mathematisch formuliert.

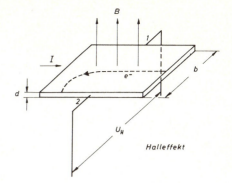

Bild 5.1.−2.

$$F_L = e \cdot u_{e^-} \cdot B$$
$$N = As \cdot ms^{-1} \cdot Vsm^{-2}$$

(5.−18)

F_L Lorentzkraft   in N
e Elementarladung   in A · s
u_{e^-} Driftgeschwindigkeit   in m · s⁻¹
B magnetische Flußdichte   in V · s · m⁻²
1 N (Newton) = 1 A · s · m · s⁻¹ Vs · m⁻²
             = 1 Ws · m⁻¹ = N

$$E_H = \frac{U_H}{b}\, {}^{4)}$$
$$Vm^{-1} = Vm^{-1}$$

(5.−19)

E_H Hallfeldstärke
U_H Hallspannung

$$\frac{U_H}{b} \cdot e = e \cdot u_{e^-} \cdot B$$

(5.−20)

$$\frac{U_H}{b} = u_{e^-} \cdot B$$

(5.−21)

Für $u_{e^-} = b_{e^-} \cdot E$ nach (5.−7) erhält man:

$$\frac{U_H}{b} = b_{e^-} \cdot E \cdot B \text{ in } \frac{V}{m}$$

(5.−22)

E elektrische Feldstärke in Richtung der Plättchenbreite *b* (senkrecht zu *I*)

$$U_H = b_{e^-} \cdot E \cdot B \cdot b$$

(5.−23)

---

[4] Achtung, nicht verwechseln:
    b = Breite in m
    b_{e^-} = Elektronen-Beweglichkeit in m²V⁻¹s⁻¹!

In einfachen Rechengängen, unter Benutzung Ohmscher Gleichungen, erhält man schließlich die drei Gleichungen (5.−25) bis (5.−27). Mit ihnen lassen sich aus Werkstoff- oder Meßgrößen die Konzentration ne^- oder die Beweglichkeit b_{e^-} der Elektronen berechnen.

Zum besseren Verständnis dieser ausführlichen Ableitung sei wiederholt: führt man mit einer Hallsonde (s. a. Hall-Plättchen, 6.4.4) Messungen durch, dann kann man z. B. bei bekannter Stromdichte S in $A \cdot m^{-2}$, bekannter magnetischer Flußdichte B in $V \cdot s \cdot m^{-2}$ und gemessener Plättchenbreite b in m, die spezifische elektrische Leitfähigkeit $\varkappa$ in $S \cdot m^{-1}$ und die Elektronenbeweglichkeit b_{e^-} in $m^2 V^{-1} s^{-1}$ aus Gl. (5.−26) errechnen.

Der Quotient $\dfrac{b_{e^-}}{\varkappa} = \dfrac{1}{ne^-}$ ist eine wichtige Werkstoffgröße; sie ist das Verhältnis der Beweglichkeit der Elektronen zu der spezifischen Leitfähigkeit und wird als Hallwiderstand oder besser als Hallkonstante R_H bezeichnet.

Setzt man R_H in Gl. (5.−26) ein, so erhält man aus Gl. (5.−28) die Größe der Hallspannung U_H.

Das Ohmsche Gesetz läßt sich nach (5.−6) schreiben:

$$
\begin{aligned}
S &= \varkappa \cdot E \\
Am^{-2} &= Sm^{-1} \cdot Vm^{-1}
\end{aligned} \quad \text{oder}
\tag{5.−24}
$$

$$
E = \frac{S}{\varkappa}
\tag{5.−25}
$$

Setzt man (5.−25) in (5.−23) ein, erhält man:

$$
U_H = \frac{b_{e^-}}{\varkappa} \cdot S \cdot B \cdot b
\tag{5.−26}
$$

Mit $\varkappa = ne^- \cdot b_{e^-}$ erhält man: (5.−14)

$$
\frac{b_{e^-}}{\varkappa} = \frac{1}{ne^-} = R_H = \text{Hallkonstante} \tag{5.−27}
$$

$$
\frac{m^2 \cdot V^{-1} \cdot s^{-1}}{A \cdot V^{-1} \cdot m^{-1}} = m^3 \cdot A^{-1} \cdot s^{-1}
$$

(Kehrwert von ne^-)

Die Hallkonstante R_H ist eine Werkstoff-Kenngröße, die sich aus dem Quotienten zweier Werkstoffwerte, $b_{e^-}/\varkappa$, ergibt.

$$
\begin{aligned}
U_H &= R_H \cdot S \cdot B \cdot b \\
V &= m^3 \cdot A^{-1} \cdot s^{-1} \cdot A \cdot m^{-2} \cdot V \cdot s \cdot m^{-2} \cdot m \\
V &= V
\end{aligned}
\tag{5.−28}
$$

Beispiel 5.1.—2

Ein 0,02 m breites Cu-Plättchen mit einer Elektronendichte $ne^- = 8,9 \cdot 10^9 \, Asm^{-3}$ wird von einem Strom der Dichte $S = 0,5 \cdot 10^6$ Am^{-2} ($\approx 0,1$ der Normalbelastung) durchflossen; gleichzeitig wird es senkrecht dazu magnetisch mit $1\,T = 1\,Vs\,m^{-2}$ durchflutet. Welche Hallspannung wird erzeugt?

Lösung:

$$
\begin{aligned}
U_H &= R_H \cdot S \cdot B \cdot b \\
U_H &= \frac{1}{8,9 \cdot 10^9} \cdot \frac{1}{As \cdot m^{-3}} \cdot 0,5 \cdot 10^6 \, Am^{-2} \cdot 1\,V \cdot s \cdot m^{-2} \cdot 0,02\,m \\
U_H &= 1,12 \cdot 10^{-5} \, V
\end{aligned}
$$

Sie werden im Kapitel 6 erfahren, daß in Halbleitern neben freien Elektronen auch positive Ladungsträger mit gleich großer, aber positiver Ladung auftreten; man bezeichnet sie als Defektelektronen oder Löcher; durch den Halleffekt werden sie in entgegengesetzter Richtung wie die Elektronen abgelenkt; hierdurch lassen sich Art und Zahl positiver und negativer Ladungsträger feststellen.

Übung 5.1.—6

Die Einheit der Kraft ist N. Leiten Sie für die Lorentzkraft F_L diese Einheit aus der Gleichung 5.-18 ab.

Übung 5.1.—7

In einer Hallsonde stehen zwei Kräfte miteinander im Gleichgewicht. Geben Sie Namen, FZ und Einheit für diese beiden Kräfte an!

5.1.1.7. Einflüsse auf die spezifische elektrische Leitfähigkeit

Da $\varrho = \dfrac{1}{\varkappa}$ ist, könnte dieser Abschnitt auch lauten:

Einflüsse auf den spezifischen elektrischen Widerstand.

Formuliert man die Überschrift als Frage:

„Was beeinflußt den elektrischen Widerstand?", so heißt die Antwort:

„Alles, was die Elektronenkonzentration oder ihre Beweglichkeit ändert, ändert auch die Leitfähigkeit, bzw. den Widerstand."

Sie haben bereits gelernt: In metallischen Werkstoffen (nicht in Halbleitern!) bleibt die Elektronenkonzentration ne^- unverändert! Unsere Aufmerksamkeit kann sich daher bei metallischen Werkstoffen auf die Einflüsse beschränken, welche die Fließgeschwindigkeit u_{e^-} und somit auch die Beweglichkeit der Elektronen b_{e^-} ändern.

Steigt u_{e^-} bzw. b_{e^-}, dann steigt auch $\varkappa$, und ϱ fällt.

Im Kapitel 1 haben Sie den Feinaufbau und das kristalline Gefüge der Metalle kennengelernt. Jetzt können Sie Ihre Kenntnisse verwerten und den Sinn der nebenstehenden Schemata begreifen. In Worten lauten sie:

$\varkappa$ steigt, wenn Ionen sind:	
1.	2.
am richtigen Platz $\triangleq$ geordneter Struktur	in geringer Schwirrbewegung $\triangleq$ niedrige Temperatur
• Ideal-Kristall • reiner Kristall • unverzerrter Kristall • großer Kristall (grob) • ausgeglüht (normalisiert)	• je tiefer, desto besser • extrem niedrig $\triangleq$ supraleitend

Jede Gitterstörung behindert die Fließ- (im Gleichfeld) oder Schwingbewegung (im Wechselfeld) der Elektronen; d. h. die Leitfähigkeit sinkt, der Widerstand steigt.

Hieraus ergeben sich folgende Grundregeln:

die spezifische elektrische Leitfähigkeit $\varkappa$ eines Metalles ist um so größer,

1. je höher sein *Reinheitsgrad* ist; (leider ist dies kostenaufwendig!);

2. je weniger sein *Gitter* (seine Kristalle) elastisch oder plastisch *deformiert* ist (Beispiel Al geglüht > Al kaltgewalzt);

3. je weniger Korngrenzen es hat (Beispiele: monokristallin > polykristallin, grobkörnig > feinkörnig);

4. je kälter es ist (Beispiel: Fe bei 150 °C > Fe bei 250 °C).

Zu 1. Die chemische Zusammensetzung richtet sich nach dem Verwendungszweck. Leiter und Kontakte müßten eigentlich zur Erzielung optimaler Leitfähigkeit aus reinstem, grobkörnigem Material bestehen; dies wäre aber so weich und wenig fest, daß es sich unter den betrieblichen Belastungen verformen würde.

Zu 2. Gitterdeformationen in elastischem Gebiet lassen sich durch Messung der Widerstandsänderung bestimmen (DMS). Plastische Deformationen nutzt man zur Härtesteigerung aus, z. B. Weichkupfer → Hartkupfer.

Zu 3. Verformtes Kupfer bzw. Aluminium, oder Silber u. a. kann durch Glühen normalisiert werden; es wird dadurch entfestigt, und die Leitfähigkeit steigt wieder auf ihren Höchstwert.

Zu 4. Der Temperatureinfluß auf stromführende Metalle ist so bedeutungsvoll, daß er im nächsten Abschnitt gesondert behandelt wird.

oder umgekehrt ausgedrückt:

ϱ steigt, wenn Metall-Ionen sind:	
1.	2.
am unrichtigen Platz $\triangleq$ ungeordnete Struktur	in Bewegung $\triangleq$ höhere Temperatur

- viele Kristalle
- feinkörnig
- unreine Kristalle (Mischkristalle)
- Gitter
  - deformiert
  - kaltverformt
  - kaltverfestigt
- elastisch verspannt (ausgenutzt bei DMS = Dehnungsmeßstreifen)

- mit steigender Temperatur
- beim Schmelzen

Übung 5.1.—8

Wodurch kann man in einem metallischen Leiter den spezifischen elektrischen Widerstand erhöhen?

5.1.1.8. Temperaturkoeffizient des elektrischen Widerstandes

Man bezieht den spezifischen elektrischen Widerstand ϱ auf 0 °C (ϱ_0)[5] oder auf die Raumtemperatur von 20 bis 25 °C $(\varrho_{20}$ bis $\varrho_{25})$; ändert sich die Bezugstemperatur um 1 K, dann erhöht oder erniedrigt sich der ϱ-Wert um einen bestimmten Faktor; man bezeichnet ihn als Temperaturkoeffizienten des elektrischen Widerstandes $TC\varrho$ oder α[6].

> $[TC\varrho]$ Temperatur-Koeffizient des elektrischen Widerstandes

> R in $\Omega \sim \varrho$ in Ωm,
> daher $TC\varrho$-Einfluß auf R und ϱ gleich!

Annähernd beträgt α bei Reinmetallen $+ 0,004$ K^{-1}, d. h., bei einem Temperaturunterschied von ± 1 °C $= \pm 1$ K ändert sich der spezifische elektrische Widerstand ϱ um $\pm 0,4\%$. Das ist eine ganz erhebliche Änderung! Wenn z. B. Kupfer um 125 °C erwärmt wird, steigt der Widerstand R bzw. ϱ auf das $1^1/_2$fache. Der auf 2000 °C erhitzte Wolframdraht einer Glühbirne hat den mehr als 10fachen Widerstand des kalten Fadens (Achtung beim Einschalten!).

Tabelle 5.1.–2. $TC\varrho = \alpha$ von Reinmetallen bei Raumtemperatur ± 50 K

	10^{-3} K^{-1}		10^{-3} K^{-1}
Al	4.6	Pt	3.9
Pb	4.2	Ag	4.1
Fe	6.6	Wo	4.8
Au	4.0	Zn	4.2
Cu	4.3	Sn	4.6

Der $TC\varrho$ selber ist nicht konstant, sondern temperaturabhängig; man muß ihn daher für ein bestimmtes Temperaturgebiet, meistens für 0 bis 100 °C oder 100 bis 200 °C, angeben (Tabelle 5.1.–2).

alt:
$$\varrho_\vartheta = \varrho_{20}(1 + \alpha\,\Delta\vartheta) \qquad (5.-29)$$
$$\Delta\vartheta = \vartheta - 20°C$$

Einige Widerstandslegierungen haben sehr niedrige $TC\varrho$-Werte bis zu $0,000001$ K$^{-1} = 10^{-6}$ K^{-1} (s. Tabelle 5.2.-2). Bestimmte ferritische FeNi-Legierungen erhalten in der Nähe der Curietemperatur sogar negative Werte.

alt:
$$R_\vartheta = R_{20}\,(1 + \alpha \cdot \Delta\vartheta) \qquad (5.—30)$$

neu:
$$\varrho_T = \varrho_{293}(1 + \alpha\,\Delta T) \qquad (5.-31)$$
$$\Delta T = T - 293\text{ K}$$

neu:
$$R_T = R_{293}[(1 + \alpha(T - 293\text{ K})] \qquad (5.-32)$$

Übung 5.1.—9

Errechnen Sie anhand der Zahlen in Tabelle 5.1.–2 die prozentuale Erniedrigung bzw. Erhöhung von $R(\varrho)$ von Cu, Al und Ag, wenn T von 293 K auf 213 K fällt bzw. auf 413 K steigt! Tragen Sie Ihr Ergebnis in die Tabelle ein!

T in K	$\dfrac{R_T}{R_{293}} \cdot 100$ in %		
	Cu	Al	Ag
213			
413			

---

[5] $\varrho_0 \triangleq$ eigentlich ϱ bei 0 K, d. h. bei -273 °C. Bisher ist die Indexzahl jedoch noch nicht überall von °C auf K umgestellt.

[6] Gewöhnen Sie sich diese korrekte Normbezeichnung an!

5.1.1.9. Regel von Mathiessen

Schon vor 150 Jahren hatte Mathiessen erkannt, daß sich R bzw. ϱ aus zwei Teilwiderständen zusammensetzt. Nach unserem Stand der Werkstoffkunde würde man sie bezeichnen als

1. Strukturwiderstand R_S bzw. ϱ_S und

2. Temperaturwiderstand R_T bzw. ϱ_T.

Zu 1.) ϱ_S: Bleibt konstant, so lange die Struktur sich nicht verändert. Bei einer elastischen oder plastischen Deformation ändert sich ϱ_S. Durch die chemische Zusammensetzung und die Technologie (Herstellverfahren) wird ϱ_S bei Metallen festgelegt.

Zu 2.) ϱ_T: Bei diesem durch die Temperatur beeinflußbaren Widerstand handelt es sich um die mehrfach erörterten Schwingbewegungen der Ionen, die mit fallender Temperatur ab-, mit steigender Temperatur zunehmen.

Man hat die Leitfähigkeit reiner Metallkristalle und von Mischkristallen der gleichen Basis-Metalle bei verschiedenen Temperaturen bestimmt und aus den Meßwerten die folgende Beziehung erhalten:

„Das Produkt aus dem spezifischen elektrischen Widerstand ϱ und dem Temperaturkoeffizienten des Widerstandes α bleibt für Reinmetalle und die Mischkristalle des gleichen Metalles konstant." (Siehe Bild 5.1.−3 für Cu!)

$$\underline{\varrho_M \cdot \alpha_M} \quad = \quad \underline{\varrho_L \cdot \alpha_L}$$

Reinmetall = Legierung

Anders gefaßt lautet die Regel:

Reines Metall: kleiner Widerstand und hoher Temperatur-Koeffizient;

Legierungen: hoher Widerstand und kleiner Temperatur-Koeffizient.

Das Produkt beider Größen ist gleich groß.

Beträgt der Widerstand einer Legierung aus Mischkristallen (Linsendiagramm!) etwa das 50fache des Grundmetalles (Basismetalles), dann fällt $TC\varrho$ auf etwa 1/50 des Wertes des Basismetalles.

In einem Mischkristall ist der Strukturwiderstand $R_S(\varrho_S)$ bereits so groß, daß sich der Ein-

Der Widerstand R bzw. der spezifische Widerstand ϱ eines metallischen Werkstoffes ergibt sich aus

1. der Metallstruktur R_S bzw. ϱ_S,

2. dem durch die Wärme erzeugten Bewegungszustand (= Schwingungsamplitude) der Metallionen R_T bzw. ϱ_T.

$$R = R_S + R_T \qquad (5.-33)$$

$$\varrho = \varrho_S + \varrho_T \qquad (5.-34)$$

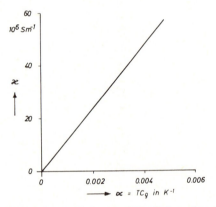

Bild 5.1.−3. Temperatur-Koeffizient des elektrischen Widerstandes α von Cu und Cu-Mischkristallen

Aus diesem Bild ersehen Sie den Zusammenhang zwischen der spezifischen elektrischen Leitfähigkeit $\varkappa$ und dem Temperatur-Koeffizienten des elektrischen Widerstandes α.

Es besteht die lineare Funktionsgleichung:

$$y = mx$$

Daraus folgt:

$$m = \frac{\Delta y}{\Delta x} = \frac{\Delta \varkappa}{\Delta \alpha} = \text{konstant}$$

$$\frac{\varkappa}{\alpha} = \text{konstant}$$

$$\varkappa = \frac{1}{\varrho}$$

$$\alpha \cdot \varrho = \text{konstant}$$

fluß der Wärmeschwingungen $R_S(\varrho_S)$ zwar absolut, aber prozentual kaum mehr auswirkt. (Zahlenwerte in Tabelle 5.1.–2). Zeichnen Sie dies grafisch auf!

$$\underbrace{\alpha_M \cdot \varrho_M}_{\substack{\text{Cu} \\ \text{Reinkupfer}}} = \underbrace{\alpha_L \cdot \varrho_L}_{\substack{\text{Cu-Mischkristall} \\ \text{Kupferlegierung}}} \qquad (5.-35)$$

Dies ist die mathematische Fassung der Regel von Mathiessen.

Übung 5.1.—10

Ag hat bei 300 K ein $\varkappa$ von $64 \cdot 10^6\ \mathrm{Sm^{-1}}$ und einen $TC\varrho$ von $4,3 \cdot 10^{-3}\ \mathrm{K^{-1}}$. Eine AgCu-Legierung mit Mischkristallen hat einen $\varkappa$-Wert von $14 \cdot 10^6\ \mathrm{Sm^{-1}}$ bei 300 K. Wie groß ist der $TC\varrho$ dieser Legierung?

5.1.1.10. Thermospannungen

Der bessere Leiter hat eine höhere Elektronendichte ne^- oder eine höhere Elektronenbeweglichkeit b_e^- oder beides zugleich als der schlechtere. Stehen zwei unterschiedlich leitende Werkstoffe – es können auch Halbleiter sein – miteinander im Kontakt, dann diffundieren (fließen) so lange Elektronen mit höherer Eigenenergie in den Werkstoff mit kleinerer Elektronen-Energiestufe, bis ein weiterer Zustrom durch das aufgeladene Potential gebremst und ein Gleichgewichtszustand zwischen Zufluß und Rückstoß der Elektronen hergestellt ist. Bei der Erwärmung einer Kontaktstelle wird das Energiegefälle der Elektronen erhöht, und es fließen um so mehr Elektronen durch die Nahtstelle, je heißer sie wird.

Befinden sich im Stromkreis zwei Kontaktstellen mit unterschiedlicher Temperatur, dann entsteht ein vom Temperaturgefälle ΔT abhängiges Potentialgefälle U_T, das bei Stromschluß einen Thermostrom erzeugt (Bild 5.1.–4). Diese als Seebeck-Effekt bezeichnete thermoelektrische Spannungserzeugung wird für Temperaturmessungen in einem Gebiet von $-250\,°\mathrm{C}$ bis $3000\,°\mathrm{C}$ ausgenutzt.

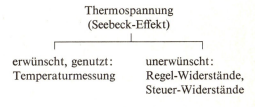

Thermospannung (Seebeck-Effekt)

erwünscht, genutzt: Temperaturmessung

unerwünscht: Regel-Widerstände, Steuer-Widerstände

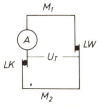

Bild 5.1.–4. Thermoelement (Schema)
M_1 Metall 1
M_2 Metall 2
LK Kalt-Lötstelle
LW Warm-Lötstelle

$$U_T \sim \Delta T \qquad (5.-36)$$
$$\Delta T = T_{LW} - T_{LK}$$

Übung 5.1.—11

Drücken Sie die Proportion (5.–36) nach Bild 5.1.–4 in Worten aus!

Die elektrochemische Spannungsreihe der Elemente steht in losem Zusammenhang mit dem viel komplizierteren Seebeck-Effekt. Wichtige, für Thermoelemente benutzte Metallpaarungen enthält Tabelle 5.1.−3.

Bei Meß-, Steuer- und Regelvorgängen, die nichts mit der Temperatur zu tun haben, ist der Seebeck-Effekt unerwünscht; darum wählt man nach Möglichkeit Metallpaarungen (Kontakte) mit geringer Thermospannung, oder muß diese berücksichtigen (s. a. Tabelle 5.1.−4). Der Seebeck-Effekt kann umgekehrt werden (Peltier-Effekt), indem man entgegengesetzt zum Thermostrom durch ein angelegtes elektrisches Feld (Spannung) zwangsweise Elektronen durch die Kontaktstellen drückt; dies bewirkt eine erhöhte Energiestufe der Elektronen an der Kontaktfläche, die sich durch die Energieabgabe abkühlt[7]. Ist die Kontaktfläche groß, dann wird auch der Umgebung eine große Wärmemenge entzogen und sie kühlt sich ab. Dieser Kühleffekt wird bei den Peltierelementen (meistens aus Halbleitern) ausgenutzt.

In Tabelle 5.1.−3 sind die wichtigsten ca. 95% aller Anwendungsfälle deckende Thermopaare aufgeführt.

Die Thermospannung ist legierungsabhängig; bei Platin/Rhodium gibt es verschiedene genormte Legierungen mit 10%, 18% Rh u. a.

Übung 5.1.−12

Zeichnen Sie anhand der Werte von Tabelle 5.1.−3 das U_T-T-Diagramm der thermoelektrischen Metallpaarung Pt-PtR für den Temperaturbereich von ≈ 250 bis 1200 K bei einer eisgekühlten Kaltlötstelle von 273 K. Die spezifische Thermospannung in μVK^{-1} soll in diesem Temperaturgebiet als konstant angesehen werden.

Thermopaare, DIN 43732/3

Tabelle 5.1.−3. Wichtige thermoelektrische Metallpaarungen

Metallpaar	Thermo-spannung U_T in $\mu V\,K^{-1}$ (0 ·/. 100)°C	Gebrauchs-temp.-°C Lang-zeit	Kurz-zeit
Fe−CuNi 45	≈ 45	≈ 150	350
NiCr−Ni	≈ 41	≈ 650	950
PtRh−Pt	≈ 10	≈ 1000	1250

Tabelle 5.1.−4. Thermoelektrische Spannungsreihe gegenüber (Pt = 0) (Auszug)

Metall	$\mu V\,K^{-1}$
Bi	−65
Cu Ni 44	−35
Ni	−15
Pt	± 0
Pt Rh; Cu	+10
Fe	+18
Sb	+48

Anwendungsbeispiel:

Ni−Fe hat 33 $\mu V\,K^{-1}$;
bei $\Delta T = 100$ K ist
$U_T \qquad = 3,3$ mV

---

[7] Denken Sie an das Gesetz der *Erhaltung* der Energie! Energie kann weder erzeugt noch vernichtet, sondern nur umgewandelt werden.

5.1.1.11. Supraleitfähigkeit

Mit zunehmender Kälte verringern sich die Gitterschwingungen, wobei ϱ ständig fällt (Bild 5.1.–5). Reinste Kristalle müßten am absoluten Nullpunkt (K = 0) einen ϱ-Wert von Null Ωm haben.

Einige Metalle und Legierungen zeigen bei tiefen Kältegraden zwischen 3 und 20 K einen sprunghaften Steilabfall des Widerstandes (Bild 5.1.–5), wobei sie in das Gebiet der „Supraleitfähigkeit" kommen[8].

Je höher die „Sprungtemperatur" liegt und je niedriger der Restwiderstand ϱ von etwa 10^{-22} Ωm liegt, desto technisch wertvoller ist der betreffende Supraleiter.

Es gibt viele supraleitende Werkstoffe; die bekanntesten sind Blei-, Wismut (Bi)- und Niob (Nb)-Legierungen. Niobnitrid hat eine Sprungtemperatur von 20,4 K.

Die technische Anwendung der Supraleitfähigkeit nimmt in der Magnetelektrik und in der Nachrichtentechnik zu.

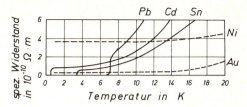

Bild 5.1.–5. Der spezifische elektrische Widerstand einiger Metalle bei Tiefsttemperaturen (Supraleitfähigkeit)

Übung 5.1.—13

Wie hoch liegt die Sprungtemperatur bei der Supraleitfähigkeit von

1. Au?
2. Pb?
3. Sn?
4. Cd?

---

[8] Es gibt noch keine eindeutige Erklärung für den sprunghaften Anstieg der Leitfähigkeit beim Erreichen eines bestimmten Kältegrades. Da die Leitfähigkeit von der Konzentration und der Beweglichkeit der Elektronen abhängt, müßte sich theoretisch die Anzahl der Leitungselektronen am kritischen Temperaturpunkt sprunghaft erhöhen.

5.2. Metallische Widerstände

Lernziele

Der Lernende kann ...

... die Aufgaben metallischer Widerstände nennen.

... die Anforderungen an metallische Widerstände nach ihren Aufgaben nennen.

... für jedes Aufgabengebiet wenigstens zwei wichtige Legierungen mit dem Basismetall und der Hauptkomponente angeben.

5.2.0. Übersicht

Die Bezeichnung „Widerstand" ist nicht eindeutig; man bezeichnet mit ihr zugleich das Bauelement und die physikalische Größe R in Ω.

Die metallischen Werkstoffe haben eine lineare Abhängigkeit von Strom und Spannung (PTC), die Halbleiter eine nichtlineare (s. Kap. 6).

5.2.1. Aufgaben

Die metallischen Widerstände lassen sich nach ihren Aufgaben in drei Hauptgruppen einteilen:

1. Präzisionsmeß-Widerstände, schwach belastbar;

2. Steuer-, Regel- und Meß-Widerstände, veränderlich, mäßig belastbar;

3. Brems- und Heiz-Widerstände, hoch belastbar.

Aufgaben:

- Präzisions-Messen und Regeln $\Big\}$ z. B.: Temperatur, Spannung,

- Steuern, Regeln, Messen $\Big\}$ Strom

- Heizen

5.2.2. Eigenschaften

Zur Erfüllung seiner Aufgabe muß der Werkstoff bestimmte Eigenschaften haben:

1. *elektrische*, z. B. hohen spezifischen elektrischen Widerstand ϱ, niedrigen $TC\varrho$, ausreichende Strombelastbarkeit S, gute Zeit-(Dauer)belastbarkeit;

2. *thermische*, z. B. geringen TC der linearen Ausdehnung, gute Dauerbelastbarkeit bei erhöhter Temperatur, keine Veränderung des Gefüges durch die Temperatur (keine Wärmealterung);

3. *chemische*, z. B. geringe Oxidationsneigung, gute Korrosionseigenschaften;

Anforderungen:

1. hoher ϱ-Wert

2. gleichbleibender ϱ-Wert = niedriger $TC\varrho$

3. niedrige Wärmeausdehnung = niedriger TCL[9])

4. chemisch beständig = korrosionsbeständig

5. geringe Neigung zum „Altern" (= Veränderung des Gefüges und damit der Eigenschaften)

6. konstruktiv ausreichend

---

[9]) $TCL \triangleq$ Temperaturkoeffizient der linearen Dehnung.

4. *wirtschaftliche*, z. B. gut beschaffbare Rohstoffe, leichte Herstellbarkeit und Verarbeitbarkeit.

5.2.3. Bauformen

Für Widerstände werden Drähte, Bleche, ge-
wellte Bleche, Profile, Wendeldrähte, Schichten (aufgewalzt, galvanisiert, aufgedampft)
benutzt.

5.2.4. Widerstandswerkstoffe, DIN 1700, 17470, 17471

5.2.4.1. DIN-Bezeichnung, Haupteigenschaften

Früher wurden die Widerstandswerkstoffe
nach ihrem spezifischen elektrischen Widerstand ϱ in Gruppen eingeteilt; der Kurzbezeichnung WM (Widerstands-Material) folgte
der ϱ-Wert in 10^{-2} $\Omega mm^2 m^{-1}$ (10^{-8} Ωm)[10];
WM 50 entsprach einem spezifischen Wider-
stand von 0,5 $\Omega mm^2 m^{-1} = 0,5 \cdot 10^{-6}$ Ωm.

Heute wird nur die chemische Zusammensetzung in Kurzbezeichnung nach DIN 1700
(s. 3.7.2 und 4.1) benutzt. Neben dem ϱ-Wert
ist der Temperaturkoeffizient des Widerstandes α eine wichtige Werkstoffgröße; zu beachten sind weiterhin der Temperaturkoeffizient der linearen Ausdehnung *TCL*, die maximale Gebrauchstemperatur und die Thermospannung gegen Kupfer (Tabelle 5.2.−1).

Einige Widerstandslegierungen führen Markennamen, z. B. Konstantan, Novokonstan-
tan, Nickelin, Manganin, Isabellin[11].

Tabelle 5.2.−1. Metallische Widerstände

frühere Bezeichnung	ϱ-Wert in $\Omega mm^2 m^{-1} = 10^{-6} \Omega m$ mind.
WM 13	0,13
WM 20	0,20
WM 40	0,40
WM 50	0,50
WM 110	1,10

Jetzige Bezeichnung nach DIN 1700,
Beispiele:

Bezeichnung früher	jetzt	ϱ-Wert in $10^{-6} \Omega m$	Verwendung
WM 13	CuMn 2	0,130	Stell-, An-laß-, Be-lastungs-Wi-derstand
WM 50	CuNi 44	0,50	
WM 110	NiCr 8020	1,10	El. Öfen, Lötkolben

Kennzeichnende Eigenschaften von metal-lischen Widerständen:	
ϱ	in Ωm
$TC\varrho = \alpha$	in K^{-1}
$TCL = \alpha$ (lineare Ausdehnung)	in K^{-1}
T_{max}	in K

---

[10] $\dfrac{\Omega mm^2}{m} = 10^{-6} \Omega m$.

[11] Sind die Markennamen vom Hersteller geschützt, dann führen sie das Zeichen ® (= registriert).

5.2.4.2. Zusammensetzung, Verwendung, Eigenschaften

Tabelle 5.2. −2. Wichtige metallische Widerstands-Werkstoffe | Zur Übersicht,
↓ nicht zum Lernen.

Verwendung	Zusammensetzung (Name)	ϑ_{max} in °C	ϱ_{20} in $10^{-6}\ \Omega\,m$	$TC\varrho$ in $10^{-6}\ K^{-1}$	Thermospannung gegen Cu in $\mu V\,K^{-1}$
Technisches Messen, Regeln, Steuern DIN 17471 u.a.	Cu Ni 45 Mn 1 (Konstantan)	400	0,50	± 30	−40
	Cu Mn 13 Al 3 (Isabellin)	400	0,50	± 20	?
	Ni Cr 20	1000	1,10	± 60	?
Präzisions-Messen, Regeln, Steuern DIN 17471 u.a.	Cu Mn 12 Ni 2 (Manganin)	400	0,43	± 10	1
	Cu Mn 12 Al 4 Fe 1 (Novokonstant)	400	0,43	± 1 … 2	0,3
	Au Cr 2	> 400	0,30	± 1	7
Heizleiter DIN 17470	Fe Cr 25 Al 5	≈ 1000	1,4	$10^2 … 10^3$	−2
	Ni Fe 30	≈ 1000	0,3	$3 \cdot 10^3$	−
	Ni Cr mit Fe ohne Fe in verschiedener Zusammensetzung	≈ 1000	1 … 1,2	≈ 10^3	≈ 2

> 1500 °C: Mo; anwendbar! $\vartheta_s = 2600$ °C
> 1500 °C: W; anwendbar! $\vartheta_s = 3400$ °C

Tabelle 5.2.−2 gibt eine Übersicht über die wichtigsten metallischen Widerstandswerkstoffe geordnet nach Verwendungszwecken; aufgeführt sind darin die Zusammensetzung, die Werte für ϱ, $TC\varrho$, die Thermospannung gegen Cu und die maximale Gebrauchstemperatur. (Diese Werte brauchen Sie natürlich nicht auswendig zu lernen!) Prägen Sie sich aber die Werte der Tabelle 5.2.−3 ein! Aus ihr ersehen Sie:

1. *Kupfer* ist für Meß-, Regel- und Steuerzwecke das wichtigste Basismetall; Zusatzkomponenten sind Ni, Mn, Al und Fe (Namen: Konstantan, Nickelin, Manganin, Isabellin).

2. *Nickel* mit Zusätzen von Cr oder Mn werden oft benutzt.

3. Präzisionslegierungen werden auf Kupferbasis oder als Edelmetallegierungen auf Goldbasis – z. B. Au Cr 2 – hergestellt.

4. Für Heizzwecke benötigt man höhere Temperaturen, d. h. hochschmelzende Legierungen. Als Basismetall bietet sich Eisen an; damit es nicht zundert, erhält es Zusätze von Cr, oder Cr Ni oder Cr Al. Manchmal verwendet man auch eisenfreie oder eisenarme Legierungen auf Nickel- oder Chrombasis.

5. Für Spannungsmessungen kaltgezogene dünne Drähte aus Cu Mn12 Ni2 (Manganin).

Tabelle 5.2.–3   ↓ Bitte merken!

Aufgabe	Legierungs-Komponenten	Eigenschaften
1. Präzisionsmessen	Cu Mn Ni Cu Mn Al Fe Au Cr	$TC\varrho$ = klein Thermospannung gegen Cu = klein
2. techn. Messen	Cu Ni Mn Ni Cr	$TC\varrho$ = klein Thermospannung = klein
3. Regeln	Au Ag Ag Mn Ag Pd	verschieden
4. Heizen	Fe Ni Fe Ni Cr Fe Cr Al Cr Ni Cr Al	temperaturbeständig, hohe Gebrauchstemperatur
5. Spannungsmessungen (DMS)	Cu Mn Ni und Halbleiter	ϱ-Erhöhung bei elastischer Formänderung

Heizleiter-Legierungen bilden beim Erwärmen in der Luft eine dichte, festhaftende Oxid-Schutzschicht.

Übung 5.2.—1

Nennen Sie drei wichtige Basismetalle für Widerstandswerkstoffe!

Übung 5.2.—2

Welche Kristallarten werden bevorzugt für Widerstandsmetalle benutzt?

Übung 5.2.—3

Welchen Vorteil besitzen Präzisionswiderstände gegenüber normalen Widerständen?

Übung 5.2.—4

Welche Werkstoffgrößen sind bei Meß- und Regelwiderständen zu beachten?

Übung 5.2.—5

Berechnen Sie den Meterwiderstand eines AuCr 2-Drahtes von 0,05 mm Dmr. bei $-20\,°C$ und $120\,°C$!

Übung 5.2.—6

Warum ist der $TC\varrho$ von Konstantan kleiner als von E-Cu?

Übung 5.2.—7

Wieso kann man mit elastischen Deformationen eines Metalldrahtes Spannungen von Konstruktionsteilen messen?

Wie heißt das Verfahren?

5.3. Kontaktwerkstoffe

Lernziele

Der Lernende kann . . .

. . . die Kontakte nach der Beanspruchung der Kontaktstücke in Gruppen einteilen.

. . . die Beanspruchungen von Kontakten unterscheiden.

. . . den Kontaktwiderstand erläutern.

. . . den Einfluß des Lichtbogens auf die Kontakte erläutern.

. . . Werkstoffpaarungen für bestimmte Anforderungen nennen.

5.3.0. Übersicht

Am Schluß dieses Kapitels erhält der Lernende einen Einblick in die Aufgaben und Eigenschaften der Kontaktwerkstoffe.

Die bewegungslosen elektronischen oder magnetischen Kontaktelemente[12] können die altbewährten „klassischen" Kontakte nicht überall ersetzen.

Die mannigfachen Schaltaufgaben verlangen unterschiedliche Kontaktwerkstoffe. Da immer zwei Kontaktenden miteinander in Verbindung gebracht bzw. unterbrochen werden, ist eine richtige Werkstoffpaarung erforderlich. Die Aufgabe, in jedem Falle die richtige Wahl für einen Kontakt zu treffen, läßt sich besser durch Versuche und praktische Erfahrungen als durch theoretische Betrachtungen und komplizierte empirische Gleichungen lösen[13].

---

[12] Dioden, Thyristoren, Thyratrons, Ferritschaltkerne.

[13] Die Übungen beschränken sich daher auf allgemeine Fragen und beziehen sich nicht auf Gleichungen.

5.3.1. Kontaktarten, Beanspruchungen

Kontakt heißt Berührung! Kontakte haben aber nicht nur die Aufgabe, durch Berührung einen Stromkreis zu schließen, sondern auch durch Öffnen den Stromkreis zu unterbrechen (Unterbrecher!). Hier interessieren uns vornehmlich die werkstofflichen Probleme, die sich beim Öffnen und Schließen mechanisch bewegter − im Gegensatz zu berührungslosen, elektronischen − Kontakte ergeben. Infolge der unterschiedlichen Aufgaben, die Kontakte zu erfüllen haben, gibt es zahlreiche Stoffkombinationen. Um sie übersichtlich zu ordnen, teilen wir die Kontakte nach ihrer Beanspruchung in drei Hauptgruppen[14] ein:

1. *Festkontakte*, sie werden am wenigsten beansprucht. *Unlösliche* Festkontakte wie Schweiß-, Löt-, Klemm- und Wickelkontakte werden nur unabsichtlich durch mechanische (z. B. Erschütterungen) oder thermische Überbeanspruchung gelöst.

   Auch *lösliche* Festkontakte, wie Schraub-, Steck-, Klemmkontakte werden relativ gering beansprucht; man muß nur dafür sorgen, daß die Kontaktflächen metallisch blank bleiben und fest aufeinander sitzen.

2. *Schleifkontakte*, z. B. von Motoren, Generatoren, Regelwiderständen, Wählerarmen, Stromabnehmern, verschleißen mechanisch durch Abrieb und werden durch Reibung thermisch beansprucht; die Kontaktflächen verändern ihre Form und ihre chemische Zusammensetzung (Oxidation), wenn nicht geeignete Werkstoffpaarungen gewählt werden.

3. *Druck-Abhebekontakte*, sie haben ein oder (seltener) zwei bewegliche Kontaktstücke, die beim Öffnen abgehoben und beim Schließen gegeneinander gepreßt werden; z. B. in Relais, Schützen, Kipp- und Nokkenschaltern, Zündunterbrechern und Leistungsschaltern. Bei höherer Spannung kann beim Öffnen ein Lichtbogen entstehen, bisweilen auch beim Schließen,

Kontaktarten		
1. bewegungslos	2. bewegt	
	2.1	wälzend schleifend
	2.2	drückend federnd abhebend
	2.3	kippend (Quecksilber)

Kontaktarten:

1. Feste Kontakte (ruhende) — unlöslich / löslich
2. Schleif-/Wälz-Kontakte (beweglich)
3. Druck-/Abhebe-Kontakte (beweglich)
4. Flüssig (Quecksilber)

Beanspruchungen der Kontaktarten:

1. Fest-Kontakte:	Erschütterungen Zug − Druck
2. Schleif- und Wälz-Kontakte:	Verschleiß thermisch mechanisch
3. Druck- und Abhebe-Kontakte:	konstruktiv thermisch Lichtbogen Verschweißen Verbrennen Materialabtragung

---

[14] Eine weitergehende Unterteilung bleibt Spezialschriften vorbehalten.
Literatur: VDE, Begriffsbestimmungen auf dem Gebiete elektrischer Kontakte. ETZ − A 92 (1971) H. 3, S. 27.

wenn das Kontaktstück zurückfedert (prellt!) und dabei kurzzeitig der Kontakt nochmals ungewollt unterbrochen wird. Der Lichtbogen beansprucht die Kontaktflächen stark; die Metallflächen können schmelzen, verschweißen, spritzen, zusammenkleben, oxidieren u. a.

Die Kontakte werden je nach Bauart und Belastung unterschiedlich beansprucht; Sie können sich anhand der nebenstehenden Tabelle 5.3.−1 hierüber einen Überblick verschaffen.

Tabelle 5.3.−1. Beanspruchungs-Unterschiede

Schaltspiel-Summe	$1 \ldots > 10^9$
Kontakt-Druck	$10^{-2} \ldots 10^3$ N
Kontakt-Spannung	$10^{-6} \ldots 10^6$ V
Kontakt-Strom	$10^{-6} \ldots 10^6$ A
Schalt-Häufigkeit	$\text{Jahr}^{-1} \ldots > 200 \, s^{-1}$
Schalt-Geschwindigkeit	schleichend ... sehr hoch
Schalt-Widerstand	klein ... groß
Kontakt-Temperatur	niedrig ... hoch

5.3.2. Kontaktwiderstand

Der ideale Kontakt hat geöffnet den Widerstand unendlich und geschlossen den Widerstand Null; ein solcher Kontakt ist aber nicht herstellbar.

Geöffnet bilden sich als Kriechströme (s. 8.1.2) bezeichnete Ministröme; geschlossen entsteht ein Kontaktwiderstand R_K; er setzt sich aus zwei Teilwiderständen, dem Engewiderstand R_E und dem Hautwiderstand R_H zusammen (Bild 5.3.−1); sie werden anschließend erörtert.

Kontaktwiderstand R_K in Ω
geschlossen $\rightarrow 0$ in Ω
geöffnet $\rightarrow \infty$ in Ω

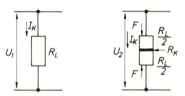

Bild 5.3.−1. Erklärung des Kontaktwiderstandes

Leiter-Widerstand R_L
Kontakt-Widerstand R_K
Gesamt-Widerstand $R_L + R_K$
$U_1 = I \cdot R_L$
$U_2 = I (R_L + R_K)$

$$R_K = R_E + R_H \qquad\qquad (5.-37)$$

E = Enge;   H = Haut.

5.3.2.1. Engewiderstand

Kontaktflächen sind niemals völlig glatt und eben, sie liegen deshalb auch niemals dicht aufeinander. Auch neue Kontakte haben immer einen gegenüber der idealen Berührungsfläche eingeengten Übergangsquerschnitt für die Elektronendiffusion[15]. Unter bestimmten Voraussetzungen kann man angenähert den Engewiderstand R_E berechnen. Man geht von zwei kreisförmigen Flächen aus, die sich beim

---

[15] Elektronendriftgeschwindigkeit u_e-.

Zusammenpressen zweier Kontaktkugeln bilden und unterscheidet dabei zwei Fälle:

1. Die Anpreßkraft (Kontaktkraft) ist so klein, daß sich die Kugeln nur *elastisch* verformen; ohne Kontaktdruck berühren sie sich dabei nur an einem Punkt.

2. Bei dem Kontaktdruck entstehen *plastische* Veränderungen, d. h., die Kugeln platten sich nicht nur elastisch, sondern auch plastisch ab, und es entsteht an einer oder beiden Kugelflächen eine bleibende Verformung, in unserem Falle eine Kreisfläche. Bei dem nächsten Kontaktspiel, d. h. bei erneuter Anpressung kann sich die bereits gebildete Fläche weiter vergrößern, usf.

Zahlreiche Einflüsse wirken sich bei dieser mit Absicht einfach gewählten Modellvorstellung aus.

> Es gibt Annäherungsgleichungen für die Bestimmung von R_E (Engewiderstand) im elastischen Gebiet und für plastische Kontaktverformung[16].

Übung 5.3.—1

Überlegen Sie selbst und notieren Sie in der nebenstehenden Spalte, welche Einflüsse und Werkstoffeigenschaften sich hierbei auswirken!

Einflüsse auf die Kontaktverformung

Nr.	physikalische Größen der Belastung	Werkstoffgrößen	
		FZ	Einheit
1			
2			
3			
4			
5			
6			

Empirische Gleichungen zur Berechnung der Kontaktwiderstände sind theoretisch interessant und ergeben Annäherungswerte; bei den komplexen und schwer überschaubaren Verhältnissen bringen aber nur Meßwerte genaue Ergebnisse.

---

[16] Hier nicht abgeleitet und abgedruckt. S. z. B. Doduko Datenbuch, Dr. E. Dürrwächter, Pforzheim, 1974.

5.3.2.2. Hautwiderstand

Auch die völlig blanke und reine Kontaktfläche eines Edelmetalles bleibt auf die Dauer nicht unverändert. Selbst stromlose, fest und dicht miteinander in Berührung stehende Metallflächen (Festkontakte) bekommen mit der Zeit durch Oxidation dünne Oberflächenfilme (Häute), die den Widerstand beim Stromfluß erhöhen[17].

Ein eindrucksvolles Versuchsergebnis nach *Holm* zeigt Tabelle 5.3.−2. Die vier Kontaktmetalle Platin, Silber, Kupfer und Wolfram wurden in völlig blankem Zustand mit jeweils 0,1 N gegen eine Goldplatte gedrückt. Nach 1/2 Jahr hatten sich die Hautwiderstände vervielfacht, und dies bei Raumtemperatur, gewöhnlicher Raumluft und ohne thermoelektrische Belastung!

Die untenstehende Übersicht zeigt, wodurch auf bestimmten Kontaktwerkstoffen nichtmetallische Fremdschichten entstehen.

Tabelle 5.3.−2

Metall/Metall	Kontaktwiderstand R_K in Ω	
	Beginn	nach 6 Mon.
Au/Pt	0,001	0,005
Au/Ag	0,001	0,01
Au/Cu	0,05	20,0
Au/W	1,0	10,0

Tabelle 5.3.−3. Die Bildung von Fremdschichten auf Kontaktstücken

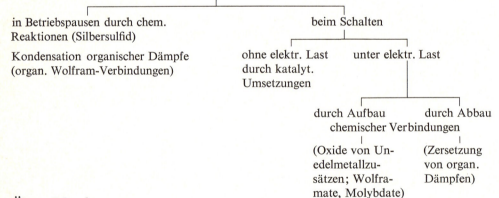

in Betriebspausen durch chem. Reaktionen (Silbersulfid)

Kondensation organischer Dämpfe (organ. Wolfram-Verbindungen)

beim Schalten

ohne elektr. Last durch katalyt. Umsetzungen

unter elektr. Last

durch Aufbau chemischer Verbindungen

durch Abbau

(Oxide von Unedelmetallzusätzen; Wolframate, Molybdate)

(Zersetzung von organ. Dämpfen)

Übung 5.3.−2

Erklären Sie Begriff und Bedeutung von R_H und technische Maßnahmen, um R_H möglichst klein zu halten!

Übung 5.3.−3

Verwenden Sie bei hohen Kontaktdrücken reine Metalle? Begründen Sie Ihre Antwort!

---

[17] Es ist unmöglich, durch einfaches Anpressen zweier harter Metallflächen eine praktisch vakuumdichte Grenzfläche zu erhalten.

5.3.3. Kontakt, Verschleiß

Beim Öffnen und Schließen der Kontakte werden die Schaltstücke mechanisch und elektrothermisch beansprucht; die Folge ist ein mehr oder weniger großer Verschleiß.

> Kontaktverschleiß
> mechanisch   elektrothermisch

5.3.3.1. Mechanischer Verschleiß

Bewegen sich die Kontakte gegeneinander (schleifend, wälzend), dann verschleißen sie durch einen mechanischen Abrieb; er ist um so stärker, je weicher und spröder der Werkstoff ist. Man bevorzugt also harte und zähe Werkstoffe, die sich gegeneinander schleifend von selber glätten, oder Graphit, der sich in Blättchenform abträgt und schmierend wirkt.

Der Kontaktabrieb kann hart wie Schmirgel werden; er trägt dann die Oxidschicht ab, so daß R_H klein bleibt, aber der Kontaktverschleiß groß wird.
(Verschleißvorgänge sind meistens sehr kompliziert.)

> Mechanischer Verschleiß
> (= Reibungsverschleiß, Beisp. Autoreifen)
> hängt von folgenden Werkstoffeigenschaften ab:
> - Härte
> - E-Modul
> - Zugfestigkeit
> - Dehnung

> *Temperaturerhöhung* durch Reibung bewirkt:
> - Oxidation
> - Verschweißen

5.3.3.2. Elektrothermischer Verschleiß

Steht die Kontaktstelle unter Strom, so kann sie sich erwärmen, was zu unangenehmen Folgen führen kann. Der spezifische Widerstand steigt, d. h., Widerstand R und Spannung U nehmen zu. Wird die Entfestigungstemperatur ϑ_E des Kontaktmetalles erreicht, dann wird es weicher und verformt sich stärker unter dem Kontaktdruck; bei der vergrößerten Kontaktfläche sinkt der Enge-Widerstand R_E, und die Stromstärke steigt, wodurch wiederum die Temperatur weiter ansteigt. Wie bei einer Schmelzsicherung kann die Schmelztemperatur ϑ_S erreicht werden, bei der die Kontaktspannung auf einen Minimalwert zusammenbricht.

Bei erhöhter Temperatur reagieren die Kontaktmetalle chemisch stärker mit der umgebenden Atmosphäre; es bilden sich oxidische und bei Silber in schwefelhaltiger Atmosphäre sulfidische Schichten (Ag_2S) mit hohem spezifischem Widerstand (R_H steigt!).

> *Elektrothermischer Verschleiß*
> Kontaktwiderstand →
> → Temperaturerhöhung
> → Oxidbildung oder
> → Entfestigung
> → Formänderung
> → vergrößerte Kontaktfläche
> → größere Strombelastung
> → erhöhte Temperatur usw.
>
> (der „Teufelskreis" ist geschlossen!)

Beim Schmelzen der Kontakte entstehen Spritz- und Spratzverluste, und sie können beim Erkalten miteinander verschweißen.

Anhaltswerte der Schmelz- und Entfestigungsspannungen für Cu, Ag und W (nach *Holm*) gibt die nebenstehende Tabelle 5.3.–4.

Tabelle 5.3.–4.

Metall	Entfestigung		Schmelzen	
	ϑ_E(°C)	U_E(mV)	ϑ_S(°C)	U_S(mV)
Cu	190[18]	120	1083	430
Ag	180	90	960	370
W	1000	400	3380	1000

5.3.3.3. Der Lichtbogen

Wird ein Kontakt gewollt, oder wie beim Prellen ungewollt geöffnet, dann steigt die Kontaktspannung bis zum „Leerlaufwert"; hierbei kann der Kontaktwerkstoff die Schmelzspannung U_S oder sogar die Siedespannung U_{Sied} erreichen. Praktisch bedeutet dies, daß der Werkstoff örtlich schmilzt oder verdampft. In der Regel entsteht dabei ein Lichtbogen, der den Kontaktabbrand verstärkt und eine Material-*Grob*wanderung verursacht. Man versteht hierunter eine Stoffübertragung von einer Kontaktseite auf die andere bei geringem Kontaktabstand. Bei Gleichspannung wird das Material von der Katode auf die Anode übertragen; die dabei entstehenden Unebenheiten auf den Kontaktflächen bilden Störfaktoren.

Bei Wechselspannung erlischt der Lichtbogen beim Null-Durchgang von selber. Je heißer die Kontakte sind, desto heißer und stärker ionisiert ist die Luft zwischen den Kontakten. Nach dem Durchlauf des Nullwertes wird dadurch noch leichter ein Lichtbogen entstehen. Bei Wechselspannungen ist daher nicht immer ein hochschmelzender oder hochsiedender Werkstoff der bestgeeignete.

Bei Hochleistungsschaltern ergreift man bestimmte Maßnahmen, um den Lichtbogen rasch zu löschen (Druckluft, Blasmagnete) oder ihn ganz zu vermeiden (Ölschalter, stufenweise Unterteilung des Schaltvorganges). In der Praxis ist es wichtig zu wissen, bei welchen Schaltleistungen bei einem Kontaktwerkstoff ein Lichtbogen auftreten kann. Man hat durch Versuchsmessungen Diagramme entwickelt, aus denen man die „Grenzströme"

Entstehung des Lichtbogens

1. Kontaktöffnung →
2. → Spannung steigt bis zum Leerlaufwert →
3. → Metall siedet an letzter Brücke bei
   > 10 V
   > 1 A
4. → Stromwärme ($I^2 \cdot R \cdot t$) →
5. → Brennfleck infolge hoher Stromdichte →
6. → Metallerhitzung →
7. → Elektronenaustritt →
8. → Elektronenbeschleunigung durch elektrische Feldstärke →
9. → Stoßionisation des Kontaktspaltes →
10. → positive Ionen werden zur Katode getrieben →
11. → Ionenaufprall erhitzt Katode →
12. → Ionen werden zu Atomen (Molekülen) neutralisiert →
13. → Ionenaufprall → Elektronemission (Kreis ist geschlossen)

Ergebnis:

Der Lichtbogen ist eine ionisierte Gasstrecke mit freien Elektronen zwischen geöffneten Kontakten

Bei Wechselspannung erlöscht der Lichtbogen beim Durchlauf des Nullwertes

---

[18]) Dieser Wert ist sehr hoch! E-Cu-Entfestigung beginnt bei 150°C, für E-Cu niedriglegiert > 350°C.

als Funktion der Spannung ersehen kann, oberhalb derer bei bestimmten Werkstoffpaarungen Lichtbögen entstehen.

Hochschmelzende und hochsiedende Kontakt-Werkstoffe können hohe Temperaturen annehmen: Gefahr der Luftionisierung und der Entstehung von Lichtbögen!

Wirkung des Lichtbogens

1. Abbrand $\begin{cases} \text{Oxidation} = \text{Verbrennung} \\ \text{Verdampfung} \end{cases}$

2. Grobwanderung bei Gleich- und Wechselspannung

3. Feinwanderung meist bei Gleichstrom

Mildern und Löschen von Lichtbögen

1. Lichtbögen sind kontaktschädlich

2. Lichtbogen-Strecke kühlen

   2.1 Langziehen durch Hörner

   2.2 Unterteilen durch Deionkammern

   2.3 Ausblasen (Druckluft, Magnet, Dynamitpatrone bei Kurzschluß)

   2.4 Öl

   2.5 Gas: SF_6 (Schwefelhexafluorid)

Übung 5.3.—4

Wodurch verschleißen Kontakte? Nennen Sie Verschleißarten!

Übung 5.3.—5

Nennen Sie Maßnahmen, um Kontaktverschleiße niedrig zu halten!

5.3.4. Werkstoffe

5.3.4.0. Übersicht

Die vielseitigen Kontaktaufgaben erfordern eine Fülle von Werkstoffen, die nicht einzeln aufgeführt werden können, dies würde nur verwirren. Im Bedarfsfalle muß ein Spezialbuch zu Rate gezogen werden.

Die nachstehenden grundsätzlichen Ausführungen sollten Sie sich aber einprägen.

Man kann die Kontaktwerkstoffe nach ihrer Herstellung in drei Gruppen untergliedern:

1. Reinmetalle und Legierungen nach dem üblichen Schmelzverfahren,

2. Sinterwerkstoffe und

3. kombinierte Werkstoffe.

Die Gruppen 2 und 3 bedürfen einer Erläuterung.

Zu 2. *Sinterwerkstoffe*

Man bezeichnet die Herstellungsmethode auch als „Pulvermetallurgie", weil das Ausgangsmaterial pulverförmig ist. Die Mischungen bestehen aus verschiedenen metallischen Werkstoffen oder Kombinationen metallischer mit nichtmetallischen Werkstoffen, wie Oxiden, Karbiden, Sulfiden und besonders Kohle (Graphit).

So kann man gut leitende, weiche Metalle, insbesondere Cu und Ag, mit harten und hochschmelzenden Werkstoffen, z. B. W, kombinieren; der mechanische, chemische und elektrothermische Verschleiß wird dabei stark gemindert.

Sinterwerkstoffe in der geeigneten Zusammensetzung sind als Kontaktmaterial vielfach im bewährtem Einsatz.

Der druckverdichtete Preßling erhält seine Endform, nicht aber die notwendige Festigkeit. Sie wird erst durch eine Erwärmung auf eine bestimmte Sintertemperatur erzielt, bei der die einzelnen Pulverteilchen (Körner) außen anschmelzen und punktweise miteinander verschweißen (zusammenbacken, fritten, kleben).

Ein Sinter-*Tränkprozeß* wird angewandt, wenn man Metalle mit unterschiedlichem Schmelzpunkt, z. B. Kupfer 1083 °C und Wolfram > 2000 °C miteinander zu einem Festkörper verbinden will. Das höherschmelzende Wolframpulver wird vorverdichtet und vorgesintert; in diesen porösen Werkstoff läßt man durch Kapillarwirkung oder im Vakuum schmelzflüssiges Kupfer einsickern. Nach der Abkühlung hat man einen heterogenen Körper aus hochschmelzendem Wolfram, durchzogen von weichem, gut leitendem Kupfer.

Kontaktwerkstoff-Gruppen:

1. Metalle, Legierungen

2. Sinterwerkstoffe

3. kombinierte Werkstoffe (Oberfläche)

Sinterwerkstoff-Gruppen:

1. Metall + Metall

2. Metall + Legierung

3. Legierung + Legierung

4. Metall + Nichtmetall

Sinter- und Verbundwerkstoffe

sind heterogene Stoffgemische. Sie werden für schwierige Vorgänge beim Ein- und Ausschalten bevorzugt. Wichtige Kombinationen:

Niederspannung,
50 … 3000 A: Ag/Cd O
                   Ag/C

Mittel- und
Hochspannung: W Cu-Tränkwerkstoff
                   an Abbrennstellen
                   AgNi, AgW
                   an Dauerkontakten

Einzelheiten s. 5.3.4.2.

Für Lichtbögen ist Cu W-Sintermetall ein gutgeeigneter Kontaktwerkstoff.

Wolfram: hart, hoher Schmelzpunkt,

Kupfer: gut leitend.

Zu 3. *Kombinierte Kontakte*

Hierunter fallen die bereits erwähnten Bimetalle (s. 3.4.1.3) in Form von Bändern, Blechen, Streifen, Drähten und Profilen. Als Trägerwerkstoffe dienen Stahl, Kupfer, Messing, Bronze, Neusilber; die Kontaktauflage wird aus Edelmetallen und Edelmetall-Legierungen (Pt, Au, Ag) ein- oder beidseitig durch Schweißen, Plattieren, Galvanisieren oder Aufdampfen hergestellt. Durch geeignete Kombinationen lassen sich thermo-elektrische Bimetalle mit guten konstruktiven und chemischen Eigenschaften wirtschaftlich erzielen.

5.3.4.1. Kontaktwerkstoffe für bestimmte Anwendungsgebiete

Man kann (nach *Keil*) folgende vier Hauptanwendungsgebiete für Kontakte unterscheiden:

1. Praktisch „leistungslos" schaltende Kontakte, bei denen die Kontaktflächen chemisch und konstruktiv unverändert bleiben müssen; z. B. Steckverbindungen.

   Einsatz: bevorzugt Edelmetalle.

2. „Mäßig belastete" Kontakte für Gleichspannungen mit Gefahr einer Feinwanderung.

   Einsatz: Au, Pt und ihre Legierungen.

3. Kontakte für Gleichspannung „mittlerer Schaltleistung" mit Gefahr von Lichtbogen und Grobwanderung.

   Einsatz: meistens Ag und Ag-Legierungen, dann Pt, Pd und Sinterwerkstoffe.

4. Kontakte für „höchste Schaltleistungen" mit Lichtbogen, Abbrandgefahr, chemische Veränderungen an den Kontaktflächen nicht so stark wie bei 1. und 2. Ausschlaggebend sind hoher Schmelz- und Siedepunkt.

   Einsatz: W, Mo, Sinterwerkstoffe.

Kombinierte Kontakte

Metallischer Werkstoff mit Auflage
Bimetall-Kontakte (s. 3.4.1.3)

Kontaktbelastungen

1. leistungslos schaltend: Edelmetalle

2. mäßig belastet: Edelmetalle

3. Gleichspannung mit mittlerer Belastung:
   3.1 Ag, Ag-Legierungen
   3.2 Pt, Pd (Platin, Palladium)
   3.3 Sinterwerkstoffe

4. höchste Schaltleistung:
   W, Mo, Sinterwerkstoffe

	Silber	
Rein = Feinsilber	Leg. = Hartsilber	
99,5 ... 99,995	Cu	
	Ni	
	Pd	
weich	hart	

	Gold	
Rein = Feingold	Leg. = Hartgold	

in modernen Relais
mit geringen Kontaktkräften $\approx 0,1$ N

Platin und Platinmetalle

sehr teuer,

bei absoluter chemischer Beständigkeit und gleichzeitiger Abbrandfestigkeit nur für Meßtechnik

---

Wolfram und Molybdän

aufgelötet auf Trägerwerkstoffe wie Cu, Ni, Fe und deren Legierungen. Hoher ϑ_s, gutes $\varkappa$, gutes λ, hohes ϱ_D (Dichte), hohe Härte

5.3.4.2. Werkstoffe für bestimmte Kontaktarten

Die Werkstoffwahl richtet sich nach der in 5.3.1 besprochenen Kontaktart. Wir unterschieden:

1. Fest-Kontakte (ruhend),
2. Druck-Kontakte,
3. Wälz- und Schleif-Kontakte und
4. Hochleistungs-Kontakte.

Zu 1. *Fest-Kontakte*:

Stabil (Steck-, Schraub-, Klemm-Kontakte).

Unter Betriebsbedingungen (Wärme!) müssen gewährleistet sein:

- genügender Kontaktdruck (Festigkeit, Härte),
- unveränderter Kontaktdruck (Verformung!)
- unveränderter Kontaktwiderstand (Hautbildung!).

Nur beim Betätigen des Kontaktes werden die Flächen gegeneinander gerieben, was sich günstig auf etwa gebildete Oberflächenhäute auswirkt.

Bevorzugte Werkstoffe sind:

1. Cu und Cu-Legierungen (Ms, Bz, NS)[19];
2. oberflächenveredelte metallische Werkstoffe; Schichten: Au, Pt-Ir, Pt-Au.

Auch bei ruhenden Edelmetallflächen, insbesondere bei Ag und Au bilden sich wie besprochen (5.3.2.2) nichtmetallische Häute! R_K steigt!

Zu 2. *Druck-Kontakte*:

Sie werden meistens als Nieten mit verschiedenen Kopfformen benutzt und bei Relais auf Federn aus hochfesten Cu-Legierungen befestigt.

Bevorzugte Werkstoffe sind:

- Ag (rein, hart),
- Ag-Legierungen (Hartsilber),
- Ag-W (Sintermetall),
- Ag-Pd[20] (schwefelfest).

Werkstoffe für:

> 1. *Fest*-Kontakte:
>
> - Cu, Cu-Legierungen
> - Edelmetall-Auflage auf Cu-Legierungen

> Neben technischen die *wirtschaftlichen* Gesichtspunkte beachten!
>
> Großkontakte: Edelmetall zu teuer
> Minikontakte: Edelmetalle möglich
> 1 cm³ Au →   mehrere km Feinstdraht

Werkstoffe für:

> 2. *Druck*-Kontakte, bevorzugt:
>
> - Ag
> - Ag-Legierungen
> - Ag-W (Sinterwerkstoff)
> - Ag-Pd

---

[19] NS = Neusilber, Legierung aus NiCuZn.

[20] Pd = Palladium.

Zu 3. *Wälz-* und *Schleif-Kontakte*:

z. B. Bürsten und Kollektoren von Motoren, Wälzschalter, Wählerkontakte, Lamellen, Fahrdrahtabnehmer. Das leichter auswechselbare Kontaktstück soll eher verschleißen.

Auch unedlere Werkstoffe lassen sich verwenden, da sich die leichter bildenden Fremdschichten abreiben. Zu glatte Flächen ergeben bei Erschütterungen schwankende Widerstände, zu rauhe neigen zum Fressen.

Bevorzugte Werkstoffe sind:

- Edelmetallschichten auf Cu-Legierungen,
- Ag kompakt,
- Cu-Legierungen,
- Graphit,
- Graphit + Metall.

Über Graphit besitzen Sie bereits (aus 1.1.4) Kenntnisse.

Seine gute Schmierfähigkeit und Halbleitereigenschaften sind strukturbedingt (Elektronenpaar-Bindung, hexagonales Gitter, geschichtete Blättchen).

Unterhalb 700 °C verhält sich Graphit als NTC-, oberhalb als PTC-Werkstoff.

(Erklären Sie diese Tatsache anhand der grundlegenden Formel $\varkappa = ne^- \cdot b_{e-}$!).

Auch bei hohen Temperaturen bleibt die Oberfläche von Kontaktkohle unverändert. Bei der Oxidation (Verbrennung) entsteht CO oder CO_2; es entweicht gasförmig in die Atmosphäre und hinterläßt keine Reaktionsprodukte auf der Kontaktfläche! Ein großer Vorzug! Kontaktkohle wird in verschiedenen Qualitäten hergestellt: *Hart*kohle für Schleifgeschwindigkeiten < 20 m s^{-1} bei Kleinmotoren und Langsamläufern, und *Weich*kohle mit 20 bis 50 m s^{-1} für Großmotoren und Schnellläufer.

Zu 4. *Hochleistungskontakte:*

Wegen der hohen Kontakttemperatur und der Lichtbögen muß der Werkstoff hochschmelzend und hochsiedend sein; erst in zweiter Linie steht die elektrische Leitfähigkeit. Deshalb verwendet man für die Schaltstücke ausschließlich Sinterkontakte, meistens aus W-Ag oder W-Cu.

---

3. *Wälz* und *Schleif*-Kontakte:

- Edelmetallschichten auf Cu-Legierungen
- Ag
- Cu-Legierungen
- Graphit
- Graphit + Metall

Haupteigenschaften von Kontakt-Kohle:

- gut schmierend - gleitend
- chemisch beständig
- hohe Temperaturbeständigkeit
- oberflächenbeständig
- hochsiedend (> 4000 °C)
- hinreichend elastisch
- hinreichend wärmeleitend

Kohlearten:

hart < 20 m s^{-1} Schleifgeschwindigkeit
weich bis 50 m s^{-1} Schleifgeschwindigkeit

---

4. *Hochleistungs*-Kontakte:

Bevorzugt:
Sinterwerkstoffe auf W-Basis (Wolfram)

Übung 5.3.—6

Warum wird für Schleifkontakte oft Graphit verwendet?

Übung 5.3.—7

Welcher Kontaktwerkstoff wird bei Abreiß-funken gerne verwendet?

Übung 5.3.—8

Warum benutzt man Al nicht als Kontaktniete?

Übung 5.3.—9

Welche Werkstoffgrößen sind bei hohen Kontaktdrücken wichtig? FZ und Einheit angeben!

Übung 5.3.—10

Welche Werkstoffeigenschaften müssen bei Kontaktstellen in Präzisionsmessungen berücksichtigt werden?

Übung 5.3.—11

Welche Stoffkombination ist bei Niederspannungskontakten und hohen Stromstärken optimal?

Übung 5.3.—12

Welche Erscheinung ist bei Mittel- und Hochspannungskontakten sehr kontaktschädlich? Durch welche Maßnahmen wird der Gefahr begegnet?

Übung 5.3.—13

Für eine Au Sn-Legierung ist ϱ_{200c} mit 7,5 $\mu\Omega$cm angegeben.

Rechnen Sie den Wert für $\varkappa$ in Sm^{-1} um!

5.3.4.3. Spezialkontakte

5.3.4.3.1. Quecksilber

Quecksilber (Hg) ist das einzige bei Raumtemperatur flüssige Metall; es erstarrt erst bei $-39\,°C$. Man nutzt diese Eigenschaft für verschleißloses Schalten bei geringen Kontaktwiderständen. Die Quecksilberschaltröhren haben die Nachteile der Lageabhängigkeit und

Tabelle 5.3.—5. Eigenschaften von Quecksilber

Eigenschaft	Zahl	Einheit
Ordnungszahl	80	—
Massenzahl	200,6	—
Dichte	13,6	$g\,cm^{-3}$
Schmelztemperatur	234	K
Schmelztemperatur	-39	$°C$
Siedetemperatur	630	K
Siedetemperatur	357	$°C$
elektr. Leitfähigkeit	≈ 1	$10^6\,Sm^{-1}$
therm. Leitfähigkeit	9	$Wm^{-1}\,K^{-1}$
$TC\varrho$	9	$10^{-4}\cdot K^{-1}$

Erschütterungsempfindlichkeit; auch kann man nur kleine Leistungen übertragen. Die meisten Metalle bilden mit Hg Legierungen, Amalgame genannt. Fe und W reagieren nicht mit Hg und werden daher als Kontakte benutzt. Bei kleinen Strömen, vornehmlich in der Nachrichtentechnik, werden mit Quecksilber benetzte Kontaktflächen benutzt; sie sind prellfrei, lage- und erschütterungsunempfindlich.

Hg-Kontakte:

1. Kippschalter (Röhren), widerstandsfrei, zerbrechlich, kleine Leistung

2. Hg-benetzte Kontakte für Nachrichtentechnik, widerstandsfrei

---

5.3.4.3.2. Dry-Reed-Schalter

In diesen modernen, in der Nachrichtentechnik eingesetzten Schaltern sind zwei magnetisch bediente Kontaktzungen in einem Glasröhrchen vakuum- oder druckdicht verschlossen, damit die Flächen metallisch blank bleiben. Die dafür benutzte ferromagnetische Fe-Ni-Legierung kann plattiert oder durch Gasdiffusion mit Edelmetall legiert sein. Dieser Schalter ermöglicht hohe Schaltfrequenzen.

5.4. Lernzielorientierter Test

5.4.1. Zusatzelemente zur Erzielung von zunderfestem Eisen für Heizdrähte bzw. Heizbleche, allein oder gemeinsam, sind

A Si
B Cr
C Mn
D Al
E Cu

5.4.2. Die Lorentzkraft F_L ist das Produkt aus den Größen

A $ne^- \cdot b_{e^-} \cdot B$
B $e \cdot u_{e^-} \cdot B$
C $\varkappa \cdot S \cdot H$
D $H \cdot b_e \cdot ne^-$
E $S \cdot B \cdot \varrho$

5.4.3. Der Temperatur-Koeffizient des elektrischen Widerstandes $TC\varrho = \alpha$ in K^{-1} bei Reinmetallen beträgt etwa

A 0,4
B 0,04
C 0,004
D 0,002
E 0,001

5.4.4. Die Regel von *Mathiessen* gibt Aufschluß über den Zusammenhang von

A Temperatur und elektrischem Widerstand

B Zusatzstoffen auf die elektrische Leitfähigkeit

C Wärmedehnung und Wärmeleitfähigkeit

D elektrischem Widerstand und Temperatur-Koeffizient des elektrischen Widerstandes von Reinmetallen und ihren Mischkristallen

E Wärmedehnung und elektrischem Widerstand von Reinmetallen und ihren Mischkristallen

5.4.5. Eisen-Konstantan-Thermoelemente (Fe-Cu-Ni44) haben eine spezifische Thermospannung in $\mu V\ K^{-1}$ von etwa

A   0,10
B   0,50
C   1,00
D   50
E   100

5.4.6. Die obere Grenze für Pt-PtRh-Thermoelemente in °C ist

A   700
B   900
C   1100
D   1300
E   1500

5.4.7. Was geschieht bei der „Sprungtemperatur"?

A   Erniedrigung des elektrischen Widerstandes
B   Verschwinden magnetischer Kräfte
C   Änderung der Hallkonstante
D   Gitterumwandlung
E   Änderung der Thermospannung

5.4.8. Für Widerstandslegierungen bevorzugte Kristallart:

A   eutektisch
B   Kristallgemisch
C   kfz
D   Mischkristall
E   krz

5.4.9. DMS dienen zur Messung von

A   Temperaturen
B   plastischer Verformbarkeit
C   elastischen Spannungen
D   elastischen Verformungen
E   Thermospannungen

5.4.10. Für Heizleiter werden als Basismetalle benutzt:

A   Cr
B   Al
C   Fe
D   Ni
E   Mn

5.4.11. Die Entfestigungsspannung von Kupferkontakten beträgt etwa

A   1 mV
B   10 mV
C   100 mV
D   1 V
E   10 V

5.4.12. Die Schmelzspannung von Silberkontakten beträgt etwa

A   5 mV
B   50 mV
C   500 mV
D   5 V
E   50 V

5.4.13. Welcher Sinter-Verbundwerkstoff ist für Mittel- und Hochspannungskontakte mit Lichtbögen der am besten geeignete?

A   Ag Cu
B   Cu Graphit
C   Ag Graphit
D   Cu W
E   Ag CdO

5.4.14. Für Gleichspannungskontakte mittlerer Schaltleistung eignen sich sehr gut

A   AgCu-Legierungen
B   Ag
C   CuAl-Legierungen
D   W Cu-Sinterwerkstoff
E   W Ag-Sinterwerkstoff

5.4.15. Welches Metall, unlegiert oder leichtlegiert, eignet sich am besten für Druckkontakte?

A   Cu
B   Al
C   Ag
D   W
E   Mo

5.4.16. Für Schleifkontakte eignet sich am besten, allein oder kombiniert,

A   Pb
B   Al
C   Graphit
D   W
E   Ag

6. Halbleiter

6.0. Überblick

Kein Zweig der Wissenschaft und Technik hat sich in den letzten 25 Jahren so stürmisch, man darf ohne Übertreibung sagen, so revolutionierend entwickelt wie die Physik der Halbleiterkristalle. Oft beobachtete man bei ihnen Erscheinungen und nutzte sie technisch aus, bevor man sie wissenschaftlich erklären konnte.

So hatten schon vor dem letzten Weltkrieg Amateurbastler zuweilen an Quarzkristallen unerklärliche, aber nicht gezielt wiederholbare Signalverstärkungen beobachtet. Überall, besonders in Nordamerika, arbeiteten Physiker an dem Problem eines einfachen und billigen Verstärkungseffektes für Stromsignale, um die teuren Apparaturen mit beweglichen Teilen oder die komplizierten, beheizten Hochspannungsröhren zu vermeiden.

Versuche mit unterschiedlich stark angepreßten Kohlekontakten schlugen fehl. Erst 1948 wurde in den USA der erste brauchbare Transistor fertiggestellt. Obgleich man sofort die große militärische und zivile Bedeutung dieser Erfindung erkannte, blockierte man sie nicht durch Patente und Geheimniskrämerei, sondern veröffentlichte die Versuchserfolge. Überall konnte jetzt auf diesen Grundlagen aufbauend experimentiert werden, denn man benötigte nur schwache Ströme bei kleinem Kostenaufwand, im Gegensatz zu den kostspieligen Hochenergieanlagen für die Erforschung der Elementarteilchen und der Kernspaltung.

Der technische Durchbruch, d. h. die Massenerzeugung und -verwendung elektronischer[1] Bauteile setzte erst nach 1956 ein, als durch die Erfindung des „Zonenschmelzens" Silizium- und Germaniumkristalle von höchstem Reinheitsgrad mit einem Fremdatom auf 10^9 bis 10^{10} Eigenatome hergestellt werden konnten.

Jetzt konnten Wechselströme in Gleichströme von bestimmter Größe (Dioden) umgewandelt, genaue Verstärkungs- und Schalteffekte (Transistoren und Thyristoren) erzielt und ganze Komplexe von Einzelbauteilen auf kleinstem Raum zu integrierten Schaltungen zusammengefaßt werden.

In diesem Kapitel lernen Sie die Halbleiterwerkstoffe und die grundlegenden physikalischen Vorgänge, die sich in ihnen abspielen, kennen.

Die mittlerweile unübersehbar gewordenen Technologien (Herstellungsverfahren) werden nur zum Teil angedeutet, Anwendungstechnik und logische Verknüpfungen nicht behandelt.

Werkstoffe für elektronische Bauteile können aus

1. einem Element, Si oder Ge der IV-Gruppe (mit genau bemessenen Zusatzelementen) oder
2. zwei Elementen aus einer Kombination der III/V-Gruppen bzw. II/VI-Gruppen bestehen.

---

[1] Das Wort „Elektronik", das heute jedermann benutzt und ein eigenes Fachgebiet ist, hörte der Verfasser erstmalig 1952.

6.1. Energiebandmodell

Lernziele

Der Lernende kann...

... den Aufbau eines Energiebandmodelles erläutern.

... die Bändermodelle von Leitern, Halbleitern und Nichtleitern schematisch aufzeichnen.

... die Bedeutung des Grund- und Leitungsbandes für Halbleiter erläutern.

Die Zustände der Elektronen in einem einzigen, isolierten Atom sind bereits sehr kompliziert, da bekanntlich die Elektronen die Doppelnatur einer Welle und eines Teilchens besitzen.

Komplizierter werden die Verhältnisse, wenn, wie bei allen Feststoffen, viele Atome dicht beieinander liegen und sich gegenseitig durch Massenanziehungs- und Coulomb'sche Kräfte beeinflussen (Wechselwirkung). Zahlreiche hervorragende Physiker haben hierüber Betrachtungen angestellt und ihre theoretischen und experimentellen Ergebnisse in mathematisch-physikalischen Gleichungen niedergelegt. Nur in sehr vereinfachter Form sind sie allgemeinverständlich, am besten noch in dem sogenannten „Energiebandmodell der Festkörper". Dies veranschaulicht sehr vereinfacht die verschiedenen Energiezustände, in denen sich die Elektronen in Metallen, Halbleitern und Nichtleitern befinden können.

Die elektrischen Leitungsvorgänge in Metallen haben Sie in 5.1 erlernt. Dabei wurde die Wechselwirkung der durch das Feld E in Bewegung gesetzten Elektronen e^- mit den positiven Metallionen herausgestellt. Träte diese Wechselwirkung nicht auf, dann müßten in einem Gleichfeld die Elektronen ständig beschleunigt werden, wie ein im luftleeren Raum fallender Stein ständig durch die Erdanziehungskraft gleichmäßig beschleunigt wird.

Nach Erfahrung und Experiment stehen aber Spannung und Stromfluß nach dem Ohmschen Gesetz in linearer Abhängigkeit mit-

---

> Elektronenzustände im Einzelatom sind kompliziert!
>
> In einem cm³ Halbleiterkristall befinden sich $\approx 10^{22}$ Atome; hier herrschen daher noch kompliziertere Verhältnisse.

> Das Energiebandmodell veranschaulicht die Ergebnisse komplizierter energetischer Zustände der Elektronen in vereinfachter Weise.

Elektronen-Energie E (oder W)

$$E = eU = hf = K \cdot T \qquad (6.1)$$

e Ladung eines Elektrons
      $= 1,6 \cdot 10^{-19}$ As

U Spannung in V

h Planck'sches Wirkungsquantum
      $= 6,62 \cdot 10^{-34}$ Ws²

f Frequenz der Lichtwelle in s⁻¹

K Bolzmann-Konstante
      $= 1,38 \cdot 10^{23}$ Ws K⁻¹

T Temperatur in K

---

[2] *Vorkenntnisse:* Vorausgesetzt werden
- Bohrsches Atommodell
- Perioden-System der Elemente.

einander und nicht in quadratischer, wie im freien Fall die Geschwindigkeit mit der Zeit. Nach den hier nicht zu erörternden Gesetzen der Quantenphysik, die für Elementarteilchen gelten, besitzen und erhalten die Elektronen ihre Energie portionsweise in sogenannten Energiequanten (Gl. 6.–1); ihre Einheit wird meist in Elektronenvolt eV ausgedrückt[3].

Die Kugelschalen, auf, oder – besser gesagt – in denen sich die Elektronen um ihren Kern bewegen, sind demnach Energiebezirke (-stufen, -niveaus) (Bild 6.1.–1). Sie lassen sich einfach und anschaulich auf einer Ebene durch Energielinien nach Bild 6.1.–2 darstellen. In Festkörpern lagern die Atome so dicht nebeneinander, daß sich zumindest die Nachbaratome gegenseitig energetisch beeinflussen; man nennt das „Wechselwirken". Die Energiebeträge der Elektronen werden dadurch verändert (gestreut); in einer grafischen Darstellung werden die Energielinien dadurch zu Energiebändern (Bild 6.1.–3).

Zwischen den Energiebändern befinden sich Energiebezirke, d. h. Energielücken, in denen sich nach quantenmechanischen Gesetzen Elektronen nicht aufhalten können; man nennt sie daher „verbotene Zonen"; sie können von ihnen nur „übersprungen" werden.

In dem Bändermodell der Festkörper interessiert nur die äußerste Elektronen-Bahnstufe, d. h. die Außenschale mit Valenzelektronen; die anderen Bahnen bleiben hier außer Betracht.

Man unterscheidet nach Bild 6.1.–4 drei Elektronen-Bänder (= Energiebezirke):

1. das Valenz- oder Grundband G
2. das verbotene Band V und
3. das Leitungsband L.

Um diese Energiezustände zu veranschaulichen, hat man folgenden Vergleich benutzt:

Ein Raumschiff (Elektron) wird von der Erdoberfläche (Grundband) durch Raketentriebsätze (Energiezuwachs) in eine Erdumlaufbahn (Leitungsband) gehoben; es verbleibt

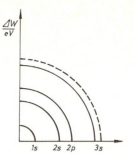

Bild 6.1.–1. Energiebahnen der Elektronen
– – – – – angeregter Zustand ≙ Energiezuwachs ΔW durch Wärme, Licht, elektrische Feldstärke

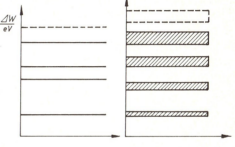

Bild 6.1.–2. Energiestufen der Elektronen

Bild 6.1.–3. Energiebänder von Elektronen

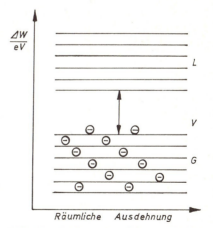

Bild 6.1.–4. Bändermodell eines Festkörpers

---

[3] 1 eV ≙ Energieaufnahme eines Elektrons beim Durchlauf eines Potentialgefälles von 1 V.

[4] Nur zur Kenntnis, nicht zum Rechnen für Sie!

L = Leitungsband
V = Verbotenes Band
G = Grundband

dort nur so lange, wie sich seine Eigenenergie nicht ändert; alle anderen Zonen sind ihm verboten! Vermindert sich seine Eigenenergie (Umlaufgeschwindigkeit), muß das Raumschiff wieder zur Erde (Grundband) zurück.

Die Energiebänder von Leitern, Halb- und Nichtleitern unterscheiden sich grundsätzlich.

In den *Leitern* befinden sich immer freie Elektronen im Leitungsband L; G- und L-Band überlappen sich energetisch (Bild 6.1.−5).

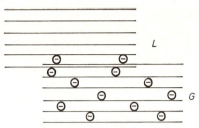

Bild 6.1.−5. E-Bandmodell eines Leiters

In *Halbleiter*kristallen sind die Elektronen paarweise fest an zwei Nachbaratome gebunden. Bei Energieaufnahme ($+ \Delta W$) können sie einen so großen Energiegehalt bekommen, daß sie, die relativ schmale V-Zone überspringend, in das L-Band gelangen (Bild 6.1.−6).

Nichtleiter dagegen haben eine große Energielücke V zwischen G- und L-Band (Bild 6.1.−7); nur selten überspringen bei großer Energieaufnahme einzelne Elektronen die V-Zone; es kommt dann zu einem elektrischen Durchschlag, wobei der Isolator meist beschädigt oder ganz zerstört wird[5].

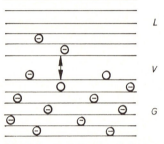

Bild 6.1.−6. E-Bandmodell eines Halbleiters

Die Elektronen können eine Energiezunahme ΔW in eV erhalten durch

1. Wärmeaufnahme (Temperatursteigerung),
2. Lichteinfall (Fotonenabsorption),
3. ein elektrisches Feld E in Vm^{-1} (Zenereffekt = Überspringung des V-Bandes bei Halbleitern).

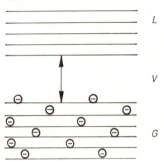

Bild 6.1.−7. E-Bandmodell eines Nichtleiters

Leiter: Kein verbotenes Band V
Halbleiter: schmales verbotenes Band V
Nichtleiter: breites verbotenes Band V

Stark vereinfachte, schematische Darstellung!

Übung 6.1.−1

Nennen Sie die Namen und Abkürzungen der drei Energiebänder!

Übung 6.1.−2

Nennen Sie Größe und Einheit der Ordinate und die Größe der Abszisse im Energiebandmodell!

---

[5] In den folgenden Abschnitten werden Sie sich mit dem Bändermodell noch beschäftigen.

Übung 6.1.—3

In welchen Werkstoffen überlappen sich L- und G-Band?

Übung 6.1.—4

Wie unterscheiden sich Leiter, Halbleiter und Nichtleiter hinsichtlich des V-Bandes?

6.2. Elektrische Leitfähigkeit

Lernziele

Der Lernende kann...

... die unterschiedliche Elektrizitätsleitung von Metallen und Halbleitern erläutern.

... positive und negative Ladungsträger definieren.

... die Begriffe „Extrinsic" und „Intrinsic" erklären.

... die Begriffe „Generation" und „Rekombination" erklären.

... Majoritäts- und Minoritätsträger unterscheiden.

... den Temperatureinfluß auf die Änderung des Halbleiterwiderstandes abschätzen.

6.2.0. Übersicht

Dotierte Halbleiter sind Kristalle, bestehend aus einer Atomart (Si oder Ge) mit Dotieratomen (III. oder V. Gruppe) oder aus zwei Atomarten, z. B. III/V- oder II/VI-Kombinationen. Wichtige physikalische Größen von Si und Ge siehe nebenstehend!

	Halbleiterkristalle	
	eine Atomart (Si, Ge) Einkristall	mind. zwei Atomarten (Verbindung, z. B. GaAs) Kristallgemisch

		Si	Ge
Dichte	$g cm^{-3}$	2,3	5,3
Schmelzpunkt	°C	1423	437
Wärmeleitfähigkeit	$W m^{-1} K^{-1}$	80	60

Ladungträgerarten (beweglich)

Name	FZ	Ladungsgröße
Elektron	e^-	$- 1,6 \cdot 10^{-19}$ As[6]
Defektelektron (Loch)	e^+	$+ 1,6 \cdot 10^{-19}$ As

Die elektrischen Leitungsvorgänge sind in Halbleitern komplizierter als in Metallen; dies hat zwei Gründe:

- In Metallen sind die Elektronen e^- mit ihrer negativen Ladungseinheit die alleinigen Stromträger. In den Halbleitern dagegen stoßen wir erstmalig auf positive, bewegliche Ladungsträger e^+; man bezeichnet sie auch als Defektelektronen oder Löcher.

- Außerdem besitzt der Halbleiter zwei Arten von elektrischer Leitfähigkeit: die Eigenleitfähigkeit, i-Leitung, auch Intrinsic genannt, und die Stör(stellen)leitfähigkeit, Extrinsic genannt.

---

[6] Das Vorzeichen (−) heißt: Die Ladung der Elektronen ist eine negative Größe im herkömmlichen Sinn.

Diese beiden Begriffe — Intrinsic und Extrinsic — werden in den nächsten Abschnitten erläutert.

> Elektrische Leitung in Halbleitern:
> 1. Eigen-Leitung   = In-trinsic
> 2. Stör-[stellen]-Leitung = Ex-trinsic

6.2.1. Intrinsic-Leitung (i-Leitung)

Reine Halbleiterkristalle bestehen aus *einer* Atomart, entweder aus Silizium (Si) oder Germanium (Ge)[7]. Wenn Reinstkristalle den Strom leiten, dann können nur ihre Atome die Stromträger zur Verfügung stellen; man nennt diesen Fall Eigenleitung, Intrinsic oder i-Leitung.

> Reine Silizium- und Germanium-Halbleiterkristalle haben eine Eigenleitung:
> ≙ Intrinsic-Leitung
> ≙ i-Leitung

Es stellt sich die Frage, wie die so fest mit ihren Nachbaratomen verbundenen Valenzelektronen in das Leitungsband kommen.

Si und Ge kristallisieren wie C-Atome im Diamantkristall nach dem sogenannten Diamantgitter (s. Bilder 1.1−15 und 6.2.−1).

Je fünf Atome bilden eine Zelleneinheit in Form eines Tetraeders, wobei je ein Atom an den vier Ecken und das fünfte Atom im Schwerpunkt der Zelle plaziert ist. Die vier Valenzelektronen (IV. Gruppe im PSE!) sind immer paarweise mit vier Nachbaratomen fest in elektronischen Doppelbindungen verbunden, und die Atome sind im Kristall räumlich so angeordnet, daß keine Gleitflächen gebildet werden; deshalb sind Si- und Ge-Kristalle so hart und fest wie die gleichstrukturierten Diamant-Kristalle (Bild 6.2−1).

Tabelle 6.2.−1. Ausschnitt des PSE

Periode	III	IV	V	VI
1	—	—	—	—
2	B 5	C 6	N 7	
3	Al 13	Si 14	P 15	
4	Ga 31	Ge 32	As 33	Se 34
5	In 49	Sn 50	Sb 51	Te 52
		Pb 82		

Technisch genutzt:

IV: Si; Ge   (reine Stoffe)
III/V: GaAs; InSb ⎫
II/VI: CuSe; CuTe u. a. ⎬ Stoffkombinationen

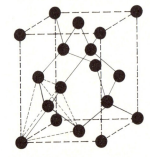

Bild 6.2.−1. Raumgitter des Diamantkristalles:
C im Diamant
Ge im Halbleiterkristall
Si   im Halbleiterkristall

Harte, feste Struktur mit Elektronenpaar-Bindung, keine Gleitflächen

---

[7] Außer Si und Ge der IV. Gruppe werden auch Kombinationen der III/V- oder II/VI-Gruppen benutzt (Tabelle 6.2.−1).

Die komplizierte Struktur der Si- und Ge-Kristalle wird vereinfacht nach Bild 6.2.—2 dargestellt. Jedes Atom ist elektronisch dann abgesättigt, wenn es von acht Elektronen umkreist wird ($\hat{=}$ 8 Striche).

Bei tiefen Temperaturen und bei Dunkelheit besitzen die Elektronen eine so geringe Eigenenergie, daß sie fest mit ihren Atomrümpfen verbunden bleiben. Erst bei Energieaufnahme ($+\Delta W$) werden sie aus dem Grundband G über die verbotene Zone V in das Leitungsband L katapultiert und stehen dort als freie Elektronen für die Stromleitung bereit. An ihrem Absprungplatz hinterlassen sie eine Leerstelle, ein positiv geladenes Loch e^+, mit gleich großer, aber entgegengesetzter, d. h. positiver Elementarladung.

Im Bändermodell stellt sich dieser als „Generation" bezeichnete Vorgang nach Bild 6.2.—3 dar. (Werkstoffgrößen von i-leitendem Si und Ge siehe Tabelle 6.2.—4).

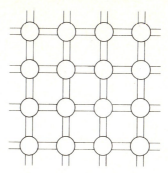

Bild 6.2.—2. Strukturschema von Ge- und Si-Kristallen in sehr vereinfachter Darstellung. Die beiden Striche zwischen den Atomkugeln bedeuten die Elektronen-(Paar-)bindung

Si- und Ge-Halbleiter bestehen aus einem einzigen Kristall; sie sind immer *mono*kristallin im Gegensatz zu den polykristallinen Metallen.

Man erreicht hierdurch treffsichere Eigenschaftswerte.

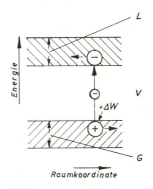

Bild 6.2.—3. Entstehung von Elektronen e^- und Löchern e^+ (Generation)

Die Pfeile an $\ominus$ und $\oplus$ deuten die entgegengesetzte Driftrichtung von e^- und e^+ unter Feldeinfluß E an.

Generation: Energie wird aufgenommen
= verbraucht

Übung 6.2.—1

Schildern Sie mit Worten den Aufbau des Si-Atom-Modells nach *Bohr*!

Übung 6.2.—2

Zur Hauptgruppe IV gehören nach Tabelle 6.2.−1 die Halbleiterelemente C, Si, Ge und die Leiterelemente Sn und Pb. Warum befinden sich die Valenzelektronen der Metalle Zinn und Blei im Leitungsband und die von C, Si und Ge im Grundband?

Übung 6.2.—3

Erklären Sie für Halbleiter den Begriff „Aktivierungsenergie der Elektronen" und nennen Sie ihre Einheit!

Löcher verbleiben immer im Grundband G und können sich nur dort von Atom zu Atom unter dem Einfluß eines elektrischen Feldes fortbewegen, und zwar langsamer als die Elektronen im störungsarmen L-Band: $b_{e+} < b_{e-}$!

In Bild 6.2.−4 wird versucht, die Löcher- und Elektronenbewegung, d. h. einen Löcher- und Elektronenstrom zu veranschaulichen. Unter dem Feldeinfluß E rutscht ein Loch e^+ von Atom zu Atom, wie ein leerer Sitz einer langen Sitzreihe, der von seinem Nachbar besetzt wird, dessen Stuhl dadurch leer wird und nun von dessen Nachbar eingenommen wird, und so fort. Der freie Stuhl (≙ Loch) bewegt sich dabei durch die ganze Sitzreihe, entgegen der Bewegungsrichtung der einzelnen Menschen (≙ Elektronen).

Wenn sich ein Elektron e^- von seinem Platz entfernt, hinterläßt es immer ein Loch e^+. Es entsteht dabei immer ein *Ladungsträgerpaar* $e^- + e^+$. Man nennt diese Entstehung von Elektrizitätsteilchen *Generation* (Bild 6.2.−3) (ein Generator erzeugt Strom!).

Je größer der Energiezuwachs ΔW ist, desto häufiger kommt es zur Generation, d. h., um so mehr freie Ladungsträger e^- und e^+ sind vorhanden und desto mehr steigt die elektrische Leitfähigkeit; der Halbleiter wird niedrigerohmig.

Der umgekehrte Vorgang heißt *Rekombination*; bei ihr rutscht ein Elektron e^- in ein Loch e^+, wobei beide Ladungsträger sich gegenseitig auslöschen und verschwinden

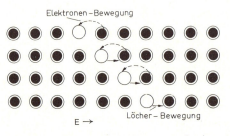

Bild 6.2.−4. Wanderung von e^- und e^+ unter Feldeinfluß (Elektronen- und Löcherstrom)

● $= e^-$; ○ $= e^+$
Bewegungsrichtung → Löcher
Bewegungsrichtung ← Elektronen

(Bild 6.2 – 5, das Sie zeichnen sollen!). Bei der Rekombination wird Energie frei in Form von Wärme oder Fotonen.

Übung 6.2.—4

Zeichnen Sie Bild 6.2. – 5!

Vom Schüler zu zeichnen!

Bild 6.2. – 5. Rekombination: e^- fallen vom L-Band in das G-Band in ein e^+ (Loch), Energie (Wärme, Fotonen) wird frei. (Entspricht Bild 6.2. – 3 in umgekehrter Richtung der Elektronen.)

Übung 6.2.—5

Erläutern Sie den Begriff „i-Leitung"!

Übung 6.2.—6

Was versteht man unter einem Ladungsträgerpaar? Wie entsteht es? Wie kann es verschwinden? Erklären Sie diese beiden entgegengesetzten Vorgänge am Energiebandmodell.

6.2.2. Extrinsic-Leitung (Störstellen-Leitung)

Werden in einen reinen Si- oder Ge-Kristall fremde Atome absichtlich eingebaut, dann bilden sie „Störstellen"[8].

Man nennt die absichtliche Zuführung von Fremdatomen in den reinen Halbleiterkristall *Dotieren*. Man dotiert entweder Elemente der III-oder V-Gruppe des PSE (Tabelle 6.2.–2). Die Dotieratome lagern sich an freien Gitterplätzen des Realkristalls anstelle der Si- bzw. Ge-Atome (Austausch-Mischkristalle[9]); es sind natürlich nur verschwindend wenige im Vergleich zu der astronomisch großen Zahl von Mutteratomen, nämlich $1:10^4 \cdots 10^{10}$.

Was sie bei ihrer Plazierung in dem Kristall bewirken, erfahren Sie aus den nächsten Abschnitten.

Tabelle 6.2.–2

Akzeptoren A_A (6.2.2.2) III. Gruppe	Halbleiter-Elemente IV. Gruppe	Donatoren A_D (6.2.2.1) V. Gruppe
B Al Ga In	C Si Ge (Sn)	N P As Sb
A_A/A_D $\}$ Kombination III/V-		A_A/A_D- $\}$ Kombination II/VI-
GaAs InSb InAs		Cu_2O

$A_A \triangleq$ Akzeptoratom
$A_D \triangleq$ Donatoratom

> Extrinsic- oder Störstellen-Leiter sind n- oder p-Leiter!

6.2.2.1. n-Leiter

Die Atome der V. Gruppe, – As, Sb, P –, haben auf ihren Außenschalen jeweils fünf Valenzelektronen; vier finden immer ihren energetischen Festplatz im Verband mit je vier Nachbaratomen; das fünfte Elektron findet aber keinen Freiplatz, kein Loch, in das es schlüpfen könnte; es ist überzählig und bereits bei Raumtemperatur energetisch so schwach an sein Mutteratom gebunden, daß es abwandert und dabei sein im Gitter verankertes Mutteratom als positives Ion zurückläßt (Bild 6.2–6). Es steht als freies e^- für den Stromtransport zur Verfügung. Diese Elektronen spendenden Atome nennt man Donatoren A_D (= e^--Spender).

> Donatoren $\triangleq$ Elektronenspender erzeugen n-Leitung = e^--Leitung.
>
> As, Sb, P;
> V. Gruppe im PSE.

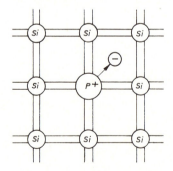

Bild 6.2.–6. n-Halbleiter im Strukturbild

---

[8] Der Ausdruck „Störstelle" ist nicht glücklich gewählt; denn man erzeugt sie absichtlich und gerade die „Störstellen" geben den Halbleiterkristallen ihre vielseitigen Eigenschaften für die technische Verwendung. Besser hießen sie „Wirkstellen".

[9] Bei Einlagerungs-Mischkristallen würde sich das Gitter viel stärker verzerren und die Beweglichkeit von e^- und e^+ empfindlich beeinträchtigen.

Im Energieband stellt sich ihre Wirkung nach Bild 6.2.−7 dar.

Die Donator-Elektronen überspringen bereits ohne bzw. bei kleinster Aufnahme von Fremdenergie ΔW_D die verbotene Zone V und bewegen sich dann als freie e^- im L-Band.

Bereits bei Kälte und Dunkelheit haben n-dotierte Halbleiter einige freie e^- und sind daher beschränkt leitfähig.

(W_F ist die sogenannte Fermi-Energiestufe, die in der Atomwissenschaft bedeutungsvoll ist, hier aber unerörtert bleibt.)

Im Gegensatz zu den i-Leitern aus Reinkristallen sind sie n-Leiter (Störstellenleiter).

Unter Feldeinfluß E bewegen sich e^- im L-Band, e^+ im G-Band, jeweils in entgegengesetzter Richtung (Bild 6.2.−8) und bilden einen e^-- bzw. e^+-Strom (Elektronen- bzw. Löcherstrom).

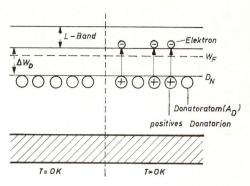

Bild 6.2.−7. n-Halbleiter. Die Donatoratome befinden sich näher am L-Band als die Halbleiteratome. Bereits eine kleine Energieaufnahme ΔW_D genügt, um e^- in das L-Band zu heben, wobei ein positiv geladenes Donatorion zurückbleibt.

W_F = Fermi-Energiestufe (nicht erläutert)

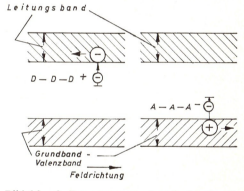

Bild 6.2.−8. Bewegung von e^- und e^+ unter E-Einfluß; D = Donatoren; A = Akzeptoren

Übung 6.2.—7

Wie erzeugt man freie e^- in einem Si-Kristall?

6.2.2.2. p-Leiter

Atome der III-Gruppe wie Indium (In), Bor (B) und Aluminium (Al) haben auf der Außenschale drei Valenzelektronen. Wird ein III-Atom in ein Si- oder Ge-Gitter eingebaut, dann können dieses und die in der Tetraederzelle benachbarten vier Halbleiteratome insgesamt nur drei und vier = sieben Elektronen zur Verfügung stellen. Nach der Oktettregel (8er-Regel) muß jedes Atom auf der Außen-

In, B, Al: III-Gruppe; $3\,e^-$ auf der Außenbahn.

Akzeptoren $\triangleq$ e^--Aufnehmer, erzeugen p-Leitung (Löcher, Defektelektronen)

Löcher e^+ bewegen sich nur im Grundband G und deswegen langsamer als e^-.

bahn (Valenzbahn) von acht Elektronen ab-
gebunden sein. Bei sieben Elektronen besteht
also eine Leerstelle, eine positive Defektstelle
e^+ (= Defektelektron oder Loch), in das bei
nächster Gelegenheit ein freies e^- schlüpfen
wird. Das Loch e^+ kann sich nur im Grundband als positives elektrisches Teilchen unter
Feldeinfluß E fortbewegen; die Energielücke
V vermag es nicht zu überspringen[10].

Mit III-Atomen dotierte Halbleiter erhalten
demnach positive Löcher e^+; man nennt sie
daher *p-Leiter*. Weil die Löcher e^+ Elektronen
e^- aufnehmen (akzeptieren) können, nennt
man die IIIer-Atome Akzeptoren A_A (Elek-
tronen-Aufnehmer).

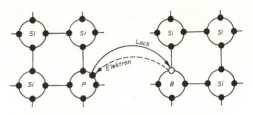

Bild 6.2.–9. Rekombination (Schema)
links: ein Phosphor-(P) Atom, V-Gruppe
          n-dotiert (n-leitend); e^--Überschuß
rechts: ein Bor-(B) Atom, III-Gruppe
          p-dotiert (p-leitend); e^--Mangel $\triangleq e^+$
Rekombination: e^- und e^+ treten zusammen
(rekombinieren), indem das Elektron e^- in das
Loch e^+ schlüpft, wobei Energie in Form von
Wärme frei wird (umgekehrt wie Bild 6.2.–3)

Übung 6.2.—8

Wie erzeugt man Löcher in einem Ge-Kristall?

6.2.3. Majoritäten, Minoritäten

Nimmt ein n-Leiter Energie auf, dann ent-
stehen durch Generation Elektronen e^- und
Löcher e^+ gleichzeitig und in gleicher Zahl.
Zu den bereits vorhandenen freien Elektronen
e^- gesellen sich damit zusätzliche, bewegliche
Ladungsträger e^- und e^+.

Die Zahl der Elektronen Ne^- überwiegt aber
weitaus die Zahl der Löcher Ne^+; damit haben die Elektronen die Majorität und die
Löcher die Minorität.

Bei p-Leitern ist es umgekehrt; da befinden
sich die Löcher e^+ in der Majorität und die
Elektronen e^- in der Minorität.

Bei dotierten Halbleitern — und in der Regel
sind alle elektronischen Bauelemente mehr
oder weniger stark dotiert — spricht man daher von Majoritäts- und Minoritätsträgern
und meint dabei je nach Dotierart einmal
Löcher, ein andermal Elektronen[11].

Fall 1:		
Ne^-	>	Ne^+
Majorität	>	Minorität
Elektronen	=	Majoritätsträger
Löcher	=	Minoritätsträger

Fall 2:		
Ne^-	<	Ne^+
Minorität	<	Majorität
Elektronen	=	Minoritätsträger
Löcher	=	Majoritätsträger

Achtung: N = Anzahl!

In n-Leitern haben die Elektronen, in p-
Leitern die Löcher die Majorität[11].

---

[10] Ein leerer Sitz (Loch e^+) kann im Gegensatz zu Menschen ($\triangleq$ Elektron e^-) auch nicht springen, wenn wir
an unseren vorigen Vergleich mit dem leeren Wandersitz in der Stuhlreihe denken.

[11] Majoritätsträger sind wichtig bei einem pn-Übergang, Diode (6.3.4), Minoritätsträger sind wichtig bei
zwei pn-Übergängen, Transistor (6.3.5).

Übung 6.2.—9

Erläutern Sie den Begriff Minorität in einem p-Leiter!

Übung 6.2.—10

In welchem Verhältnis steht die Extrinsic-Leitfähigkeit zu dem Dotiergrad?

Übung 6.2.—11

Erklären Sie den Begriff und die Wirkung von Akzeptoratomen!

6.2.4. Konzentration der Ladungsträger in i-Leitern

Aus Gl. (5.—14) wissen Sie, daß die spezifische elektrische Leitfähigkeit $\varkappa$ der Metalle sich aus dem Produkt der Elektronenkonzentration und -beweglichkeit nach Gl. (6.—2) ergibt. Bei Halbleitern treten als bewegliche Ladungsträger zu den freien Elektronen e^- noch die positiven Löcher e^+ hinzu. Die elektrische Leitfähigkeit der Halbleiter beruht demnach auf den Konzentrationen und Beweglichkeiten der Elektronen *und* der Löcher nach Gl. (6.—3) und (6.—4); dies bedeutet, daß sich der Gesamtstrom aus der Summe des Elektronen- und Löcherstromes bildet.

Wir erörtern zunächst die *Konzentrationen* der Elektronen ne^- und der Löcher ne^+.

Vor 100 Jahren wurde für chemische Reaktionen das Massenwirkungsgesetz MWG entdeckt, das für die Konzentrationen der an einer chemischen Reaktion beteiligten Stoffe eine verbindliche quantitative Aussage macht. Das MWG läßt sich auch für das Gleichgewicht zwischen Generation und Rekombination bei bestimmten Temperaturen anwenden; man kann mit ihm die Zahl N der in einem Halbleiter vorhandenen freien Ladungsträger und damit auch ihre Konzentrationen berechnen; dies ist wichtig für Vorgänge in Grenzschichten.

für Metalle:

$$\varkappa^- = ne^- \cdot b^- \qquad\qquad (5.-14) = (6.-2)$$

das hochgestellte Minuszeichen bedeutet das negative Potential der Elektronen e^-

für Halbleiter:

$$\varkappa = \varkappa^- + \varkappa^+ \qquad (6.-3)$$

$\varkappa^-$ Elektronen-Leitfähigkeit
$\varkappa^+$ Löcher-Leitfähigkeit

$$\varkappa = ne^- \cdot b^- + ne^+ \cdot b^+ \qquad (6.-4)$$

Bei Generation ist:

$$N e^- = N e^+ \qquad (6.-5)$$
also auch $\quad ne^- = ne^+$

Nach MWG $\quad ne^- \cdot ne^+ = K_i^2 \qquad (6.-6)$
$$K_i = ne^- = ne^+ \qquad (6.-7)$$

Wir bezeichnen K_i als Inversionskonstante

Bei einer Generation entsteht bekanntlich immer die gleiche Zahl von Elektronen und Löchern (Gl. 6.−5). Nach dem MWG erhält man die Gl. (6.−6) und (6.−7).

Man bezeichnet die Konstante K_i als Inversionskonzentration (I-Konstante oder I-Dichte). Für die Raumtemperatur von 293 K sind die K_i-Werte von Ge und Si nebenstehend aufgeführt.

K_i von Ge ist $\approx 10^3$-fach größer als von Si, d. h., die Generation von Ge erfolgt bei geringerem Energiezuwachs $+ \Delta W$ in eV, weil die verbotene Zone V schmaler als die von Si ist (Tabelle 6.2.−4).

> Gl. (6.−6) in Worten:
> Die Gesamtkonzentration ist das Produkt der beiden Einzelkonzentrationen![12]

> K_i in $1 \cdot m^{-3}$ bei 293 K für
> Ge $1,7 \cdot 10^{19} \cdots 2,4 \cdot 10^{19}$
> Si $\approx 1,5 \cdot 10^{16}$
>
> (Die Zahlen sind die Anzahl der freien Ladungsträger in $1\ m^3$ eines i-Halbleiters bei Raumtemperatur.)
> Astronomische Zahlen!

6.2.5. Konzentration der Ladungsträger in dotierten Kristallen (Extrinsic)

In n-Leitern besitzen bekanntlich die Elektronen e^- die Majorität (Gl. 6.−8). Bereits bei Raumtemperatur sind alle Donator-Atome A_D ionisiert; die Anzahl der Donator-Atome NA_D entspricht damit der Anzahl der freien Elektronen Ne^- (Gl. 6.−9).

Anstelle der Zahl Ne^- kann man auch die spezifische Anzahl $ne^- = Ne^- \cdot m^{-3}$ einsetzen (Gl. 6.−10), d. h. die Anzahl der Elektronen je m^3. Bei Raumtemperatur (und auch bei nicht zu großer Kälte) ist die Zahl der Donatorenelektronen $Ne_{\overline{D}}$ einige Potenzen größer als die durch Generation entstandene Zahl von Elektronen $Ne_{\overline{i}}$ ($i \triangleq$ Intrinsic!) nach Gl. (6.−11) und (6.−12).

Die Summe der durch Generation und Donator-Atome entstandenen Elektronen bildet die Gesamtzahl der im n-Kristall befindlichen Elektronen, wobei die i-Elektronen (Generator-Elektronen) wegen ihrer verschwindend kleinen Zahl bei Raumtemperatur noch keine Rolle spielen (Gl. 6.−13).

Die Konzentration der Löcher ne^+ ist ebenfalls verschwindend klein gegenüber der Elektronenkonzentration ne^- (Gl. 6.−14). Nach unseren früheren Betrachtungen kann man die Löcherkonzentration auch durch Umstellung von Gl. (6.−6) nach Gl. (6.−15) for-

$$Ne^- \gg Ne^+ \quad \text{in} \pm As \qquad (6.-8)$$
$$ne^- \gg ne^+ \quad \text{in} \pm As/m^3$$

$$NA_D = Ne^- \qquad (6.-9)$$
$$nA_D = ne^- \qquad (6.-10)$$

$$Ne_{\overline{D}} \gg Ne_{\overline{i}} \qquad (6.-11)$$
$$ne_{\overline{D}} \gg ne_{\overline{i}} \qquad (6.-12)$$

$e_{\overline{i}}$ durch Generation entstandene e^-
i *intrinsic*

$$ne^- = ne_{\overline{D}} + ne_{\overline{i}} \qquad (6.-13)$$

$$ne^+ \ll ne^- \qquad (6.-14)$$

$$ne^+ = \frac{K_i{}^2}{n_{e\overline{D}}} \qquad (6.-15)$$

---

[12] Ableitung hier nicht möglich, wird in jedem gutem Chemie-Buch gebracht.

mulieren; diese besagt: Bei den meistens vorhandenen Temperaturbereichen von $\pm 25\,°C$ (≈ 250 bis 300 K) wird die elektrische Leitfähigkeit und damit auch der elektrische Widerstand allein durch die Anzahl der Donator-Atome $N A_D$ beeinflußt; die i-Leitung (Eigenleitung) wirkt sich nur ganz wenig aus.

Für p-Leiter gilt das gleiche mit umgekehrten Vorzeichen; hier sind die Akzeptoratome A_A bei den gewöhnlichen Temperaturen völlig ionisiert und bilden Löcher e^+; die p-Leitung ist daher so groß, daß die i-Leitung praktisch nicht ins Gewicht fällt (Gl. 6.−16 bis 6.−18). Daraus ergibt sich:

Die Anzahl N der Störstellen, d. h. der Dotierungsgrad, bestimmt den Widerstand des Halbleiters!

$$ne^+ \gg ne^- \qquad (6.-16)$$
$$ne^+ = ne^+{}_A + ne^+{}_i \approx ne^+{}_A \qquad (6.-17)$$
$$n_i \ll n_A \qquad (6.-18)$$

n_i Konzentration der Intrinsic-Ladungsträger

n_A Konzentration der Akzeptoratome

Folgerung: Bei Raumtemperatur bestimmt der Dotierungsgrad den Halbleiterwiderstand.

6.2.6. Temperatureinfluß[13])

6.2.6.1. i-Leiter

Bei Wärmeaufnahme $+ \Delta W$ geraten die Atome bzw. die Ionen in den Kristallen in lebhaftere Schwingungen; die vergrößerte Schwingungsweite (Amplitude) behindert die Beweglichkeit der Elektronen und Löcher (b^- und b^+), d. h., der thermisch bedingte Widerstand R_T steigt bei allen Kristallen, ob metallischen oder nichtmetallischen (Halbleitern).

Bei Metallen bleibt die Elektronendichte (= Konzentration) ne^- bekanntlich konstant, selbst oberhalb der Schmelztemperatur. In Halbleitern vergrößert sie sich dagegen, wie wir vorher erörtert haben, durch Aufbrechen von Elektronenpaar-Bindungen, wobei durch Generation e^- und e^+ entstehen. Mit steigender Temperatur wächst die Generation nach einem Exponentialgesetz stark. Der Generationseffekt wirkt sich also viel stärker aus als der die Leitfähigkeit behindernde thermische Effekt zunehmender Gitterschwingungen.

Metalle: PTC-Werkstoffe
Halbleiter: NTC-Werkstoffe

---

[13]) Es werden nur die werkstofflichen Grundlagen erklärt. Numerische Rechnungen nach der Grundgleichung $\varkappa = ne^- \cdot b_{e^-} + ne^+ \cdot b_{e^+}$ werden hier nicht gebracht.

Man kann theoretisch die Anzahl der Ladungsträger, ihre Beweglichkeit und den Einfluß der Temperatur für i- und extr.-Leiter bestimmen. In der Praxis wird aber für die Bestimmungen von Leitfähigkeiten bzw. Widerständen mehr gemessen als gerechnet.

Im Gegensatz zu den Metallen mit positiven Temperaturkoeffizienten (PTC!) sind Halbleiter daher NTC-Werkstoffe (Bild 6.2.−10). Tabelle 6.2.−3 gibt eine Gegenüberstellung elektrischer Werkstoffgrößen von Metallen und Halbleitern. Danach verfügen Metalle über eine viel größere spezifische Anzahl von Elektronen, aber deren Beweglichkeit ist viel geringer.

Tabelle 6.2.−4 gibt Zahlenwerte für die Beweglichkeit der Elektronen und Löcher b^- und b^+ in Si- und Ge-Kristallen bei Raumtemperatur. Die Beweglichkeit b ergibt sich aus der freien Weglänge in m, d. h. aus der Strecke, in der sich e^- frei bewegen können, ohne mit Ionen zusammenzustoßen; sie ist bei Metallen 10^2 bis 10^3fach kleiner als in Halbleitern, daraus ergeben sich die Zahlenwerte der Tabellen 6.2.−3 und 6.2.−4. Gleichzeitig finden Sie Anhaltswerte für die Größe der Energielücke (verbotene Zonen), d. h. für den von den Elektronen aufzunehmenden Energiezuwachs ΔW in eV, um die verbotene Zone V zu überspringen. Sie ist bei Si größer als bei Ge, weil die e^--Eigenenergie in der 3. Schale (Si) kleiner als in der 4. Schale (Ge) ist.

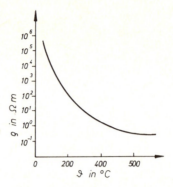

Bild 6.2.−10. Einfluß der Temperatur auf den Widerstand von Halbleitern, i-Leitung

Tabelle 6.2.−3. Vergleich elektrischer Werkstoffeigenschaften von Halbleitern und Leitern bei Raumtemperatur (Anhaltswerte)

Eigenschaft		Metalle	Halbleiter
FZ	Einheit		
Ne^-	m^{-3}	$10^{28} \cdots 10^{29}$	$10^{18} \cdots 10^{24}$
b^-	$m^2 V^{-1} s^{-1}$	10^{-3}	$10^{-2} \cdots 10^1$
$\varkappa$	Sm^{-1}	$(0,5 \cdots 64) \cdot 10^6$	$10^{-7} \cdots 10^4$

Tabelle 6.2.−4. Werkstoffgrößen von reinen Halbleiterkristallen Si, Ge bei Raumtemperatur

Eigenschaft			
FZ	Einheit	Ge	Si
b^-	$m^2 V^{-1} s^{-1}$	4	1,4
b^+	$m^2 V^{-1} s^{-1}$	1,9	0,5
ϱ	Ωm	$6,5 \cdot 10^3$	$2 \cdot 10^7$
V-Band, $\triangle W$	eV	0,7	1,1

Übung 6.2.—12

Welchen Einfluß hat die Temperatur auf
1. reine Halbleiter,
2. Leiter?

Begründung!

6.2.6.2. Dotierte Leiter

Bei allen Störstellenleitern, d. h. p- und n-Leitern, wirken sich Temperaturänderungen komplizierter auf die Änderung des Widerstandes aus als bei i-Leitern. Die in Bild 6.2–11 dargestellte Widerstands-Temperaturkurve durchläuft drei Abschnitte:

Abschnitt 1 zeigt den Verlauf bei Tiefsttemperaturen bis etwa zur Raumtemperatur; bei extremer Kälte sind die Dotieratome, Donatoren oder Akzeptoren, noch nicht oder nur wenig ionisiert, und es sind daher auch keine bzw. nur wenige e^- bzw. e^+ vorhanden; die spezifische Leitfähigkeit $\varkappa$ ist daher sehr klein, ϱ also groß; man sagt, die Dotieratome befinden sich noch im „Reservezustand".

Mit zunehmender Erwärmung des Halbleiters erhalten die Atome einen Energiezuwachs $+\,\Delta W$, wobei zunächst die Dotieratome ionisiert werden und dabei ständig mehr e^- bzw. e^+ entstehen, bis bei etwa 273 K (0 °C) alle eingebauten Störstellen ionisiert sind und der sogenannte „Erschöpfungszustand" erreicht ist.

Der *Abschnitt 2* verläuft von etwa 273 bis 420 K (0 … 150 °C). Die Dotieratome haben nun ihre Aufgabe erfüllt und ihre Ladungsträger e^- bzw. e^+ restlos dem Halbleiter zur Verfügung gestellt. Infolge Energieaufnahme ΔW brechen nun Elektronenpaar-Bindungen auf (Generation $\rightarrow e^- + e^+$); zunächst entstehen aber nur so wenige neue Ladungsträger, daß die Beweglichkeit b der Elektronen und Löcher durch die zunehmenden Gitterschwingungen nicht ausgeglichen wird und die Leitfähigkeit $\varkappa$ fällt bzw. ϱ steigt.

Im *Temperaturgebiet 3* bilden sich dann so viele neue Ladungsträgerpaare, daß die ebenfalls vergrößerten Gitteramplituden weitaus kompensiert (ausgeglichen) werden.

Die Leitfähigkeit $\varkappa$ wächst dadurch steil an, d. h., der Widerstand des Halbleiters bricht zusammen, und dieser funktioniert nicht mehr![14]

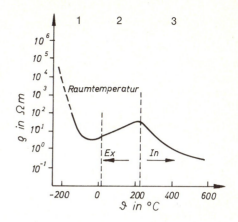

Bild 6.2.–11. Einfluß der Temperatur auf die elektrische Leitfähigkeit dotierter Halbleiter

Ex $\triangleq$ Extrinsic-Leitung
In $\triangleq$ Intrinsic-Leitung

Beachten Sie $\varkappa = \dfrac{1}{\varrho}$! In dem Diagramm wurde der Kehrwert von $\varkappa = \dfrac{1}{\varrho}$ dargestellt.

---

[14] Es gibt Gleichungen (hier nicht gebracht), mit denen man aus Meßwerten für jede Temperatur und Dotierrate (Konzentration) die $\varkappa$- bzw. ϱ-Werte des Halbleiters errechnen kann.
In zahlreichen Elektronikbüchern finden sich Übungsbeispiele zur Errechnung der Elektronen- und Löcherkonzentration, des elektrischen Widerstandes und des Einflusses der Temperatur auf diese; sie würden den Rahmen dieses Buches sprengen.

Übung 6.2.—13

Erklären Sie den Begriff „Erschöpfungszustand" von Dotieratomen!

6.2.7. Begriffe im Leitungsvorgang

- Besteht in einem Halbleiterkristall ein Kon-
zentrationsunterschied (Gefälle) der beweglichen Ladungsträger e^+ und e^-, dann versucht sich dieses Gefälle auszugleichen
(zu nivellieren); dabei diffundieren die freien
Ladungsträger e^- und e^+ durch den Kristall
und erzeugen einen *Diffusionsstrom* I_{Diff}.

- Im Gegensatz dazu nennt man den durch
ein elektrisches Feld E (Potentialgefälle)
entstehenden Strom Feldstrom I_E.

- Die Diffusionslänge ist der Weg in μm, den
ein beweglicher Ladungsträger e^- oder e^+
zurücklegt, bis er rekombiniert, d. h. auf
einen Partner trifft, der mit ihm durch Rekombination seine Existenz verliert.

- Mit Injektion bezeichnet man das Einleiten
(Injizieren) von beweglichen Ladungsträgern in einen Kristall oder einen Kristallbe-
reich.

- Unter Lebensdauer in s versteht man die
Zeitspanne zwischen Injektion und Rekombination.

- Die Raumladung in V ist das Potential orts-
fester Ionen.

Unterscheiden Sie deutlich Potentiale und
Potentialkurven von
1. beweglichen Ladungsträgern (e^- und e^+)
und
2. ortsgebundenen Ladungen (Anionen und
Kationen[15]).

Im nächsten Abschnitt erfahren Sie hierüber
Näheres.

Arten von Potentialen in Halbleitern	
1	**2**
ortsfest	beweglich
Raumladung	Ladungsträger
1.1 + positive	2.1 Elektronen e^-
Kationen	2.2 Löcher e^+
1.2 − negative	neutrale Zone
Anionen	(ohne Ladungs-
1.3 neutrale Atome	träger),
	hochohmig!

Übung 6.2.—14

Erzeugt ein an einen Halbleiter angelegtes
Potential primär einen I_E oder einen I_{Diff}?

---

[15] Eigentlich, d. h. im strengen Wortsinn kann man hier nicht von Ionen (= Wanderern) sprechen; im Gegenteil: Die Raumladungsträger verbleiben ortsfest im Gitter.

6.3. Vorgänge in der Grenzschicht (pn-Übergang)

Lernziele

Der Lernende kann...

... die physikalischen Vorgänge in unbelasteten (= ohne äußere Spannung) Grenzschichten erklären.

... die physikalischen Vorgänge in belasteten (= mit äußerer Spannung) Grenzschichten erklären.

... die Diodenkennlinie erläutern.

... den Einfluß von Temperaturänderungen auf Grenzschichten erklären.

... die Wirkung des Lichteinfalles erläutern.

... Vorgänge bei Licht emittierenden Halbleitern erläutern.

6.3.0. Übersicht

Unter der Grenzschicht eines Halbleiterkristalles versteht man den nahtlosen Übergang eines p- in einen n-dotierten Raumbezirk.

Man benutzt in der Elektronik Halbleiterkristalle

- ohne Übergang, die sogenannten Kompakt-Halbleiter,
- mit einem Übergang, die sogenannten Dioden,
- mit zwei Übergängen, die sogenannten Transistoren,
- mit drei Übergängen, die sogenannten Thyristoren.

Zahl der pn-Übergänge	Name des Bauteiles
0	Kompakt-Werkstoffe in: • Thermistoren • Varistoren • Fotowiderständen • Hallgeneratoren • Peltierelementen
1	Dioden
2	Transistoren
3	Thyristoren

In diesem Kapitel werden Sie lernen, wie sich die beweglichen Elektrizitätsträger in der Nähe und beim Überqueren einer pn-Grenzschicht verhalten. Zunächst werden die Vorgänge an einem unbelasteten Übergang erklärt, d. h. an einem Übergang, an dem keine Fremdspannung anliegt.

6.3.1. Unbelasteter Übergang (ohne Außenspannung)

Betrachten wir zunächst den einfachsten Fall, wenn der Halbleiterkristall auf der einen Seite p-, auf der anderen Seite n-dotiert ist, und unbelastet bleibt (Bild 6.3.−1).

Sofort werden zum Ausgleich des Konzentrationsgefälles Elektronen von links nach rechts und Löcher von rechts nach links über die Grenze diffundieren; sie erzeugen dabei unter der Diffusionsspannung U_{Diff} einen Diffusionsstrom I_{Diff}. Beim Abwandern der beweglichen Ladungsträger e^+ bzw. e^- entstehen auf den verlassenen Ionen Raumladungen Q^- bzw. Q^+. Sie bilden für den weiteren völligen Diffusionsausgleich eine elektrostatische Barriere, von der die gleichgeladenen e^+ bzw. e^- zurückgestoßen werden. Es kann daher nur eine beschränkte Zahl beweglicher Ladungsträger die np-Grenzschicht überqueren.

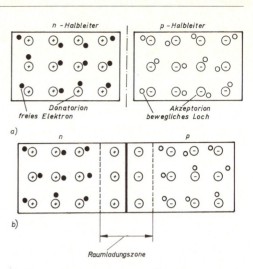

Bild 6.3.−1. Unbelasteter np-Übergang

a) n- und p-Halbleiter getrennt. Jede Hälfte ist ungeladen, links e^-, rechts e^+

b) n- und p-Halbleiter mit nahtlosem Übergang
   ● Elektronen e^-
   ○ Löcher e^+
   ⊖ ortsfeste Anionen
   ⊕ ortsfeste Kationen

e^- wandern → (zu den »Nahtzonen«),
e^+ wandern ← (rekombinieren mit e^-)

Die Raumladungszone wird frei von beweglichen Ladungsträgern e^- und e^+, daher wird sie eine hochohmige »Sperrzone«.

Es entsteht alsbald ein Gleichgewichtszustand zwischen dem Diffusionsstrom I_{Diff} und dem Rückstoß- oder Feldstrom I_E.

Der Konzentrationsverlauf der beweglichen Ladungsträger e^- und e^+ und der dadurch entstehende Potentialverlauf im Halbleiterkristall ist in der Mitte von Bild 6.3.−2 dargestellt.

Darunter ist der Verlauf des Raumladungspotentiales, also das durch die unbeweglichen Ionen entstandene Potential, aufgezeichnet.

Beim Anblick der Potentialkurve der beweglichen Ladungsträger glaubt man unwillkürlich, man habe hier endlich das „perpetuum mobile”; noch etwas Anschlußdraht für den Verbraucher und ein Strom müßte fließen! Dem ist aber leider nicht so, weil an den Naht-

---

Im Gleichgewichtszustand ist der Diffusionsstrom I_{Diff} genau so groß wie der entgegengerichtete Feldstrom I_E.

$$I_{\text{Diff}} = I_E$$

stellen des Halbleiters mit dem Leitungsdraht (Kontaktstellen) ähnliche Potentiale wie an der pn-Grenzfläche entstehen, und zwar in Größe und Richtung so, daß kein Strom fließen kann. Nur bei unterschiedlichen Kontakttemperaturen fließt ein thermoelektrischer Strom, wie bei den durch Thermospannungen in Thermoelementen hervorgerufenen Thermoströmen (5.1.1.10).

Links und rechts des Grenzüberganges bilden sich die beiden mehrfach erwähnten Raumladungszonen mit entgegengesetztem Potential ($\oplus$, $\ominus$); in ihnen befinden sich keine oder nur sehr wenige bewegliche Ladungsträger e^- und e^+. Es entsteht dadurch ein hochohmiges Grenzgebiet, das zu Recht „Sperrzone" genannt wird.

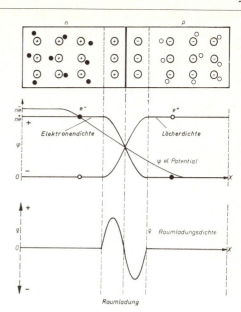

Bild 6.3.−2. Unbelasteter np-Übergang
oben: Strukturbild
Mitte: Potentialverlauf verursacht durch ne^- und ne^+
unten: Potentialkurve der Raumladungen (ortsfeste Ionen)

Übung 6.3.—1

Erklären Sie den Begriff pn-Übergang!

Übung 6.3.—2

Wie entsteht ein Diffusionsstrom?

Übung 6.3.—3

Wie entsteht eine ortsfeste Raumladung?

Übung 6.3.—4

Warum gleichen sich die Konzentrationen der beweglichen Ladungsträger in einem ungespannten pn-Schichtstoff-Halbleiter nicht völlig aus?

Erklären Sie Ihre Antwort anhand einer Skizze!

Übung 6.3.—5

Begründen Sie die Abhängigkeit der Diffusionsspannung von der Konzentration der Ladungsträger und der Temperatur!

6.3.2. In Durchlaßrichtung belasteter Übergang

Wir verbinden jetzt die p- und n-Zone mit einer Spannungsquelle, und zwar zunächst so, daß die Anode (+) der p-Schicht und die Katode (−) der n-Schicht anliegt (Bild 6.3.−3).

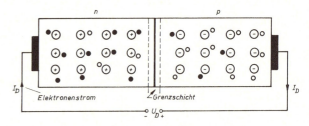

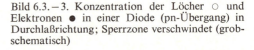

Nach dem elektrostatischen Grundgesetz werden die Löcher e^+ von rechts, die Elektronen e^- von links auf die Grenzschicht zugestoßen; hier werden von ihnen die Donator- und Akzeptorionen neutralisiert und dadurch Raumladungen abgebaut. Zunächst bleibt der Feldstrom I_E konstant; bei erhöhter Feldspannung U_E bzw. erhöhtem Feldstrom I_E wird die Raumladungs-Potentialschwelle ständig kleiner, bis sich schließlich e^+ und e^- fast unbehelligt als Minoritäten durch das Grenzgebiet bewegen können. Ein solcher Strom heißt Durchlaßstrom I_D und die anliegende Spannung Durchlaßspannung U_D.

Es fließen von beiden Seiten Majoritätsträger durch die Grenzschicht aufeinander zu und werden nach dem Grenzübertritt zu Minoritätsträgern, wobei ein erheblicher Anteil miteinander rekombiniert und damit verschwindet.

Bild 6.3.−3. Konzentration der Löcher ○ und Elektronen ● in einer Diode (pn-Übergang) in Durchlaßrichtung; Sperrzone verschwindet (grobschematisch)

> In der Durchlaßrichtung ist das äußere Feld dem inneren Feld entgegengerichtet!

Übung 6.3.—6

Tragen Sie unter Bild 6.3.−4 den Potentialverlauf im Halbleiter ein!

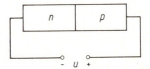

Bild 6.3.−4. Potentialverlauf in einer Diode in Durchlaßrichtung (vom Lernenden zu zeichnen)

6.3.3. In Sperrichtung belasteter Übergang

Wird im Unterschied zu Bild 6.3.−3 die Katode an den p-Bezirk und die Anode an den n-Bezirk angeschlossen, dann werden Elektronen und Löcher von dem Grenzbezirk (Übergang) zu den Elektroden abgesaugt (Bild 6.3.−5).

Die hochohmige Sperrschicht wird dadurch verbreitert, und ihre erhöhten Raumladungspotentiale bilden eine größere Barriere für die Ladungsträger gleichen Potentiales.

Praktisch genügt bereits eine kleine Sperrspannung, um eine Diffusion der Majoritätsträger und damit einen Stromfluß zu unterbinden.

Die Konzentration der Minoritätsträger im Sperrbezirk hängt von der thermischen Paarbildung (Generation), also von der Temperatur ab.

Man nennt den Minoritätenstrom Sperrstrom; bei Raumtemperatur liegt er bei Ge im μA-Bereich, bei Si im nA-Bereich.

Ein pn-Halbleiter in Sperrspannung verhält sich wie ein *Kondensator*. Links und rechts, neben der als Dielektrikum wirkenden hochohmigen Sperrzone befinden sich bewegliche Ladungsträger unterschiedlichen Potentiales e^- und e^+, die wie geladene Kondensatorplatten wirken (Bild 6.3.−6).

Die Breite der Sperrschichte bildet den Plattenabstand; sie wird mit zunehmender Spannung breiter, beträgt aber im Höchstfall wenige μm.

Übung 6.3.—7

Erklären Sie die Erweiterung der Sperrschicht durch eine angelegte Sperrspannung!

6.3.4. Diodenkennlinie

In den vorigen Abschnitten wurden die Durchlaß- und Sperreigenschaften des pn-Überganges beschrieben. Jetzt soll die vollständige Kennlinie des pn-Überganges, d. h. einer Diode, erörtert werden (Bild 6.3.−7).

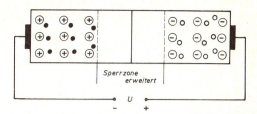

Bild 6.3.−5. Konzentration der Löcher ○ und Elektronen ● in einer Diode (pn-Übergang) in Sperrichtung. Ionen in der Sperrzone nicht gezeichnet.

> In der Sperrichtung ist das äußere Feld dem inneren Feld gleichgerichtet!

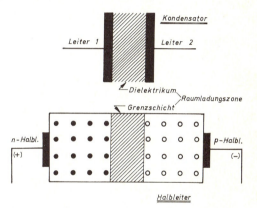

Bild 6.3.−6. Der gesperrte pn-Übergang wirkt als Kondensator (Schema)

Raumladungszone ≙ Sperrzone (Raumladungen nicht gezeichnet)

links ≙ − geladen
rechts ≙ + geladen

Wird die *Durchlaßspannung* U_D vom Nullpunkt ausgehend langsam erhöht, so fließt so lange nur ein schwacher Strom I_D, bis die von selbst gebildete Raumladungs-Barriere in der Sperrzone, die sogenannte *Schwellspannung*, überschritten wird. Von da an genügt eine kleine Spannungserhöhung, um die Majoritäten über die Barriere in das Nachbargebiet zu stoßen.

In *Sperrichtung* fließt ein kleiner Minoritätenstrom I_s; er bleibt konstant klein, weil das hochohmige Sperrgebiet einen konstanten Widerstand bietet. Erst wenn die Spannung zu groß wird, entsteht ein „reversibler Durchbruch"; hierbei erhalten die Minoritätsträger beim Durchlaufen der Sperrzone eine erhöhte Geschwindigkeit und dadurch einen so starken Impuls, daß sie beim Zusammenprall mit Halbleiteratomen deren Valenzelektronenpaare auseinanderschlagen; die freigesetzten Elektronen werden sofort wieder von dem Feld in Bewegung gesetzt und auch so stark beschleunigt, daß abermals neue, noch zahlreichere Zusammenstöße mit ihren Folgen entstehen. Man nennt diese Erscheinung den „Lawineneffekt" und den dadurch entstehenden Durchbruch durch die Sperr-Barriere den „Avalanche-Durchbruch". Er zerstört die Diode durch die entstehende Erwärmung, wenn der Durchbruchstrom nicht durch einen in Reihe geschalteten Widerstand (wie bei der Z-Diode) begrenzt wird.

In diesem Falle sind Zener- und Avalanche-Effekte reversible Vorgänge und schaden dem Werkstoff nicht.

Bei thermischer Überlastung werden pn-Übergänge unbrauchbar, weil die Ionen ihre ursprünglichen Plätze unkontrolliert verlassen (Ionenwanderung).

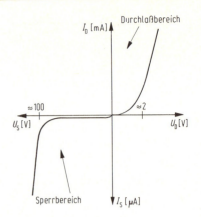

Bild 6.3.—7. Kennlinie einer Si-Diode bei Raumtemperatur

Unterscheiden Sie:

1.1 Vor- oder Durchlaßstrom I_D bzw. I_F
1.2 Durchlaßspannung U_D bzw. U_F
1.3 Durchlaßbereich
2.1 Rück- oder Sperrstrom I_S bzw. I_R
2.2 Sperrspannung U_S bzw. U_R
2.3 Sperrbereich

Beachten Sie den unterschiedlichen Maßstab der Einheiten µA—mA, im Durchlaß- und Sperrbereich!

Energiezuwachs durch elektrische Feldstärke bewirkt Übertritt der e^- vom G- in das L-Band = Zenereffekt!

Die Z-Diode ist eine in Sperrichtung parallel zum Verbraucher geschaltete Diode mit bestimmtem R in Ω, um diesen gegen Überlastung zu schützen.

Übung 6.3.—8

Erklären Sie den Begriff „Avalanche-Durchbruch"!

Übung 6.3.—9

Wie vermeidet man den „Avalanche-Durchbruch"?

6.3.5. Doppelübergang, Transistor (pnp, npn)

Eine elegante Möglichkeit, den Sperrwiderstand eines pn-Überganges zu verändern, oder, wie man sagt, zu steuern, ergibt sich, wenn man in ganz kleiner Entfernung einen zweiten in Durchlaßrichtung gepolten pn-Übergang anordnet. Man benötigt hierfür einen dreischichtigen Kristallaufbau, entweder mit pnp- oder mit npn-Zonen. Einen solchen Halbleiterkristall nennt man Transistor (Bild 6.3.—8).

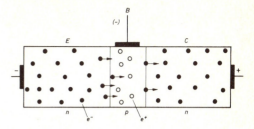

Bild 6.3.—8. Prinzip eines npn-Flächentransistors
E Emitter, *B* Basis, *C* Collektor

Die erste (linke) Schicht nennt man *Emitter*, weil sie Ladungsträger emittiert (aussendet);

die Mittelschicht ist die *Basis*[16];

die dritte (rechte) Schicht ist der *Kollektor*[17], der die emittierten Ladungsträger sammelt (kollekte!).

Seine prinzipielle Wirkungsweise soll an einem Flächentransistor erörtert werden (genauere Darstellung siehe Spezial-Literatur).

In Bild 6.3.—9 ist der Basis-Kollektor (pn)-Übergang in Sperrichtung gepolt, so daß in dem Basis-Kollektor-Stromkreis nur ein kleiner Sperrstrom fließt. Wird aber an die linke Emitter-Basis-Sperrschicht in Durchlaßrichtung eine Spannung gelegt, dann fließen Defektelektronen e^+ in die Mittelzone (Basis). Ein erheblicher Anteil von ihnen kann in der schmalen Basiszone mit der geringen Breite von wenigen μm nicht rekombinieren, sondern überquert die Basis-Kollektor-Sperrschicht und wird zum Kollektoranschluß (−Pol) abgesaugt; es fließt somit auch ein Kollektorstrom I_C.

Zwischen Basis und Emitter besteht nur eine geringe Spannung von wenigen Zehnteln Volt des in Durchlaßrichtung gepolten Überganges, zwischen Basis und Kollektor aber mitunter > 60 V (Sperrichtung!). Da der Basisstrom I_B im Verhältnis zu dem vom Emitter gegenüber dem am Kollektor abfließenden Hauptstrom sehr klein ist, bedeutet dies, daß eine kleine Steuerleistung im Emitter-Basis-Stromkreis eine viel höhere Leistung im Emitter-Kollektor-Stromkreis steuert.

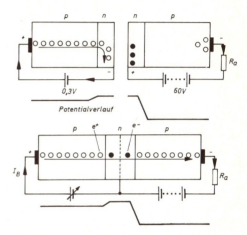

Bild 6.3.—9. Wirkungsweise eines pnp-Transistors

Zum besseren Verständnis der Wirkungsweise wurde der Transistor (in Gedanken) durch einen Schnitt durch die Basis in 2 Teile zerlegt.
Die linke Diode ist in Durchlaßrichtung geschaltet, wobei e^+ als Minoritäten die schmale n-Basis überschwemmen und z. T. mit e^- rekombinieren; die Spannung ist klein.
Die rechte Diode ist in Sperrichtung gepolt; zwischen Emitter und Kollektor fließt ein großer Strom mit hoher Spannung U_{CE}.

---

[16] Auf dieser Schicht als Basis wurden bei den ersten Transistoren die beiden anderen Schichten aufgebaut und der Name beibehalten.
[17] Kollektor, Collector.

Ähnlich wirken auch npn-Übergänge, nur daß statt Defektelektronen e^+ Elektronen e^- vom Emitter durch die Anode emittiert und von der am Kollektor anliegenden Katode abgesaugt werden.

Durch Kombinationen von pnp- und npn-Transistoren erhält man früher mit Elektronenröhren nicht mögliche Schaltungen, da bei Röhren die stets negative Katode in der Schaltung einem npn-Transistor entspricht, und keine pnp-Übergänge mit Röhren hergestellt werden können.

Jede Änderung des Basisstromes I_B verschiebt den festgelegten Arbeitspunkt A eines Transistors auf der Arbeitsgeraden nach Bild 6.3.−10. So kann man den Kollektorstrom I_C im Rhythmus der Schwankungen des Basisstromes I_B steuern. Anwendung findet der Transistoreffekt z. B. in Verstärkerschaltungen, wobei ein kleiner Strom I_B einen großen Strom I_C hervorruft.

Übung 6.3.−10

Wie heißen die Schichten eines Transistors?

Übung 6.3.−11

Erklären Sie den in Bild 6.3.−10 eingetragenen Punkt A auf der Arbeitskennlinie des Transistors!

6.3.6. Temperatureinfluß

Störend ist die Wärmeempfindlichkeit der Halbleiterübergänge. Mit zunehmender Temperatur sinkt der Widerstand der Sperrschicht, bis er schließlich völlig zusammenbricht. Diesen Temperatureinfluß auf die Durchlaß- und Sperrkennlinie zeigen die Bilder 6.3.−11 und 6.3.−12.

Im logarithmischen Maßstab ist der Temperatureinfluß auf die Durchlaßkennlinie nahezu linear. Aus den Meßwerten lassen sich wichtige Werkstoffdaten entnehmen, z. B. der Temperatur-Koffizient der Spannung TC_U für die Durchlaßrichtung und die Abhängigkeit des Sperrstromes I_R von der Sperrschichttemperatur. (Warum? Begründen Sie dies!)

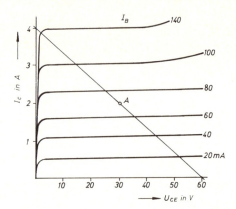

Bild 6.3.−10. Arbeitskennlinie eines Leistungstransistors. U_{CE} = Spannung zwischen Emitter und Kollektor. Dieses sog. „Ausgangskennlinienfeld" zeigt, daß jede Änderung des Basisstromes I_B eine große Änderung des Kollektorstromes I_C hervorruft.

Gewöhnlich arbeitet der Transistor in einem Gleichstromkreis. Ist er gesperrt, so liegt die volle Gleichspannung an der Kollektor-Emitter-Strecke; die Durchbruchspannung muß also größer als U_{Bat} sein. Arbeitet der Transistor im Wechselstromkreis, so muß die Durchbruchspannung größer als der Scheitelwert sein, da bereits kurzzeitige Überschreitungen der zulässigen Kollektor-Emitter-Spannung die Sperrschicht zerstören. Der Effektivwert ist also nicht maßgeblich.

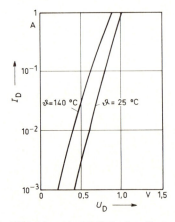

Bild 6.3.−11. Einfluß der Temperatur auf die Durchlaßkennlinie einer Si-Diode. Man erkennt einen viel höheren Durchlaßstrom I_D bei 140 °C als bei 25 °C.

Beachten Sie den Logarithmischen Maßstab der Ordinate!

Erwähnenswert ist auch die Änderung der Sperrschichtkapazität durch die Temperatur nach Bild 6.3.−12. (Auch für diese Erscheinung sollten Sie selber eine Begründung finden, wenn Sie das Kapitel 8.1.4 erarbeitet haben! Stichwort: Elektrische Polarisation.)

Die Sperrschichttemperaturen, d. h. die Gebrauchstemperaturen von Halbleitern, sollen bei Ge max. 80°C, bei Si max. 150°C betragen.

Die Effektivwerte der Sperrspannung betragen bei Ge ≈ 120 V, bei Si ≈ 325 V.

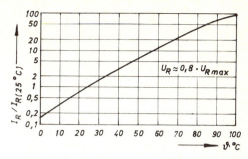

Bild 6.3.−12. Einfluß der Sperrschicht-Temperatur auf den Sperrstrom I_R; Relativwerte bezogen auf Raumtemperatur

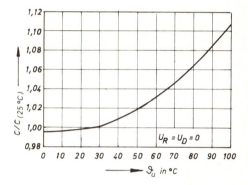

Bild 6.3.−13. Einfluß der Temperatur auf die Kapazität der Sperrschicht; Relativwerte bezogen auf die Kapazität bei Raumtemperatur

U_R Sperrspannung
U_D Durchlaßspannung

Übung 6.3.−12

Erläutern Sie den Temperatur-Einfluß auf eine Diodenkennlinie!

		Ge	Si
Max. Temperatur	°C	≈ 80	≈ 150
Max. Sperrspannung	V	≈ 120	≈ 350

6.3.7. Lichteinfluß

(Siehe auch 6.4.3 Fotowiderstand[18].)

Ebenso wie bei Zufuhr von Wärme der Sperrstrom steigt, geschieht dies auch bei Aufnahme von Lichtenergie; man nennt diese lichtelektrische Erscheinung den Fotoeffekt.

---

[18] Photon oder verdeutscht Foton = Lichtquant.

Je nachdem, ob der Effekt seine Energie wieder nach außen abstrahlt oder im Halbleiter verbleibt, spricht man von einem „äußeren" oder „inneren" Fotoeffekt. „Gleichrichter"-Dioden schützt man durch dunkles Glas oder Lackierung gegen Lichteinfall. Fotodioden dienen zur Messung von Helligkeiten.

Bild 6.3.–14 zeigt, daß ein abgedunkelter Sperrstrom um ein Vielfaches ansteigt, wenn Fotonen (Lichtquanten) in die Sperrzone dringen und Generation hervorrufen. Bei Si-Halbleitern genügt bereits ein unbelasteter Übergang, um geringe Helligkeitsunterschiede mit genügender Genauigkeit zu messen.

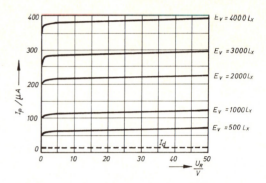

Bild 6.3.–14. Kennlinie einer Fotodiode
Fotostrom $I_P = f\ (U_R)$
Dunkelstrom I_D bei $\vartheta = 25\,°\mathrm{C}$
Je größer die eingestrahlte Energie E in lx ist, desto geringer wird R, bzw. desto größer wird I_P

Übung 6.3.—13

Die Fotodiode mit der Kennlinie nach Bild 6.3.–14 wurde in Sperrichtung mit 20 V vorgespannt. Im Fall 1 betrug der Lichteinfall $E_v = 750$ Lx, im Fall 2 = 3500 Lx. Wie groß waren die entstandenen Fotoströme I_P?

6.3.8. Lichtemission (Luminiszenz, Laser)

Bei bestimmten Halbleitern können aus den Grenzschichten Fotonen ins Freie emittiert werden; dies bewirkt der „umgekehrte Fotoneneffekt", bei dem durch Rekombination nach Gl. (6.–19) Fotonen entstehen. Die Energie der emittierten Fotonen entspricht der Energiebreite des verbotenen Bandes. Bei richtiger Werkstoffwahl liegen die ausgesandten Strahlen im Bereich des sichtbaren Lichtes, und man erhält eine Leuchtdiode; man benutzt sie, um Zahlen und Buchstaben aus Lichtpunkten zusammenzusetzen (z. B. in elektronischen Rechnern).

Eine konsequente Weiterführung der Leuchtdiode ergibt den *Laser*.

Senkrecht zur pn-Grenzschicht werden auf dem Kristall zwei gegenüberliegende, planparallele Flächen angeschliffen und mit einer halb lichtdurchlässigen, halb widerspiegelnden, metallischen Dünnschicht belegt. Bei einem bestimmten Abstandsverhältnis beider spiegelnden Flächen entstehen im Kristall elektromagnetische Wellen, die freie Ladungs-

$e^- + e^+ \rightarrow$ Luminiszenz (= Fotonen-Emission infolge freigesetzter Energie [$+ \Delta W$])

$$(6.–19)$$

Leuchtdioden werden für Leuchtziffern und -buchstaben benutzt; pn-Übergang!

Laser-Kristalle senden kohärente, in einer Ebene schwingende Lichtwellen aus; pn-Übergang!

trägerpaare zum Rekombinieren bringen;
durch die frei werdende Rekombinationsener-
gie werden die Schwingungen verstärkt.
Schwingen die Lichtwellen phasengleich mit
den Kristallwellen, dann verstärkt sich die
Wellenamplitude lawinenartig. Die Lichtwelle
tritt durch die halbdurchlässige Spiegelschicht
als kohärenter[19], einfarbiger, in einer Ebene
oszillierender Laserstrahl ins Freie. Er dient
z. B. zur Nachrichtenübermittlung und zur
Abstandsmessung entfernter Objekte.

6.4. Halbleiter ohne Übergang

Lernziele

Der Lernende kann...

... Halbleiter ohne Übergang (Kompaktwerkstoff) von Halbleiter-Schichtwerkstoffen unterscheiden.

... Widerstandsarten von Halbleitern ohne Übergang anführen.

... Aufbau und Wirkungsweise eines Heißleiters beschreiben.

... Aufbau und Wirkungsweise eines Varistors beschreiben.

... die Wirkung eines Fotowiderstandes erklären.

... Aufbau und Wirkung eines Hallgenerators beschreiben.

6.4.0. Übersicht

In diesem Kapitel werden Halbleiter ohne
Übergang beschrieben; im Gegensatz zu den
Schicht-Halbleitern mit Übergängen nennt
man sie Kompakt- oder Volumen-Halbleiter.

Die nebenstehende Tabelle 6.4.−1 gibt eine
Übersicht über beide Arten von Bauelemen-
ten. Bei den einschichtigen, aber heterogen zu-
sammengesetzten Kompakt-Halbleitern wird
der Widerstand durch äußere Einflüsse verändert; sie werden in den folgenden Abschnitten erörtert.

Tabelle 6.4.−1. Halbleiter-Bauelemente

≙ *ohne* Übergang ohne Sperr- schicht(en)	≙ *mit* Übergang mit Sperr- schicht(en)
Kompakt-Werkstoff, Volumen-Bauteil z. B.:	Schicht-Werkstoff, Sperrschicht-Bauteil z. B.:
● Thermistor (6.4.1)	● Diode
● Varistor (6.4.2) (VDR)	● Transistor
● Fotowiderstand (6.4.3)	● Thyristor
	● Foto-Diode
● Hallsonde (6.4.4)	● Foto-Transistor
● Feldsonde (6.4.5)	● Foto-Element
● Kaltleiter (6.4.6)	● Peltier-Element

---

[19] wörtlich = zusammenhängender Strahl.

Die Kompakt-Halbleiter-Bauelemente bestehen in der Regel aus oxidkeramischen Kristallen, d. h. aus einer oder mehreren Kristallart(en) von Metall- und Siliziumoxiden mit hohen Schmelzpunkten. Sie sind polykristallin-heterogen und haben zahllose p- und n-leitende Kristalle mit unzähligen Übergängen.

Einige Sinter-Halbleiter verfügen über glasig-amorphe Raumbezirke mit Ionenleitfähigkeit.

Eine grundsätzliche Einteilungsmöglichkeit für Halbleiterwiderstände finden Sie nebenstehend.

Die *I-U*-Kennlinie eines Halbleiters ohne Übergang ist symmetrisch (Bild 6.4.−1), im Gegensatz zur unsymmetrischen Diodenkennlinie. (Vergleichen Sie damit die Kennlinie eines metallischen Widerstandes!)

Keramische, halbleitende Widerstände:

● temperaturabhängige
● spannungsabhängige
● feste
● für Heizzwecke

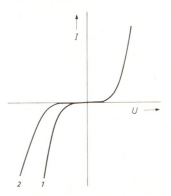

Bild 6.4.−1. Symmetrische Kennlinie eines Kompakt-Halbleiters (1), im Gegensatz zur unsymmetrischen Kennlinie eines Schicht-Halbleiters (Diode) (2)

Übung 6.4.−1

Was versteht man unter einem Volumen- oder Kompakthalbleiter?

Übung 6.4.−2

Nennen Sie Bauteile aus Kompakthalbleitern!

6.4.1. Heißleiter

Heißleiter[20], auch Thermistoren genannt, sind stromabhängige Widerstände mit einem negativen Temperaturkoeffizienten des elektrischen Widerstandes TC_ϱ (Bild 6.4.−2); der TC_ϱ ist selber wiederum temperaturabhängig. Man hat Näherungsgleichungen (hier nicht gebracht!) aufgestellt, um den TC_ϱ für bestimmte Temperaturen aus den geometrischen Abmessungen und Meßwerten des Widerstandes bei bestimmten Bedingungen zu errechnen. Im allgemeinen fällt der Widerstand eines Halbleiters um etwa 5 % je K ($TC_\varrho = -0,05\,\mathrm{K^{-1}}$); dies bedeutet, daß der Wider-

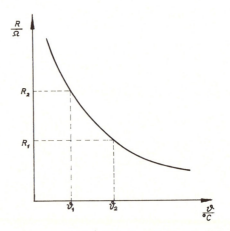

Bild 6.4.−2. Kennlinie eines Heißleiters (Schema)

---

[20] Im Gegensatz zu den Metallen mit einer linearen *U-I*-Charakteristik haben Halbleiterwiderstände eine nichtlineare *U-I*-Charakteristik.

stand eines Thermistors um etwa den 10-fachen Betrag je K fällt, wie der eines Leitermetalles steigt ($\approx +0.004\ \text{K}^{-1}$). Die Temperatur des Halbleiters kann sich ändern durch

- Änderung der Umgebungstemperatur (Fremderwärmung) oder/und

- Stromfluß im Halbleiter (Eigenerwärmung).

Der Werkstoff besteht aus $MgOTiO_2$ oder $MgOAl_2O_3$, jetzt meistens aus $FeOTiO_2$ (Eisenoxid-Rutil-Gemisch).

Die gepulverten Metalloxide werden gemischt und dann geschmolzen oder gesintert (Ferrite! 7.5.2 und 7.6.2). Man erhält ein heterogenes Kristallgemisch mit zahlreichen Korngrenzen, die als pn-Übergänge wirken. Je kleiner die Kristalle sind, desto zahlreicher sind die Sperrschichten (Kristallgrenzen) bei gleichem Volumen, und desto größer wird R.

Bei Stromfluß erwärmen sich die Kristalle, und es kommt zur thermisch bedingten Generation, wodurch der Widerstand fällt; so entsteht die für Heißleiter charakteristische $U-I$-Kennlinie nach Bild 6.4.−3.

Heißleiter $\triangleq$ Thermistoren
NTC-Widerstände

1. ΔR − *verursacht* durch:
1.1 *Fremd*erwärmung (Umgebung)
1.2 *Eigen*erwärmung (Stromdurchfluß)

2. Aufgaben:
2.1 Temperaturgeber in Meß-, Regel- und Steuertechnik
2.2 T-Konstanthaltung (Stabilisieren)
2.3 Relais-Verzögerung
2.4 Wicklungsschutz

Werkstoff: $FeOTiO_2$ (Titanferrit)
(meistens) heterogenes Kristallgemisch

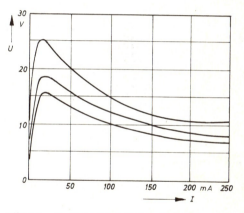

Bild 6.4.−3. Charakteristische Kennlinien von drei Thermistoren (Heißleitern). Schon bei kleinem Stromdurchgang erwärmt sich der Halbleiter, zunächst aber so wenig, daß R kaum beeinflußt wird (steil ansteigender Kurvenast). Erreicht der Strom aber eine gewisse Stärke von etwa 20 mA, dann fällt der Widerstand stark, mit dem Effekt, daß trotz steigendem Stromdurchfluß die Spannung fällt.

Übung 6.4.−3

Aus welchem Werkstoff besteht ein Heißleiter?

Übung 6.4.−4

Erklären Sie werkstofflich den typischen Verlauf einer Heißleiterkennlinie!

6.4.2. Spannungsabhängiger Widerstand

Spannungsabhängige Widerstände benutzt
man in Stark- und Schwachstromkreisen; im
letztgenannten Fall nennt man sie Varistoren.
Den typischen *U-I*-Kennlinienverlauf eines
Varistors zeigt Bild 6.4.−4.

Im doppeltlogarithmischen Achsenkreuz erhält man für einen verhältnismäßig großen
Spannungsbereich eine Gerade, deren Stei-
gungswinkel α in Annäherungsgleichungen bestimmt werden kann (hier nicht gebracht) und
für die Errechnung von *U*- und *I*-Werten benutzt wird (Bild 6.4.−5).

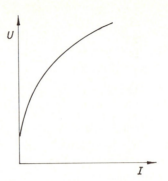

Bild 6.4.−4. Spannungsabhängigkeit eines Varistors aus SiC; Schema in linearen Maßstäben

Übung 6.4.—5

Fällt Ihnen an der Kurve in Bild 6.4.−4 etwas
auf, was prinzipiell unrichtig dargestellt ist?

Meistens wird Siliziumkarbid SiC, ein durch
Sintern hergestellter keramischer kristalliner
Werkstoff, den man Silit nennt, als Wider-
standsmaterial benutzt. Reines SiC hat bei
Raumtemperatur den hohen ϱ-Wert von
$\approx 10^{14}\ \Omega m$, zwischen 500 und 1000 °C von
$\approx 10^{9}\ \Omega m$; d. h. R ist um 10^{5} gefallen! Überwiegen Si-Atome das genaue stöchiometrische
Verhältnis, dann entsteht eine n-Leitung;
überwiegen die C-Atome, entsteht eine p-Leitung.

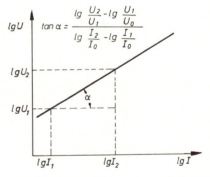

Bild 6.4.−5. wie Bild 6.4.−4, im doppeltlogarithmischen Maßstab

Der Effekt der Spannungsabhängigkeit beruht
auf dem Widerstand der Kristalle, die in Reihe
oder parallel oder vermascht miteinander liegen, und der Größe ihrer Berührungsflächen.

Sind die Kristalle kugelig und mit einer Oxidschicht behaftet, dann fließt bei kleinen Spannungen zunächst nur ein kleiner Strom; bei
höheren Spannungen werden mehr Strom-
pfade geöffnet; der Strom steigt, bzw. der Widerstand fällt.

Die *I−U*-Kennlinie wird demnach durch die
Art und Größe der Kristallberührungsflächen
bestimmt. Bei längerem Gebrauch bei erhöhter Temperatur ändern sie sich und somit auch
die Kennlinien (Alterungseffekt!). Zur Kon-
taktierung werden die keramischen Widerstände zunächst metallisiert (durch Aufdampfen) und dann mit einem Leiterdraht verlötet.

Spannungsabhängiger Widerstand
$\cong$ Voltage Dependent Resistor
   VDR-Widerstand

nicht richtungsabhängig, bei höheren
Spannungen fällt der Widerstand.

Werkstoff:

gesinterte SiC-Kristalle in Form von Stä-
ben und Scheibchen mit vielen, wahllos
plazierten pn-Übergängen.

Aufgaben:
Überspannungsschutz in Parallel-Schaltung

1. Blitzschutz
2. Funkenlöscher
3. induktive Abschaltspitzen
4. Spannungs-Stabilisator

SiC

Siliziumkarbid
Silit [in Stäben]
wird auch für Heizzwecke benutzt;
max. 1450°C, Alterungserscheinungen!
Gebrauchsdauer ≈ 2500 h

Übung 6.4.—6

Wieso erreicht man durch einen VDR-Widerstand eine Spannungsstabilisierung?

6.4.3. Fotowiderstand[21])

Wenn Licht auf bestimmte Halbleiterwerkstoffe trifft, dann erzeugt es einen Fotoeffekt, der für lichtelektrische Messungen benutzt werden kann. Licht besteht aus Fotonen; diese wiederum entstehen aus Rücksprüngen der Elektronen von höheren in niedrigere Energiestufen.

Je größer der Rücksprung ist, um so größer ist die Energie des abgestrahlten Fotons.

Fotonen haben die gleiche Doppelnatur wie ihre Erzeuger, die Elektronen; sie sind gleichzeitig kleinste Teilchen (Energiequanten) und Wellen, die sich mit Lichtgeschwindigkeit $c = 3 \cdot 10^8$ ms^{-1} fortbewegen. Jedes Lichtquant hat eine bestimmte Eigenenergie, die es beim Auftreffen an seine Umgebung abgibt (Gl. 6−21). Beim Fotoeffekt bewirken die Fotonen eine Generation (Paarbildung), wobei der Widerstand des Halbleiters fällt, und zwar um so mehr, je größer die eingestrahlte und absorbierte Energie ist (Bild 6.3.−14). Der Widerstand ohne Lichteinfall ist der soge-

Lichtquant = Foton

Energie eines Fotons E_F

$E_F = h \cdot v$ in eV   (6.−19)
h = Naturkonstante
       (Plancksches Wirkungs-
       quantum)
    = $6{,}625 \; 10^{-34}$ Ws^2
    = $4{,}13 \cdot 10^{-15}$ eVs
v = Strahlungsfrequenz in s^{-1}

Masse eines Fotons m_F:

$m_F = \dfrac{E}{c^2} = \dfrac{h \cdot v}{c^2}$ in g   (6.−20)
c Fotonengeschwindigkeit
   ≈ 300 000 km s^{-1} = $3 \cdot 10^8$ ms^{-1}

---

[21] Vergleichen Sie 6.3.7 und lesen Sie in Ihrem Physikbuch das Kapitel über Fotonen und Quantenmechanik (Gln. 6.−19 bis 6.−22)!

nannte Dunkelwiderstand; er ist bei den Foto-Halbleitern hochohmig. Als Werkstoffe werden III−V- und II−VI-Verbindungen benutzt (Tabelle 6.4.−2); sie haben bei bestimmter Wellenlänge der eingestrahlten Fotonen einen maximalen Effekt.

Es sei vermerkt:

Für fotoelektrische Effekte benutzt man auch pn-Übergänge in Form von Foto-Dioden, -Transistoren und -Elementen, letztgenannte z. B. als Solarzellen in Raumschiffen für die Stromerzeugung; bei ihnen entstehen durch zahllose neben-, hintereinander- und vernetzt geschaltete Übergänge technisch nutzbare Ströme, die künftig für die Energieversorgung bedeutsam werden können.

Impuls eines Fotons p_F

$$p_F = \frac{h}{\lambda} \qquad (6.-21)$$

λ Wellenlänge in nm

$$\lambda = \frac{c}{\nu} \text{ in } \frac{\mathrm{km \cdot s^{-1}}}{\mathrm{s^{-1}}} = \mathrm{km} \qquad (6.-22)$$

$$= \mu\mathrm{m}\, 10^9$$

Tabelle 6.4.−2. Halbleitende Fotowiderstände (2 Atomarten)

Zusammen-setzung	Anwendungs-bereich	optimaler Bereich in μm
CdS II VI	sichtbares Licht	0,65
CdS II VI	sichtbares Licht	0,7
PbS II VI	infrarotes Licht	2,5...3,5
In Sb III V	infrarotes Licht	6

Übung 6.4.—7

Haben Halbleiter für fotoelektrische Messungen Übergänge oder sind es Kompakthalbleiter?

Übung 6.4.—8

Nennen Sie Stoffkombinationen für Fotohalbleiter!

6.4.4. Hallgenerator [22])

Hallgeneratoren sind Halbleiter-Bauteile, die auf ein Magnetfeld ansprechen; sie erzeugen dabei eine Spannung U_H, die einen Strom I_H fließen läßt.

Man benutzt Hallsonden z. B. zur Bestimmung der magnetischen Flußdichte B im Luftspalt elektrischer Maschinen und ihrer Drehmomente oder bei der magnetischen Regel- und Steuertechnik mittels Magnetbändern

$$R_H = \cdot \frac{1}{ne^-} \text{ (n-Halbleiter) } (5-27)$$

$$R_H = -\frac{1}{ne^+} \text{ (p-Halbleiter)}$$

Hallsonde zur:

● Messung magnetischer Größen
● Steuer-, Regel- und Meßtechnik unter Ausnutzung magnetischer Felder

---

[22]) Wiederholen Sie den Halleffekt (5.1.1.6)!

oder zum kontaktlosen Zählen von Gegenständen. Der Werkstoff besteht meistens aus III−V-Verbindungen, wobei Indiumarsen InAs und Indiumantimonid InSb bevorzugt werden.

Der Hallgenerator muß einen relativ kleinen spezifischen Widerstand ϱ und eine große Elektronenbeweglichkeit b_{e-} haben. Die wichtigste Kenngröße ist die Hallkonstante R_H; sie ist der Kehrwert der Elektronen- bzw. Löcherkonzentration und hat die Einheit $m^3 \cdot A^{-1} \cdot s^{-1}$. R_H kann auch ein negatives Vorzeichen haben, die Anschlußdrähte müssen bei diesen Sonden vertauscht werden.

Tabelle 6.4.−3 gibt einen Vergleich der kennzeichnenden Werkstoffgrößen von Hallsonden-Werkstoffen mit den Metallen Gold und Kupfer.

Übung 6.4.—9

Übertragen Sie die Werte von Tabelle 6.4.−3 durch Umrechnung in die offenen Spalten der Tabelle 6.4.−4!

Übung 6.4.—10

Skizzieren Sie schematisch das Prinzip des Halleffektes!

Tabelle 6.4.−3. Elektronenbeweglichkeit b^-, Hallkonstante R_H und spezifischer elektrischer Widerstand ϱ von Metallen und Werkstoffen für Hallsonden (zur Übersicht)

Werk-stoff	b^- in $m^2 \cdot V^{-1} \cdot s^{-1}$	R_H in $m^3 \cdot A^{-1} \cdot s^{-1}$	ϱ in Ωm
Au	$\approx 3 \cdot 10^{-3}$	$\approx 6,7 \cdot 10^{-5}$	$2,2 \cdot 10^{-8}$
Cu	$\approx 6 \cdot 10^{-3}$	$\approx 10^{-10}$	$1,7 \cdot 10^{-8}$
InAs	≈ 3	$\approx 7,7 \cdot 10^{-4}$	$2,5 \cdot 10^{-4}$
InSb	≈ 7	$\approx 5 \cdot 10^{-5}$	$7 \cdot 10^{-4}$

Tabelle 6.4.−4. Werkstoffwerte

Werk-stoff	ne^- in $As \cdot m^{-3}$	$\varkappa$ in $S \cdot m^{-1}$
Au		
Cu		
InAs		
InSb		

6.4.5. Feldplatte

Auch die Feldplatte reagiert in einem Magnetfeld; sie erzeugt aber keine Spannung, sondern ihr Widerstand R wird mit wachsender magnetischer Flußdichte B größer. Die Elektronen bzw. Löcher werden durch die Lorentzkraft abgelenkt und durchlaufen somit einen längeren Weg, wobei der Widerstand in der Feldplatte steigt; Bild 6.4.−6 zeigt die $R−B$-Kennlinie einer Feldplatte.

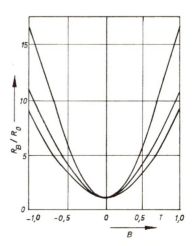

Bild 6.4.−6. R-B-Kennlinie von drei Feldplatten
B magnetische Flußdichte in $Vs \cdot m^{-2}$
R_0 Ausgangswiderstand ohne Magnetfeld in Ω
R_B Widerstand im Magnetfeld in Ω

Der Werkstoff ist der gleiche wie der der Hallsonde; er wird in dünner Schicht auf einen
keramischen Isolator (Substrat) aufgetragen.
In der Halbleiterschicht sind senkrecht zur
Stromrichtung gut leitende Stege eingebaut,
die für einen gleichmäßigen Stromdurchfluß
sorgen und die Bildung eines Potentialgefälles
in dem Halbleiter verhindern (Bild 6.4.−7).

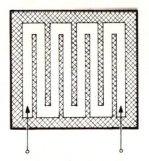

Bild 6.4−7. Schematischer Aufbau einer Feldplatte
weiße Felder: Halbleiter
schraffierte Felder: Leiter

Feldplatte:

magnetisch steuerbarer Widerstand!
Dient als kontaktloser Schalter, Potentiometer, magnetisches Meßgerät.

6.4.6. Kaltleiter

Kaltleiter sind PTC-Werkstoffe mit einem cha-
rakteristischen thermoelektrischen Effekt, den
man für Steuer- und Regelvorgänge benutzt.

Bild 6.4.−8 zeigt den typischen Verlauf der
Temperatur-Widerstands-Kennlinie dieses oft
benutzten modernen Bauteiles.

Unterhalb $\approx 125\,°C$ ist R nahezu konstant
klein; dann steigt R aber bereits bei einer geringen Temperaturerhöhung steil an und erreicht bei etwa $180\,°C$ mit einem 10^4-fach ge-
stiegenen Widerstand seinen maximalen End-
wert R_E.

Steigt die Temperatur über $\approx 180\,°C$, dann
fällt der Widerstand wieder stark ab.

Dieser Kurvenverlauf erklärt sich so:

Der Kaltleiterwerkstoff besteht aus Kristallen
des Bariumtitanats $BaOTiO_2$ mit ferroelektrischen Eigenschaften (Erklärung 8.2.4.3); die
Kristalle sind von Natur aus keramische
Nichtleiter (Ferroelektrika) und werden erst
durch Dotieren mit Sb zu n-Leitern. Beim Erreichen der ferroelektrischen Curietemperatur

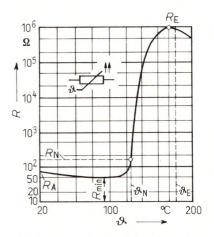

Bild 6.4.−8. R-ϑ-Kennlinie eines keramischen
Kaltleiters

Werkstoff:

dotierte Ferroelektrika (8.2.4.3) mit Halb-
leiter-Eigenschaften.

(8.2.4.3), d. h. der maximalen Gebrauchstemperatur ϑ_E (= Endtemperatur), bricht die elektrische Polarisation zusammen, und der extrem hohe ε_r-Wert[23] von 10^3 bis 10^4 fällt auf einen Bruchteil ab; die relative Dielektrizitätszahl ε_r steht aber mit dem Widerstand ϱ in unmittelbarem Zusammenhang (die Gleichung wird hier nicht gebracht), was bedeutet, daß R fällt.

Oberhalb der niedrigen Ausgangstemperatur ϑ_N von etwa 125 °C verhält sich der Kaltleiter zugleich wie ein spannungsabhängiger Widerstand (Varistor), was bei der Benutzung zu beachten ist. Manchmal benutzt man einen Stromdurchfluß für die Erwärmung des Halbleiters (eigenerwärmt). Hat sich hierbei ein Gleichgewichtszustand zwischen der durch den Strom erzeugten und der an die Umgebung abgegebenen Wärmemenge Q in Ws eingependelt, dann erniedrigt ein Temperaturabfall den Widerstand R.

Zum Abtasten von Flüssigkeitsniveaus, z. B. in Öltanks, werden Kaltleiter als Wärmefühler (Thermosensoren) eingesetzt; je nach der Temperatur der Flüssigkeit steigt oder fällt R deutlich meßbar. Weitere Anwendungsgebiete sind Verzögerungen beim Ein- oder Ausschalten von Relais und bei Zündungen von Leuchtröhren (siehe Tabelle 6.4.–5).

Charakteristik:

Steilanstieg von R auf $\approx 10^4$fachen Betrag in engem Temperaturbereich (≈ 125 bis $175\,°C$).

Kaltleiter werden	
eigenerwärmt durch einen Stromdurchgang	fremderwärmt durch die Umgebung

Tabelle 6.4.–5. Anwendung von Kaltleitern

• Temperaturfühler (fremderwärmt)	┌── Motoren
• Schutz vor Übertemperatur (fremderwärmt)	├── Trafos └── Verschiedenes
• Niveauanzeige von Flüssigkeiten (z. T. fremderwärmt)	┌── Tanks └── Behälter
• Verzögerung von Schaltungen (eigenerwärmt)	├── Relais
• Ein- und Ausschalten (eigenerwärmt)	┌── Leuchtröhren

Übung 6.4.—11

Zeichnen Sie nebeneinander die Kennlinien eines Heißleiters, eines Kaltleiters und eines spannungsabhängigen Widerstandes!

---

[23] Erklärung von ε siehe 8.1.4.2.

6.5. Herstellung (Technologie)

Lernziele

Der Lernende kann...

... das Zonenschmelzen erläutern.

... die Einkristallzüchtung begründen.

... ein Dotierprofil beurteilen.

6.5.0. Übersicht

Es gibt zahlreiche Herstellungsverfahren (Technologien) für elektronische Bauteile und integrierte Schaltungen.

Sie können in diesem Buch nicht aufgeführt, geschweige denn beschrieben werden; außerdem werden sie laufend verbessert und erweitert, darum beschränken wir uns hier auf das Grundsätzliche[24].

Bauteile aus Si und Ge erfordern ein Ausgangsmaterial von höchstem Reinheitsgrad und eine monokristalline Struktur; in diesen Werkstoff werden außerdem gezielt Störstellen durch Fremdatome eingebaut.

Die grundlegenden Verfahrenstechniken der Herstellung reinsten Siliziums und Germaniums, von Einkristallen und die Dotierprofile von pn-Übergängen, werden kurz beschrieben.

Halbleiter aus Si- und Ge-Kristallen erfordern

1. einen hohen Reinheitsgrad,
   Stichwort: Zonenschmelzen.
2. eine monokristalline Struktur,
   Stichwort: Einkristallzüchtung.
3. den Einbau von Donator- oder Akzeptor-Atomen,
   Stichwort: Dotieren.

6.5.1. Zonenschmelzen

Erst der hohe Reinheitsgrad der Halbleiterwerkstoffe, den man seit 1954 durch die Pfannsche Erfindung des „Zonenschmelzens" erreichen kann, verhalf der Elektronik zu ihrer großartigen Entwicklung.

Das Verfahren basiert auf der physikalischen Erscheinung, daß reine Kristalle einen anderen Schmelzpunkt (meistens einen höheren) als verunreinigte Kristalle haben.

Vorgereinigtes Si (Ge) wird auf einen Reinheitsgrad gebracht von
1 Fremdatom: 10^{10} Eigenatome = $99,99999999\%$.

---

[24] Literaturhinweise für die Halbleiter-Technologie u. a.

1. *Pütz, 3.* (Hrsg.): Einführung in die Elektronik. Verlags-Gesellschaft Schulfernsehen, Köln.
2. *Harth, W.:* Halbleitertechnologie. Teubner-Studienskripten. Verlag B. G. Teubner, Stuttgart.
3. ITT-Fachlehrgänge: Halbleiter-Elektronik. Schaub-Lorenz Vertriebs-GmbH, Pforzheim.
4.–6. Siemens-/Philips-/AEG-Halbleiter-Datenbücher.
7. *Willems, H.:* Einführung in die Transistor-Technik. Verlag H. Stam GmbH, Köln.

Man läßt vorgereinigte Si- bzw. Ge-Kristalle mehrmals eine Hochfrequenz-Heizspule durchlaufen, wobei jedesmal nur ein schmaler Bereich des Kristalles schmilzt; mehrmals durchwandert diese Schmelzzone die ganze Länge des festen Halbleiters, wobei höherschmelzende Kristallbereiche vor die Zone und niedriger schmelzende Bereiche hinter die Zone gedrängt werden. Je mehr Schmelzzonen den Werkstoff durchwandern, desto reiner wird der Werkstoff.

Germanium wird in einem länglichen Grafittiegel waagrecht durch die Heizspulen gezogen (Bild 6.5.−1). Silizium kann die Zonen senkrecht durchwandern, bzw. eine verschiebbare Heizspule kann einen senkrecht angeordneten Siliziumstab „zonenschmelzen", ohne daß er auseinanderbricht, weil das flüssige Si im kleinen Schmelzbereich eine genügend große Oberflächenspannung hat (ähnlich wie Quecksilber, Kugeltropfen).

Man kann daher bei Si das Zonenschmelzen zugleich mit dem nächsten Arbeitsgang, dem im nächsten Abschnitt beschriebenen „Einkristall-Ziehverfahren" kombinieren.

Um die Halbleiter vor Oxidation zu schützen, müssen beide Verfahren unter Schutzgas durchgeführt werden.

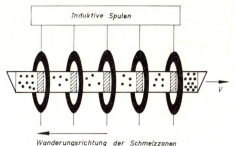

Bild 6.5.−1. Zonenschmelzen (Schema)

Ge: waagerecht im Graphitschiffchen

Si: senkrecht, tiegelfrei.

Erklärung:

Die Schmelzzonen wandern von rechts nach links ←: dabei werden

1. niedrig schmelzende Atome und Moleküle nach links ← gedrängt; sie bleiben flüssig, wandern mit der Schmelzzone und erstarren zuletzt am linken Ende.

2. höher schmelzende Bestandteile, d. h. Atome oder/und Moleküle nach rechts → verschoben, da sie zunächst erstarren, also dicht rechts an der Schmelzzone.

Die beiden verunreinigten Stabenden werden abgeschnitten; der größere Mittelteil ist von Fremdatomen gereinigt!

Ein genialer, metallurgischer Trick!

Übung 6.5.—1

Warum wird das Zonenschmelzverfahren durchgeführt?

Übung 6.5.—2

Welcher Reinheitsgrad wird mit dem Zonenschmelzverfahren erreicht?

6.5.2. Einkristallzüchtung

Die Driftbewegung der Elektronen und Löcher wird an Kristallgrenzen gestört; man kann sie vermeiden, wenn der Werkstoff aus einem einzigen Kristall besteht (Monokristall).

Alle elektronischen Bauteile aus Si und Ge sind monokristallin. Man züchtet Einkristalle unter Schutzgas nach dem Zieh-Drehverfahren aus dem schmelzflüssigen Zustand nach Bild 6.5.–2.

Ein monokristalliner Impfkristall wird an einer Zugstange in die Schmelzoberfläche getaucht und langsam drehend herausgezogen (Bild 6.5.–2). Dabei kristallisieren die Atome in einer endlosen schraubenförmigen Fläche (Wendelaufgang) nach Bild 6.5.–3 zu Einkristallen bis zu 300 mm Länge und 30 mm Durchmesser. Sie werden anschließend mit diamantbestückten Werkzeugen in dünne Scheiben zerlegt.

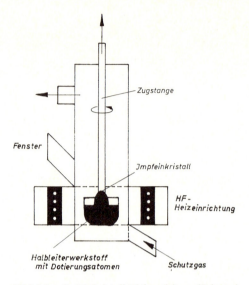

Bild 6.5.–2. Einkristall-Ziehverfahren (Schema). Bei Si erfolgen Zonenreinigung und Ziehverfahren in einem Arbeitsgang (senkrecht).

Bild 6.5.–3. Durch die Zieh-Drehbewegung der Zugstange erhält man eine nahtlose, schraubenförmige Ablagerung der Atome in einem einzigen Kristall.

Übung 6.5.—3

Warum werden Halbleiter mit pn-Übergängen aus Monokristallen hergestellt?

Übung 6.5.—4

Warum müssen alle Warmprozesse bei der Halbleiter-Herstellung unter Schutzgas durchgeführt werden?

6.5.3. Dotieren

p- und n-Kristalle, oder p- und n-Schichten in Einkristallen können durch

- Legieren,
- Diffusion,
- Aufschichten (Epitaxie) und
- Ionenimplantation (neuerdings!)

erzeugt werden.

Bei den *Legierverfahren* entstehen in der Regel scharf abgegrenzte pn-Übergänge nach Bild 6.5.–4. Man nennt diese Diagramme Dotierprofile, weil sie die Profillinie der Konzentration der Ladungsträger e^+ und e^- über der Länge des Halbleiters zeigen.

Bei der Diffusion wird das Dotierelement vergast und dringt in den rotglühenden Halbleiterkristall ein und bildet mit ihm Mischkristalle. Je nach der Art des Dotierstoffes erhält man p- oder n-leitende Schichten mit allmählichen sanften oder steilen Übergängen der Konzentrationen von e^-, e^+ (Bild 6.5.–5).

Bei epitaktischen Schichten (Si) kann man gleichzeitig mit den aufgedampften Si-Atomen Donator- oder Akzeptoratome mit unterschiedlicher Konzentration niederschlagen; auf diese Weise erhält man mannigfaltige Dotierprofile von Monokristallen nach Bild 6.5.–6.

Als das z. Z. modernste Verfahren der Störstellenbildung soll hier die Ionenimplantation nur erwähnt werden[25].

Dotierprofile nach den Bildern 6.5.–4 bis 6.5.–6 zeigen die p- und n-Konzentration über der Länge x des Halbleiters

$$c_p \cong ne^+ \text{ in As m}^{-3}$$
$$c_n \cong ne^- \text{ in As m}^{-3}$$

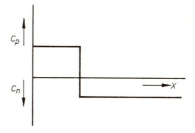

Bild 6.5.–4. Legierter Transistor mit scharfem »Treppenübergang« von p → n

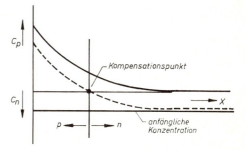

Bild 6.5.–5. Diffusions-Profil. Der p → n-Übergang erfolgt langsam, je nach der Diffusionsdauer verändert sich die Konzentration der Ladungsträger. In diesem Beispiel wurden in einen n-haltigen Kristall Akzeptoratome (p) eindiffundiert; am Kristallrand (links) traten diese p-erzeugenden Atome in den Kristall ein.

---

[25] Die umfangreiche Technologie der Halbleiterbauelemente kann hier nicht beschrieben werden; sie würde den Rahmen dieses Buches sprengen. Der interessierte Lernende findet sie in zahlreichen Fachschriften über Elektronik.

Es seien erwähnt:

- der Legierungs-Transistor
- MADT = Mikro-allay-diffusion-Tr.
- AD (Akzeptor-Donator)
- Mesa-Tr. (Mesa = Tafelberg; besondere Form)
- Si-Planar-Tr. (Planar = eben)
- Epitaxial-Planar-Technik für Bauteile und integrierte Schaltkreise
- Feldeffekt-Tr.
  - FET
  - MOSFET
  u. a.

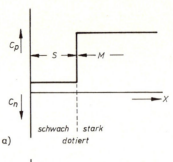

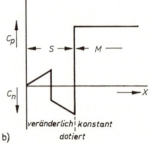

Bild 6.5.–6. Dotierprofile von Kristallen mit epitaktischer Schicht

$c_p = ne^+$; Konzentration der Löcher
$c_n = ne^-$; Konzentration der Elektronen
M = Mutterkristall; p-dotiert
S = Schicht, aufgedampft; epitaktisch

a) epitaktische Schicht
   schwach p-dotiert

b) zunächst wurde eine n-Schicht aufgedampft mit abnehmender Konzentration; (V. Gr.), dann wurde ein anderer Stoff der III. Gr. (p-leitend) zusammen mit den Si-Atomen auf den Mutterkristall aufgedampft und zwar anfänglich in stärkerer und dann in zunehmend schwächerer Konzentration.

Übung 6.5.—5

Zeichnen Sie das Dotierprofil eines n-dotierten (ne^- = groß) Si-Kristalles, der zunächst eine schwach p-, dann eine stark n- und dann eine stark p- dotierte epitaktische Schicht erhalten hat!

6.6. Lernzielorientierter Test

6.6.1. Störstelle im Halbleiter:

A Deformation des Kristalles
B natürliche Fehlstelle
C unabsichtliche Verunreinigung
D absichtlicher, gezielter Zusatz im Halbleiter
E magnetischer Störeffekt

6.6.2. Si-Kristall für elektrische Bauteile:

A verformbar
B Elektronenpaar-Bindung
C Korngrenzen im Kristall
D Ionenkristall
E heterogenes Kristallgemisch

6.6.3. Löcherleitung:

A in Phase mit e^--Leitung
B um 90° versetzt gegen e^--Leitung
C antiparallel zum e^--Fluß
D wird durch Energieaufnahme des Kristalles verstärkt
E ist ausschließlich extrinsic-Leitung

6.6.4. Raumladung

A durch E im Kristall beweglich
B an Atome gebunden
C erzeugt Diffusionsstrom
D ist im pn-Übergang in Sperrrichtung > Durchlaßrichtung
E ist an Si- bzw. Ge-Atome gebunden

6.6.5. Rekombination

A erfordert Energieaufnahme
B Elektronen springen vom G- in das L-Band
C Elektronen fallen vom L- in das G-Band
D bewirkt erhöhtes R
E wird durch Fotonenabsorption verstärkt

6.6.6. Akzeptoratom

A gibt e^- ab
B ist ein Fe-Atom
C ist ein Cu-Atom
D ist ein Si-Atom
E ist ein B-Atom

6.6.7. As-Zusatz im Ge-Kristall:

A e^- werden Minoritätsträger
B erhöht i-Leitfähigkeit
C erniedrigt extrinsic-Leitfähigkeit
D $ne^- > ne^+$
E bewirkt p-Leitung

6.6.8. Für Halbleiter-Kompaktwerkstoffe anwendbar:

A Rutil-Eisenoxid-Gemisch
B reinste Ge-Kristalle
C p-Leiter
D n-Leiter
E III-Gruppe – V-Gruppe – Kombination

6.6.9. Übliche Einheit der Aktivierungsenergie der Elektronen:

A μV
B μWs
C μJ
D eV
E μNm

6.6.10. Die gesperrte pn-Übergangszone im p-dotierten Gebiet:

A arm an e^+
B arm an e^-
C arm an Kationen
D arm an Anionen
E wird durch Fotonenabsorption hochohmiger

6.6.11. Avalanche-Lawineneffekt erfolgt durch

A Temperatursteigerung
B Fotoneneinfall
C Magnetfeld
D elektrisches Feld
E mechanische Spannung

6.6.12. Laserstrahl

- A   Innerer Fotoeffekt
- B   Werkstoff Halbleiter ohne Übergang
- C   Werkstoff Halbleiter mit einem Übergang
- D   Werkstoff Halbleiter mit vielen Übergängen
- E   äußerer fotoelektrischer Effekt

6.6.13. Heißleiter − Werkstoff

- A   ist homogener Kristall
- B   ist Einkristall
- C   hat pn-Übergänge
- D R steigt mit $T\,(\vartheta)$
- E I fällt linear mit $T\,(\vartheta)$

6.6.14. VDR-Widerstand ist

- A   ein homogener Werkstoff
- B   ein dotierter Halbleiterkristall
- C   eine chemische Verbindung mit Element der IV-Gruppe
- D   ein NTC-Werkstoff
- E   thermoelektrisch verwendbar

6.6.15. Fotonen − Fotonenenergie:

- A   Entstehung aus Rekombination
- B   Entstehung aus Energieabgabe von e^-
- C   Auftreffimpuls beim Einfall in $W\,s^2$
- D   Auftreffimpuls beim Einfall in $eV \cdot s$
- E   Fotonenimpuls beim Einfall ist konstant

6.6.16. Fotonenimpuls-(= Lichtintensitäts-) Messung durch

- A   Kompakt-Halbleiter
- B   1 Übergangs-Halbleiter
- C   2 Übergangs-Halbleiter
- D   III−V-Kombinations-Halbleiter
- E   II−VI-Kombinations-Halbleiter

6.6.17. Hallkonstante

- A   ist die Werkstoffkenngröße R_H in Ω
- B   ist die Werkstoffkenngröße R_H in Ωm
- C   ist die Werkstoffkenngröße R_H in m^3/As
- D   dient für die Messung der Löcherkonzentration
- E   dient für die Messung der Fotonenzahl

7. Magnetwerkstoffe

7.0. Überblick

Die meisten Werkstoffe verhalten sich in einem Magnetfeld neutral; man nennt sie un- oder amagnetisch. Einige metallische und nichtmetallische Werkstoffe dagegen erhalten unter dem Einfluß eines Magnetfeldes magnetische Eigenschaften, d. h. sie werden selber zu einem Magneten; diese Eigenschaften nennt man ferro- bzw. ferrimagnetisch, je nachdem, ob die Elektronenspins parallel oder antiparallel ausgerichtet sind (Erklärung später). Nach der Magnetisierung bleiben im Werkstoff außerhalb des Magnetfeldes magnetische Kräfte unterschiedlicher Größe zurück (Remanenz); nach dem Arbeitsaufwand, sie wieder zu vernichten, unterscheidet man weich- und hartmagnetische Eigenschaften.

Ursachen, Wirkungen und Prüfungen magnetischer Eigenschaften erlernen Sie in diesem Kapitel. Ihre Bedeutung ist groß: kein Elektromotor, kein Generator würde sich drehen, kein Transformator, kein Relais würde ansprechen, kein Nachrichtendienst würde ohne magnetische Werkstoffe funktionieren.

7.1. Magnetische Größen [1]

Lernziele

Der Lernende kann ...

... die magnetischen Größen in Formelzeichen und Einheiten benennen.

... dia-, para-, ferro- und ferrimagnetische Polarisationen unterscheiden.

... die Ursachen ferro- und ferrimagnetischer Stoffeigenschaften erklären.

7.1.0. Übersicht

Das elektrische und das magnetische Feld stehen miteinander in Wechselwirkung; darum gibt es für beide Felder „korrespondierende" (gleichartige, analoge) Größen, die man einander gegenüberstellen kann (Tabelle 7.1. −1). Man sieht, daß für korrespondierende Größen die Einheiten der Länge (m) und der Zeit (s) gleich, die Einheiten für die elektrische Stromstärke (A) und die Spannung (V) jeweils vertauscht sind.

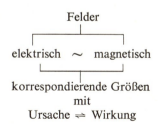

Prägen Sie sich alle Größen der Tabelle ein; sie sind für das Verständnis der weiteren Lernziele notwendig!

---

[1] Erforderliche Vorkenntnisse: Grundlagen des magnetischen Feldes.

Tabelle 7.1.−1. Größen des magnetischen und elektrischen Feldes

Lfd. Nr.	Bezeichnung	magnetisches Feld		elektrisches Feld	
		FZ	Einheit	FZ	Einheit
1	Feldstärke	H	$A\,m^{-1}$	E	$V\,m^{-1}$
2	Flußdichte	B	$Vs\,m^{-2}$ $= T$	D	①
3	Feldkonstante	μ_0	$4\,\pi \cdot 10^{-7}$ $Vs\,A^{-1}m^{-1}$ $= 1{,}257 \cdot 10^{-6}$ Hm^{-1}	ε_0	$8{,}85 \cdot 10^{-12}$ $As\,V^{-1}m^{-1}$ $= 8{,}85\,pF\,m^{-1}$
4.1 4.2	Permeabilitätszahl Permittivitätszahl (Dielektrizitätszahl)	μ_r −	1 −	− ε_r	− 1
5.1 5.2	Permeabilität Permittivität	$\mu = \mu_r \cdot \mu_0$	②	− $\varepsilon = \varepsilon_r \varepsilon_0$	− $As\,V^{-1}m^{-1}$
2.1	Flußdichte (allgemein) Flußdichte im Vakuum	$B = \mu_r \cdot \mu_0 H$ $B_0 = \mu_0 H$	$Vs\,m^{-2}$ $= T$	$D = \varepsilon_r \cdot \varepsilon_0 \cdot E$ $D_0 = \varepsilon_0 E$	$As\,m^{-2}$
6	Polarisation	$J = B - B_0$ $= (\mu_r - 1) \cdot \mu_0 H$ $= \chi_m \cdot B_0$	$Vs\,m^{-2}$ $= T$	$P = D - D_0$ $= (\varepsilon_r - 1) \cdot \varepsilon_0 D$	③
7	Suszeptibilitätszahl	④	1	$\chi_e = \varepsilon_r - 1$	1
8.1	Magnetisierung	$M = J/\mu_0$ $= \chi_m \cdot H$	$A\,m^{-1}$	−	−
8.2	Elektrisierung	−	−	$E_i = P/\varepsilon_0$ $= \chi_\varepsilon \cdot E$	Vm^{-1}

Die früher benutzten Einheiten für die Feld-stärke Oersted (Oe) und für die Flußdichte Gauß (G) sind ungesetzlich und werden nur noch für wissenschaftliche Zwecke benutzt.

$$1\,G = 10^{-4}\,T$$
$$1\,Oe = \frac{10^3}{4\,\pi}\,A\,m^{-1}$$
$$= 79{,}58\,A\,m^{-1}$$
$$\approx 80\,A\,m^{-1}$$

Übung 7.1.−1

Füllen Sie in Tabelle 7.1.−1 die leerstehenden Felder ① bis ④ aus!

Übung 7.1.−2

Errechnen Sie aus den Größen ε_0 und μ_0 die Gleichung

$$c = (\varepsilon_0 \cdot \mu_0)^{-1/2}$$

c = Lichtgeschwindigkeit.

In Tabelle 7.1.−1 sind die wichtigsten magnetischen Werkstoffgrößen aufgeführt:

1. die magnetische *Feldstärke H*; sie wird auch *magnetische Quellenspannung* genannt, weil sie das magnetische Feld erzeugt;

2. die magnetische *Flußdichte B*; sie wurde früher auch magnetische Induktion genannt.

Beachten Sie stets: in einem magnetischen Feld fließt nichts; es entstehen nur Feldzustände; sie werden geschwächt, verstärkt, vernichtet oder umgepolt!

3. die magnetische *Feldkonstante* μ_0 ist eine Meßgröße, die man überall auf der Erde im Vakuum und in nahezu gleicher Größe in trockener Luft bestimmen kann.

4. Die *Permeabilitätszahl* μ_r; sie ist ein Zahlenwert[2], der den Verstärkungsfaktor (bei einigen unmagnetischen Stoffen den Schwächungsfaktor) gegenüber dem Vakuum angibt.

Permeabilität heißt wörtlich Hindurchgehfähigkeit (gemeint für magnetische Feldlinien); noch besser ist der Begriff Saugfähigkeit oder Ansaugfähigkeit! Man kann sich dabei vorstellen, daß magnetische Feldlinien aus der Luft in den Werkstoff hineingesogen werden.

5. Die *Permeabilität* μ ist das Produkt aus der magnetischen Feldkonstante μ_0 und der Permeabilitätszahl μ_r, also eine Größe (Zahlenwert in Einheiten).

5.1 $B = \mu \cdot H$ ist die *Hauptgleichung* für das Magnetfeld; sie stellt die Beziehung zwischen der Feldstärke H und der Flußdichte B her; μ ist der Verknüpfungsfaktor zwischen den beiden Größen; man könnte auch sagen der Proportionalitätsfaktor (siehe nebenstehende Formulierung, wie aus der Proportion die Gleichung entsteht!).

Durch die einfache Umstellung

$\mu = \dfrac{B}{H}$ (Gl. 7.−4) ersieht man: die Permeabilität ist das Verhältnis der Fluß-

$$H = \frac{I \cdot N}{L} \qquad (7.-1)$$

I Stromstärke in A
N Windungszahl in 1
L Länge (der Kraftlinien) in m
H in A m^{-1}

B in Vs m^{-2}; 1 Vs m^{-2} = 1 T

T = Tesla

1 Vs = 1 Wb

$\mu_0 = 1{,}257 \cdot 10^{-6} \cdot$ Vs A^{-1} m^{-1}

μ_r = Zahlenwert

$$\mu = \mu_0 \cdot \mu_r \text{ in Vs A}^{-1} \text{ m}^{-1} \qquad (7.-2)$$

$$\mu_r = \frac{\mu}{\mu_0} \quad \text{(Zahlenwert)}$$

$$B = \mu \cdot H$$
$$B = \mu_0 \cdot \mu_r \cdot H \qquad (7.-3)$$

$$\mu = \frac{B}{H} \qquad (7.-4)$$

B	$\sim$	H	B	$=$	μ	$\cdot$	H	
$\dfrac{\text{Vs}}{\text{m}^2}$	$\sim$	$\dfrac{\text{A}}{\text{m}}$	$\dfrac{\text{Vs}}{\text{m}^2}$	$=$	$\dfrac{\text{Vs}}{\text{Am}}$	$\cdot$	$\dfrac{\text{A}}{\text{m}}$	(7.−5)

---

[2] Für das Vakuum $\hat{=}$ Luft gilt: $B_0 = \mu_0 \cdot H$.

dichte B zur Feldstärke H; in einem Koordinatenkreuz läßt sie sich durch ein Streckenverhältnis, nämlich durch den Tangens des Steigungswinkels ausdrücken, wie Sie später erkennen werden; μ ist aber kein konstanter Wert für einen Werkstoff!

6. Die magnetische *Polarisation J* bezieht sich allein auf den Werkstoff; die Polarisation der Luft bleibt unberücksichtigt.

Die Polarisation J ist demnach die Differenz aus der Gesamtflußdichte B und der Flußdichte der Luft B_0, Gl. (7.−6) bis (7.−8).

$$J = B - B_0 \text{ in Vs m}^{-2} (= \text{T}) \qquad (7.-6)$$
$$J = \mu_r \cdot \mu_0 \cdot H - \mu_0 H \qquad (7.-7)$$
$$J = (\mu_r - 1) \cdot \mu_0 \cdot H \qquad (7.-8)$$

7. Die magnetische *Suszeptibilitätszahl* χ_m eines Stoffes ist die Zahl, die um 1 kleiner als die Permeabilitätszahl μ_r ist, Gl. (7.−11). Aus den Werkstoffgrößen μ_r und χ_m ist die Magnetart eines Stoffes ersichtlich, wie Sie im nächsten Abschnitt lernen werden (7.1.1.1).

$$B = B_0 + J \qquad (7.-9)$$
$$B = \mu_0 H + J \qquad (7.-10)$$

$$\chi_m = \mu_r - 1 \qquad (7.-11)$$

8. Die Polarisation J wird durch eine bestimmte Feldstärke erzeugt; sie trägt die Bezeichnung Magnetisierung M, Gl. (7.−14) und (7.−15). M ist demnach die Feldstärke, um die man nach Entfernen des Spulenkernes die Feldstärke erhöhen müßte, um die Flußdichte B wieder zu erhalten.

Man kann auch definieren: Mit der Magnetisierungsfeldstärke erzielt man die magnetische Flußdichte im Werkstoff.

$$B = \mu_0(H + M) \qquad (7.-12)$$
$$J = \mu_0 \cdot M \qquad (7.-13)$$

$$M = \chi_m \cdot H \qquad (7.-14)$$
$$M = J/\mu_0 \qquad (7.-15)$$
$$\frac{\text{A}}{\text{m}} = \left(\frac{\text{Vs}}{\text{m}^2}\right)\bigg/\left(\frac{\text{Vs}}{\text{Am}}\right) = \frac{\text{A}}{\text{m}}$$

Beispiel 7.1.−1

für die Errechnung magnetischer Größen aus gegebenen Größen:

Ein Weichmagnet hat eine Permeabilitätszahl $\mu_r = 100$.

Berechnet werden sollen für eine Feldstärke $H = 100 \text{ Am}^{-1}$:
1. Magnetisierung M
2. Flußdichte B
3. Polarisation J

$\mu_0 = 1{,}26 \cdot 10^{-6} \text{VsA}^{-1}\text{m}^{-1}$
$B = \mu_0 \cdot H + J = \mu_0 H + \mu_0 M,$ \hfill (7.−10); (7.−12)
also:
1. $M = (\mu_r - 1) H = 0{,}99 \cdot 10^4 \text{Am}^{-1}$ (9,9 kAm^{-1}) \hfill (7.−11); (7.−14)
2. $B = \mu_0\mu_r \cdot H = 1{,}26 \cdot 10^{-6} \text{VsA}^{-1}\text{m}^{-1} \cdot 100 \cdot 100 \text{ Am}^{-1} = 1{,}26 \cdot 10^{-2} \text{ Vs m}^{-2} =$
$= 1{,}26 \cdot 10^{-2} \text{ T}$ \hfill (7.−5)
3. $J = \mu_0 \cdot M = (\mu_r - 1) \cdot \mu_0 \cdot H = 99 \cdot 1{,}26 \cdot 10^{-6} \text{ VsA}^{-1}\text{m}^{-1} \cdot 100 \text{ Am}^{-1} =$
$= 1{,}247 \cdot 10^{-2} \text{ Vsm}^{-2}$ \hfill (7.−8)

7.1.1. Polarisation

7.1.1.1. Arten der Polarisation

Die Wirkung eines Magnetfeldes auf einen Werkstoff läßt sich durch die Permeabilitätszahl μ_r oder die magnetische Suszeptibilitätszahl χ_m genau angeben. Nach den Zahlen für μ_r bzw. χ_m teilt man alle Stoffe in vier Magnetklassen ein (Tabelle 7.1.−2):

1. dia-magnetische
2. neutral-magnetische
3. para-magnetische
4. ferro-magnetische und ferri-magnetische

Die amagnetischen Gruppen 1, 2, 3 sind zwar praktisch wichtig; in den folgenden Abschnitten wird vornehmlich die Gruppe 4 der Ferro- und Ferrimagnetika besprochen; es sind die unter der Bezeichnung „Magnetwerkstoffe" in der E-Technik benutzten Werkstoffe.

Tabelle 7.1.−2. Einteilung der Stoffe nach ihrem magnetischen Verhalten

Nr.	Name	μ_r	χ_m
1	diamagnetisch	< 1	< 0
2	neutralmagnetisch	1	0
3	paramagnetisch	> 1	> 0
4	ferro-(ferri)-magnetisch	$\gg$ 1	$\gg$ 1

7.1.1.2. Ursachen des Magnetismus[3])

Bewegt sich eine elektrische Ladung Q in As, so entsteht um sie ein magnetisches Feld mit einer bestimmten Feldrichtung (Vektor!).

Alle Elektronen führen zwei Bewegungen aus:

1. eine Kreiselbewegung um ihre eigene (gedachte) Achse, auch als Spin bezeichnet (Drehmoment),

2. einen Bahnumlauf um den Atomkern (Umlaufmoment).

Zu 1. Nach Untersuchungen von *Pauli*[4]) können sich auf *einer* Unterschale (*einem* Energieniveau) maximal nur zwei Elektronen befinden, die einen entgegengesetzten Spin haben müssen; ihre magnetischen Momente heben sich dabei auf (kompensieren sich)[5]). Siehe Bild 7.1.−1.

Elektronenbewegungen:

1. Kreiselbewegung, Spin, Gegenspin → magnetisches Spinmoment

2. Umlauf (Bahn), Bewegung um den Atomkern → magnetisches Umlaufmoment

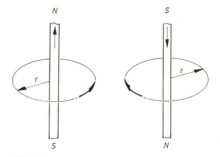

Bild 7.1.−1. Magnetfeld H, erzeugt durch Elektronenspin

---

[3]) Erforderliche Vorkenntnisse:
- Perioden-System der Elemente,
- Atomaufbau nach den Modellen von *Bohr* und *Kimball*.

Wünschenswerte Vorkenntnisse:
- Begriffe der s-, p-, d- und f-Elektronenzustände.

[4]) Physiker, gest. 1956.

[5]) Nach der Quantenmechanik ist das Magnetmoment eines Elektrons das Magneton $\mu_e{}^- = 9{,}28 \cdot 10^{-24}$ JT^{-1} (= Am²), (kleinstes magnetisches Moment).

Übung 7.1.—3

Erklären Sie die Einheit A m² für ein magnetisches Moment!

7.1.1.3. Dia- und Paramagnetismus

Das magnetische Moment eines Einzelatoms oder Moleküls setzt sich aus drei Teilmomenten zusammen, dem (den) Spin-, dem (den) Bahn- und dem (den) Kernmoment(en), wobei das letztgenannte als sehr klein vernachlässigt werden kann (Bild 7.1.–2).

Heben sich Spin- und Bahnmomente gegenseitig auf, dann kann erst ein äußeres magnetisches Feld im Stoff ein nach außen wirksames Magnetfeld erzeugen, das nach der Lenz'schen Regel dem äußeren Feld entgegengerichtet ist, und es schwächt; ein solches Verhalten bezeichnet man als diamagnetisch (Bild 7.1.–3). Die Feldlinien werden vom Stoff abgestoßen (weggeblasen). Diamagnetisch sind Gläser, Flüssigkeiten und einzelne Feststoffe (Tabelle 7.1.–3).

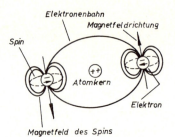

Bild 7.1.—2. Magnetfeld H, erzeugt durch Elektronenspin und Elektronenbahn

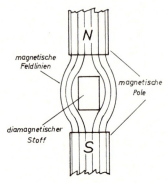

Bild 7.1.–3. Diamagnetischer Stoff (Feldlinien werden abgestoßen)

> Diamagnetismus = äußeres Feld wird geschwächt! $\mu_r < 1$.

Tabelle 7.1.–3. Diamagnetische Stoffe

Element/ Symbol	Ordnungs- zahl	Bemerkung
H_2	− 1	
C	6	Grafit, Diamant
N_2	− 7	
Si	14	
Cu	29	
Zn	30	
Ge	32	
Ag	− 47	
Au	79	
Pb	82	
Bi	83	
H_2O		Wasser
NaCl		Steinsalz

In einigen Elementen kompensieren sich die atomaren Magnetmomente nicht völlig; es verbleibt ein kleines Magnetmoment, das grob vereinfacht einen winzigen Elementarmagneten dargestellt. Man bezeichnet diese Erscheinung als *Paramagnetismus*.

Paramagnetische Stoffe (Tabelle 7.1.−4) verstärken ein äußeres Feld geringfügig (Bild 7.1.−4); die kleine Permeabilitätszahl entspricht einer kleinen Ansaugfähigkeit für magnetische Feldlinien.

In Bild 7.1.−5 sind die Magnetisierungskurven des Vakuums und von dia- und paramagnetischen Stoffen aufgezeichnet[6].

Tabelle 7.1.−4. Paramagnetische Stoffe

chemisches Symbol	Ordnungszahl
O_2	8
Na	11
Mg	12
Al	13
Cr	24
Mn	25
Pt	78
Luft	

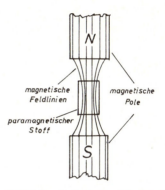

Bild 7.1.−4. Paramagnetischer Stoff (ganz geringe Ansaugkraft für magnetische Feldlinien)

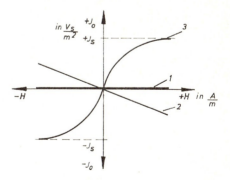

Bild 7.1.−5. Magnetische Polarisation J von Vakuum (*1*), diamagnetischem Stoff (*2*) und paramagnetischem Stoff (*3*)[7]

Übung 7.1.−4

Interpretieren Sie die 3 Linien von Bild 7.1.−5 nach Durchsicht von 7.3.1!

---

[6] Die Magnetisierungskurven werden in 7.3 erläutert.

[7] Eine restlos befriedigende Erklärung, warum die Spins sich parallel und nicht antiparallel ausrichten, gibt es noch nicht! Man vermutet den Einfluß der Valenzelektronen, die die Parallelstellung der magnetischen Spinmomente erzwingen.

7.1.1.4. Ferro- und Ferrimagnetismus

In einigen Stoffen richten sich die atomaren magnetischen Momente durch Kopplungskräfte spontan (= von selbst) aus; dies geschieht in bestimmten kleinen Raumbezirken, die nach ihrem Entdecker als Weiß'sche Bezirke bezeichnet werden. Für die Entstehung dieser Bezirke sind zwei Voraussetzungen notwendig:

1. Die Atome müssen Elektronen mit einer nicht vollbesetzten 3d- oder 4f-Schale (Energiestufe) haben.

2. Im Werkstoff muß ein bestimmtes Abstandsverhältnis zwischen den benachbarten Atomen und dem Radius der Außenelektronen um den Atomkern vorhanden sein (reziproke Slaterzahl).

Gase oder Flüssigkeiten sind daher niemals ferro- bzw. ferrimagnetisch.

Die Punkte 1. und 2. bedürfen einer näheren Erklärung.

Zu 1. Die Elektronen bewegen sich auf bestimmten Bahnen (Energiestufen, Energiebezirken), die mit den Zahlen 1 bis 7 und den Buchstaben s, p, d, f bezeichnet werden, um den Atomkern (Tabelle 7.1.–5). Bei einigen metallischen Übergangselementen ist die 3d- oder 4f-Bahn nicht voll besetzt; sie können ferromagnetische Eigenschaften besitzen, wenn auch noch die nächste Voraussetzung 2 erfüllt ist.

Zu 2. Der Abstand benachbarter Atome a und der Radius der Umlaufbahn der 3d-Elektronen r_{3d} müssen im Verhältnis von 1,5 bis 2,0 zueinander stehen (Tabelle 7.1.–6). Dieses Abstandsverhältnis haben die Metalle Fe, Co, Ni. Wenn man Mn und Cu miteinander in ein Gitter bringt (zusammenlegiert), dann ist dieses Abstandsverhältnis ebenfalls vorhanden und die Legierung daher ferromagnetisch. Werden Fe, Co oder Ni erhitzt, dann verändert sich das Abstandsverhältnis zunehmend; am Curiepunkt liegt es außerhalb von 1,5 bis 2,0, und der Stoff wird paramagnetisch.

Bedingungen für den Ferromagnetismus:

1. nicht aufgefüllte 3d- oder 4f-Schale,

2. bestimmtes Verhältnis der Atomabstände zum 3d- oder 4f-Elektronenbahnradius.

Gase und Flüssigkeiten lassen sich nicht magnetisieren; amorphe Feststoffe nur, wenn die beiden nebenstehenden Bedingungen erfüllt sind (selten!).

Tabelle 7.1.–5. Elektronenbahnen[8]

Schale			Bahn				max. Elektronenzahl
Nr.	Buchstabe	s	p		d	f	
1	K	1s	—			—	2
2	L	2s	2p 2p 2p		—	—	8
3	M	3s	3p 3p 3p	3d 3d 3d 3d	—		18
4	N	4s	4p 4p 4p	4d 4d 4d 4d	7×4f		32

Tabelle 7.1.–6[8]

Element		\multicolumn{6}{c}{Schale und Elektronenzahl}					
		K	L	\multicolumn{3}{c}{M}	N	$\dfrac{a}{r_{3d}}$
OZ	Symbol			3s	3p	3d	4s	
22	Ti	2	8	2	6	2	2	1,1
23	V	2	8	2	6	3	2	1,19
24	Cr	2	8	2	6	5	1	1,3
25	Mn	2	8	2	6	5	2	1,49
26	Fe	2	8	2	6	6	2	1,59
27	Co	2	8	2	6	7	2	1,79
28	Ni	2	8	2	6	8	2	2,0
29	Cu	2	8	2	6	10	1	> 2
30	Zn	2	8	2	6	10	2	> 2

---

[8] Bemerkung: Diese beiden Tabellen müßten Sie aus dem Chemie-Unterricht kennen! Sie dienen in der Magnetik zur Bestimmung der Anzahl von Spinmomenten je Volumeneinheit eines Festkörpers.

Die Magnettechnik interessieren vornehmlich:

1. *Ferromagnetische Werkstoffe (Metalle)*
   - Fe   krz
   - Fe-Legierungen   krz
   - Ni   kfz
   - Ni-Legierungen   kfz
   - Co   hex
   - Co-Legierungen   hex
   - Cu 61 Mn 26 Al 13 (Häusler-Legierungen u. a.)

   (weitere Angaben siehe 7.5.1 und 7.6.1)

2. *Ferrimagnetische Werkstoffe (Nichtmetalle)*
   - Metall- und Eisenoxide gemischt und gesintert

   (weitere Angaben siehe 7.5.2.2 und 7.6.2

Übung 7.1.—5

Nach dem unterschiedlichen Verhalten im Magnetfeld unterscheidet man dia-, neutral-, para- und ferro- bzw. ferrimagnetische Stoffe.

Geben Sie die beiden hierfür maßgeblichen Eigenschaften mit Namen, FZ (Formelzeichen) und Zahlen an!

Übung 7.1.—6

Wodurch unterscheiden sich Ferro- und Ferrimagnetismus?

Übung 7.1.—7

Welche Flüssigkeiten zeigen ferromagnetische Eigenschaften?

Übung 7.1.—8

Nennen Sie die Hauptgleichung für das magnetische Feld mit FZ und Einheiten!

Übung 7.1.—9

Nennen Sie die Gleichungen für die elektrische und magnetische Polarisation eines Werkstoffes mit FZ und Einheiten!

7.2. Polarisations-Vorgänge in Magnetwerkstoffen

Lernziele

Der Lernende kann ...

... Weiß'sche Bezirke erklären.

... Polarisations-Vorgänge in ferromagnetischen Kristallen durch Wandverschiebungen und Drehvorgänge erläutern.

... die magnetische Sättigung in einem Magnetwerkstoff erläutern.

... reversible und irreversible Vorgänge unterscheiden.

... die Magnetostriktion erklären.

7.2.1. Weiß'sche Bezirke (Domänen)

Alle nach außen wirksamen magnetischen Erscheinungen werden durch Vorgänge innerhalb der Weiß'schen Bezirke hervorgerufen; mit ihnen müssen wir uns näher befassen.

Eisen, Nickel und andere ferro- oder ferrimagnetische Stoffe haben kubische, Kobalt ein hexagonales Gitter[9].

Jeder Einzelkristall ist in magnetisch einheitlich ausgerichtete Raumbezirke (Weiß) aufgeteilt; sie haben die Form kleiner Platten, Quader oder Würfel mit Kantenlängen von 0,1 bis zu einigen mm.

In jedem Bezirk sind die Elementarmagnete in gleicher Richtung orientiert; sie verläuft parallel zu einer Kristallachse; demnach also bei kubischen Kristallen im Winkel von 90° oder 180° zur Richtung des Nachbarbezirkes (Bild 7.2.−1).

Alle Magnetwerkstoffe sind polykristallin, d. h., sie bestehen aus einem Haufwerk zahlloser Einzelkristalle. Jeder Monokristall (Einzel-Kristall) setzt sich aus einer kleinen Zahl, etwa 2 bis 8, von Weiß'schen Bezirken zusammen, deren magnetische Momente sich gegenseitig aufheben und deshalb nicht nach außen wirksam werden, wenn sie nicht zuvor schon einmal einem äußeren Magnetfeld, dies kann unter Umständen auch das Erdfeld[10] sein,

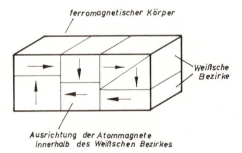

Bild 7.2.−1. Weiß'sche Bezirke in einem Magnetwerkstoff mit ausgerichteten Elementarmagneten

> Die im mikroskopischen Bereich befindlichen, unsichtbaren, ferro(ferri-)magnetischen Eigenschaften eines Stoffes werden erst unter dem Einfluß eines äußeren Magnetfeldes sichtbar und wirksam!

---

[9] Nach neuen Forschungen soll es auch amorphe Stoffe mit gewissen magnetischen Eigenschaften (ferro- bzw. ferrimagnetisch) geben.

[10] Erdmassen mit ferrimagnetischen Eigenschaften wurden bei der Abkühlung durch das Erdfeld zu Dauermagneten magnetisiert. Aus der Richtung der Pole von Oxidmagneten läßt sich das Magnetfeld der Erde zur Zeit der Magnetisierung bestimmen.

ausgesetzt waren. Von „Geburt an" ist kein Magnetwerkstoff bereits ein Magnet; er besitzt verborgene Magneteigenschaften, die erst in einem Magnetfeld wirksam werden.

7.2.2. Blochwand

Die in Bild 7.2.−1 gezeichneten dünnen Trennstriche zwischen Weiß'schen Bezirken sind in Wirklichkeit Übergangsschichten von etwa 100 bis 1000 Atomschichten; nach ihrem Entdecker nennt man sie Blochwände. Innerhalb einer Blochwand sind die atomaren Magnetmomente einzeln wie bei einem Uhrzeiger max. um 180° gegeneinander verdreht (Bild 7.2.−2).

In aufgedampften, magnetischen Dünnschichten mit wenigen Atomschichten wird die Blochwand zur zunächst nur wissenschaftlich bedeutsamen „Neelwand".

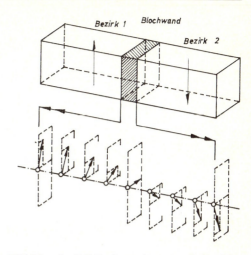

Bild 7.2.−2. 180°-Drehung des magnetischen Momentes innerhalb einer Blochwand.

Infolge dieser Drehung verschiebt sich die Wand von links nach rechts, bzw. von rechts nach links, je nach der Feldrichtung (S. 7.2.3.1).

7.2.3. Polarisations-Vorgänge im Kristall

Unter dem Einfluß eines äußeren Magnetfeldes H spielen sich in einem magnetischen Kristall nacheinander zwei Einzelvorgänge ab, die reversibel[11] oder irreversibel[12] ablaufen können. Sie werden getrennt in den beiden nächsten Abschnitten erläutert.

> Unter einem äußeren Magnetfeld spielen sich in magnetischen Kristallen nacheinander zwei Polarisations-Vorgänge ab:
>
> 1. Wandverschiebung $\triangleq$ Klappvorgänge um 180°
>
> 2. Drehungen um $< 90°$

7.2.3.1. Verschiebung der Blochwand

Vor einer Magnetisierung, d. h. bei einer Feldstärke $H = 0\ \mathrm{Am^{-1}}$ befinden sich alle magnetischen Momente in jedem Weiß'schen Raumbezirk, d. h. praktisch in jedem Einzelkristall, im Gleichgewicht; sie kompensieren sich völlig im Werkstoffinneren.

Diese willkürlichen, nur nach den Kristallachsen ausgerichteten magnetischen Momente der Weiß'schen Bezirke zeigt Bild 7.2.−3.

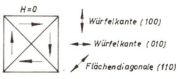

Bild 7.2.−3. Magnet-Kristall mit Weiß'schen Bezirken ohne äußeres H[13], Aufsicht auf eine Kubusfläche. Im Kristall befindet sich ein geschlossener Magnetkreis, in dem die Magnetmomente achsenparallel ausgerichtet und nach außen unwirksam sind.

---

[11] Umkehrbar.

[12] Nicht umkehrbar. An diese Ausdrücke müssen Sie sich gewöhnen!

[13] (100), (010), (110) sind Bezeichnungen für die Kristallorientierung nach *Miller*. Sie wurden im Kap. 1 nicht erklärt.

Unter dem Einfluß eines sich langsam verstärkenden Magnetfeldes verschiebt sich eine Blochwand in der in Bild 7.2.–4 angedeuteten Weise. Anfangs werden die magnetischen Momente des linken Bezirkes nicht belastet, im Gegensatz zu denen im rechten Bezirk; diese klappen nacheinander um 180° in die der äußeren Feldrichtung näherstehende Richtung um, wodurch sich die Blochwand so lange nach rechts verschiebt, bis sie – am Ende des Kristalls angelangt – verschwindet; der ganze Kristall bildet nun einen einzigen Weiß'schen Bezirk. Nimmt man die äußere Feldstärke weg, dann kann die Wand wieder erscheinen und sich wieder in ihre Ausgangslage schieben. Bei schwankenden oder entgegengerichteten Feldern wird die Wand hin und her verschoben.

Die Verschiebung verläuft um so glatter und reibungsloser, je geordneter der Gitteraufbau des Kristalles ist. Alle Störfaktoren für einen fehlerfreien Gitteraufbau, d. h. Versetzungen, Deformationen und Fremdatome behindern die Verschiebungsvorgänge. Zuweilen bleibt die Wand gewissermaßen an einer Stelle hängen und verschiebt sich dann in ruckartigen Sprüngen, den sogenannten Barkhausensprüngen.

7.2.3.2. Drehvorgänge

Sind die Klappvorgänge beendet und jeder Kristall jeweils ein einziger Weiß'scher Bezirk mit nur nach *einer* Kristallachse ausgerichteten magnetischen Orientierung geworden (Bild 7.2.–5b), dann beginnt bei weiter ansteigendem H der Drehvorgang. In jedem Kristall beginnen sich die magnetischen Momente gleichzeitig in die Richtung des erregenden Feldes zu drehen, bis sie schließlich alle in diese Richtung ausgerichtet sind (Bild 7.2.–5c). Darüber hinaus kann im Werkstoff nichts weiter geschehen; die Probe ist magnetisch gesättigt, und die Sättigungspolarisation J_s ist erreicht.

Wandverschiebungen und Drehvorgänge können in Magnetstoffen leicht und reversibel oder schwer und irreversibel verlaufen.

In 7.4 werden diese Werkstoffe als weich- bzw. hartmagnetische näher besprochen.

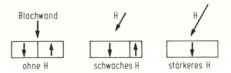

Bild 7.2.–4. Blochwand – Verschiebung

Unter dem Einfluß von $H\downarrow$ verschiebt sich die Blochwand von links nach rechts, bis sie schließlich ganz verschwunden ist.

> Die Blochwand wandert bei wechselndem H hin und her.

> Gitterstörungen erschweren die Wandverschiebung!

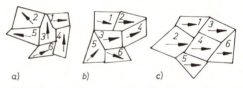

Bild 7.2.–5. Klapp- und Drehvorgänge bis zur magnetischen Sättigung in sechs Kristallen

a) ohne H: ungeordnete Momente
b) schwaches H: Blochwandverschiebung beendet
c) starkes H: Drehvorgänge beendet ≙ magnetisch gesättigt.

Wandverschiebung und Drehvorgang:

1. leicht und reversibel　} bei ungestörtem Gitter!

2. schwer und irreversibel　} bei gestörtem Gitter!

> Ob Wandverschiebungen und Drehvorgänge leicht oder schwer verlaufen, hängt von der „anisotropen Energie" ab.
>
> Darunter versteht man die Textur der Kristalle (7.5.1.2).

Übung 7.2.—1

Welche beiden Vorgänge spielen sich in einem
Weiß'schen Bezirk nacheinander ab?

Übung 7.2.—2

Gibt es auf der Erde natürliche Magnete?
Wenn ja, wie entstanden sie?

Übung 7.2.—3

Erklären Sie das Formelzeichen J_s!
Wie ist seine Einheit?

Übung 7.2.—4

Welche Magnetwerkstoffe lassen sich leicht
und welche schwer polarisieren?

Übung 7.2.—5

Was versteht man unter reversibler und unter
irreversibler Polarisation?
Wann treten sie auf?

7.2.3.3. Magnetostriktion

Bei der Polarisierung ändert sich die Gestalt
des Magnetwerkstoffes; man nennt diese Erscheinung Magnetostriktion. Die magnetostriktive Längenänderung λ[14] ist ein Faktor;
bei der magnetischen Sättigung erreicht er seinen Höchstwert, die Sättigungsmagnetostriktion λ_s (Tabelle 7.2.—1). Aus den Vorzeichen
für λ_s erkennt man, ob sich ein Magnetstab bei
der Magnetisierung längt oder kürzt. Die Län-
genmagnetostriktion ist keine Konstante, sondern ein Funktion von H.

Die lästigen Brummgeräusche der Transformatoren beruhen auf der Magnetostriktion;
im Takte der Frequenz, meistens also mit
100 Hz, schwingen die Elektrobleche und erzeugen Luftschwingungen. Technisch wird die
Magnetostriktion für elektroakustische Schall-
stöße, magnetostriktive Filter und bei Schnell-
druckern genutzt.

Tabelle 7.2.—1. Sättigungsmagnetostriktion
λ_s bei Raumtemperatur

Fe	$- 8 \cdot 10^{-6}$ [15]
Co	$+55 \cdot 10^{-6}$
Ni	$-35 \cdot 10^{-6}$
Ferrite	$(-100 \dots +40) \cdot 10^{-6}$

$$\lambda_s = f(H) \qquad (7.-16)$$

Magnetostriktive Stäbe bestehen oft aus
Fe 49 Co 49 V 2
(Eisen-Kobalt-Vanadium)

---

[14] Eigentlich $L - L_0 = \Delta L$, $\Delta L/L_0 = \lambda$.

[15] Das Vorzeichen gibt an, ob sich ein Stabmagnet längt oder verkürzt.

7.2.3.4. Antiferro- und Ferrimagnetismus

Anti heißt entgegengesetzt; demnach ist *Antiferromagnetismus* ein Ferromagnetismus mit antiparallelen atomaren Magneten, deren magnetische Momente sich völlig kompensieren. Ihn besitzen Stoffe mit ineinandergeschachteltem kubischen Gitter nach Bild 7.2−6 (2).

Antiferromagnetische Stoffe, z. B. Mangandioxid MnO_2, sind ohne weitere Zusätze magnetisch nicht brauchbar.

Dagegen ist der *Ferrimagnetismus* praktisch bedeutungsvoll; ferrimagnetische Stoffe bestehen aus nichtmetallischen Kristallen mit ineinander geschachtelten Kuben des sogenannten Spinelltyps[16]).

Bild 7.2.−6 (3) zeigt vereinfacht das Schema; die antiparallel nach den Würfelkanten ausgerichteten Atommagnete kompensieren sich nicht vollständig; es bleibt ein Differenzbetrag der Summe aller magnetischen Einzelmomente.

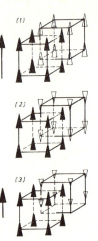

Bild 7.2.−6. Schema der magnetischen Polarisationen. Man erkennt deutlich:

(1) ferromagnetisch: große Polarisation
(2) antiferromagnetisch: keine Polarisation
(3) ferrimagnetisch: kleine Polarisation

Ferromagnetika:	Metalle
Ferrimagnetika:	Nichtmetalle (= Oxide)

Übung 7.2.—6

Welche Magnete verfügen über eine größere Flußdichte, Ferro- oder Ferrimagnetika? Begründung!

---

[16]) Spinell ist ein Mineral.

7.3. Magnetisierungs- und Hysteresekurve, DIN 50462

Lernziele

Der Lernende kann ...

... die Aufnahme von Magnetisierungskurven erläutern.

... die Neukurve werkstofflich erläutern.

... die Hysteresekurve werkstofflich erläutern.

... die gescherte Kurve erläutern.

... die verschiedenen Arten von Permeabilitätszahlen erläutern.

7.3.0. Übersicht

Alle magnetischen Größen können gemessen werden. Hierzu bringt man die Probe in ein langsam stärker werdendes Magnetfeld H und mißt die jeweils in der Probe erzeugte Flußdichte B bei der zugehörigen Feldstärke H. Man nennt eine Gleichfelderregung statisch; im Gegensatz dazu steht die dynamische Meßmethode in einem magnetischen Wechselfeld. Bei der statischen Messung erhält man Kurvenzüge auf einem Diagramm mit H als Abszisse und B (J) als Ordinate:

1. die *Neukurve* der erstmalig einem Magnetfeld ausgesetzten Probe, auch *Magnetisierungskurve* genannt,

2. die *Hysteresekurve*, die sich dann anschließend mit der bereits magnetisierten Probe ergibt.

Beide Kurven werden jetzt eingehend besprochen.

7.3.1. Neukurve

Eine Neukurve kann, wie gesagt, nur statisch, d. h. in einem Gleichfeld an einer noch nicht

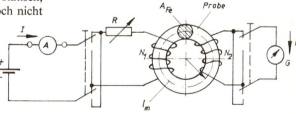

magnetisierten oder einer oberhalb des Curie-punktes ausgeglühten oder im Wechselfeld entmagnetisierten Probe ermittelt werden. Sie ist entweder ein geschlossener Ring, damit keine induzierten Feldlinien austreten können, oder ein nahezu fugenloser Rahmen (Epp-stein-Rahmen); die Meßschaltung zeigt Bild 7.3.−1.

Die theoretische Grundlage für die Erstellung der Neukurve sind die Gleichungen (7.−3) und (7.−8). Man benötigt dazu ein ballisti-sches Galvanometer sowie Flußmesser und

Bild 7.3.−1. Meßschaltung für magnetische Neu-kurve und Hysteresekurve (statisch)

A Strommesser für die Erregung des Magnet-feldes
R Potentiometer
l_m mittlere Feldlinienlänge
N_1 Erregerwicklungszahl
N_2 Meßwicklungszahl
G ballistisches Galvanometer

$$B = \mu_\mathrm{r} \cdot \mu_0 \cdot H \qquad (7.-3)$$

$$J = \chi \mu_0 \cdot H \qquad (7.-8)$$

Längenmaßstab. Das erregende Magnetfeld
wird stufenweise um einen gewissen Betrag
ΔH verstärkt, und man mißt dabei die Änderung ΔB der induzierten Flußdichte. Die ermittelten Werte ergeben in einem Diagramm
mit H als Abszisse und $B\,(J)$ als Ordinate die
Neukurve nach Bild 7.3.−2, deren typischer
Verlauf folgendermaßen zustande kommt:

Am Punkt 0 ist $H = 0$
und $B = 0!$
und damit auch das magnetische Gesamtmoment $= 0!$

Am Punkt 1 ist H_0 auf H_1
und B_0 auf B_1
gestiegen;
die magnetischen Momente sind durch Wandverschiebungen gestiegen.

Am Punkt 2 ist H_1 um ΔH_2 auf H_2
und B_1 um ΔB_2 auf B_2
gestiegen;
die Wandverschiebungen sind fast beendet.

Am Punkt 3 ist H_2 um ΔH_3 auf H_3
und B_2 um ΔB_3 auf B_3
gestiegen;
die Wandverschiebungs-, d. h. die Klappvorgänge, sind beendet.

Am Punkt 4 ist H_3 um ΔH_4 auf H_4
und B_3 um ΔB_4 auf B_4
gestiegen;
im Kristall finden jetzt Drehvorgänge statt.

Am Punkt 5 ist H_4 um ΔH_5 auf H_5
und B_4 um ΔB_5 auf B_5
gestiegen;
die Drehvorgänge sind beendet; die Sättigung
ist erreicht.

Man nennt den Punkt 5 den magnetischen Sättigungspunkt und bezeichnet ihn mit J_S oder
B_S in T.

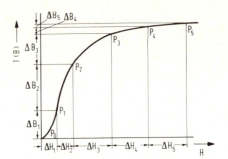

Bild 7.3.−2. Magnetisierungs(Neu-)-Kurve

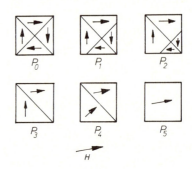

Bild 7.3.−3. Ausrichtung der magnetischen Momente unter einer wachsenden Feldstärke H (zu
Bild 7.3.−2).

(Die Erklärung der Bilder finden Sie nebenstehend.)

Übung 7.3.−1

Interpretieren Sie jetzt Bild 7.1.−5!

Übung 7.3.−2

Ist $\dfrac{\Delta B}{\Delta H}$ eine Konstante?

Übung 7.3.—3

Wie heißt das Verhältnis $\frac{\triangle B}{\triangle H}$?

Formelzeichen und Einheiten?

7.3.2. Hysteresekurve

Hysterese heißt Fortdauer einer Einwirkung nach Aufhören der Ursache. In unserem Falle bedeutet Hysterese die Fortdauer der magnetischen Polarisierung J ohne magnetische Erregung H. Mit anderen Worten: die bei steigender Feldstärke H in Magnetwerkstoffen vor sich gehenden Klapp- und Drehprozesse sind nicht völlig reversibel, sondern es bleibt eine Polarisation in der Probe zurück. Wäre dies nicht der Fall, so müßte die Flußdichte B bei abnehmendem H die gleichen Werte wie bei zunehmendem H in der Neukurve haben, und man erhielte bei der Auf- und Abmagnetisierung deckungsgleiche B-H-Linien[17]) nach Bild 7.3.—4.

In Wirklichkeit verbleiben aber bei der Abmagnetisierung höhere J- (B-) Werte in der Probe, wie Bild 7. 3.—5 zeigt.

Ist die erregende Feldstärke H auf Null zurückgegangen, dann nennt man die im Werkstoff zurückgebliebene (remanente) Polarisation J_r bzw. B_r „Remanenz", oder besser „Remanenzpolarisation" bzw. „Remanenzflußdichte".

Polt man den erregenden Strom um, dann erhält man eine entgegengesetzte magnetische Feldstärke $-H$, welche eine entgegengesetzte Polarisation der Probe bewirkt.

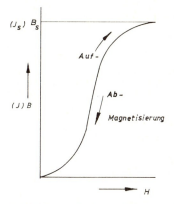

Bild 7.3.—4. Deckungsgleiche Auf- und Abmagnetisierung im Idealfall völlig reversibler Klapp- und Drehvorgänge

Die Zahlenwerte für J und B, beide in T, unterscheiden sich in Magnetwerkstoffen nicht; sie können miteinander vertauscht werden.

$J_r \approx B_r$
$J_s \approx B_s$

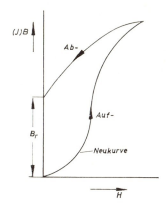

Bild 7.3.—5. Neukurve (= Auf- und Abmagnetisierung; $H = 0 \to H_{max} \to 0$.

---

[17]) bzw. *J-H*-Linien.

In Bild 7.3.−6 ist dieser Vorgang verdeutlicht. Die zur Beseitigung der Remanenz B_r (J_r) erforderliche negative Feldstärke heißt Koerzitivfeldstärke $-H_c$. Erhöht man $-H$ über $-H_c$ hinaus, dann erhält man den absteigenden Kurvenabschnitt im III. Quadranten bis zum Sättigungspunkt 2 ($-J_S$); er liegt punktsymmetrisch zum Punkt 1, d. h. 180° um den Nullpunkt (Schnittpunkt) des Achsenkreuzes gedreht. Mit sinkendem H fällt B (J). Am Nullwert von H (Punkt 3) verbleibt im Werkstoff eine negative Remanenz $-B_r$ in gleicher Stärke wie $+B_r$ mit entgegengesetzter Polarisation. Zu ihrer Auslöschung benötigt man die gleiche Koerzitivfeldstärke mit umgekehrtem Vorzeichen $+H_c$ (Feldrichtung). Bei zunehmendem H über H_c hinaus wiederholen sich die Vorgänge im Werkstoff ähnlich wie bei der Erstmagnetisierung. Am Punkt 1 ist wiederum die Sättigung B_S (J_S) erreicht und die Hysteresekurve (Schleife) geschlossen.

Statische, mit Gleichstrom erstellte Neu- und Hysteresekurven sind zeit- und kostenaufwendig. Einfacher erhält man Hysteresekurven im Wechselfeld auf einem Oszilloskop-Schirmbild durch eine Meßschaltung nach Bild 7.3.−7[18].

Sie unterscheiden sich von der statischen Kurve durch den Einfluß von Wirbelströmen. (7.4.2.3).

Die Probenform − kurz/dick oder lang/dünn − beeinflußt die Hysteresekurve.

Bild 7.3.−6. Hysterese-Kurve
B_r in T
J_r in T
H_c in A m^{-1}

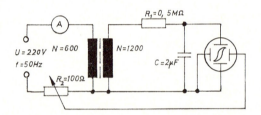

Bild 7.3.−7. Meßvorrichtung für eine Hysteresekurve an einem Oszilloskopschirm (dynamisch)

Übung 7.3.−4

Nennen Sie Formelzeichen und Einheiten für Koerzitivfeldstärke und Remanenz!

Übung 7.3.−5

Was bedeutet J_S? Einheit?

Übung 7.3.−6

Ist in allen Hysteresekurven $+H_c = -H_c$?

Übung 7.3.−7

Was bewirkt H_c werkstofflich?

---

[18] In Technikerschulen sollte die Aufnahme und Auswertung von Hysteresekurven in einer Übung vorgenommen werden; die in Bild 7.3.−7 angegebenen Bauteilgrößen haben sich dafür bewährt.

7.3.3. Scherung

Die besprochene Hysteresekurve wurde an geschlossenen Ringen oder spaltlosen Rahmen
ermittelt. Man muß aber auch den Einfluß eines Luftspaltes auf die Magnetisierung eines
Werkstoffes untersuchen, denn auch bei
Weichmagneten, denken wir z. B. an Relais,
treten mitunter Feldlinien aus und dann
wieder in den Werkstoff hinein. Sie sind dem
erregenden Feld H entgegengesetzt und schwächen es[19]; die induzierte Flußdichte wird dadurch kleiner (Bild 7.3.–8). Die Unterschiede
der Hysteresekurven einer geschlossenen und
einer „gespaltenen" Probe ergeben die typische, der Form einer Schere ähnelnde Kurve;
man nennt sie deshalb Scherungskurve (Bild
7.3.–9) und das Untersuchungsverfahren
„Scherung".

> Die Scherung berücksichtigt den Luftspalt
> im Magnetkreis!

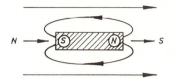

Bild 7.3.–8. Entmagnetisierung eines Stabmagneten

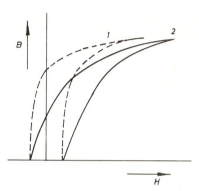

Bild 7.3.–9. Scherungskurve
1 ohne Luftspalt, *2* mit Luftspalt

Übung 7.3.—8

Wann benötigen Sie Scherungskurven?

7.3.4. Permeabilität

Die Permeabilität $\mu = B/H$ ist eine wichtige
Werkstoffgröße; man könnte sie gut „magnetische Saugkraft" oder „magnetische Leitfähigkeit" nennen.

Je größer μ ist, um so stärker werden magnetische Feldlinien aus der Probenumgebung in
die Probe hineingesogen und dort verdichtet
(= verstärkt). Weichmagnete haben viel höhere
Permeabilitäten μ, genau gesagt Permeabilitätszahlen μ_r, als Hartmagnete.

Bei Dauermagneten ist μ_r niedrig und beträgt
manchmal nur 1 und selten 5; Weichmagnete
haben dagegen Höchstwerte bis zu 10^6.

> Permeabilität $\triangleq$
>
> magnetische Saugkraft oder magnetische
> Leitfähigkeit.

> Technisch gilt:
>
> $B = \mu \cdot H$ (7.–3)
> $B = \mu_0 \mu_r \cdot H$
> $\mu_0 \approx 1{,}26 \cdot 10^{-6}\ \text{Vs A}^{-1}\,\text{m}^{-1}$
>
> $B \approx 1{,}26\ \mu_r \cdot H$
> B in μT   (7.–17)
> H in A m^{-1}

---

[19] Bemerkung: Erklärung durch magnetische Kreiswiderstände.

Spricht man in der Praxis von der „Permeabilität", so meint man meistens die Permeabilitätszahl μ_r.

$\mu = f(H)$!   (7.−18)

Weil μ_r von H abhängt, muß bei μ_r-Werten H immer angegeben werden!

Kleine Feldstärken induzieren bereits Permeabilitäten;

$\mu_4 \triangleq$ gemessen bei 0,4 A m^{-1}

Die Permeabilität μ ist keine Konstante wie μ_0, sondern von der Feldstärke H abhängig. Deutlich sieht man dies an der Neu- und der Hysteresekurve.

Wäre $\mu = B/H$ konstant, dann müßten nach Bild 7.3.−10 beide Kurven Geraden sein.

Berechnungsbeispiel für B bei $\mu_4 = 3500$:

B	μ_0	μ_4	H
1,764	$1,26 \cdot 10^{-6}$	3500	0,4
mT	Vs A^{-1} m^{-1}	1	A m^{-1}

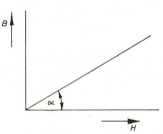

Bild 7.3.−10. Neukurve für $\mu = \dfrac{B}{H} =$ konstant

$\tan \alpha =$ konstant; dies gilt für Luft und andere Gase, aber nicht für Magnetwerkstoffe ($\tan \delta = 0$).

Das Verhältnis $B:H$ ändert sich aber ständig. Für jeden Punkt auf der Kurve läßt sich das Differenzenverhältnis $\Delta B:\Delta H$ durch den tan des Steigungswinkels (Tangentenwinkel des Kurvenpunktes mit der Abszisse) angeben (Bild 7.3.−11).

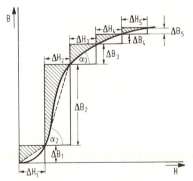

Bild 7.3.−11. Steigung der Neukurve

$\mu = \dfrac{\Delta B}{\Delta H}$ nicht konstant; ΔH konstant

Trägt man $\mu = \tan \alpha$ über H auf (Bild 7.3.–12) und extrapoliert den erhaltenen Kurvenzug auf $H = 0$, dann erhält man die Anfangspermeabilität μ_a, eine wichtige weichmagnetische Werkstoffgröße. Bisweilen gibt man μ auch für sehr kleine, wirklich gemessene H-Werte an; z. B. heißt μ_4, daß dieser Wert bei $H = 0,4\ \text{Am}^{-1}$ gemessen wurde.

Nach Bild 7.3.–12 ergibt sich am Punkt 3 die maximale Permeabilität μ_{max}, bei der der Magnetwerkstoff gewissermaßen die größte Anziehungs-(Saug-)Kraft für Magnetfelder besitzt; er liegt oft über der Koerzitivfeldstärke.

Einen ähnlichen Kurvenverlauf wie Bild 7.3.–12 zeigt Bild 7.3.–13; hier erkennt man noch besser die Werte von μ in Abhängigkeit von H bei kleinen Werten.

Übung 7.3.—9

Warum erkennt man in Bild 7.3.–13 die Werte von μ in Abhängigkeit von H besser als in Bild 7.3.–12?

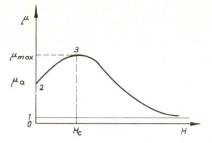

Bild 7.3.–12. Einfluß von H auf μ
μ_a durch Extrapolieren ermittelt = Punkt 2 Meßwert bei kleinstem H

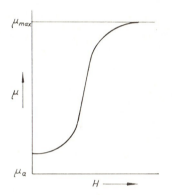

Bild 7.3.–13. Einfluß von H auf μ (ähnlich wie Bild 7.3.–12)

Häufig müssen die Permeabilitätswerte bei sehr kleinen Feldstärken oder Flußdichten genau angegeben werden; in diesen Fällen wählt man einen doppelt-logarithmischen Maßstab nach Bild 7.3.–14. Die Werte wurden an dünnen Blechen von 0,1 und 0,2 mm Dicke erhalten.

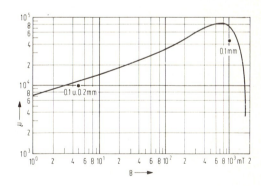

Bild 7.3–14. Abhängigkeit der Permeabilität von der Flußdichte im doppelt-logarithmischen Maßstab (garantierte Werte für bestimmte Werkstoffe[20])

---

[20] μ_0 = kleine Größe = kleiner Zahlenwert in Einheiten,
μ_r = Zahlenwert meistens groß (bei Weichmagneten).
Der Zahlenwert von $\mu_0 \cdot \mu_r$ ist daher kleiner als der von μ_r.

Übung 7.3.—10

Welche Einheit hat μ_r?

Übung 7.3.—11

Ist μ_r eine Konstante?

Übung 7.3.—12

Wovon ist μ_r abhängig?

Übung 7.3.—13

Welche Arten von Permeabilitätszahlen finden Sie in Tabellenwerten für Weichmagnete?

Übung 7.3.—14

Errechnen Sie in Bild 7.3.—14 die H-Werte für die beiden Prüfwerte! (Punkte)

Übung 7.3.—15

Wie entnehmen Sie die Größe μ_{max} aus der Hysteresekurve?

Übung 7.3.—16

Was besagt 1. ein hoher, 2. ein niedriger μ_r-Wert des Werkstoffes für die Polarisationsfähigkeit?

Übung 7.3.—17

Geben Sie Grenzwerte für J_s (B_s) für Weich-Magnetwerkstoffe an!

Übung 7.3.—18

Zeichnen Sie die Kurve $\mu = f(H)$
1. für einen Weichmagneten und
2. für Luft!

Übung 7.3.—19

Errechnen Sie die Flußdichte eines Weichmagneten, wenn μ_4 mit 3,5 Vs/Am bestimmt wurde!

7.4. Anforderungen an weich- und hartmagnetische Werkstoffe

Lernziele

Der Lernende kann ...

... Weichmagnete von Hartmagneten unterscheiden.

... Anforderungen an Weichmagnete nennen.

... Anforderungen an Hartmagnete nennen.

... Verlustarten von Weichmagneten angeben.

... Maßnahmen zur Herabsetzung magnetischer Verluste nennen.

... Einfluß von Temperatur und Frequenz auf Weichmagnete nennen.

... den Begriff Energieprodukt für Hartmagnete erläutern.

... den Arbeitspunkt eines Hartmagneten definieren.

7.4.1. Unterscheidungsmerkmale

Die Begriffe hart- und weichmagnetisch decken sich nicht mit den konstruktiven Härtezahlen, sondern beziehen sich auf die zum Entpolarisieren benötigte Feldstärke. Die maßgebliche Unterscheidungs-Kenngröße ist die Koerzitivfeldstärke H_c; sie ist bei Hartmagneten einige Zehnerpotenzen höher als bei Weichmagneten. Dementsprechend sind die Hystereseschleifen in Weichmagneten schmal und bei Dauermagneten breit. (Achten Sie dabei auf den Maßstab für H!)

Die leicht polarisierbaren *Weich*magnete werden vornehmlich in Wechselfeldern eingesetzt; die einmal nach bzw. bei ihrer Herstellung polarisierten *Hart*magnete behalten ihre Polarisation zum großen Teil und werden als Dauer-(= Permanent-)Magnete benutzt[21].

Die Anforderungen an Weich- und Hartmagnete sind demnach völlig verschieden. Sie werden in den nächsten Abschnitten beschrieben.

Die Koerzitivfeldstärke H_c ist allein entscheidend, ob ein Magnetwerkstoff weich- oder hartmagnetisch ist.

weich (normal): $H_c < 10^3$ A m^{-1}

hart (normal): $H_c > 10^4$ A m^{-1}

weich (min): $H_c \approx 0,4$ A m^{-1}

hart (max): $H_c \approx 4,5 \cdot 10^5$ A m^{-1}

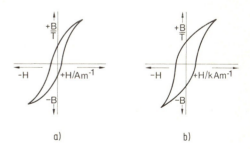

Bild 7.4.−1. Hysteresekurven

a) Weichmagnet

b) Hartmagnet

Ordinate: gleicher Maßstab in T
Abszisse: ungleicher Maßstab:

a) H in A m^{-1}

b) H in kA m^{-1} oder 10 kA m^{-1}

Kurvenverlauf täuscht: auf Maßstab achten!

---

[21] Irreversible Vorgänge!

Übung 7.4.—1

Welche magnetische Größe ist für die Unterscheidung von weich- und hartmagnetischem Verhalten eines Magnetwerkstoffes entscheidend? Geben Sie Namen, Formelzeichen, Einheit und Maßzahlen an!

7.4.2. Anforderungen an Weichmagnete

7.4.2.1. Verluste, allgemein

Weichmagnete werden vornehmlich in Wechselfeldern eingesetzt, wobei sie im Takt der Frequenz ummagnetisiert werden. Hierbei entstehen Verluste, die bei hohen Leistungen erhebliche Kosten verursachen und daher möglichst niedrig gehalten werden müssen. Die Verluste entstehen durch

- irreversible Wandverschiebungen (= Hysterese-Verlust),

- induzierte Wirbelströme und

- Nachwirkung.

Die in der Nachrichtentechnik üblichen hohen Frequenzen verursachen ebenfalls Verluste; sie ließen sich wirtschaftlich erst durch die Verwendung hochohmiger Oxidmagnete (Ferrite) verringern.

7.4.2.2. Hystereseverlust
      (= Ummagnetisierungs-Verlust)

Für die Auf- und Abmagnetisierung in beiden Richtungen wird elektrische Arbeit in Ws = J (Joule) benötigt, und zwar um so mehr, je mehr sich die atomaren magnetischen Momente gegen ihre Polarisation und Entpolarisation sträuben.

Es läßt sich nachweisen, daß die von der Hysteresekurve umschlossene Fläche das Maß für die Polarisierungs- und Entpolarisierungsarbeit darstellt. Sie kann durch die Summe der kleinen Quadrate $\Delta H \cdot \Delta B$ nach Bild 7.4.—2 berechnet oder ausplanimetriert werden. Setzt man H und B in Einheiten ein, so erhält man das *Energieprodukt* $H \cdot B$ der nebenstehenden Gl. (7.—21); es ist die auf das Volumen von 1 m³ bezogene Ummagnetisierungsarbeit in J = Ws *einer* Periode bei 50 Hz. Sie wird im

Energietechnik:

$$V_G = V_H + V_W + V_R \text{ in W kg}^{-1} \quad (7.-19)$$

V_G Gesamt-Verlust
V_H Hysterese-Verlust
V_W Wirbelstrom-Verlust
V_R Rest-Verlust

Nachrichtentechnik:

$$R_K = R_H + R_W + R_R \quad (7.-20)$$

R_K Verluste eines Spulenkernes

Verluste in Ω!

(nur zur Kenntnis!
ohne Ableitung und nähere
Erklärung!)

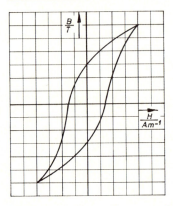

Bild 7.4.—2. Hysteresekurve zur Bestimmung des Inhaltes $B \cdot H$

Energieprodukt:

$$B \cdot H = \frac{\text{Vs}}{\text{m}^2} \cdot \frac{\text{A}}{\text{m}} = \frac{\text{Ws}}{\text{m}^3} = \frac{\text{J}}{\text{m}^3} \quad (7.-21)$$

Eisenblech gewissermaßen als „Reibungsarbeit" in Wärme umgesetzt; deshalb müssen Leistungstransformatoren gekühlt werden, z. B. mit Spezialölen (8.4).

Metalle handelt man nach Massen, d. h. nach kg. Setzt man in Gl. (7.−21) die Werkstoffdichte ϱ_D in kg m^{-3} ein, dann erhält man nach Gl. (7.−22) die Ummagnetisierungsarbeit für eine Periode in Ws kg^{-1}, die in Wärme umgesetzt wird.

Berücksichtigt man noch die Frequenz f in s^{-1}, dann erhält man den auf die Masse bezogenen Hysterese-Leistungsverlust V_H in W kg^{-1} (Gl. 7.−23).

Eine Näherungsgleichung zur Errechnung von Hystereseverlusten bei 50 Hz gibt die Gl. (7.−24). B_{max} ist die im Betrieb effektiv erreichte höchste Flußdichte und nicht die Sättigungs-Flußdichte B_S.

Die von der Hysteresekurve eingeschlossene Fläche ist die Größe der Ummagnetisierungsarbeit je Volumeneinheit und Periode in Ws m^{-3} = J m^{-3}.

Je schmaler die Kurve, um so geringer die Ummagnetisierungsverluste!

Ummagnetisierungsarbeit für eine Periode je kg Masse:

$$\frac{B \cdot H}{\varrho_D} \quad \text{in} \quad \frac{\text{Ws}}{\text{m}^3 \cdot \dfrac{\text{kg}}{\text{m}^3}} = \frac{\text{Ws}}{\text{kg}} \qquad (7.-22)$$

$$\frac{\text{Ws}}{\text{kg}} \cdot \frac{1}{\text{s}} = \frac{\text{W}}{\text{kg}} \qquad (7.-23)$$

Hysterese-Leistungsverlust V_H in W kg^{-1}

Annäherungsgleichung zur Errechnung des Hystereseverlustes V_H bei 50 Hz:

$$V_H \approx \frac{2 \cdot 10^{-4} \cdot H_c \cdot B_{max}}{\varrho_D \cdot t} \qquad (7.-24)$$

V_H in W kg^{-1}
H_c in A m^{-1}
B_{max} in Vs m^{-2}
ϱ_D in kg m^{-3}
t in s

Beispiel 7.4.−1

für Gl. (7.−24):

Ein Elektroblech mit der Dichte $\varrho_D = 7,5$ kg dm^{-3} wird mit $B_{max} = 0,9$ Vs m^{-2} bei einer Koerzitivfeldstärke $H_c = 20$ A m^{-1} und bei einer Frequenz von 50 Hz magnetisiert.

Wie hoch ist der Ummagnetisierungsverlust V_H?

Alle Maßnahmen, Hystereseverluste niedrig zu halten, bestehen darin, bei kleinen Feldstärken große Flußdichten zu erhalten und die Polarisationen hochgradig reversibel zu machen. (Technische Werte siehe 7.5).

Lösung:

$$V_H \approx \frac{2 \cdot 10^{-4} \cdot 20 \text{ A m}^{-1} \cdot 0,9 \text{ Vs m}^{-2}}{0,0075 \cdot \text{kg} \cdot \text{m}^{-3} \cdot \text{s}}$$

$V_H = 0,480$ W kg^{-1}
$V_H =$ Leistungsverlust durch Ummagnetisierungsarbeit

Die Magnethersteller bewerkstelligen dies durch

- reine Kristalle ohne unerwünschte Nebenbestandteile (saubere Einsatzstoffe, elektrisch beheizte Öfen),
- Gitter mit möglichst wenig Störstellen (Walz- und Glühvorschriften),
- einheitliche Ausrichtung der Kristalle in Texturblechen (Rekristallisation),
- geeignete Zusammensetzung von
  - Metallen (z. B. Nickellegierungen, s. 7.5.1) und
  - Ferriten (s. 7.5.2.2).

> V_H *gering bei*
>
> 1. hohem μ_a
> 2. hohem μ_{max}
> 3. J leicht reversibel
>
> *Geeignete Maßnahmen.*
>
> - reiner Werkstoff
> - wenig Fehlstellen
> - Kornorientierung
> - Nickelzusätze im Fe
> - Ferrite

Übung 7.4.—2

Bei der Aufnahme einer Hysteresekurve wurde gemessen:

$$H_c = 15\ \mathrm{A\ m^{-1}};\quad B_r = 0{,}8\ \mathrm{T};$$
$$\varrho_D = 7{,}5\ \mathrm{kg\ dm^{-3}}.$$

Wie groß ist V_H in W kg^{-1}?

7.4.2.3. Wirbelstromverlust

Nach den bekannten Induktionsgesetzen erzeugt jede Änderung einer magnetischen Flußdichte in ihrer Umgebung eine Spannung U, die in elektrischen Leitern, in unserem Falle in metallischen Magnetwerkstoffen, unerwünschte Ströme, die sogenannten Wirbelströme, erzeugt. Nach der Lenz'schen Regel ist der induzierte Strom dem erregenden Wechselfeld entgegengerichtet; er schwächt es, womit sich auch die wirksame Permeabilität $\mu = B/H$ verkleinert.

> Wirbelströme entstehen im Magnetwerkstoff bei Änderung der Flußdichte B.

Nach Gl. (7.−25) lassen sich Wirbelstromverluste berechnen.

Wirbelströme müssen deshalb durch eine erhöhte Primärleistung ausgeglichen werden. Aus der hier nicht abgeleiteten Gleichung (7.−25) ist ersichtlich, daß der Wirbelstromverlust V_W dem Quadrate der Flußdichte B,

> Wirbelstromverlust V_W in W kg^{-1}:
>
> $$V_W = \hat{B}^2 \cdot f^2 \cdot d^2 \cdot \varkappa \cdot \frac{1}{\varrho_D} \quad ^{22)} \qquad (7.-25)$$
>
> $\hat{B}$ Scheitelwert d. Flußdichte in T
> f Frequenz in s^{-1}
> d Magnetdicke (Blech) in m
> $\varkappa$ spezifische elektrische Leitfähigkeit in Sm^{-1}
> ϱ_D Dichte in kg m^{-3}
> $\varrho = \dfrac{1}{\varkappa}$ (ϱ würde im Nenner stehen)

---

[22] Bei Wechselströmen ist das Energieprodukt $= \frac{1}{2} B \cdot H$; darum muß $(B/2)^2$ eingesetzt werden.
Leider wird ϱ_D als Formelzeichen für
1. die Dichte in kg dm^{-3},
2. den spezifischen Durchgangswiderstand in Ωm benutzt.
Nicht verwechseln!!

dem Quadrate der Frequenz f, dem Quadrate der Blechdichte d und der spezifischen elektrischen Leitfähigkeit $\varkappa$ proportional ist.

Bei Verlustangaben für Weichmagnete, insbesondere für Trafo- und Elektrobleche, müssen daher die Prüfdaten für B und f angegeben werden.

$V_1{}^{23)}$ bedeutet Verlust bei 1 T,

$V_{1,5}{}^{23)}$ bedeutet Verlust bei 1,5 T.

Aus der Gl. (7.−25) folgt, daß man zur Erzielung geringer Wirbelstromverluste folgende Maßnahmen ergreifen sollte:

- möglichst kleine Flußdichte B, durch Einsatz von Werkstoffen mit flacher Hysteresekurve (theoretisch, da mit einem bestimmten Fluß gearbeitet werden muß);

- niedrige Frequenz;

- kleine Wandstärke durch Aufteilung des Kernes in dünne Metallstreifen (Lamellen); die einzelnen Blechlagen müssen gegeneinander isoliert sein;

- niedrige elektrische Leitfähigkeit, bzw. hoher spezifischer elektrischer Widerstand ϱ; man erreicht dies durch Verwendung von:

  - FeSi-Legierungen (Mischkristalle!)

  - FeNi-Legierungen (Mischkristalle!)

  - Masseeisen (Metall in Kunststoff eingebettet!)

  - Oxidmagnete = Ferrite (Nichtleiter)

Bei V_W muß B in T immer angegeben werden!

$V_1 \triangleq$ Verlust bei 1 T
$V_2 \triangleq$ Verlust bei 2 T

Wirbelstromverluste werden verringert durch:

1. Lamellierung (kleines d)

2. Widerstandserhöhende Zusätze (kleines $\varkappa \triangleq$ hohes ϱ)

3. Isolierende Zwischenschichten

4. Verwendung von Masseeisenkernen (kleines $\varkappa$)

5. Verwendung von Ferriten (kleines $\varkappa$)

Beispiel 7.4.—2

für die Errechnung von V_W nach Gl. (7.−25):

$B = 1,1\ \text{T} = 1,1\ \text{Vs m}^{-2}$
$f = 50\ \text{Hz} = 0,02\ \text{s}^{-1}$
$d = 0,5\ \text{mm} = 0,5 \cdot 10^{-3}\ \text{m}$
$\varkappa = 5 \cdot 10^6\ \text{S m}^{-1} = 5 \cdot 10^6\ \text{A V}^{-1}\ \text{m}^{-1}$
$\varrho_D = 7,5\ \text{g cm}^{-3} = 0,75 \cdot 10^{-2}\ \text{kg m}^{-3}$

$$V_W = \frac{1,21 \cdot \text{V}^2\text{s}^2\text{m}^{-4} \cdot 4 \cdot 10^{-4}\text{s}^{-2} \cdot 0,25 \cdot 10^{-6}\text{m}^2 \cdot 5 \cdot 10^6\ \text{S m}^{-1}}{0,75 \cdot 10^{-2}\ \text{kg m}^{-3}}$$

$V_W = 0,086\ \text{W kg}^{-1}$

[23)] Frühere Bezeichnung V_{10} bzw. V_{15}, d. h. Verluste bei 10000 Gauß bzw. 15000 Gauß Flußdichte.

Übung 7.4.—3

Ist Reineisen für Trafobleche günstig? Begründung!

Übung 7.4.—4

Warum isolieren Sie die Paketbleche in Motoren?

Übung 7.4.—5

Was bedeutet V_1? Worin wird V_1 gemessen?

Übung 7.4.—6

Warum brummt ein Trafo?

Übung 7.4.—7

Geben Sie die Einflüsse an, die sich auf die Höhe von V_w auswirken!

Übung 7.4.—8

Was können Sie tun, um V_w niedrig zu halten?

7.4.2.4. Temperatureinfluß

Bei metallischen Werkstoffen wirkt sich die Temperatur unterhalb des Curiepunktes meistens wenig aus.

Bei den Ferriten als NTC-Werkstoffen fällt der elektrische Widerstand mit steigender Temperatur; bei Temperaturdifferenzen von 50 K treten daher nach Bild 7.4.—3 bereits erhebliche Unterschiede in der Permeabilität auf.

Übung 7.4.—9

Betrachten Sie die Kurvenverläufe in Bild 7.4.—3!

Erhalten Sie bei Trafoblechen ähnliche Kurven? Begründung?

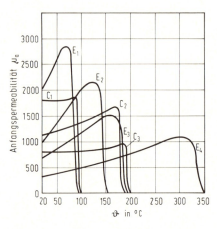

Bild 7.4.—3. Temperaturabhängigkeit der Anfangspermeabilität μ_a von Weichferriten

E MnZn-Ferrite
C NiZn-Ferrite
(Krupp-Forschung)
Bei der Curietemperatur wird $= \mu_a 1 = \mu_0$

7.4.2.5. Einfluß der Frequenz

Sie haben aus der Gleichung (7.−25) bereits den Einfluß der Frequenz f auf

- die Verluste ersehen können (f^2!!).

- Auf die Permeabilität (magnetische Ansaug-kraft) wirkt sie sich erst oberhalb einer Fre-quenz von 1 kHz aus, und zwar um so mehr, je größer die Blechwandstärke s in mm ist, und

- je höher die Anfangspermeabilität μ_a ist.

Bild 7.4.−4 zeigt diese Zusammenhänge. Wichtig ist die sog. „Grenzfrequenz", bei der die Permeabilität so stark abfällt, daß die ma-gnetischen Eigenschaften praktisch zum Erlie-gen kommen. Sie wird durch Resonanzeffekte der Elektronen (gyromagnetischer Effekt)[24] verursacht.

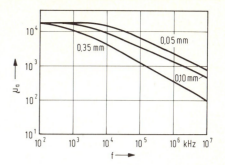

Bild 7.4.−4. Zusammenhang von f und μ_a (Fre-quenz und Anfangspermeabilität) mit der Blech-dicke als Parameter am Beispiel einer FeNi-Legie-rung.

Beachten Sie: Jeder Magnetwerkstoff hat eine Höchstfrequenz. Wird sie überschritten, so fällt μ stark; schließlich wird der ferro- bzw. ferrimagne-tische Werkstoff diamagnetisch, d. h. praktisch un-magnetisch!

Übung 7.4.−10

Warum benutzt man in der Hochfrequenzma-gnetik
1. möglichst dünne Bleche oder
2. Ferrite?

7.4.2.6. Güteziffer von Spulen

In Kernspulen treten magnetische, ohm'sche und induktive Verluste auf; die erst- und letztgenannten sind stark frequenzabhängig, d. h., sie steigen mit zunehmender Frequenz stark.

Hohe Frequenzen werden vornehmlich in der Nachrichtentechnik benutzt.

Die Kernverluste V_K hatten wir bereits er-wähnt; sie setzen sich aus den Hysterese- (V_H), Wirbelstrom- (V_W) und Restverlusten (V_R) zu-sammen. Im Reihenersatzschaltbild (Bild 7.4.−5). und dem Widerstandsdiagramm = Zeigerbild (Bild 7.4.−6) ist dies verdeutlicht. In einer idealen, verlustfreien Spule ist der Verlustwinkel[25] $\delta = 0$ und der Winkel $\varphi = 90°$. Der $\tan \delta$ ($= d$) stellt den Spulenverlust

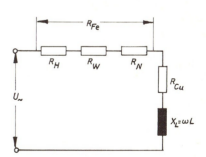

Bild 7.4.−5. Reihenersatzbild einer Spule

R_H Hysterese-Widerstand
R_W Wirbelstrom-Widerstand
R_N Nachwirk-Widerstand

---

[24] Nur als Grundlage für eine weitere Spezial-Ausbildung hier erwähnt.

[25] $90° \triangleq \dfrac{\pi}{2} \triangleq$ Vorauseilung des induktiven Spannungsanteiles vor dem Strom. $\varphi =$ Phasenwinkel zwi-schen U_W und U.

und sein reziproker Wert $1/\tan \delta$ die Güteziffer Q einer Spule dar. Die Spulengüte hängt
in erster Linie von den Wicklungs- und magnetischen Verlusten ab, wobei die magnetischen
Verluste in der Regel höher sind; beide Verluste stehen miteinander in Wechselwirkung.
(Rechnungsbeispiele werden hier nicht angeführt.)

Die Güte einer Spule hat bei einer bestimmten
Frequenz ihren Höchstwert.

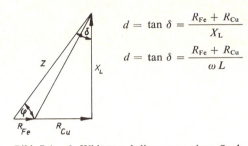

$$d = \tan \delta = \frac{R_{Fe} + R_{Cu}}{X_L}$$

$$d = \tan \delta = \frac{R_{Fe} + R_{Cu}}{\omega L}$$

Bild 7.4.—6. Widerstandsdiagramm einer Spule
mit Kern

Die Güteziffer Q einer Spule ist der Kehrwert des Tangens ihres Verlustwinkels δ.

$$Q = \frac{1}{\tan \delta} = \frac{1}{\tan (90° - \varphi)}$$

Q_{max} bei bestimmter Frequenz!

Übung 7.4.—11

In einer Spule ist $R : X_L = 1 : 50$.

Welchen Zahlenwert hat die Spulengüte Q?

Übung 7.4.—12

Erklären Sie R_{Fe} und R_{Cu} in Bild 7.4.—6!

7.4.3. Anforderungen an Hartmagnete, DIN 50470, 50471

7.4.3.1. Das Energieprodukt

Dauermagnete müssen ohne zusätzliche Energieaufnahme ein Magnetfeld erzeugen, d. h.,
die hierfür notwendige Energie muß in dem
hartmagnetischen Werkstoff permanent (auf
Dauer) gespeichert sein. Fremde Magnetfelder
sollen nach Möglichkeit die Speicherenergie
nicht abbauen.

Alle Dauermagnete werden zur Polarisation
bei der Herstellung einem starken Magnetfeld
H ausgesetzt, das etwa $5 \cdot H_c$ beträgt.

Ein feinkristallines Gefüge mit starken Gitterverspannungen durch Abschreckhärtung
(Martensit!) sorgte früher für irreversible
Wandverschiebungs- und Drehvorgänge. Heute erzielt man dies durch Zusätze von Co, Ni
und Al zum Eisen und durch gelenkte Walz-
und Glühprozesse.

Hartmagnete	= Dauermagnete = Permanentmagnete
maßgeblich:	Energie-Speicherfähigkeit = max. Energieprodukt $(B \cdot H)_{max}$ in Ws m^{-3}
notwendig:	einmal eingetretene Wand- verschiebungen und Dreh- prozesse in Weiß-Bezirken zu stabilisieren.
Werkstoff:	Gitter-Verspannungen; Gitter-Störungen; Gitter mit Ausscheidungen in orientierter Richtung, d. h. Legierungen, die rekristalli- siert sind; Ferrite.
Stichwort:	möglichst irreversible Polarisation!

7.4.3.2. Energieprodukt, Arbeitspunkt

Die gespeicherte magnetische Energie wird zahlenmäßig durch das „Energieprodukt"[26] $B \cdot H$ ausgedrückt.

Das Kriterium für einen Hartmagneten ist die Entmagnetisierungskurve, also der Hysteresekurvenzug im II. Quadranten. In Bild 7.4.−7 ist die Entmagnetisierungslinie eines Hartmagneten dargestellt.

Aus einem geschlossenen Ringmagnet treten keine Feldlinien aus (Bild 7.4.−7a); um magnetische Kräfte nach außen wirken zu lassen, muß ein Luftspalt vorhanden sein (Bild 7.4.−7b); oft werden die Feldlinien über ein weichmagnetisches Poleisen weitergeleitet, um teuren Magnetwerkstoff zu sparen (Bild 7.4.−7c).

Nach den magnetischen Gesetzen schwächen die in Luft austretenden Feldlinien die Flußdichte des Magnetwerkstoffes, und zwar um so mehr, je größer die Spaltweite ist. Die maximale Spaltweite besitzt der Stabmagnet (Bild 7.4.−7d). Nach den Gesetzen des Magnetkreises werden die Abmessungen des Magneten, Länge und Querschnitt, als maßgebliche Größen in die Gleichung einbezogen. Hierdurch erhält man für jeden Magnetwerkstoff auf der Entmagnetisierungslinie bei gegebenen Arbeitsbedingungen, d. h. Spaltweite und Abmessungen, einen Arbeitspunkt A_{max} für die maximale Speicherfähigkeit (Bild 7.4.−7b rechts).

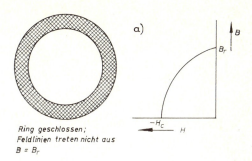

Ring geschlossen;
Feldlinien treten nicht aus
$B = B_r$

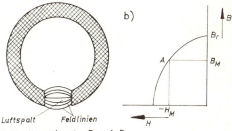

Luftspalt   Feldlinien
Luftspalt verringert B_r auf B_M
zugehörige Feldstärke H_M

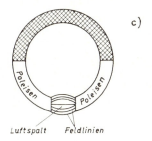

Luftspalt   Feldlinien

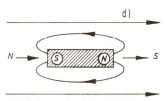

Schwächung des Magnetfeldes am
Beispiel des Stabmagneten

Bild 7.4.−7. Erklärung physikalischer Gesetze von Hartmagneten

---

[26] Veraltete Bezeichnung: „Güteziffer" in 10^4 G · Oe (nicht mehr zugelassene Einheiten!).

Über die Entmagnetisierungslinie läßt sich das Energieprodukt $B \cdot H$ nach Bild 7.4.−8 grafisch auftragen. Man sieht, daß es für die beiden Punkte *1* und *5* mit Nullwerten für H bzw. B zu Null wird und beim größten eingeschriebenen Rechteck $B \cdot H$ sein Maximum hat.

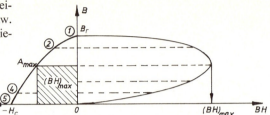

Bild 7.4.−8. Zusammenhang zwischen Entmagnetisierungslinie und Energieprodukt $B \cdot H$.

Der Arbeitspunkt $A^{27)}$ hat das größte Energieprodukt $(B \cdot H)_{max}$ (schraffierte Fläche, Punkt $(B \cdot H)_{max}$)

Das Energieprodukt in 10^4 G · Oe wurde früher als Güteziffer benutzt; es entspricht $79{,}6$ Ws m^{-3} ≈ 80 Ws m^{-3} in den neuen Einheiten.

Heute ist das maximale Energieprodukt $(B \cdot H)_{max}$ das Kennzeichen für einen Hartmagnet. Die alten, eingeführten Zahlenwerte hat man beibehalten, z. B.

„AlNiCo 160" $\triangleq (B \cdot H) = 160 \cdot 10^4$ G · Oe $\triangleq 1{,}6 \cdot 8$ kJ m^{-3} = $12{,}8$ kJ m^{-3}.

Den Zusammenhang zwischen dem (teuren) Materialbedarf V_m in m³ und dem Energieprodukt $(B \cdot H)_{max}$ in Ws m^{-3} nach den früher und noch heute gültigen Zahlenwerten für Hartmagnete zeigt Bild 7.4.−9.$^{28)}$.

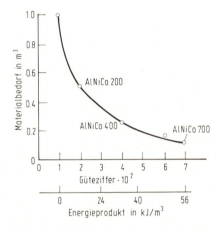

Bild 7.4.−9. Zusammenhang zwischen Werkstoffaufwand und Energieprodukt. (Auf der Abszisse sind auch die alten Güteziffern aufgeführt, da sie noch in Druckschriften benutzt werden.)

Übung 7.4.−13

Ein Hartmagnet hat die Güteziffer 3oo.

Welche Größe hat sein Energieprodukt?

Übung 7.4.−14

Finden Sie in Druckschriften von Hartmagneten Angaben über die Werte von μ?

Begründung!

---

27) Die Lage von A hängt ab von
   1. der Größe der Luftspalten,
   2. der Form und Abmessung des Magneten.
   (Gleichungen werden hier nicht aufgeführt.)

28) Die Umstellung von alten auf neue Einheiten ist lästig und eine Quelle für Rechenfehler. Wirken Sie mit, daß in Druckschriften nur die neuen gesetzlichen Einheiten benutzt werden!

7.5. Weichmagnetische Werkstoffe

Lernziele

Der Lernende kann ...

... die Anwendungszwecke für Weichmagnete angeben.

... die drei wichtigsten metallischen Weichmagnetlegierungen angeben.

... die Eigenschaften der Elektrobleche nennen.

... den Begriff „anisotrope Texturbleche" erläutern.

... Werkstoffe für Übertrager, Relais und die Abschirmung benennen.

... Anforderungen an Spulenkerne angeben.

... Zusammensetzung und Eigenschaften weichmagnetischer Ferrite angeben.

7.5.0. Übersicht

Weichmagnete haben unterschiedliche Aufgabengebiete (siehe nebenstehende Zusammenstellung); daher werden an sie unterschiedliche Anforderungen gestellt. Die Metallurgen entwickelten im Laufe der Zeit ständig verbesserte Werkstoffe zur Bewältigung dieser Aufgaben. Man kann die Weichmagnete in drei Hauptgruppen einteilen:

1. *Reinmetalle* und *Legierungen* in Form von Blechen, Blechstreifen, gewalzten Profilen (7.5.1 und 7.5.3); spezifischer elektrischer Widerstand ϱ = niedrig; Dichte ϱ_D = hoch;

2. „halbmetallische" Stoffe, sogenannte „*Massekerne*"; sie werden aus Metallpulver mit isolierenden Bindemitteln zu Formteilen verpreßt; ϱ = hoch, Dichte ϱ_D = mittel (7.5.4.2).

3. Halbleiter aus Metalloxiden, sogenannte „*Weichferrite*", die aus Pulver gepreßt und gesintert werden.

   ϱ in Ωm = bei gewöhnlicher Temperatur sehr hoch!

   Dichte ϱ_D in gcm^{-3} = niedrig; sehr hart und spröde (7.5.4.3).

Verwendungszweck:

● Dynamo- und Transformatorenbleche
● Übertrager
● Relais
● Spulenkerne
● Informationsspeicherung
● extreme Hochfrequenz
● Abschirmung

Werkstoffe:

● Metalle:

   • reines Fe
   • Fe Si
   • Fe Ni
   • Fe Co

● Massenkerne (Metall + Nichtmetall)
● Ferrite (Nichtmetall)

7.5.1. Metallische Weichmagnete

7.5.1.0. Übersicht[29]

Bevor wir in die Einzelheiten einsteigen, erhalten Sie in der nebenstehenden Tabelle 7.5.–1 eine Zusammenstellung der wichtigsten metallischen Weichmagnete mit ihren wichtigsten Werkstoffwerten.

Sie erkennen vier Werkstoffgruppen:

1. Reineisen wird eingesetzt, wenn eine hohe Sättigungsflußdichte im Gleichfeld oder bei sehr niedrigen Frequenzen nötig ist.
2. FeSi für Trafos, Dynamos und Relais bei 50 ·/. ca. 1000 Hz.
3. NiFe ⎫   für Übertrager und Relais bis
4. FeCo ⎰   ca. 20 kHz und mehr.

Tabelle 7.5.–1. Werkstoffwerte metallischer Weichmagnete

Größe	1. Rein-Fe	2. FeSi	3. NiFe	4. FeCo
V_H in W kg^{-1} bei 50 Hz	– –	0,4 bis 3	0,01 bis 1	– –
$\mu_{max} \cdot 10^3$	30 bis 40	6 bis 60	8 bis 300	2 bis 6
$\mu_4 \cdot 10^3$ d. h. bei $H = 0,4$ A m^{-1}	1,5 bis 2	1,2 bis 2,0	2 bis 13	–
B_S in T (= J_{max})	2,2	2	1,3 bis 7,8	0,8
H_C in A m^{-1}	6,5	8 bis 50	0,5 bis 50	7

7.5.1.1. Dynamo und Transformatoren-Bleche, DIN 46400

Elektrobleche werden in Anlagen zur Energieumwandlung, d. h. in Motoren und Generatoren und zur Energieverteilung in Transformatoren benötigt.

1. Die wichtigsten Anforderungen sind:

   1.1 niedriger Ummagnetisierungsverlust V_G bei hohen Flußdichten von 1 bis 1,5 T,

   1.2 hohe Sättigungsflußdichte B_S (J_S),

   1.3 wirtschaftliche Erzeugung, ≙ niedriger Preis.

2. Um diese Anforderungen zu erfüllen, ergreift man drei Maßnahmen:

   2.1 möglichst geringe Blechdicken von < 0,5 mm,

   2.2 Erhöhung des spezifischen elektrischen Widerstandes ϱ durch Si-Zusätze zum Eisen (3.4.2.1),

   2.3 Erzeugung von Texturblechen (1.4.3).

1. Werkstoff-Anforderungen:

   1.1 niedrige Verluste
   1.2 hohes μ
   1.3 hohe B_S (J_S)
   1.4 preisgünstige Herstellung

2. Maßnahmen zur Erfüllung der Anforderungen:

   2.1 Lamellierung mit dünnen Blechstreifen
   2.2 Si-Zusätze zur Erhöhung von ϱ (elektrischer Widerstand)
   2.3 Texturbleche (Kornorientierung, Anisotropie)

3. Herstellungsbedingungen:

   3.1 gut warm- oder kaltwalzbar
   3.2 gut stanzbar (nicht zu spröde)
   3.3 glatte Oberfläche (guter Stapelfaktor)

---

[29] Einige Ausführungen wurden bereits in den vorigen Abschnitten gemacht.

Nach der Herstellung unterscheidet man:

1. Warmgewalzte, quasiisotrope Bleche und

2. kaltgewalzte, anisotrope Texturbleche; diese sind hochwertiger, aber entsprechend teurer.

Tabelle 7.5.−2 gibt einen Auszug der Vorschriften für Elektrobleche nach DIN 46400. In den Spalten 1 bis 13 sind alle wichtigen Kennwerte aufgeführt; die wichtigsten sind die Blechdicke, die zwischen 0,35 und 1 mm liegt, der Si-Gehalt[30] und die magnetelektrischen Eigenschaften.

```
                    E-Bleche
                       |
            ┌──────────┴──────────┐
        kaltgewalzt           warmgewalzt
        hochwertige           Einteilung nach
        Texturbleche          1.    |    2.
                                    ┌────┴────┐
                                  Dicke    Si %
        Bs: hoch                   mm
        μ: hoch                 0,35 bis  0,65 bis
        VG: niedrig              1,00      4,6
        Wanddicke: dünn
```

Tabelle 7.5.−2. Elektrobleche, DIN 46400, Auszug

Blechsorte	Blechdicke s mm	Hystere-Verlust in W kg^{-1} bei		Si %	Flußdichte in T bei 10^3 Am^{-1} mal				Bie-ge-zahl N_b	Stapel-fähigk. S in %	ϱ 10^{-6} Ωm	Dichte ϱ_D kg dm^{-3}
		1T	1,5T		2,5	5,0	10	30				
1	2	3	4	5	6	7	8	9	10	11	12	13	14
I	3,6	0,5 und 1	3,6	8,6	0,65	1,5	1,6	1,7	2,0	10	94	0,18	7,85
II	3,0	0,5	3,0	7,2	1,0	1,5	1,6	1,7	2,0	10	94	0,23	7,85
III	2,6	0,5	2,6	6,3	1,7	1,5	1,6	1,7	1,9	10	94	0,32	7,85
IV	1,7	0,5 und 0,35	1,7	4,0	3,4	1,4	1,4	1,6	1,9	2	92	0,41	7,85
IV	1,5	0,5 und 0,35	1,5	3,7	3,9	1,4	1,4	1,4	1,6	2	92	0,5	7,85
IV	1,1	0,5 und 0,35	1,1	2,7	4,3	1,4	1,4	1,6	1,9	1	92	0,55	7,85
IV	1,0	0,5 und 0,35	1,0	2,5	4,3	1,4	1,4	1,6	1,9	1	92	0,6	7,5

ϱ von Reineisen: $\approx 0,1 \cdot 10^{-6}$ Ωm.

1. Zur Übersicht.
2. Zur Lösung von Übung 7.5.−4.

Die Blechsorten werden mit einer römischen Ziffer und einer Zusatzzahl bezeichnet, die zwischen 3,6 und 1,0 liegt; sie gibt den Ummagnetisierungsverlust V_H in W kg^{-1} an, der bei einer Flußdichte von 1 T entsteht. Es folgt die Blechdicke. In den beiden nächsten Spalten (4 und 5) sind die Verlustzahlen bei 1 T und 1,5 T aufgeführt (s. Bild 7.5.−1). Es folgen in den nächsten Spalten der Si-Gehalt, die Flußdichte B in T, die bei Feldstärken zwischen 2,5 kA m^{-1} und 30 kA m^{-1} erzeugt wird. Mit zunehmendem Si-Gehalt wird Eisenblech spröder und kann schließlich nicht mehr gestanzt

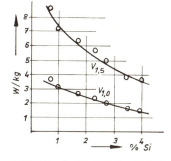

Bild 7.5.−1. Einfluß des Si-Gehaltes auf die Ummagnetisierungsverluste V_H von E-Blechen

oben $V_{1,5}$: warmgewalzte Bleche
unten $V_{1,0}$: kaltgewalzte Texturbleche

---

[30] Lesen Sie nochmals 3.4.2.1!

werden[31]; man prüft die Formbarkeit durch die Biegeprobe nach Bild 7.5.—2; auf dem Normblatt ist die Mindest-Zahl der erforderlichen Hin- und Herbiegungen vermerkt (Spalte 11).

Der Stapelfaktor S gibt das prozentuale Verhältnis der Masse je Raumeinheit (kg m^{-3}) eines gepreßten Blechpaketes (ohne zusätzliche Isolierung) zur Werkstoffdichte ϱ_D (kg m^{-3}) an; S ist eine technologische Werkstoffzahl für die Raumausnutzung.

Als weitere Größen sind in den Normblättern der spezifische elektrische Widerstand ϱ und die Dichte ϱ_D aufgeführt.

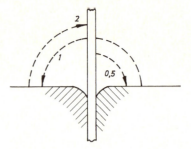

Bild 7.5.—.2. Prüfung von Elektroblechen auf Umformbarkeit bzw. ihren Kehrwert = Sprödigkeit durch eine einfache technologische Probe.

Als eine Hin- und Herbiegung gilt das Umlegen in die Waagrechte um 90° und das Zurückbiegen in die Senkrechte. Die Biegezahl N_b gibt die Anzahl der Hin- und Herbiegungen bis zum Bruch an.

Übung 7.5.—1

Welche Komponente erhalten die Fe-Kristalle in E-Blechen zur Bildung von Mischkristallen?

Übung 7.5.—2

Wie hoch ist diese Komponente nach oben begrenzt und warum?

Übung 7.5.—3

Welche Magnetische Quellenspannung ist erforderlich, um bei der E-Blechsorte III eine Flußdichte von 1,6 T zu erzeugen? (Siehe Tabelle 7.5.—2.)

Übung 7.5.—4

Wie verhält sich der spezifische elektrische Widerstand von Reineisen zu dem der E-Blechsorte IV 1,0? (Siehe Tabelle 7.5.—2.)

---

[31] Wiederholung von 3.4.2.1!

7.5.1.2. Anisotrope Texturbleche [32]), DIN 46400, Teil 3

Die bereits erwähnten Texturbleche werden bevorzugt in Trafos eingesetzt. Man versteht darunter eine Kornorientierung mit anisotropen (richtungsbevorzugten) magnetischen Eigenschaften, die eine leichtere und bessere Magnetisierung in bestimmten Richtungen und dadurch Energieeinsparung ermöglicht (s. a. Bild 1.4−4). Man unterscheidet bei Texturblechen die Goßstruktur nach Bild 7.5.−3a (eine bevorzugte Richtung) und die „Kubusstruktur" nach Bild 7.5.−3b (zwei bevorzugte Richtungen). Beide Blecharten haben niedrige V_H-Werte und hohe Permeabilitäten.

Mit Ni- bzw. Co-Zusatz (teuer!) erhält man bei bestimmten Walzungen, Glühungen und Abkühlungen eine Kristallorientierung, bei der die Drehprozesse vermieden werden, weil die Weiß'schen Bezirke schon bei der Herstellung ausgerichtet wurden. Man erhält nahezu rechteckige Hysteresekurven, bei denen bereits kleinste Feldstärkeänderungen erhebliche, sprungartige Änderungen der Flußdichte bewirken (Bild 7.5.−4). Man benötigt diese Rechteckkurven bei Speichermagneten (Gedächtniskernen). Bei Hysterese-Schleifen normaler Magnete beträgt der Quotient B_S/B_r etwa 0,5 bis 0,8, bei Rechteckschleifen fast 1. Hierdurch können $+B_r$ und $−B_r$ eindeutig den binären Zahlen 0 und 1 zugeordnet werden.

anisotrop $\triangleq$ richtungsabhängig $\triangleq$ bevorzugte, verbesserte Magnetisierung in einer Richtung

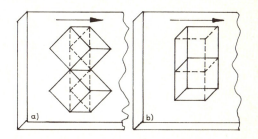

Bild 7.5.−3. (s. a. Bild 1.4.−4)
a) Goß-Textur (Kantenlage) = eine bevorzugte Richtung
b) Würfel-Textur (Flächenlage) = zwei bevorzugte Richtungen

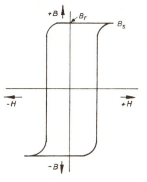

Bild 7.5.−4. Rechteckige Hysteresekurve von anisotropen Texturblechen

B_S/B_r	
0,5···0,8	normale, quasiisotrope Metall- und Oxidmagnete
≈ 1	Speichermagnete, anisotrop, metallisch, oxidisch. Wichtig für EDV, M.-Bänder, Computer

Übung 7.5.−5

Warum wirkt sich die Textur nur auf V_H und nicht auf V_W aus?

---

[32]) Wiederholung und Erweiterung von 1.4.3!

7.5.1.3. Übertragerwerkstoffe, DIN 41301

Übertrager ähneln im Aufbau und in der Wirkung den Transformatoren; sie dienen in der Nachrichtentechnik bei schwachen Strömen zur Anpassung von Widerständen.

1. Für die *Arbeitsbedingungen* benötigt man:

   ● kleine bis kleinste Feldstärken,
   ● hohe bis höchste Frequenzen,
   ● unveränderte, verzerrungsfreie Übermittlung von Signalen.

   > 1. Arbeitsbedingungen:
   >
   >   ● H = klein
   >   ● f = groß
   >   ● verzerrungsfreie Übertragung

2. Hierfür sind folgende *Eigenschaften* notwendig:

   ● hohe Anfangspermeabilität,
   ● hohe Grenzfrequenz,
   ● möglichst konstante Permeabilität bei wechselnder Feldstärke.

   > 2. Eigenschaften:
   >
   >   ● μ_a = hoch
   >   ● Grenzfrequenz = hoch
   >   ● konstantes μ bei wechselndem H

3. Die erforderlichen *Werkstoffeigenschaften* erhält man durch:

   ● geeignete Zusammensetzung,
   ● technologische Verfahren,
   ● geometrische Gestaltung,
   ● Schichtung des Kernes mit Luftspalten.

   > 3. Werkstoffeigenschaften werden erreicht durch:
   >
   >   ● Zusammensetzung
   >   ● Technologie
   >   ● Abmessungen
   >   ● Schichtungsarten
   >
   > 4. Werkstoffe:
   >
   >   ● FeNi mit 35 bis 75% Ni
   >   ● FeCo mit rund 35% Co

Übung 7.5.—6

1. Was heißt „anisotropes Texturblech"?
2. Nennen Sie die Haupteigenschaften!
3. Welche Texturarten gibt es?

Übung 7.5.—7

Was bedeutet Grenzfrequenz in der Magnetelektrik?

Übung 7.5.—8

Warum benutzt man bei Übertragerwerkstoffen Ni und Co als Legierungskomponenten, und für E-Bleche nicht?

Übung 7.5.—9

Was bedeutet „konstantes μ bei wechselndem H"?

7.5.1.4. Relaiswerkstoffe, DIN 17405

Das Relais ist ein elektromagnetisches Schalt-
organ (ein-aus!) im Gleichstromkreis.

Die Anzugskräfte hängen von der konstruktiven und magnetelektrischen Gestaltung und
den Werkstoffeigenschaften ab, die uns in
erster Linie interessieren.

1. Anforderungen (s. nebenstehend)

2. Werkstoffe (s. nebenstehend)

Übung. Versuchen Sie mit eigenen Worten die
in Stichworten gegebenen Begründungen mit
Sätzen zu formulieren!

---

1. Anforderungen:

   ● hohes μ für gutes Ansprechverhalten
   und für hohe Zugkraft
   ● kleine H_C für gutes Abfallen; kein
   „Kleben"
   ● hohes ϱ für kurze Ansprechzeit

---

2. Werkstoffe:

   ● Reineisen
   ● FeSi-Legierung
   ● FeNi-Legierung

Übung 7.5.—10

Warum setzt man in Relais Magnete mit
reinen Fe-Kristallen ein, in Trafos nicht?

7.5.1.5. Abschirmwerkstoffe

Um den störenden Einfluß magnetischer
Felder abzuschirmen, werden weichmagnetische, hochpermeable Werkstoffe verwendet,
welche die magnetischen Feldlinien in sich auf-
saugen. Man baut sie entweder um die Stö-
rungsquelle herum oder um die Apparatur
bzw. das Bauteil, welches geschützt werden
soll. Man benutzt tiefgezogene Becher oder
Bänder, die zu Rechteckgehäusen gewickelt
oder punktgeschweißt werden. Als Werkstoffe
dienen

1. Reineisen,

2. FeNi-Legierungen.

Eigenschaften:

μ = hoch. (Die störenden Feldlinien werden aus der Luft in den Abschirm-
stoff gesaugt.)
H_C = klein.

Bauformen:

Becher,
Rechteckgehäuse.

7.5.2. Spulenkerne

7.5.2.0. Übersicht

Spulen werden in der Nachrichten-, Meß-,
Steuer- und Regeltechnik als Drossel, Filter
und Schwingkreise benutzt.

1. Die Anforderungen sind:

   ● μ_a nicht zu klein,
   ● V_H klein,
   ● μ möglichst konstant.

Anforderungen:

μ_a nicht zu klein
V_H klein
μ möglichst konstant

2. Als Werkstoffe werden eingesetzt:

- bei Frequenzen < 20 kHz (oberer Tonbereich!): Kompaktwerkstoffe;
- bei > 20 kHz: extrem dünne Bleche (Ringbandkerne),
  Massekerne (7.5.2.1), Ferrite (7.5.2.2).

> *Werkstoffe:*
>
> < 20 kHz: Kompaktwerkstoff
> > 20 kHz: dünnste Bleche, Ringbandkerne, Massekerne, Ferrite

7.5.2.1. Massekerne[33])

a) *Zusammensetzung*

Massekerne bestehen aus ferromagnetischem Metallpulver und einem isolierenden Bindemittel; der Stoff ist also heterogen.

> Massekerne sind *Stoffkombinationen* aus Reineisen und Isolierstoff; dieser ist entweder ein Binde- oder Sintermittel.

b) *Herstellung*

Die Technologie fällt unter den Sammelbegriff „Pulvermetallurgie" oder „Metallkeramik" und besteht aus fünf Arbeitsgängen:

1. Pulverherstellung aus Reineisen oder FeNi (kostenaufwendig); im Idealfall hat das Pulver Kugelform mit 0,5 bis 10 µm Dmr.

2. Isolieren der Pulverteilchen durch Lack oder Oxydation der Oberfläche.

3. Mischen mit aushärtbarem Kunstharz, meist Polystyrol, 5 bis 45 Volumen %.

4. Pressen zu Fertigteilen in Zylinder-, Topf-, Schalen-, Ring- oder Jochringform.

5. Aushärten in Wärmekammern.

c) *Eigenschaften*

- hohes ϱ,
- niedrige Verluste,
- niedrige Anfangspermeabilität,
- nahezu konstante Permeabilität bei hohen Frequenzen.

> *Eigenschaften:*
>
> - $\mu_a < 100$
> - $f > 100$ Hz möglich
> - rechteckige Hysteresekurve
>
> *Verwendung:*
>
> - Schaltelement
> - Informationsspeicher

d) *Dielektrische Verluste*

Im Gegensatz zu metallischen Werkstoffen wirken sich dielektrische Verluste in Spulenkernen aus (Berechnung durch Gleichungen möglich).

Übung 7.5.—11

Müssen Massekerne wie E-Bleche in dünnen Schichten hergestellt werden? Begründung!

Übung 7.5.—12

Zusammensetzung von Massekernen?

---

[33] Die Anwendung geht zugunsten von Ferriten ständig zurück.

7.5.2.2. Ferrite (weich)

a) *Zusammensetzung*

Alle Ferrite bestehen aus homogenen Mischkristallen ferrimagnetischer Metalloxide. Sie enthalten immer Fe_2O_3; ist nur noch ein weiteres Metalloxid vorhanden, so entsteht ein *Einfach*ferrit; sind noch zwei oder mehr Metalloxide vorhanden, so bildet sich ein *Mehrfach*ferrit (Tabelle 7.5.–4). Im Handel sind mehr als 20 weichmagnetische Sorten unterschiedlicher Zusammensetzung und mit verschiedenen Eigenschaften.

b) *Herstellung*

Das Herstellverfahren fällt unter den Begriff „Oxidkeramik" und besteht aus fünf Arbeitsgängen:

1. Zermahlen und Mischen der Metalloxide,
2. Brikettieren und Glühen,
3. nochmaliges Zermahlen der Brikette,
4. Pressen in Formen,
5. Brennen zwischen 1000 und 1400 °C.

c) *Eigenschaften* (stark unterschiedlich, s. Tabelle 7.5.–5)

● hohes ϱ (Vorteil, speziell für Mittelfrequenz);
● niedrige Verluste (Vorteil);
● geringe Dichte (Vorteil) mit rund 0,7 von Metallmagneten;
● hohe Sprödigkeit (Nachteil), leicht zerbrechlich, hart, schlecht bearbeitbar;
● verschiedene Werte, die hier nicht näher erörtert, sondern nur erwähnt werden sollen, wie
  ● „gescherte" Flußdichte,
  ● Induktivitätsfaktor,
  ● $\tan \delta / \mu_a$,
  ● Temperaturkoeffizient der Anfangspermeabilität,
  ● Desakkomodation (Vergleich Metall/ Oxid in Tabelle 7.5.–3).

Tabelle 7.5.–3. Vergleich (grob) von weichmagnetischen Werkstoffen

	ϱ_D g cm^{-3}	ϱ Ω m	B_S T
Metall	8	10^{-7}	2
Ferrit	4,5	$10^0 \dots 10^6$	0,3

Tabelle 7.5.–4. Zusammensetzung und Verwendung von einigen wichtigen Weichferriten

1fach	Ni-Ferrit	Magnetostriktion
2fach	MnZn-Ferrit	< 2 MHz
2fach	NiZn-Ferrit	< 250 MHz
2fach	MnMg-Ferrit	Speicher
2fach	MgMn-Ferrit	Mikrowellen
3fach	NiZnCo-Ferrit	UKW-Bereich

(Nur zur Übersicht)!

Tabelle 7.5.–5. Übersicht über die Eigenschaften weichmagnetischer Ferrite

Eigenschaft	von	bis
μ_A	10	5000
Curiepunkt ϑ_c in °C	110	500
H_c in A m^{-1}, 20 °C	10	2400
H_c in A m^{-1}, 75 °C	40	3300
B_S in T, 20 °C	0,2	0,42
Frequenzbereich in MHz	0,1	200

Sie erkennen die großen Unterschiede in den Zahlenwerten, d. h. für jeden Einsatzzweck kann man sich den geeigneten Ferrit auswählen.

Übung 7.5.—13

In welchen Eigenschaften unterscheiden sich Oxid- und metallische Weichmagnete hauptsächlich?

Übung 7.5.—14

Wodurch unterscheiden sich Einfach- von Mehrfach-Ferriten?

Übung 7.5.—15

Auf welche Werkstoffwerte werden Sie bei Oxidweichmagneten besonders achten?

Übung 7.5.—16

1. Gibt es Ferrite mit „Rechteckschleifen"?
2. Wenn ja, wozu dienen sie?

7.6 Hartmagnetische Werkstoffe, DIN 17410

Lernziele

Der Lernende kann ...

... die hartmagnetischen Werkstoffe klassifizieren.

... die Komponenten der drei wichtigsten metallischen Dauermagnete und ihre Eigenschaften nennen.

... Unterschiede von Guß-, Walz- und Sintermetall-Magneten angeben.

... isotrope und anisotrope Magnete unterscheiden.

... die Eigenschaften von metallischen und keramischen Magneten voneinander abgrenzen.

... Magnete nach ihrem Energieprodukt beurteilen.

7.6.0. Übersicht, Verwendung

Hartmagnete werden aus

● metallischen und
● oxidischen

kristallinen Stoffen hergestellt; in ihnen sollen irreversible Polarisationen erzeugt werden. Der Bedarf ist groß; Hartmagnete werden für Möbel, Verschlüsse, Halterungen, Kleinmotore, Lautsprecher, Telefone, Relais, Meßgeräte, u. a., benutzt.

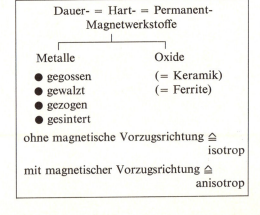

```
          Dauer- = Hart- = Permanent-
                Magnetwerkstoffe

      ┌──────────────┴──────────────┐
   Metalle                         Oxide

   ● gegossen                      (= Keramik)
   ● gewalzt                       (= Ferrite)
   ● gezogen
   ● gesintert

   ohne magnetische Vorzugsrichtung ≙
                                 isotrop

   mit magnetischer Vorzugsrichtung ≙
                                 anisotrop
```

7.6.1. Metallische Werkstoffe

Bis zum ersten Viertel dieses Jahrhunderts benutzte man martensitische Fe C-Legierungen, dann legierte man dem Eisen Nickel, Kobalt (teuer!) und zuletzt noch Aluminium zu. Jetzt verwendet man

1. Fe mit Al + Ni (AlNi),
2. Fe mit Al + Ni + Co (AlNiCo),
3. Fe mit Co V und Cr Co (Vanadium und Chrom).

Die wichtigsten Eigenschaften dieser Legierungen sollten Sie sich merken. Die Permeabilitätszahlen liegen zwischen 2 bis 5.

Metallische Hartmagnete können in einem Temperaturbereich von extremer Kälte bis mindestens 500 °C benutzt werden.

Zu 1. und 2.: FeAlNi und FeAlNiCo

Beide Legierungen sind sehr hart und können nur geschliffen werden. Ihre Form erhalten diese Magnete entweder durch

● Gießen, insbesondere die größeren, oder
● Sintern

Für kleinere Magnete ist Sintern die wirtschaftlichere Herstellung; zudem werden die Oberflächen glatter, die Kanten schärfer und stoßfester. Das Sintergefüge ist manchmal dichter und feinkörniger, wodurch die Biegefestigkeit etwa 10mal höher als bei Gußmagneten ist; diese haben bisweilen Lunker.

Nur die Polflächen müssen bei Sintermagneten nachgeschliffen werden; alle anderen Maße sind mit engen, hinreichend genauen Toleranzen im Preß-Sintervorgang herstellbar.

Guß- und Sintermagnete werden mit

● isotropen und
● anisotropen

magnetischen Gefügen hergestellt; letzteres ist hochwertiger und teurer.

Richtzahlen des Energieproduktes sind:

isotrop: 4 bis 16 kJ m^{-3}
anisotrop: 16 bis 56 kJ m^{-3}.[34]

---

[34] = 4,4 bis 15,6 kWh m^{-3}.

Legierungsgruppen:

Nr. 1: FeAlNi   50 ... 150
Nr. 2: FeAlNiCo 100 ... 700
Nr. 3: FeAlCoV   30 ... 300

Energieprodukt $(BH)_{max}$ in kJ m^{-3}

Leg.-Gruppe	quasiisotrop	anisotrop
1	12,8	–
2	24	56
3	24	–

Permeabilitätszahlen: 2 bis 5

Gebrauchstemperaturen: bis ≈ 500 °C

Herstellung:

FeAlNi   ⎫
FeAlNiCo ⎬ Gießen oder Sintern
         ⎭
FeCoVCr   Walzen und Ziehen

Gußmagnete können Lunker haben, wenn sie schlecht gegossen sind.

Sintermagnete:

● oberflächenglatt
● kantenscharf
● kantenbeständig
● maßgenau
● biegefest

Altern heißt (wie bei Menschen):

Nachlassen der magnetischen Eigenschaften, hervorgerufen durch allmähliche Änderung der Kristallstruktur und damit der magnetischen Ausrichtung in den Weiß'schen Bezirken.

Gefügeänderung ≙ Änderung der magnetischen Eigenschaften.

> Fremdfelder können auf die Dauer die Gütewerte herabsetzen!
>
> Gegenmaßnahmen:
>
> Stabilisierung durch Fremdfelder und erhöhte Temperaturen.

Zu 3.: Fe–Co–V–Cr-Magnete

Sie sind mechanisch weicher und formbar; sie können zu Bändern und Drähten verarbeitet werden; das Energieprodukt beträgt maximal 24 kJ m^{-3}. Die Betrachtung des Gefüges vermittelt den besten Eindruck eines Werkstoffes. Die drei Bilder 7.6.−1 bis 7.6.−3 zeigen das Kristallgefüge von drei modernen metallischen Dauermagneten.

Bild 7.6.−1 ist das Bruchgefüge eines anisotropen Alnico-Magneten (AlNiCo 700)[35] mit groben „Stengelkristallen", die bei gelenkter Erstarrung erzeugt wurden. Parallel zur Stengelrichtung erhält man die besten magnetischen Eigenschaften.

Bild 7.6.−1. AlNiCo 700[35]; grobe Stengelkristalle, gerichtetes, anisotropes Gefüge

Bild 7.6.−2 ist eine elektronenmikroskopische Aufnahme von Alnico 450 in 10^4-facher Vergrößerung. Die beiden Kristallite auf der rechten bzw. linken Seite haben unterschiedliche Kristallorientierungen; daher sind die Ausscheidungen rechts und links der Korngrenze unterschiedlich orientiert. Die einzelne Ausscheidung hat etwa die Form einer Zigarre und stellt einen winzigen Dauermagneten, einen Weißschen Bezirk, dar.

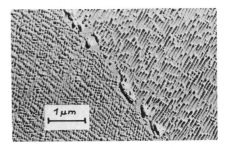

Bild 7.6.−2. AlNiCo 450. Vergr. 10^4.
3 Kristalle mit jeweils ausgerichteten Weiß'schen Bezirken

Bild 7.6.−3 zeigt die elektronenmikroskopische Aufnahme in 20000-facher Vergrößerung von AlNiCo V 555, einem Hartmagnet mit besonders hohem H_c von etwa 160 kA m^{-1}; dies beruht auf den besonders langgestreckten Ausscheidungen = je einem Weiß'scher Bezirk mit irreversibler Polarisation.

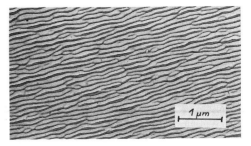

Bild 7.6.−3. AlNiCo V 555. Vergr. 2 · 10^4.
Langgestreckte, ausgerichtete Weiß'sche Bezirke

---

[35] Denken Sie daran: Der Zahlenwert

700 $\cong$ 700 · 80 Ws m^{-3} = 56 kJ m^{-3}!

Übung 7.6.—1

Welche magnetische Größe kennzeichnet einen Dauermagnet?

Übung 7.6.—2

Welche Einheit gilt für diese Größe?

Übung 7.6.—3

Leiten Sie diese Einheit ab!

Übung 7.6.—4

Welche Gütezahl hat ein guter metallischer Dauermagnet?

Übung 7.6.—5

Ist ein guter metallischer Dauermagnet isotrop, quasiisotrop oder anisotrop?

Übung 7.6.—6

Welche Herstellungsverfahren gibt es für metallische Dauermagnete?

Übung 7.6.—7

Können Sie jeden metallischen Dauermagnet lange Zeit bei Rotglut benutzen?

Übung 7.6.—8

Können Sie jeden metallischen Dauermagnet umformen?

7.6.2. Oxidische Werkstoffe (Ferrite)[36])

Bei den keramischen oder oxidischen Magneten (Hart-Ferriten) unterscheidet man ebenfalls

- *isotrope Ferrite*, Güte rd. 100, und
- *anisotrope Ferrite*, Güte 300 bis 360 ($\times$ 80 in $J\, m^{-3}$),
- Ferrite mit Bindemitteln (Kunststoffen), z. B. im Spritzverfahren hergestellt, Güte 10 bis 60 $\triangleq$ 0,8 bis 4,8 $kJ\, m^{-3}$.

Alle Ferrite, außer den mit Kunststoff gebundenen, sind hart und spröde.

Die hartmagnetischen Ferrite bestehen aus (Ba, Sr, Pb) $O \cdot 6\, Fe_2O_3$; ihre Dichte beträgt etwa 5 $kg\, dm^{-3}$ und liegt damit deutlich unter der von metallischen Magneten von 7 bis 8 $kg\, dm^{-3}$. Die Temperatur beeinflußt die magnetischen Eigenschaften stark. Die Flußdichte B fällt um rund 2 % je 10 K! Bei 270 °C beträgt sie nur noch etwa die Hälfte des Ausgangswertes.

Man unterscheidet isotrope und anisotrope Ferrite!

Gegen Fremdfelder sind Ferrite stabiler als Metalle; H_c = groß.

Der Temperatureinfluß auf die Flußdichte ist größer als bei Metallen.

Ferrite sind leichter und spröder als Metalle (mit Ausnahmen!).

Zusammensetzung:

Gemisch aus Oxiden;
Fe-Oxid ist immer anwesend.

Ferner:

Barium(Ba)-Oxid (meistens)
Strontium (Sr)-Oxid
Blei (Pb)-Oxid

Übung 7.6.—9

Welche Zusammensetzung haben die gebräuchlichsten Hart-Ferrite?

Übung 7.6.—10

Bis zu welchen Temperaturen können Hart-Ferrite eingesetzt werden?

Übung 7.6.—11

Nach welchen Kriterien lassen sich hartmagnetische Ferrite klassieren?

Übung 7.6.—12

Welche Vorteile und welche Nachteile haben oxidische gegenüber metallischen Hartmagneten?

---

[36]) Keramische Magnete.

Übung 7.6.—13

Welches Energieprodukt können hartmagnetische Ferrite erreichen?

Übung 7.6.—14

Gibt es verformbare hartmagnetische Ferrite? Wenn ja, wie sind sie aufgebaut?

Übung 7.6.—15

Sie benötigen ein hartmagnetisches Material, ca. 2 m lang, biegsam. Können Sie ein solches Material erhalten?

7.7. Lernzielorientierter Test

7.7.1. Die magnetische Feldkonstante μ_0 hat die Einheit

A $A\,m\,V^{-1}\,s^{-1}$
B $V\,s\,A^{-1}\,m^{-1}$
C $V^{-1}\,s^{-1}\,A^{-1}\,m^{-1}$
D $A \cdot V^{-1} \cdot s \cdot m^{-1}$
E $V\,s^{-1}\,A\,m^{-1}$

7.7.2. Die Gleichung für die magnetische Suszeptibilität lautet

A $\chi_m = \mu + 1$
B $\chi_m = \mu_0 - 1$
C $\chi_m = \mu_r - 1$
D $\chi_m = 1 - \mu_0$
E $\chi_m = 1 + \mu_r$

7.7.3. Welche Magnetart hat ein Stoff mit $\chi_m < 0$?

A   dia-magnetisch
B   para-magnetisch
C   ferro-magnetisch
D   ferri-magnetisch
E   neutral-magnetisch

7.7.4. Weiß'sche Bezirke sind

A   Gebiete in verschiedenen Metallkörnern
B   Einkristalle
C   Raumgebiete in einem Einkristall
D   Raumbezirke mit magnetischer Ausrichtung
E   mechanisch deformierte Kristallbezirke

7.7.5. Wandverschiebung bei der Magnetisierung bedeutet

A   Verschiebung von Elementarladungen
B   Verschiebung von Materie
C   Verschiebung von mechanischen Spannungen
D   Verschiebung von thermoelektrischen Potentialen
E   Verschiebung von Grenzen mit einheitlicher magnetischer Ausrichtung

7.7.6. Die magnetostriktive Sättigung λ_s ist ein Faktor für

A   die maximale Längenänderung eines Magnetwerkstoffes unter dem Einfluß von H
B   die maximale Temperaturerhöhung durch H
C   die Verschiebung des Curiepunktes durch H
D   die maximale Frequenz für die Magnetisierung
E   die Änderung von B_s durch die Frequenz

7.7.7. Die Scherung gibt Aufschluß über die Beeinflussung der Hysteresekurve durch

A   Abmessungen der Probe
B   Temperatur der Probe
C   Luftspalt in der Probe
D   Frequenz
E   mechanische Spannung in der Probe

7.7.8. Welche μ_r-Zahlen sind bei Dauermagneten üblich?

A   1 ... 5
B   6 ... 10
C   11 ... 50
D   51 ... 100
E   101 ... 500

7.7.9. Die maßgebliche Werkstoffgröße für die Unterteilung der Magnetwerkstoffe in weich- und hartmagnetisch ist

A B_r
B J_s
C $H_c \cdot B_r$
D B_s
E H_c

7.7.10. Der Hystereseverlust von Weichmagneten für eine Periode wird ausgedrückt in

A $J\,m^{-3}$
B $J\,kg^{-1}$
C $W\,kg^{-1}$
D $W\,m^{-3}$
E $Ws\,m^{-3}$

7.7.11. Der Hystereseverlust V_H ist klein bei

A μ_a = groß
B μ_a = klein
C μ_{max} = groß
D μ_{max} = klein
E   Blechwandverschiebung leicht reversibel

7.7.12. V_1 bedeutet

A   Verluste bei Spulenspannungen von 10 V
B   Verluste bei Spulenspannungen von 1 kV

C   Verluste bei 1 T
D   Verluste bei $H = 100\ A\,m^{-1}$
E   Verluste bei $H \cdot B = 1\ kJ\,m^{-3}$

7.7.13. Wirbelstromverluste V_w sind niedrig bei

A   hoher spezifischer Leitfähigkeit $\varkappa$
B   großer Wandstärke bei Metallen
C   Massekernen
D   Ferriten
E   hohen Frequenzen

7.7.14. Die Güteziffer einer Spule Q ist

A $1/\cos\varphi$
B $1/\sin\varphi$
C $1/\cos(90° - \varphi)$
D $1/\tan(90° - \varphi)$
E $\sin\varphi$

7.7.15. Die (frühere) noch gebräuchliche Güteziffer von Dauermagneten, z. B. 300, gibt das Energieprodukt $B \cdot H$ an; seine Größe ist

A $300\ J\,m^{-3}$
B $3000\ J\,m^{-3}$
C $3 \cdot 8\ kJ\,m^{-3}$
D $30 \cdot 8\ kJ\,m^{-3}$
E $0,3 \cdot 8\ kJ\,m^{-3}$

7.7.16. Massekerne bestehen aus

A   Metallen
B   Metalloxiden
C   Kombination Metall-Metalloxid
D   Kombination Metall-Kunststoff
E   Kombination Metalloxid-Kunststoff

7.7.17. Metallische Weichmagnete sind

A   FeAlNiCo-Legierungen
B   FeAlNi-Legierungen
C   FeSi-Legierungen
D   FeNi-Legierungen
E   FeCo-Legierungen

7.7.18. Die höchsterreichbaren μ_r-Werte metallischer Weichmagnete liegen in einem Zahlenbereich von

A $n \cdot 10^2$
B $n \cdot 10^3$
C $n \cdot 10^4$
D $n \cdot 10^5$
E $n \cdot 10^6$

7.7.19. Die Verluste von Trafoblechen bei 50 Hz haben eine Größe von etwa

A   0,01 $W kg^{-1}$
B   0,1 $W kg^{-1}$
C   1 $W kg^{-1}$
D   10 $W kg^{-1}$
E   100 $W kg^{-1}$

7.7.20. Der Spitzenwert der magnetischen Sättigung eines Magnetwerkstoffes J_s in T beträgt etwa

A   1 T
B   2 T
C   5 T
D   10 T
E   20 T

7.7.21. H_c in $A m^{-1}$ von Reineisen beträgt etwa

A   0,1
B   0,5
C   1
D   5
E   50

7.7.22. Der Werkstoff in Übertragermagneten besteht in der Regel aus

A   Oxiden
B   Kombination Kunststoff/ Metall
C   Reineisen
D   FeSi-Legierungen
E   FeNi- bzw. NiFe-Legierungen

7.7.23. Vergleich weichmagnetischer Werkstoff Metall : Oxid. Bei Metallen ist

A ϱ_D in $g cm^{-3}$ größer
B ϱ in Ωm größer
C B_s in T größer
D   Sprödigkeit größer
E   Curiepunkt in °C höher

8. Nichtleiter

8.0. Überblick

Nichtleiter haben keine freien Elektronen; darum können sie den Strom nicht fortleiten, sondern sie verhindern den Stromtransport[1]. Sie dienen zur Isolation oder zum Aufbau eines Dielektrikums in einem elektrischen Feld. Beide Aufgabengebiete müssen streng gegeneinander abgegrenzt werden, denn sie erfordern unterschiedliche Eigenschaften.

Die Aufgaben von Nichtleitern sind vielseitig, darum werden viele verschiedene Werkstoffe benötigt. Neben dem Preis sind die erforderlichen Eigenschaften für die richtige Werkstoffwahl maßgeblich. Außer konstruktiven und chemisch-physikalischen Belastungen spielen die elektrischen und die thermischen Beanspruchungen die entscheidende Rolle; sie können allein vom Elektriker beurteilt werden.

In diesem Kapitel erhält der Lernende einen Einblick in den Aufbau sowie einen Überblick über die Eigenschaften der technisch benutzten Isolierstoffe und Dielektrika. In Bedarfsfällen muß sich der Techniker, auf diesen Grundlagen aufbauend, durch Fachleute und Schrifttum, besonders durch DIN-Blätter und VDE-Richtlinien, näher unterrichten.

8.1. Anforderungen, Eigenschaften, Prüfung

Lernziele

Der Lernende kann ...

... den Begriff Isolationswiderstand erläutern.

... Die Bezeichnung, Einheiten, Prüfverfahren für Isolationswiderstände beschreiben.

... den Begriff „Kriechstrom", seine Wirkung und Prüfung erklären.

... Ursachen und Erscheinungen des elektrischen Durchschlages erklären.

... den Begriff „Durchschlagfestigkeit" und sein Bestimmungsverfahren erläutern.

... die Polarisierung von Isolierstoffen durch Verschiebung und Drehung elektrischer Ladungen erklären.

... polare und unpolare Isolatoren und ihre Aufgabengebiete unterscheiden.

... den elektrischen Verlustfaktor und die elektrische Verlustzahl definieren.

... nach der Permittivitätszahl und dem Verlustfaktor den Isolierstoff für seine Aufgabe beurteilen.

... die Temperatur und die Frequenz für das dielektrische Verhalten mitbewerten.

... den Piezoeffekt als Kehrwert der Elektrostriktion erklären.

... den Einfluß der Temperatur auf das Isolationsvermögen und das dielektrische Verhalten eines Nichtleiters beurteilen.

... den Begriff Glutfestigkeit erläutern.

... den Begriff Formbeständigkeit erläutern.

... den Begriff Wasseraufnahmefähigkeit erläutern.

... konstruktive Eigenschaften von Kunststoffen für Isolationszwecke berücksichtigen.

---

[1] Wie mehrfach erwähnt, bewegt sich im Wechselfeld kein Elektronenstrom, sondern die Elektronen oszillieren in kleinsten Amplituden im Frequenztakt hin und her.

8.1.0. Übersicht

Die Nichtleiter haben verschiedene Aufgaben und werden unterschiedlich beansprucht;

man kann die Arten der Beanspruchung unterteilen in

1. elektrische,
2. thermische,
3. konstruktive,
4. chemische und physikalische.

Jedes Aufgabengebiet läßt sich noch weiter untergliedern.

Eine Übersicht über die wichtigsten Beanspruchungen gibt Tabelle 8.1.−1.

Tabelle 8.1.−1. Übersicht über Eigenschaften und Beanspruchungen von Nichtleitern

1. elektrische	Widerstandsarten (8.1.1)	Durchgangswiderstand (8.1.1.1)
		Oberflächenwiderstand (8.1.1.2)
		Widerstand zwischen Stöpseln (8.1.1.3)
	Kriechstromfestigkeit (auch Lichtbogenfestigkeit) (8.1.2)	
	Durchschlagfestigkeit (8.1.3)	
	dielektrisches Verhalten (8.1.4)	Polarisationsarten (8.1.4.1)
		Permittivitätszahl (8.1.4.2)
		dielektrischer Verlustfaktor (8.1.4.3)
		dielektrische Verlustzahl (8.1.4.4)
		Temperatur- und Frequenzeinfluß (8.1.4.5)
		Elektrostriktion (8.1.4.6)
2. thermische	(8.1.5)	Wärmeausdehnung (8.1.5.1)
		Wärmeleitfähigkeit (8.1.5.2)
		Formbeständigkeit (8.1.5.3)
		Wärmebeständigkeit (8.1.5.4)
		Glutbeständigkeit (8.1.5.5)
3. konstruktive	(8.1.6)	Zug, Druck, Biegung, Schlag
		Härte
		Steifigkeit
		Zeitfestigkeit
4. chemisch-physikalische	(8.1.7)	Wasser
		Chemikalien

Jede Eigenschaft muß geprüft werden; dafür bestehen DIN-Prüfverfahren (DIN 53480 und ff.); sie stimmen mit den VDE-Vorschriften Gruppe 03,

    0303 für elektrische Prüfungen,
    0304 für thermische Prüfungen

überein bzw. ergänzen diese.

Wir werden der Reihe nach die in Tabelle 8.1.−1 aufgeführten Eigenschaften und auch, sofern erforderlich, das Prinzip ihrer Prüfung besprechen.

Prüfung der Eigenschaften von Isolatoren nach DIN 53480 u. ff. und nach VDE 03

0303	elektrisch
0304	thermisch
0310 … 0360	Prüfvorschriften für bestimmte Werkstoffe wie

Holz	Preßstoffe
Fiber	Hartgummi
Preßspan	Glimmer
Hartpapier	keramische Stoffe
Hartgewebe	Ver#gußmassen

8.1.1. Elektrische Widerstandsarten

8.1.1.0. Thermischer und elektrischer Widerstand, Übersicht

Auch der beste Isolator hat keinen unbegrenzten ($= \infty$) Widerstand; durch jeden Werkstoff fließt bei einem Energiegefälle zumindest noch eine kleine Energiemenge in Form von Elektrizität oder Wärme.

Die elektrische Leitfähigkeit beruht auf der Beweglichkeit freier Elektrizitätsträger (e^-, e^+, Ionen). Die thermische Leitung ist komplizierter, aber ebenfalls von der Beweglichkeit dieser Elementarteilchen abhängig. Darum stehen elektrischer und thermischer Transport miteinander im Zusammenhang; ein guter Wärmeisolator ist zugleich auch ein guter elektrischer Isolator, und umgekehrt ein guter Wärmeleiter auch ein guter elektrischer Leiter[2].

Zum zahlenmäßigen Vergleich eines guten Leiters mit einem guten Isolator stellen wir die Leitwerte von E-Kupfer und Polystyrol nebeneinander (Tabelle 8.1.−2).

Nach den Zahlenwerten für die spezifische elektrische Leitfähigkeit $\varkappa$ und die thermische Leitfähigkeit λ beider Stoffe verhält sich

$$\lambda_{Cu} : \lambda_{PS} \text{ wie } 3000 : 1.$$

Praktisch bedeutet das, daß die Wärmemenge, die in einer Stunde durch eine Kupferplatte strömt, beim Durchströmen einer gleichdimensionierten PS-Platte 3000 Stunden, das sind 3 Monate, benötigt! Die Unterschiede in

---

Auch der beste Isolierstoff hat kein $\varrho_D = \infty$!

Isolatoren

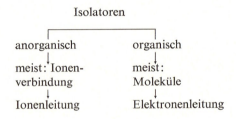

Tabelle 8.1.−2. Leitfähigkeits-Vergleich zwischen Leitkupfer E-Cu und Polystyrol PS

	E-Cu	PS
λ $W\,m^{-1}\,k^{-1}$	370	0,12
$\varkappa$ $S\,m^{-1}$	$60 \cdot 10^6$	10^{-15}

Isolationsvermögen ist ein Sammelbegriff für mehrere Einzelgrößen.

---

[2] Zusammenhang zwischen elektrischer und thermischer Leitfähigkeit von Metallen (4.1.4).

der elektrischen Leitfähigkeit sind noch um viele Potenzen größer; sie verhalten sich ungefähr

$\varkappa_{PS}$: $\varkappa_{Cu}$ wie $1:10^{22}$.

Praktisch bedeutet dies: Bei gleichen Querschnitten hat 1 mm Kunststoff aus PS den gleichen Widerstand wie 10 Millionen Drähte mit einer Einzellänge von 10^9 km hintereinander gereiht[3].

Der Isolationswiderstand ist kein eindeutiger, sondern ein komplexer Begriff; man unterscheidet mehrere Arten von Widerständen, wie wir gleich sehen werden.

> spezifischer elektrischer Widerstand:
>
> bei Metallen: *ein* Begriff
> bei Isolierstoffen: komplexer[4] Begriff

8.1.1.1. Spezifischer Durchgangswiderstand (= Innenwiderstand), DIN 53482

Der spezifische *Durchgangs*widerstand ϱ_D[5] ist der in Ωm gemessene Widerstand eines Würfels von 1 m Kantenlänge[6] (Bild 8.1.−1); oft wird ϱ_D auch in Ωcm angegeben, man bezieht ihn dann auf den Widerstand eines Würfels mit 1 cm Kantenlänge. Man kann den Durchgangswiderstand R_D in Ω auch als *Innen-* oder *Volumen*widerstand bezeichnen; er steht damit im Gegensatz zu dem noch zu besprechenden *Oberflächen*widerstand R_O.

Die Meßmethode nach DIN 53482 ist aus Bild 8.1.−2 ersichtlich. An beiden Seiten einer planparallelen Probe von 120 mm × 120 mm werden kreisförmige Elektroden mit je 2000 mm² Meßflächen angelegt. Es darf nur der *durch* die Probe und nicht der etwa *über die Oberfläche* der Probe fließende Strom gemessen werden. Deshalb wird auf einer Probenseite eine ringförmige Schutzelektrode angebracht, welche etwaige Oberflächenströme wieder zur Elektrode leitet, ohne das Galvanometer zu durchfließen.

Unter dem spezifischen Widerstand ϱ versteht man in der Regel den spezifischen Durchgangswiderstand ϱ_D.

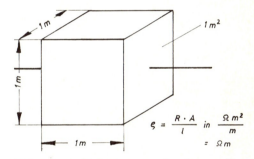

Bild 8.1.−1 Definition des Durchgangswiderstandes ϱ_D in Ωm

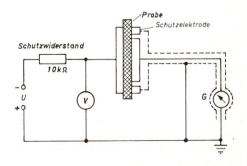

Bild 8.1.−2. Schaltplan einer Widerstandsmeßeinrichtung mit Galvanometer nach DIN 53482

---

[3] Dies entspricht ungefähr der Entfernung Erde—Mond, hin und zurück.

[4] ≙ aus mehreren Begriffen zusammengesetzt.

[5] Bitte aufpassen! Das Formelzeichen ϱ_D gilt

  1. für den spezifischen elektrischen Durchgangswiderstand in Ω m,
  2. für die Dichte in g cm^{-3} (= kg dm^{-3}).

[6] Nach DIN wird ϱ in Ω m angegeben.

Der Quotient aus der angelegten Spannung U und dem durch die Probe fließenden Strom I ist der Durchgangswiderstand R_D (Gl. 8.−1). Berücksichtigt man die Elektrodenfläche A und die Probenstärke L, so erhält man ϱ_D in Ωm (Gl. 8.−2).

$$R_D = \frac{U}{I} \qquad \text{in } \Omega \qquad (8.-1)$$

$$\varrho_D = \frac{U}{I} \cdot \frac{A}{L} \qquad \text{in } \Omega \text{ m} \qquad (8.-2)$$

$$\left.\begin{array}{c} (\Omega \text{ cm}) \\ (\Omega \text{ mm}) \end{array}\right\} \text{ früher}$$

Bild 8.1.−3 gibt eine Übersicht über die Durchgangswiderstände wichtiger Werkstoffe von Leitern, Halbleitern und Nichtleitern.

Bemerkenswert ist folgendes:

● Anorganische, amorphe und kristalline Isolatoren wie Gläser, Keramika, Porzellane haben wegen ihrer unterschiedlichen chemischen Zusammensetzung auch unterschiedliche Widerstandswerte.

● Poröse und hygroskopische (wasseranziehende) Werkstoffe werden in feuchter Umgebung durch Wasseraufnahme leitfähiger.

● Die Temperatur beeinflußt den Widerstand dann, wenn sich die Struktur verändert; der Widerstand fällt dann.

● Bei hohen Frequenzen können die Widerstandswerte sinken.

● Bei „Alterung"[7] sinkt ϱ_D.

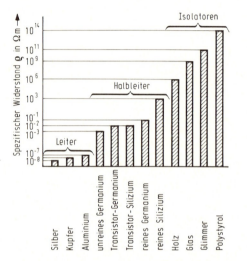

Bild 8.1.−3. Durchgangswiderstand ϱ_D in Ω m bei Raumtemperatur von elektrischen Werkstoffen, (Beachten Sie den logarithmischen Maßstab!)

Übung 8.1.−1

Welche Einflüsse verändern den ϱ_D-Wert eines Isolators?

8.1.1.2. Oberflächenwiderstand, DIN 53482

Der Oberflächenwiderstand R_O gibt Aufschluß über das Isolationsvermögen der Oberfläche eines festen Isolierstoffes; er unterscheidet sich (meistens) beträchtlich vom Innenwiderstand R_D und beträgt oft nur $\approx 1\%$ desselben. An der Oberfläche eines Isolierstoffes befinden sich oft Fremdschichten von Schmutzablagerungen oder Zersetzungsprodukten infolge von Feuchtigkeit oder chemischer Reaktionen; dies setzt den Widerstand stark herab. Feuchtigkeit, auch wenn sie vertrocknet ist, hinterläßt immer Spuren von leitfähigen Ionen.

R_O in Ω zeigt den Isolationszustand an der Probenoberfläche an.

Rauhigkeit erhöht Verschmutzung!

Bei Freileitungen ist Vorsicht geboten.

---

[7] „Altern" $\triangleq$ Veränderung der Struktur durch langzeitige Einwirkung der Umgebung.

Einige Kunststoffe werden durch mechanische Einwirkung, insbesondere durch Reibung, elektrostatisch aufgeladen und ziehen dann Staubpartikel an. Bei gedruckten Leitungen ist daher besondere Vorsicht geboten; sie sollten gut lackiert und vor Gebrauch abgestaubt werden.

Vorsicht bei elektrostatischer Aufladung!

Vorsicht bei gedruckten Schaltungen!

Einfluß von Wasser prüfen!

24 Stunden in Wasser lagern, dann prüfen!

Einfluß der Temperatur beachten; R_O darf sich bei Gebrauchstemperatur nicht verändern!

Das Prinzip der Meßschaltung geht aus Bild 8.1.−4 hervor (DIN 53482 bzw. VDE 0303 Teil 3/67). Geprüft wird eine Minute bei 1000-V-Gleichspannung an ebenen Proben von etwa 150 mm × 150 mm.

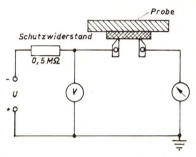

Bild 8.1.−4. Schema der Meßschaltung für die Bestimmung des Oberflächenwiderstands

Die Meßwerte für R_O werden in Ω oder in Vergleichszahlen nach Tabelle 8.1.−3 angegeben; ein spezifischer Oberflächenwiderstand läßt sich nicht ausrechnen, da sich der stromdurchflossene Querschnitt nicht ermitteln läßt.

Tabelle 8.1.−3

Oberflächen-Isolations-widerstand in Ω	Oberflächen-vergleichszahl
$\geqq 10^6 < 10^7$	6
$\geqq 10^7 < 10^8$	7
$\geqq 10^8 < 10^9$	9
usw.	

Übung 8.1.−2

In welchen Einheiten werden

1. der Durchgangswiderstand,
2. der Oberflächenwiderstand

eines Isolators gemessen?

Übung 8.1.−3

Welcher Widerstand ist größer, der Durchgangs- oder der Oberflächenwiderstand? Begründung!

8.1.1.3. Widerstand zwischen Stöpseln, DIN 53 482

Ermöglichen Form und Abmessungen eines Prüflings nicht die Bestimmung des spezifischen Durchgangswiderstandes ϱ_D, dann bedient man sich der Prüfmethode nach DIN 53482 Teil 3 und prüft den Widerstand zwischen zwei kegeligen Stöpselelektroden nach Bild 8.1.–5 im Gleichstromkreis.

Man muß dafür sorgen, daß die beiden Elektroden dicht an den konischen Bohrungen anliegen. Der Stöpselwiderstand R_S wird in Ω angegeben; durch ihn werden gleichzeitig Innen- und Oberflächenwiderstand erfaßt.

Im allgemeinen liegen deshalb die R_S-Werte zwischen den R_D- und den R_O-Werten.

Bild 8.1.–5. Schema der Anordnung zur Bestimmung des Widerstandes zwischen zwei Stöpseln nach DIN 53482 und VDE 0303

$$R_S \text{ in } \Omega$$

Übung 8.1.—4

Nennen Sie die Reihenfolge für R_D, R_O, R_S in steigenden Ohmzahlen.

8.1.2. Kriechstromfestigkeit

Nach der VDE-Bestimmung 0303 Teil 1 ist ein Kriechstrom „ein Strom, der sich auf der Oberfläche eines im trockenen und sauberen Zustand gut isolierenden Stoffes zwischen zwei spannungsführenden Teilen infolge von leitfähigen Verunreinigungen bildet"[8].

Unter idealen Verhältnissen können sich an der Oberfläche eines guten, sauberen Isolierstoffes keine unkontrollierten Kriechströme bilden. In der Praxis sieht das aber oft anders aus, wie dies unter 8.1.1.2 erklärt wurde, und es entstehen durch Fremdstoffe an der Oberfläche vagabundierende, unkontrollierbare Kriechströme. Sie können durch Widerstandserwärmung oder Glimmentladungen die Oberfläche nicht wärmebeständiger Isolierstoffe chemisch so verändern, daß ihr elektrischer Widerstand nachläßt. Bei glutbeständigen, oxidischen Isolierstoffen, den elektrokeramischen Werkstoffen, hinterlassen Kriechströme keine „Kriechstromspuren", aber Kunststoffe oder Kunststoff enthaltende Iso-

Kriechströme sind unerwünschte, unkontrollierbare Ströme auf Isolierstoffen zwischen stromführenden Leitern.

Sie können bei längerer Einwirkung den Isolierstoff zerstören.

Den Widerstand gegen solche „Kriechstromspuren"-Bildung nennt man Kriechstromfestigkeit.

---

[8] Lesen Sie diesen Satz zweimal, dann haben Sie seinen Sinn richtig begriffen und können diesen Abschnitt besser verstehen!

lierstoffe sind wenig temperaturbeständig; sie zersetzen sich chemisch in der Wärme, wobei ihr Isolationswert sinkt; wenn bei der Zersetzung (wie häufig) freier Kohlenstoff entsteht, wird die Oberfläche sogar gut leitend.

Man hat deshalb Prüfverfahren entwickelt, um das Verhalten von Isolierstoffen gegenüber Kriechströmen festzustellen und zahlenmäßig zu bewerten.

Zu diesem Zweck erzeugt man zwischen Elektroden auf der Oberfläche des Prüflings künstlich einen Kriechstrom und ermittelt seine Folgen.

Die Prüfvorrichtung ist aus Bild 8.1.−6 ersichtlich. In einem Abstand von 4 mm werden an den Prüfling zwei Elektroden mit 380 V Spannung gelegt; zwischen ihnen läßt man eine mit einem Netzmittel versehene Salzlösung abtropfen; sie verteilt sich gleichmäßig auf der Probenoberfläche und erzeugt beim Berühren beider Elektroden bei jedem Tropfen einen kleinen Lichtbogen, der die Lösung verdampft. Solange die Probenoberfläche unbeschädigt bleibt, erlischt der Lichtbogen sofort nach dem Verdampfen; nach 30 s fällt dann ein neuer Tropfen. Das Spiel wiederholt sich so lange, bis durch die Salzkruste und/oder die zerstörte Oberfläche ein ständiger Kriechstrom von > 0,5 A fließt und die Anlage ausschaltet.

Die Tropfenzahl und die auf der Oberfläche entstandenen Kriechspuren sind die Bewertungsmaße für die Kriechstromfestigkeit nach dieser sog. KA-Methode (Tabellen 8.1.−4 und 8.1.−5).

Nach einer zweiten B-Methode ermittelt man die höchste Spannung, bei der bis zum 50. Tropfen kein Kurzschluß entsteht.

An dieser Stelle soll die sogenannte *Lichtbogenfestigkeit* erwähnt werden.

Beim Entladen einer hohen Spannung zwischen zwei Elektroden kann ein Stromweg auf dem zwischen ihnen befindlichen Isolierstoff entstehen. Man erzeugt bei der Prüfung auf Lichtbogenfestigkeit künstlich einen Lichtbogen und ordnet nach seiner Länge und dem Aussehen der Probenoberfläche den Isolierstoff in eine von 6 Güteklassen ein.

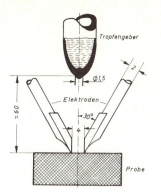

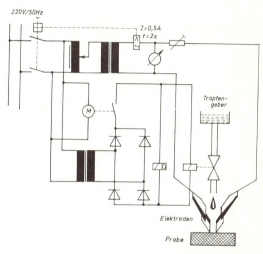

Bild 8.1.−6. Prüfvorrichtung und Schaltung zur Bestimmung der Kriechstromfestigkeit (nach VDE)

Tabelle 8.1.−4. Kriechstrom-Festigkeitsstufen nach Verfahren KA bei 380 V ∼

Stufe	Tropfen-zahl	max. Aushöhlung mm	Beurteilung
KA 1	1 … 10	−	schlecht
2	11 … 100	−	ausreichend
3a	101	> 2	mittel
3b	101	1 … 2	gut
3c	101	< 1	sehr gut

Lichtbogenfestigkeit: Einteilung in 6 Güteklassen. Brandgefahr!

Tabelle 8.1.–5. Preßmassen bieten ein gutes
Beispiel für das unterschiedliche Verhalten gegen Kriechspurbildung

Tropfenzahl	Preßmassen
1 ... 3	organisch gefüllte Phenolharz-
4 ... 10	anorganisch gefüllte Phenolharz-
11 ... 30	Kalt-
31 ... 100	Harnstoffharz-
> 100	Melamin- und Alkydharz-

Übung 8.1.—5

Unterscheiden sich die einzelnen Kunststoffsorten bezüglich ihres Verhaltens gegen Kriechströme?

Übung 8.1.—6

Wo bilden sich eher Kriechströme, auf glasierten oder auf unglasierten Keramika?

8.1.3. Durchschlagsfestigkeit, DIN 53481

Bevor wir das Prüfverfahren für die Durchschlagsfestigkeit E_D in kV mm^{-1} nach VDE 0303 Teil 3/67 bzw. DIN 53481 erörtern, sollen einige werkstoffliche Betrachtungen vorangestellt werden.

Kein Werkstoff ist völlig homogen. Auch der beste Isolator hat kleine Stellen von lockerer Struktur oder mit kleinsten Hohlstellen (Miniporen). Legt man ein hohes Potentialgefälle an die beiden Seiten eines Isolators, dann suchen sich die Elektronen zum Spannungsausgleich den Weg des kleinsten Widerstandes; manchmal gelingt ihnen dies über die *Oberfläche* (Überschlag); manchmal bahnen sie sich aber auch einen Weg *durch* den Isolierstoff (Durchschlag). Bei ausreichender Spannung und kleinem Weg (dünner Isolierstoff oder kleiner Elektrodenabstand in Luft) erfolgt dann ein spontaner Durchschlag. Unter längerer Spannungsbelastung kann der Isolierstoff seine Struktur verändern; es finden z. B. kleine Glimmentladungen im Werkstoffinneren statt, die den Werkstoff zerstören und seinen Widerstand schwächen.

> Die Durchschlagsfestigkeit ist die höchste Feldstärke, mit der ein Werkstoff vor dem Durchschlag belastet werden kann.

> E_D in kV mm^{-1}
> ist keine Werkstoffkonstante!

> E_D ist abhängig von
> - Schichtstärke (Durchschlagstrecke)
> - Stehzeit
> - Frequenz
> - Temperatur

> *Merkregel*:
> E_D nach einjähriger Belastung $\approx$ $^1/_2$ des Ursprungswertes.

> E_D-Werte streuen; darum Mittelwert aus mindestens drei Einzelwerten bestimmen!

Ist einmal ein Überschlagsfunke *im* Isolator entstanden, dann sucht er sich weiter den Weg des geringsten Widerstandes, wie ein Blitz, der sich bei elektrischer Entladung auch nicht immer den kürzesten, aber immer den widerstandsärmsten Weg sucht.

Steigt die Temperatur des Isolierstoffes unter dem Einfluß eines kleinen Elektronenflusses oder durch Glimmentladungen, dann kommt es zu einem *Wärmedurchschlag*.

Mit zunehmender Schichtdicke (bei Gasentladungen mit steigendem Elektrodenabstand) steigt naturgemäß die Durchschlagspannung U_D.

Die Durchschlagfestigkeit E_D ist eine Feldstärke, d. h. ein auf eine Strecke bezogenes Spannungsgefälle in kV mm^{-1}. Sie ist bei kleinen Schichtstärken größer als bei dicken; dies ist die Folge der bereits erwähnten Inhomogenitäten des Stoffes, die naturgemäß bei dünnen Schichten weniger häufig als bei dickeren auftreten; außerdem benötigen die Elektronen zur Beschleunigung auf ihre Höchstgeschwindigkeit eine gewisse Zeit, d. h. eine gewisse Strecke. Aus diesem Grunde fällt E_D mit zunehmender Schichtdicke s (Bilder 8.1.– 8 und 8.1.–9).

Die Meßanordnung zeigt Bild 8.1.–7. Geprüft wird bei 50 Hz; die Spannung soll um etwa 1 kV in der Sekunde gesteigert werden und vor dem Durchschlag etwa 40 s stehen.

Es gibt verschiedene Elektrodenformen, wie Kugel/Kugel oder Kugel/Platte oder Platte/Platte und (selten) Spitze/Spitze; Vergleichswerte müssen mit gleichen Elektroden ermittelt werden.

Zwei typische Meßreihen der E_D sind in den Bildern 8.1.–8 und 8.1.–9 gezeigt[9]. Bei Überschlägen in der Luft muß die Luftfeuchtigkeit berücksichtigt werden; infolge Ionenbildung erniedrigt sie die E_D-Werte, wie man bei Freileitungen leicht feststellen kann.

Bild 8.1.–9. Durchschlagsfestigkeit von Luft bei 58% Feuchtigkeit und 1005 mbar in Abhängigkeit vom Elektrodenabstand s

---

[9] Übungsergebnisse von Technikerschülern an der Schule für Elektrotechnik in Essen.

Tabelle 8.1.–6. E_D-Anhaltswerte in kV mm^{-1}
Schichtstärke: $\sim$1 mm
Prüfdauer: 1 min

E-Porzellan	30 ... 35
ölgetränktes Kabelpapier	bis 100
Trafoöl	bis 30
Polyesterharz (UP)	bis 30
Polyvinylchlorid (PVC)	bis 50
Polystyrol (PS)	bis 100
Polyäthylen (PE)	bis 200

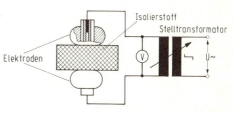

Bild 8.1.–7. Meßvorrichtung für die Bestimmung der Durchschlagfestigkeit nach DIN 53481 und VDE 0303 Teil 3/67
Prüfkörper: ebene Platten 150 mm × 150 mm
Elektrode: Kugeln oder Platten
Spannungserhöhung: 1 kV s^{-1}
Stehzeit vor dem Durchschlag: > 40 s
Meßergebnis: > 5 Einzelwerte wegen starker Streuung

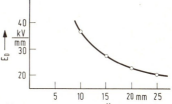

Bild 8.1.–8. E_D von Öllackleinen in Abhängigkeit von der Schichtdicke s

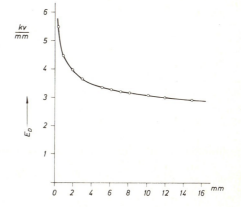

Übung 8.1.—7

Wodurch wird der E_D-Wert eines Werkstoffes
beeinflußt?

Übung 8.1.—8

In welcher Größenordnung liegt E_D,

1. für eine hoch durchschlagfeste Isolation,
2. für eine wenig durchschlagfeste Isolation?

8.1.4. Dielektrisches Verhalten[10])

8.1.4.0. Größen im elektrischen Feld

Den folgenden Abschnitten werden einige Größen aus dem elektrischen Feld vorangestellt, die
in DIN 1324 vom Januar 1972 festgelegt sind und anschließend einzeln besprochen werden (siehe
auch Tabelle 7.1.—1).

1. D As/m² = C/m²   elektrische Flußdichte (früher elektrische Verschiebung
   oder Verschiebungsdichte genannt).

2. $\Psi = D \cdot A$ C = As   elektrischer Fluß (A = Querschnitt in m²).

3. $\varepsilon_0 = \dfrac{D_0}{E}$ F/m = As/(Vm)   elektrische Feldkonstante (früher Dielektrizitätskonstante oder Verschiebungskonstante des leeren Raumes).

4. ε_r 1   Permittivitätszahl oder relative Permittivität (früher Dielektrizitätszahl oder relative Dielektrizität).

5. $\varepsilon = \varepsilon_0 \cdot \varepsilon_r$ F/m – As/(Vm)   Permittivität (früher Dielektrizitätskonstante).

6. $P = D - \varepsilon_0 \cdot E$ As/m²   Polarisation = elektrische Flußdichte minus elektrische
   $\quad = D - D_0$ Flußdichte im leeren Raum.

7. $E_i = \dfrac{D}{\varepsilon_0} - \dfrac{P}{\varepsilon_0}$ V/m   Elektrisierung = elektrische Polarisation durch elektrische Feldkonstante.

8. $\dfrac{P/\varepsilon_0}{E} = \chi_e = \varepsilon_r^{-1}$ 1   elektrische Suszeptibilität.

8.1.4.1. Polarisationsarten

Befindet sich ein Isolator in einem elektrischen
Feld zwischen zwei spannungsführenden Leitern, so verhält er sich wie das Dielektrikum
eines geladenen Kondensators. Im Isolierstoff
spielen sich dabei Polarisationsvorgänge ab,

---

[10]) Verhalten von Nichtleitern unter dem Einfluß eines elektrischen Feldes. Erforderliche Vorkenntnisse:
„Elektrisches Feld im Kondensator".

die näher beschrieben werden müssen. Je nach
der Struktur des Stoffes treten drei Arten von
Polarisationen auf:

1) *Elektronen-Polarisation*

Sie tritt in jedem Stoff auf, da jeder Stoff Elektronen hat. Unter dem Feldeinfluß E verschieben sich die negativen Elektronenhüllen gegenüber den positiven Kernen, wie Bild
8.1.−10 zeigt. Die Elektronen-Polarisation
verläuft spontan, trägheitslos und ist völlig re-
versivel; d. h., wenn das elektr. Feld abgeschaltet wird, rutscht die Elektronenhülle sofort
wieder in ihre Normallage zurück.

Bild 8.1.−10. Elektronen-Polarisation

2) *Ionen-Polarisation*

Sie tritt auf, wenn der Werkstoff Ionen enthält,
wie z. B. Porzellan, Keramik, Glas und Glimmer. Hierbei verschieben sich die Ionen als geladene Masseteilchen (Bild 8.1.−11).

Die Ionenverschiebung verläuft nicht spontan,
sondern benötigt eine gewisse Verschiebungs-
zeit (Relaxation); der Vorgang ist reversibel.

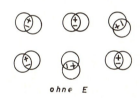

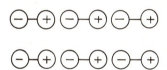

Bild 8.1.−11. Ionen-Polarisation, Verschiebung

3) *Dipol-Polarisation*,

auch Orientierungs-Polarisation genannt, setzt
die Anwesenheit von Dipolen, d. h. polarer
Moleküle voraus. Das Wassermolekül ist bekanntlich ein Dipol-Molekül, bei dem infolge
der unterschiedlichen Elektronenaffinität (Ne-
gativitätszahl) der Wasserstoff- und Sauer-
stoffatome der elektrische- und der Massen-
schwerpunkt nicht zusammenfallen; dadurch
entsteht ein Ladungsunterschied im Molekül,
das dadurch zum Dipol wird (Bild 8.1.−12
links). Ein weiteres Beispiel ist die Gruppe der
C−Cl-Verbindungen (PVC).

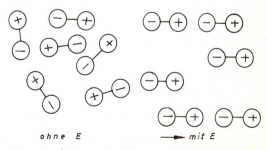

Bild 8.1.−12. Dipol-Polarisation, Drehvorgang

Im elektrischen Feld *drehen* sich die Dipole nach der Feldrichtung (Bild 8.1.–12 rechts). Nach Abschalten des Feldes drehen sich die meisten Dipole wieder in ihre Ausgangslage zurück; irreversible Dipolverdrehungen werden unter 8.2.3.3 erörtert.

Es gibt polare Flüssigkeiten und Feststoffe. Bevorzugt werden hochpolare, rutilhaltige (TiO_2) Keramiken zum Aufbau hoch polarisierbarer Dielektrikas in Kondensatoren benutzt.

> Die Polarisation P eines Stoffes ist die Verschiebung oder Ausrichtung seiner elektrischen Ladungsträger durch ein elektrisches Feld E; P in $\dfrac{As}{m^2}$

> Die Maßzahl für die Polarisation eines Stoffes ist die Permittivitätszahl ε_r (8.1.4.2).

> Von der elektrischen Polarisation P hängt der Verlustfaktor $d = \tan \delta$ ab (8.1.4.3).
> $P \sim d$

> Das Produkt $\varepsilon_r \cdot \tan \delta$ ergibt die dielektrische Verlustzahl ε'' (8.1.4.4).

> Die Polarisation ist
> erwünscht bei Kondensatoren (Effekt)
> unerwünscht bei Isolierungen (Verlust)

8.1.4.2. Permittivitätszahl[11] (Dielektrizitätszahl) ε_r

Ein elektrisches Feld E erzeugt stets, also auch im leeren Raum oder in trockener Luft, wie wir soeben gelernt haben, durch Polarisation eine elektrische Flußdichte D, die auch Verschiebungsdichte[12] genannt wird; D_0 gilt für das Vakuum und trockene Luft. Die elektrische Flußdichte D ändert sich linear mit der Größe und der Richtung des elektrischen Feldes E (Proportion 8.–2). Der Proportionalitätsfaktor, mit dem aus (P. 8.–3) die Gleichung (8.–3) entsteht, ist eine universelle Konstante und heißt elektrische Feldkonstante ε_0. Sie läßt sich messen und hat die Größe $8,9 \cdot 10^{-12}$ As/(Vm).

$$D \sim P$$
$$\frac{As}{m^2} \sim \frac{As}{m^2}$$
$$(P. 8.-1)$$

$$P \sim E$$
$$\frac{As}{m^2} \sim \frac{V}{m}$$
$$(P. 8.-2)$$

$$D_0 \sim E$$
$$\frac{As}{m^2} \sim \frac{V}{m}$$
$$(P. 8.-3)$$

$$D_0 = \varepsilon_0 \cdot E$$
$$\frac{As}{m^2} = \frac{As}{Vm} \cdot \frac{V}{m}$$
$$(8.-3)$$

---

[11] Nach DIN 1324 (1972) wird diese Bezeichnung anstelle von Dielektrizität benutzt.

[12] Im leeren Raum kann sich nichts verschieben oder verdrehen; daher ist Flußdichte besser, obgleich auch dort nichts fließen kann bzw. fließt. Darum sind die elektrischen Theorien nur mathematisch zu begreifen und nicht anschaulich.

Die elektrische Flußdichte in einem Stoff D_S ist stets größer als die Flußdichte in Luft oder im Vakuum D_0. Das Zahlenverhältnis D_S/D_0 heißt die Permittivitätszahl (auch Dielektrizitätszahl) ε_r (8.−4); ε_r entspricht im Magnetfeld der Permeabilitätszahl μ_r.

$$\varepsilon_0 = 8,9 \cdot 10^{-12} \ \frac{As}{Vm}$$

$$\frac{D_S}{D_0} = \varepsilon_r > 1 \qquad\qquad (8.-4)$$

Beide Zahlen sind wichtige Werkstoffwerte und geben den Verstärkungsfaktor für die vom Felderreger erzeugte Flußdichte im Werkstoff gegenüber Luft (Vakuum) an[13].

Diese wichtigen Zusammenhänge sollen mit anderen Worten nochmals nacheinander erklärt werden.

1. Unter einem Feldeinfluß E (Erreger, Ursache) wird der Werkstoff (Dielektrikum) polarisiert (Wirkung nach P. 8.−2).

2. Die durch Coulombsche Kräfte im Dielektrikum erzeugte Ladungsverschiebung (Polarisation) ist dem Potential U in V der erregenden Feldstärke E in V m^{-1} entgegengerichtet; da der Plattenanstand d in m in einem Kondensator unverändert bleibt, muß die im Dielektrikum erzeugte Flußdichte D_S die Kondensatorspannung U_C herabsetzen. Die an den Kondensator angelegte, unveränderte Spannung ladet daher den Kondensator weiter auf und steigert seine Kapazität C_S im direkten Verhältnis zu der Permittivitätszahl ε_r (P. 8.−4).

$$C_S \sim \varepsilon_r \qquad\qquad (P. \ 8.-4)$$
ε_r Permittivitätszahl

$$\varepsilon_r = \frac{C_S}{C_0} = \frac{\text{Kapazität eines stoffgefüllten Kondensators}}{\text{Kapazität eines Luftkondensators}}$$
$$(8.-5)$$

3. In den nebenstehenden Gleichungen (8.−5) bis (8.−7), die keiner weiteren Erklärung bedürfen, sind die Einflüsse der Polarisation des Dielektrikums auf die Kapazität eines Kondensators mathematisch formuliert.

$$C_0 = \varepsilon_0 \cdot \frac{A}{d} \ \text{(Vakuum, Luft)} \qquad (8.-6)$$

A Kondensatorfläche in m²
d Plattenabstand in m

$$C_S = \varepsilon_0 \cdot \varepsilon_r \cdot \frac{A}{d} \ \text{(Stoff)} \qquad (8.-7)$$

$$\frac{As}{V} = \frac{As}{Vm} \cdot 1 \cdot \frac{m^2}{m}$$

$$F = \frac{F}{m} \cdot 1 \cdot m \ ^{14)}$$

---

[13] $(\varepsilon_0 \cdot \mu_0)^{-1/2} = c$ (Lichtgeschwindigkeit), (Übung 7.1.−2).

[14] Das Farad F hat einen so großen Einheitswert, daß die Kapazität in mF, µF, pF oder nF angegeben wird. (Achtung bei 10er-Potenzen von F!)

Den Werkstoffer [15] interessiert die Feldstärke E_i, welche im Werkstoff die Flußdichte $D - D_0$ erzeugt; sie heißt Elektrisierung und entspricht im Magnetfeld der Magnetisierung, die im Magnetstoff die Flußdichte $J = B - B_0$ hervorruft.

Die Gleichungen für die Elektrisierung sind nebenstehend aufgeführt (8.−8 und 8.−9).

Die elektrische Suszeptibilität χ_e ist das Verhältnis $\dfrac{P}{\varepsilon_0}$ zu der Elektrisierung E_i (Gl. 8.−10).

$$P = D - D_0 = D - \varepsilon_0 E \qquad (8.-8)$$

daraus

$$\frac{P}{\varepsilon_0} = \frac{D}{\varepsilon_0} - E \qquad (8.-9)$$

Die Größen links und rechts in der Gleichung heißen Elektrisierung!

$$\frac{P/\varepsilon_0}{E_i} = \chi_e = \varepsilon_r - 1 \qquad (8.-10)$$

E_i Elektrisierung

Die Permittivitätszahl ε_r, und damit auch die Suszeptibilität χ_e eines Werkstoffes sind nicht konstant; sie ändern sich mit der Temperatur und mit der Frequenz, wie Sie im Abschnitt 8.1.4.4 erfahren werden.

Anhaltswerte für ε_r-Zahlen bei 50 Hz und Raumtemperatur, geordnet nach der elektrischen Struktur der Werkstoffe, gibt Tabelle 8.1.−7.

Die Prüfung der dielektrischen Eigenschaften ist in Din 53483 festgelegt; sie wird bei 50 Hz, 1 kHz und 1 MHz mit verschiedenen Meßanordnungen vorgenommen, die hier unerörtert bleiben. Für Flüssigkeiten wurden Meßzellen entwickelt, mit denen Frequenzen bis 100 MHz geprüft werden können.

Hochpolare kristalline Werkstoffe werden für den Aufbau starker Dielektrikas unter der Bezeichnung „Ferroelektrika" benutzt (8.2.3.3).

Die Polarisierung und Entpolarisierung, d. h. die elektrischen Verschiebungs- und Drehvorgänge, benötigen eine gewisse, wenn auch sehr kleine Zeitspanne; diese Anlauf- bzw. Abklingzeit bei der Polarisation nennt man „Relaxationszeit" τ in s. Für Wasser z. B. beträgt $\tau = 10^{-11}$ s; bei Hochfrequenzen ist τ eine wichtige Werkstoffgröße, sie muß bei der Berechnung dielektrischer Verluste berücksichtigt werden.

elektrische Polarisation P in C m^{-2} = As m^{-2} ist die elektrische Flußdichte minus elektrische Flußdichte im leeren Raum; DIN 1324

Tabelle 8.1.−7. ε_r-Werte (ε_r immer > 1!) bei 20°C und 50 Hz

unpolare Stoffe	$2 \dots 10$
Kunststoffe	$2 \dots 3$
Öl	$2 \dots 2,5$
Chlophen	≈ 5
Porzellan	≈ 6
Asphalt	≈ 3
Kautschuk	$2 \dots 3$
Glimmer	$6 \dots 8$
polare Stoffe	$80 \dots 100$
Wasser	≈ 80
Titanoxid (Rutil)	≈ 100
ferroelektrische Stoffe (8.2.3.3)	
Bariumtitanat	$\approx 10^3$
Barium-Strontiumtitanat	$\approx 10^4 \dots 10^5$

---

[15] Ungewöhnliche, aber richtige Bezeichnung, analog Physiker, Mathematiker usw.

Übung 8.1.—9

Welche Polarisation entsteht in

1. reinen Halbleiterkristallen,
2. Salzen,
3. Isolatoren (polar),
4. Metallen,
5. Edelgasen?

Übung 8.1.—10

Nennen Sie FZ und Einheit für

1. magnetische Polarisation,
2. elektrische Polarisation!

Übung 8.1.—11

Was ist der grundlegende Unterschied zwischen

1. Elektronen- und Ionenpolarisation einerseits und
2. der Orientierungspolarisation andrerseits?

Übung 8.1.—12

Wie heißt die korrespondierende Größe von ε im Magnetfeld mit Formelzeichen und Einheiten?

Beispiel 8.1.—1

An einem luftgefüllten Plattenkondensator der Kapazität $C = 120$ pF wird eine Spannung U von 100 V angelegt; der Plattenabstand d beträgt 0,1 mm.

Berechnet soll werden

1. die Größe der Flußdichte in Luft D_0
2. die Polarisation P, wenn zwischen die Platten ohne Luftspalt ein Dielektrikum mit $\varepsilon_r = 100$ eingelegt wird.

Lösung 1. (nach Gl. 8.−3):

$$D_0 = \varepsilon_0 E = \varepsilon_0 \frac{U}{d} = 8,9 \cdot 10^{-12} \, \text{As V}^{-1} \text{m}^{-1} \cdot 10^2 \, \text{V} \cdot 10^4 \, \text{m}^{-1} = 8,9 \cdot 10^{-6} \, \text{As m}^{-2}$$

Lösung 2. (nach Gl. 8.−8):

$$P = D_s - D_0 = \varepsilon_r \cdot \varepsilon_0 \, E - \varepsilon_0 E = (\varepsilon_r - 1) \cdot \varepsilon_0 E;$$
$$P = 99 \cdot 8,9 \cdot 10^{-6} \, \text{As m}^{-2} = 8,9 \cdot 10^{-4} \, \text{As m}^{-2}.$$

Sie erkennen, daß die Kapazität C des Kondensators nicht in die Rechnung eingeht. Warum? Weil P und D auf m² bezogene Größen sind und damit die Flächengröße nicht in die Rechnung einbezogen wird.

Beispiel 8.1.—2 (nach Gl. 8.—9)

Welche Kapazität hat ein Plattenkondensator mit den Plattenabmessungen $(25 \cdot 100)\,\text{mm}^2$, dem Plattenabstand von 0,1 mm, mit Polystyrolfüllung, $\varepsilon_r = 2,5$?

Lösung:

$$C_S = \varepsilon_0 \cdot \varepsilon_r \cdot A \cdot d^{-1}$$
$$\varepsilon_0 = 8,9 \cdot 10^{-12}\ \text{As V}^{-1}\,\text{m}^{-1}$$
$$\varepsilon_r = 2,5$$
$$A = 0,5 \cdot 10^{-2}\ \text{m}^2$$
$$d = 10^{-4}\ \text{m}$$

$$C_S = 8,9 \cdot 10^{-12}\ \text{As V}^{-1}\,\text{m}^{-1} \cdot 2,5 \cdot 0,5 \cdot 10^{-2}\ \text{m}^2 \cdot 10^4\ \text{m}^{-1}$$

$$C_S = 10,75\ \text{pF}.$$

Übung 8.1.—13

Wie ist die Bezeichnung der Dielektrika mit extrem hohen ε_r-Werten?

Übung 8.1.—14

Welche Werkstoffgröße eines Kondensators steht in unmittelbarem Zusammenhang mit ε_r? Schreiben Sie Ihre Antwort in Form einer Gleichung oder Proportion!

Übung 8.1.—15

Definieren Sie ε_r mit Worten und mit einer Gleichung!

Übung 8.1.—16

Erläutern Sie die Begriffe der drei Stoffklassen:

1. unpolarer Stoff
2. polarer Stoff
3. ferroelektrischer Stoff

mit der Dielektrizitätszahl ε_r und geben Sie die (ungefähren) ε_r-Zahlen für diese Stoffklassen an!

Übung 8.1.—17

Ein luftgefüllter Plattenkondensator wird auf eine Spannung $U_1 = 12\ \text{V}$ aufgeladen, danach wird er von der Spannungsquelle abgeschaltet. Dann wird ein Dielektrikum genau schließend zwischen die Platten gelegt. Jetzt beträgt die Spannung zwischen beiden Platten $U_2 = 4\ \text{V}$.

1. Wie groß ist ε_r des Dielektrikums?
2. Welcher Werkstoff könnte es sein?

8.1.4.3. Dielektrischer Verlustfaktor $d = \tan \delta$ [16])

Ändert sich die Richtung des elektrischen Feldes E, dann ändert sich auch im Dielektrikum die Verschiebungs- oder Drehrichtung der Ladungen. Im Takte der angelegten Frequenz ändert sich im Werkstoff die Polarisationsrichtung. Dies erfordert eine Arbeit durch einen Wirkstrom I_w, der sich bei den molekularen Dipoldrehungen z. T. in Reibungswärme umwandelt und einen Verlust bedeutet. Neben dem erwünschten Verschiebungs-Blindstrom I_b im Dielektrikum des Kondensators, der der angelegten Spannung um $\pi/2$ voreilt (verlustloser Idealkondensator!), fließt also ein zusätzlicher Wirkstrom I_w (= I_R), der mit der angelegten Spannung phasengleich ist. Beide Ströme überlagern sich und bilden den Gesamtstrom I; sein Phasenwinkel φ liegt zwischen 0 und $\pi/2$ und wird durch den Komplementwinkel δ zu 90° ergänzt (Bild 8.1.−13).

Das Verhältnis von Wirkstrom zu Blindstrom $I_w : I_b$ nennt man den Verlustfaktor d, weil mit ansteigendem Wirkstrom der Stromverbrauch wächst (Gl. 8.−11 bis 8.−13).

Aus Bild 8.1.−13 ist ersichtlich, daß $I_w : I_b$ der $\tan \delta = d$ ist; man kann also den dielektrischen Verlust durch den Faktor $d = \tan \delta$, ausdrücken. Nach Gl. (8.−14)[17] ist $\tan \delta$ frequenzabhängig und um so kleiner, je größer der elektrische Widerstand ϱ und die Permittivitätszahl ε_r des Dielektrikums ist.

ϱ setzt sich aus zwei Widerständen zusammen, dem Innenwiderstand ϱ_D des Dielektrikums und dem Widerstand gegen die Polarisation ϱ_{pol}. Die Größe ϱ_{pol} ist frequenzabhängig, d. h., sie wächst zunächst mit $f(\omega)$; bei bestimmter Frequenz können die molekularen Dipole Resonanzschwingungen erhalten, welche die Polarisation erleichtern. Insofern ist der ϱ-Wert rechnerisch nicht zu erfassen, sondern muß fallweise bestimmt werden.

> Der dielektrische Verlustfaktor $\tan \delta$ ist das Verhältnis von Wirkstrom zu Blindstrom.

$$\tan \delta = \frac{I_w}{I_b} \left(= \frac{I_R}{I_{Xc}} \right) \qquad (8.-11)$$

$$\tan \delta = \frac{U/R}{U \omega C} \qquad (8.-12)$$

$$\tan \delta = \frac{1}{R \omega C} \qquad (8.-13)$$

Zur Erklärung von Gl. (8.−11):

$$\left. \begin{array}{l} I_w = I_R \\ I_b = I_{xc} \end{array} \right\} \text{ diese FZ werden nebeneinander benützt}$$

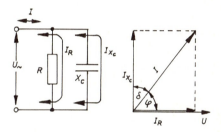

Bild 8.1.−13. Ersatzschalt- und Zeigerbild eines Kondensators mit dielektrischen Verlusten

$$\tan \delta = \frac{\varkappa}{\omega \cdot \varepsilon_0 \cdot \varepsilon_r} = \frac{1}{\omega} \cdot \frac{1}{\varepsilon_0 \cdot \varepsilon_r \cdot \varrho} \qquad (8.-14)$$

$\varkappa$ spezifische Leitfähigkeit in Sm^{-1}
$= AV^{-1} \, m^{-1}$

ω Kreisfrequenz in s^{-1}

ε_0 elektrische Feldkonstante in $As \, V^{-1} \, m^{-1}$

ε_r Permittivitätszahl in 1

$$d = \tan \delta \text{ in } s \cdot \frac{Vm}{As} \cdot \frac{A}{Vm} = 1$$

$\varepsilon = \varepsilon_0 \cdot \varepsilon_r$ (Permittivität, früher Dielektrizität)

---

[16] $d = \tan \delta$; FZ für Verlustfaktor. $\tan \delta$ ist anschaulicher (s. Bild 8.1.—3 rechts) und wird daher hier weiterbenutzt. Leider wird d in m auch für die *Dicke* des Dielektrikums gebraucht.

[17] Die Gl. (8.−14) wird hier nicht abgeleitet; Sie finden die Ableitung in Lehrbüchern der „Grundlagen und Bauelemente der E-Technik".

Zahlenwerte von ε_r und $\tan\delta$ (d) bei Raumtemperatur und Frequenzen von 50 Hz und 1 MHz für einige Isolierstoffe finden Sie in Tabelle 8.1.−8.

Bisweilen benutzt man auch den Kehrwert des $\tan\delta$ und bezeichnet ihn als „Gütewert" Q des Dielektrikums[18].

Tabelle 8.1.−8. Anhaltszahlen für ε_r und $\tan\delta$ (sie sind variabel)

Spalte 1 $= \varepsilon_r$, Raumtemperatur
Spalte 2 $= \tan\delta\cdot10^{-2}$, Raumtemp. 50 Hz
Spalte 3 $= \tan\delta\cdot10^{-2}$, Raumtemp. 1 MHz

Werkstoff	1	2	3
Glas	5 … 15	50	
Porzellan	4 … 7	2 … 10	
Ölpapier	2 … 6	10	
PE (8.3.5.3.2)	2,5	40	
PS (8.3.5.3.2)	2,5	100	
PVC (8.3.5.3.2)	2 … 3	10	0,04
PTFE (8.3.5.3.2)	2	0,05	0,05

Gütewert (Gütefaktor) des Dielektrikums
$$Q = \frac{1}{\tan\delta} = \frac{1}{d} \text{ in } 1$$

Beispiel 8.1.−3 (zu Gl. 8.−14)

Ein Dielektrikum mit $\varrho_D = 10^{12}\ \Omega\text{m}$ und $\varepsilon_r = 2{,}5$ wird mit einer Frequenz von 50 Hz belastet. Wie groß ist sein Verlustfaktor?

Lösung:

$$d = \frac{1}{\omega\cdot\varepsilon_0\cdot\varepsilon_r\cdot\varrho}$$

$$= \frac{1}{2\,\pi\cdot50\ \text{s}^{-1}\cdot8{,}9\cdot10^{-12}\ \text{As V}^{-1}\cdot2{,}5\cdot10^{12}\ \text{m}\Omega}$$

$$= 1{,}4\cdot10^{-4}$$

Ergebnis: $d = \tan\delta = 1{,}4\cdot10^{-4}$

Wie groß wäre der Verlustfaktor bei 50 MHz? Er verhielte sich wie $50:50\cdot10^6 = 1:10^6$ (!), wenn ϱ konstant bleibt.

---

[18] Analogie zum Gütewert G einer Spule (7.4.2.6).

Beispiel 8.1.—4 (zu Gl. 8.—14)

Ein keramischer Körper mit einer Oberfläche $A = 10 \text{ cm}^2$ und einer Dicke $d = 1 \text{ cm}$ hat nach Messung im Parallelersatzschaltbild nach Bild 8.1.—13 bei 100 kHz einen ohmschen Widerstand R von 100 kΩ und einen Verlustfaktor $\tan \delta$ von 10^{-3}. Errechnen Sie

1. $\varkappa\,(= \sigma)$ in Sm^{-1},
2. ε_r des keramischen Werkstoffs.

Lösung:

1. $G = \sigma \cdot \dfrac{A}{d}; \quad \sigma = \dfrac{1}{R} \cdot \dfrac{d}{A}; \quad \sigma = \dfrac{1}{10^5\,\Omega} \cdot \dfrac{1\,\text{cm}}{10\,\text{cm}^2}$

$\sigma = 10^{-6}\,(\Omega\,\text{cm})^{-1} = 10^{-8}\,\text{S m}^{-1}; \quad \varrho = 10^8\,\Omega\text{m}$

2. $\tan \delta = \dfrac{1}{\varrho \cdot \omega \cdot \varepsilon_0 \cdot \varepsilon_r}$

$\varepsilon_r = \dfrac{1}{\tan \delta \cdot \varrho \cdot \omega \cdot \varepsilon_0}$

$\varepsilon_r = \dfrac{1}{10^{-3} \cdot 10^8\,\Omega\text{m} \cdot 10^5\,\text{s}^{-1} \cdot 8,9 \cdot 10^{-12}\,\text{As V}^{-1}\,\text{m}^{-1}}$

Ergebnis: $\varepsilon_r = 11,2$

Übung 8.1.—18

Definieren Sie den dielektrischen Verlustfaktor $\tan \delta = d$ durch Worte und eine Gleichung!

Übung 8.1.—19

Was versteht man unter dem Gütewert Q eines Dielektrikums?

Übung 8.1.—20

Welcher Werkstoff hat zur Zeit den höchsten dielektrischen Gütewert? Wie hoch ist er?

Übung 8.1.—21

Sind die Zahlenwerte für ε_r und $\tan \delta$ Werkstoffkonstanten? Wenn nein, wovon werden sie beeinflußt?

8.1.4.4. Dielektrische Verlustzahl ε'' [19])

Verluste kosten Geld, sie verbrauchen Leistung und müssen bei der Energieerzeugung und -verteilung möglichst niedrig gehalten werden. In der Hochfrequenztechnik sind sie technisch besonders bedeutsam! Der je Sekunde auftretende Energieverlust Q_V in Wm^{-3} eines Isolators kann durch die Gleichung (8.−15) ausgedrückt werden (hier nicht abgeleitet). Der lineare Einfluß der Frequenz auf den Verlust wird dadurch offensichtlich; bei 50 Hz und 10 MHz verhält er sich wie $1 : 200\,000$!

Wird ein Isolator mit hohem $\varepsilon_r \cdot \tan \delta$-Wert einer hohen Feldstärke ausgesetzt, dann treten so extrem hohe Verluste durch Erwärmung auf, daß sie den Isolator zerstören können. Andererseits benutzt man die Erwärmung des Dielektrikums in einem starken HF-Feld zum Schweißen und Kleben thermoplastischer Kunststoffe (8.3.5.3).

Das Produkt $\varepsilon_r \cdot \tan \delta$ wird „dielektrische Verlustzahl ε'' genannt [20].

Sie wissen bereits: Bei dem Gebrauch von Isolatoren müssen unpolare und polare Stoffe streng gegeneinander abgegrenzt werden!

Bei Kabelisolierungen ist der Aufbau eines Dielektrikums unerwünscht; man benutzt für sie deswegen unpolare Werkstoffe mit niedrigen ε''-Werten.

Die hochfrequente Radartechnik wurde erst durch die Entwicklung unpolarer Kunststoffe, wie des ND[21]-Polyäthylens, ermöglicht [22]; $\varepsilon_r \approx 2$ (8.3.5.3.2).

PE ist für die Flugsicherung in der ganzen Welt unentbehrlich. PTFE ist noch geeigneter, aber z. Z. noch zu teuer (8.3.5.3.2).

$$\varepsilon'' = \varepsilon_r \cdot \tan \delta = \text{dielektrische Verlustzahl}$$

Energieverlust eines Isolators je Sekunde:
$$Q_V = E^2 \cdot \omega \cdot \varepsilon_r \cdot \varepsilon_0 \cdot \tan \delta \qquad (8.-15)$$
Q_V in Wm^{-3}; Verlust je Volumeneinheit der Isolierung
E in $V\,m^{-1}$
ω in s^{-1}
ε_0 in $A \cdot s \cdot V^{-1} \cdot m^{-1}$
$$\frac{W}{m^3} = \frac{V^2}{m^2} \cdot \frac{1}{s} \cdot \frac{As}{Vm} = Wm^{-3}$$

Dielektrische Verlustzahl
$\varepsilon'' = \varepsilon_r \cdot \tan \delta$.

Erhitzen, Schweißen, Kleben im HF-Feld:
$\varepsilon'' \geq 10^{-2}$ (hoch!)

Für Nachrichten- und Energiekabel muß $\varepsilon_r \cdot \tan \delta$ möglichst klein sein ($< 10^{-2}$).
Man will Energie ohne Verluste übertragen.

ε''-Werte
für Kabel: niedrig
für Kondensatoren: hoch

---

[19] Der verlustbehaftete Kondensator hat eine komplexe Kapazität; hier werden keine komplexen Gleichungen und Rechnungen gebracht.

[20] Es wurde vorgeschlagen, ε'' als „Schweißzahl" zu bezeichnen.

[21] ND = Nieder-Druck im Gegensatz zu HD = Hochdruck.

[22] Charakteristisch hierfür ist folgender Werbetext in einer englischen Zeitschrift: „Dieser Kunststoff (PE) hat den Krieg für England gewonnen"!

Beispiel 8.1.—5 (zu Gl. 8—15)

Ein Kupferdraht 1000 m lang, 10 mm Dmr., hat gegen den Außen-Nulleiter eine Spannung von 1 kV; f = 1 MHz; die Isolierschicht ringsum ist 10 mm dick, ε_r = 2,5 und d = tan δ = 10^{-2}. Berechnen Sie den Energieverlust der Isolierung,

1. Q_1 in W/m³,
2. Q_2 in kWh und in J für die Dauer eines Tages!

Lösung:

1. $Q_{V1} = E^2 \cdot \omega \cdot \varepsilon_0 \cdot \varepsilon_r \cdot \tan \delta$ (nach Gl. 8.—15)

$$E^2 = \left(\frac{10^3 \, \text{V}}{10^{-2} \, \text{m}}\right)^2 = 10^{10} \, \text{V}^2 \cdot \text{m}^{-2}$$

$$\omega = 6,28 \cdot 10^6 \, \text{s}^{-1}$$
$$\varepsilon_0 = 8,9 \cdot 10^{-12} \, \text{As} \cdot \text{V}^{-1} \cdot \text{m}^{-1}$$
$$\varepsilon_r \cdot \tan \delta = 2,5 \cdot 10^{-12}$$

$$Q_{V1} = 10^{10} \, \text{V}^2 \, \text{m}^{-2} \cdot 6,28 \cdot 10^6 \cdot \text{s}^{-1} \cdot 8,9 \cdot 10^{-12} \, \text{As} \, \text{V}^{-1} \, \text{m}^{-1} \cdot 2,5 \cdot 10^{-2}$$

$$Q_{V1} = 1,4 \cdot 10^4 \, \text{W} \, \text{m}^{-3} = 14 \, \text{kW} \, \text{m}^{-3}$$

2. V in m³ $= \dfrac{(D^2 - d^2)\pi}{4} \cdot L;$

$$D = 3 \cdot 10^{-2} \, \text{m}$$
$$d = 10^{-2} \, \text{m}$$
$$L = 10^3 \, \text{m}$$

$$V = \frac{(9 - 1)}{4} \cdot \pi \cdot 10^{-4} \, \text{m}^2 \cdot 10^3 \, \text{m} = 0,63 \, \text{m}^3$$

$$Q_{V2} = Q_1 \cdot 24 \, \text{h} \cdot 0,63 \, \text{m}^3 = 14 \, \text{kW} \, \text{m}^{-3} \cdot 24 \, \text{h} \cdot 0,63 \, \text{m}^3$$
$$Q_{V2} = 212 \, \text{kWh} = 763 \, \text{M J}^{[23]}$$

Übung 8.1.—22

Warum wirken sich dielektrische Verluste in der HF-Technik besonders stark aus?

8.1.4.5. Einfluß von Frequenz und Temperatur

a) *Frequenzabhängigkeit*

Mehrfach wurde darauf hingewiesen, daß die Temperatur des Werkstoffes und die Frequenz das dielektrische Verhalten der Nichtleiter beeinflussen; wie, das muß von Fall zu Fall geprüft werden.

---

[23] Der E-Techniker kann sich zwar die kWh als Energiegröße z. Z. noch besser als die Energiegröße MJ vorstellen, sollte letztere aber bevorzugt benutzen!

1 kWh = 3,6 MWs = 3,6 MJ = 3,6 MNm.

In Bild 8.1.−14 ist der Einfluß der Frequenz auf ε_r und tan δ am Beispiel eines Kunststoffes dargestellt. (Achten Sie auf den logarithmischen Maßstab der Abszisse!)

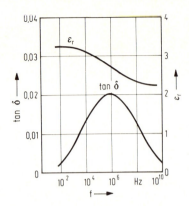

Unter 8.1.4.1 wurde bereits vermerkt, daß die Polarisationsvorgänge eine gewisse Zeit (Relaxation) benötigen, die von der Größe und Art der molekularen Dipole abhängt.

Bei einer bestimmten Frequenzzahl, man spricht von der Grenzfrequenz, können die Dipole nicht mehr den erregenden Feldschwankungen folgen; ε_r sinkt und wird schließlich Null[24]. In bestimmten Frequenzbereichen geraten die Dipol-Moleküle in Resonanzschwingungen, wobei die dielektrischen Verluste ansteigen und ein Maximum durchlaufen (Bild 8.1.−14).

Bild 8.1.−14. Einfluß der Frequenz auf ε_r und tan δ von Kunststoffen. Messungen an einem Thermoplasten, PE. (Nach *Guillery*: Werkstoffkunde für Elektroingenieure, Verlag Vieweg & Sohn, Braunschweig 1971, S. 188)

Benutzen Sie Isolatoren und Dielektrika oberhalb der Raumtemperatur oder bei hohen Frequenzen, dann müssen Sie sich über ihren Einfluß auf die ε_r- und tan δ-Werte des betreffenden Werkstoffes unterrichten lassen.

b) *Temperaturabhängigkeit*

Unpolare Stoffe, zu ihnen gehören viele Kunststoffe, dehnen sich bei Temperaturerhöhung aus. Die Anzahl der polarisierten Teilchen bleibt dabei konstant, nicht aber die auf das Volumen bezogene Anzahl; sie nimmt ab. Das heißt, der Temperatur-Koeffizient von ε_r, $TC\varepsilon_r$, ist negativ.

Heteropolare Stoffe, wie Glas, Keramik haben positive oder negative $TC\varepsilon_r$. Die Werte des $TC\varepsilon_r$ richten sich nach der Stoffzusammensetzung; sie sind bedeutungsvoll und müssen bei Kondensatorberechnungen berücksichtigt werden[25].

$TC\varepsilon_r$ ist stoffabhängig.

$$TC\varepsilon_r \text{ in } 10^{-6} \text{ K}^{-1}$$

| unpolar $\longleftarrow$ Werkstoff $\longrightarrow$ polar |
| negativ | negativ ... positiv |
| $\approx -200°C \ldots -20°C$ | $-100°C \ldots +1600°C$ |

Wenn keramische Körper abgekühlt oder erwärmt werden, ändern sich die dielektrischen Eigenschaften, weil sich die ϱ-Werte ändern.

Wenn ein Dielektrikum abgekühlt oder erwärmt wird, ändert sich sein dielektrisches Verhalten[25].

Übung 8.1.—23

Wie groß ist die dielektrische Verlustzahl ε'' bei dem thermoplastischen Kunststoff Polyäthylen (PE) bei 1 MHz nach Bild 8.1.−14?

---

[24] Analog der Grenzfrequenz im Magnetfeld (s. 7.4.2.5).

[25] Keine Rechenbeispiele, da für den Lernstoff zu kompliziert.

8.1.4.6. Elektrostriktion, Piezoeffekt[26])

Analog (ähnlich) der Magnetostriktion (7.2.3.3) bewirkt die elektrische Polarisation in einigen Kristallen, z. B. im Quarz und Bariumtitanat, eine elastische Formänderung, die man Elektrostriktion nennt. Praktisch bedeutet dies: durch eine Änderung der Stärke oder der Richtung eines elektrischen Feldes erhält der Kristall im Takt der Frequenz (Umpolarisation) eine Eigenschwingung.

Der Umkehreffekt, der Piezoeffekt, bewirkt die Piezoelektrizität; bei ihr wird der Kristall durch wechselnde Druck- oder Zugbelastung elastisch verformt, wobei gegenüberliegende Seiten durch eine Ladungsverschiebung Potentialunterschiede erhalten.

Die erzeugte Spannung kann so groß sein, daß sie durch einen Entladungsfunken ausgeglichen wird (Feuerzeug!). Hochpolare Stoffe werden Ferroelektrika genannt (8.2.3.3). Die für das piezoelektrische Verhalten maßgebliche Proportion und Gleichungen finden Sie nebenstehend.

$$S_K \sim E_K \qquad\qquad (P. 8.-5)$$
$$S_K = E_K \cdot d_{iK} \qquad\qquad (8.-16)$$
$$E_K = S_K \cdot d_{iK}^{-1}{}^{[27])} \qquad\qquad (8.-17)$$

S_K spezifische Verformung
des Kristalles in $\% \left(\dfrac{mm}{mm} \right)$

E_K Feldstärke des Kristalles in $V\ mm^{-1}$

d_{iK} Piezomodul in $mm\ V^{-1}$

Quarz SiO_2 und Rutil $BaOTiO_2$ z. B. haben magnetostriktive bzw. piezoelektrische Eigenschaften.

8.1.5. Temperatureinfluß

8.1.5.1. Wärmedehnung[28])

Die Maßbeständigkeit der Isolierstoffe bei Temperaturschwankungen spielt technisch eine wichtige Rolle. Im allgemeinen haben anorganische Isolatoren aus Glas, Keramik, Porzellan einen niedrigeren Temperatur-Koeffizienten der linearen Ausdehnung *TCL* als die Metalle, und die organischen Kunststoffe einen höheren.

Eine Übersicht über die (stark abgerundeten) *TCL*-Werte gibt Tabelle 8.1.−9.

Tabelle 8.1.−9. Temperatur-Koeffizient der linearen Ausdehnung *TCL* in $10^{-5}\ K^{-1}$ (abgerundete Werte)[29])

Metalle	Zn	3
	Al	2
	Cu	2
	Fe	1
anorganisch	Glas	1
	Quarzglas	0,1
	Porzellan	0,5
organisch	Polyäthylen	20
	Polystyrol	7
	Polyamid	8
	Polyesterharz	2

---

[26]) Trotz ihrer ständig zunehmenden Bedeutung können diese Eigenschaften nur kurz behandelt werden.

[27]) Ohne Rechnungsbeispiele, da zu speziell.

[28]) S. 1.1.4, Tabelle 1.1.−3.

[29]) Auch „Wärmedehnzahl" genannt.

Übung 8.1.—24

Welche Werkstoffgruppe der Nichtleiter dehnt sich bei einer Temperatursteigerung am stärksten aus (hat den größten *TCL*)?

Übung 8.1.—25

Je ein 0,8 m langes Rohr aus Polyäthylen PE und aus Quarzglas SiO_2 wurden von $-15\,°C$ auf $150\,°C$ erwärmt.

1. Um wieviel mm haben sich die Rohre ausgedehnt?

2. Um welchen Faktor hat sich das PE-Rohr stärker als das SiO_2-Rohr gelängt?

8.1.5.2. Wärmeleitfähigkeit

Unter spezifischer Wärmeleitfähigkeit λ versteht man die Wärmemenge in J = Ws = Nm, die in der Zeiteinheit von 1 s durch die Flächeneinheit von 1 m² bei einem Wärmegefälle von 1 K eine Strecke von 1 m durch einen Stoff strömt (8.—18). Sie entspricht damit der spezifischen elektrischen Leitfähigkeit in entsprechenden (analogen) elektrischen Einheiten. (Leiten Sie das ab!)

Die Wärmeleitfähigkeit von Metallen ist hoch, von Halbleitern sehr unterschiedlich, von Isolierstoffen niedrig, aber auch stark differenziert[30].

Niedrige λ-Werte sind für eine gute Wärmeisolation erforderlich; Isolatoren mit hohen λ-Werten können die entstehende Wärme besser abführen (Motorwicklung und pn-Übergänge!). Anhaltswerte für λ gibt Tabelle 8.1.—10.

jetzt:

$$\lambda \text{ in } \frac{Ws \cdot m}{s\, m^2\, K} = \frac{W}{mK} = W\, m^{-1}\, K^{-1} \qquad (8.-18)$$

früher (nicht mehr zugelassen):

$$\lambda \text{ in } \frac{kcal}{m\, h\, K} = \frac{4187\, Ws}{m \cdot 3600\, s \cdot K}$$

$$= 1{,}163\, \frac{W}{mK}$$

$$= 1{,}163\, W\, m^{-1}\, K^{-1}$$

(zur Umrechnung!)

Tabelle 8.1.—10. Wärmeleitfähigkeit λ in $W\, m^{-1}\, K^{-1}$ (abgerundet)

Metalle		*Isolatoren*	
Ag	430	Glas	0,6 ... 1
Cu	380	Porzellan	1
Al	220	Glimmer	0,4
Fe	50	Asbest	0,2
Pb	35	Kunststoff dicht	0,5
		Kunststoff porös	0,02
		Luft	0,025
		Vakuum	0,0

---

[30] Im Vergleich zu den Leitern und Halbleitern (Kristalle) ist der Mechanismus der Wärmeleitung bei Nichtleitern noch komplizierter; er beruht nur teilweise auf dem Bewegungszustand der freien Elektronen.

Übung 8.1.—26

Eine Asbestplatte (500 mm · 400 mm · 30 mm)
hat auf der Innenfläche eine Temperatur von
650 °C, auf der Außenfläche von 350 °C. Welche Wärmemenge Q in J fließt in einer Stunde
von innen nach außen? Welche Wärmemenge
durchströmt unter gleichen Bedingungen eine
Kupferplatte? (Wärmeverluste bleiben unberücksichtigt.)

8.1.5.3. Formbeständigkeit, DIN 53460, 53461, 53462

Mit zunehmender Temperatur erweichen die
metallischen Werkstoffe; das gleiche gilt für
die meisten Nichtleiter.

Anorganische oxidische Werkstoffe wie Glas
und Porzellan sind nicht so temperaturempfindlich wie die organischen Kunststoffe, insbesondere die in der Wärme schnell erweichbaren Thermoplaste (8.3.5.3).

Für die Prüfung der Formbeständigkeit von
Kunststoffen bei erhöhter Temperatur gibt es
drei DIN-Prüfverfahren, die jeder Techniker
dem Namen und Prinzip nach kennen sollte:

> Prüfung auf Formbeständigkeit bei erhöhter Temperatur nach:
>
> 1. Vicat (Stift)
> 2. ISO/R 75 (Biegung)
> 3. Martens (Biegung)

● *Vicat-Verfahren*,

DIN 53460 (Bild 8.1.—15), bei dem eine
Probe langsam in einer Flüssigkeit erwärmt
und dabei mit einer Nadel senkrecht belastet
wird. Ausgewertet wird die Temperatur, bei
der die Nadel 1 mm tief eingepreßt wurde.

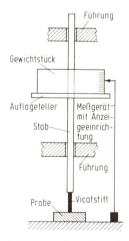

Bild 8.1.—15. Schema der Vicatbestimmung, DIN
53460

● *ISO/R 75-Verfahren*,

DIN 53461, wobei eine Probe ebenfalls
langsam in einer Flüssigkeit erwärmt und
nach Bild 8.1.—16 auf Biegung belastet
wird. Das Bezugsmaß ist die Temperatur,
bei der die Probe um ein bestimmtes Maß
durchgebogen wird.

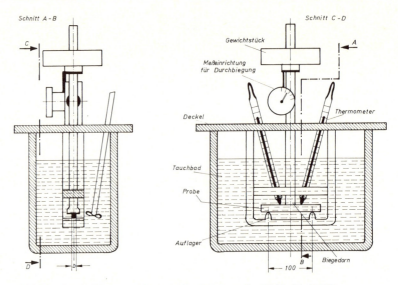

Bild 8.1.−16. Prüfung auf Formbeständigkeit nach ISO/R 75 (DIN)

● *Martens-Verfahren,*

DIN 53462 und VDE 03. Hierbei werden Probestäbe nach Bild 8.1.−17 einseitig eingespannt und belastet in einem Wärmeschrank erwärmt. Bewertungsmaß ist die Temperatur, bei der sich die Stäbe um ein bestimmtes Maß durchgebogen haben.

Die Wärmefestigkeit[31] keramischer Stoffe wird an kegelförmigen Proben durch Vergleich mit zugleich im Ofen erhitzten „Seger-Kegeln" bestimmt, die einen bestimmten Erweichungsbereich in Stufen von etwa 20 bis 30 °C über einen Bereich von 600 bis 2000 °C haben, der an der Neigung der Kegelspitze erkennbar wird.

Bild 8.1.−17. Prüfung auf Formbeständigkeit nach Martens (DIN und VDE)

8.1.5.4. Wärmebeständigkeit

Bei zu großer Erwärmung reagieren im Laufe der Zeit die *Kunststoffe* mit dem Luftsauerstoff, oder die Moleküle zersetzen sich chemisch; diesen Vorgang nennt man „altern". Auch technische Laien haben schon erlebt, daß Gummi- oder Kunststoffkabel im Laufe der Zeit verspröden und dabei rissig und brüchig werden. Um diese Gefahr einer

---

[31] Wärmefestigkeit ist eine andere Bezeichnung für Formbeständigkeit in der Wärme.

Wärmealterung auszuschließen, hat der VDE die Isolierstoffe in 7 Wärmeklassen mit Grenztemperaturen von 90 bis 180 °C eingeteilt. Einen Auszug gibt Tabelle 8.1.−11.

Sie erkennen, daß nur die Silikone (8.3.7) und PTFE (8.3.5.3.2) in die höchste Beständigkeitsgruppe $\vartheta > 180$ °C fallen. Die meisten Kunststoffe fallen in die Klasse E > 105 °C < 120 °C.

Tabelle 8.1.−11. Wärmebeständigkeitsklassen (WBK)

Klasse[32]	max. Temp. °C	Stoffe, Beispiele
Y	90	Papier und seine Erzeugnisse, Thermoplaste, PE, PVC u. a.
A	105	imprägniertes Papier
E	120	Hartpapier (Phenolharz), Schichtstoffe, Kunstharze
B	130	Mikanit, Kombinationen: Asbest/Harz
F	155	Kombination: Glimmer, Glasfaser, Asbest mit Kunstharzen
H	180	Silikone, Kombinationen: Silikone mit Glimmer oder Glasfasern
C	> 180	PTFE, spezielle Silikonharze, Glas, Porzellan, Steatit, Keramik

Übung 8.1.−27

1. Welche Werkstoffgruppe ist hinsichtlich der Formbeständigkeit bereits bei relativ niedrigen Wärmegraden gefährdet?
2. Wie wird diese Beanspruchung geprüft?

8.1.5.5. Glutbeständigkeit, DIN 53459

Bei der Prüfung auf Glutbeständigkeit nach DIN 53459 wird eine Kunststoffprobe von ca. 100 mm × 10 mm × 4 mm von der Stirnseite aus mit einem auf 950 °C erhitzten Glühstab mit einem Druck von 0,3 N drei Minuten lang berührt. Bewertet wird das Produkt aus dem Gewichtsverlust und der Länge des unbrauchbar gewordenen Teiles der Probe[33].

Die Brandgefahr muß bei Isolierstoffen berücksichtigt werden. Nichtoxidische Stoffe reagieren mit dem Luftsauerstoff um so stärker, je höher ihre Sauerstoffaffinität und Temperatur sind. Öle, Fette (außer Silikonen), Papier, Holz und alle Kunststoffe sind bei höherer Temperatur entflammbar und entzündbar.

Bei Brandausbruch ist die erste Regel:

Möglichst geringe Sauerstoffzufuhr! Türen und Fenster schließen! Durch neutrales Flaschengas wie CO_2 oder N_2 die Sauerstoffkonzentration erniedrigen!

---

[32] Der Verfasser kann in der Reihenfolge der Buchstaben kein System erkennen; man sollte die alphabetische Reihenfolge benutzen!

[33] Einzelheiten ersehe man aus der Prüfvorschrift.

Wasserspritzen setzt die Temperatur herab, bringt aber Schäden. Trockene Schaumstoffe verkrusten die Oberfläche.

Vorsicht ist geboten vor dem Entstehen gefährlicher Gase wie CO, Cl_2 und F_2 bei Kunststoffen.

Jeder Techniker prüfe seinen Raum auf Brandgefahr und vorhandene Schutzmaßnahmen (vor dem Brand)!

Übung 8.1.—28

Erklären Sie die Unterschiede der Begriffe „Glutbeständigkeit" und „Wärmebeständigkeit"!

8.1.6. Konstruktive Eigenschaften[34])

Die Isolierstoffe können in zwei Hauptgruppen eingeteilt werden:

1. die harten, spröden, *anorganischen* Werkstoffe wie Glas, Porzellan, Keramik,

2. die *organischen* Kunststoffe.

Wir lassen die anorganischen Werkstoffe hier außer Betracht[35]).

Bei einem groben Vergleich der Kunststoffe mit den Metallen erhält man folgende Hauptunterschiede:

1. Die Festigkeitswerte der meisten Kunststoffe liegen tiefer.

2. Im Gegensatz zu den Metallen werden Kunststoffe selten auf Zug, sondern mehr auf Druck, Biegung und Schlag belastet.

3. Glasfaserverstärkte Kunststoffe und moderne Kunststoffe erreichen nahezu die Festigkeitswerte von Metallen.

4. Der E-Modul (2.2.6) der Kunststoffe liegt niedriger; das ergibt praktisch eine geringere Formsteifigkeit.

5. Bei Dauerbelastungen erleiden Kunststoffe erhebliche plastische Formänderungen; man nennt diesen Vorgang „Kriechen".

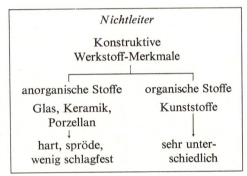

```
                    Nichtleiter

                    Konstruktive
                Werkstoff-Merkmale

    anorganische Stoffe      organische Stoffe
     Glas, Keramik,             Kunststoffe
       Porzellan
          ↓                         ↓
      hart, spröde,           sehr unter-
      wenig schlagfest        schiedlich
```

Kunststoffe sind:
- weniger zugfest
- weniger dauerfest
- weniger formbeständig
- weniger warmfest

als Metalle.

Einige Kunststoffe verspröden in der Kälte!

Durch „Einlagen" können die konstruktiven Eigenschaften der Kunststoffe z. T. erheblich verbessert werden; sie erreichen dadurch Zugfestigkeitswerte von guten Stählen.

---

[34]) Zusätzliche Ausführungen im Abschnitt 8.3.

[35]) 1. Druckfestigkeit bei Raumtemperatur DIN 51 067,
2. Festigkeit bei erhöhter Temperatur DIN 51 064,
3. Widerstand gegen Temperatur-Wechsel.

6. Der Temperatureinfluß ist viel größer. Abgesehen davon, daß die Mehrzahl der Kunststoffe nicht über 100 bis 150 °C erwärmt werden darf, erleiden die thermoplastischen Kunststoffe (8.3.5.3) bereits bei 50 bis 80 °C Festigkeitseinbußen.

7. Bei Kältegraden verspröden einige Kunststoffsorten bis zur Unbrauchbarkeit.

Aus diesen allgemeinen Richtsätzen müssen Sie folgern, daß genaue Prüfwerte erforderlich sind, wenn Kunststoffe konstruktiv belastet werden. Die Härte wird bei harten Kunststoffen, z. B. Phenolharzen, mit der Kugel-Eindruckprobe nach DIN 53456, bei elastischen Stoffen mit einem mehr oder weniger spitzen Stift nach Shore geprüft (DIN 53505).

Zug-, Druck- und Biegefestigkeits-Prüfungen entsprechen etwa denen der Metalle; desgleichen die Dauer- und Wechsellastuntersuchungen.

Übung 8.1.—29

Wodurch unterscheiden sich die meisten Kunststoffe konstruktiv von den Metallen?

Übung 8.1.—30

Wie werden Kunststoffe mit größerer konstruktiver Belastbarkeit hergestellt?

Übung 8.1.—31

Sie haben Isolierungen für den Einsatz bei tiefen Frosttemperaturen vorzunehmen. Ist hierfür jeder bei Raumtemperatur benutzte Isolierstoff brauchbar? Antwort mit Begründung!

Übung 8.1.—32

Sind die in Kapitel 2 erarbeiteten Lernziele bezüglich der konstruktiven Eigenschaften auch für Kunststoffe anwendbar?

[42)] Werte aus einer Informationsschrift der Farbwerke Hoechst.

8.1.7. Verhalten gegen Wasser und Chemikalien

Nur ein trockener Isolierstoff kann seine Aufgabe erfüllen; jede wäßrige Feuchtigkeit hat Ionen und damit eine elektrische Leitfähigkeit.

Poröse und wasseraufnehmende Isolierstoffe dürfen nur in absolut trockener Umgebung eingesetzt werden. In allen anderen Fällen müssen sie, z. B. Papier, Gewebe, Kunststoffe, imprägniert oder mit festhaftenden, dichten Überzügen versehen werden. Die absolut dichte Bleiummantelung erdverlegter Kabel z. B. wird heute immer mehr durch eine Kunststoffummantelung ersetzt; sie muß für Wasser, möglichst auch für Wasserdampf, undurchlässig sein. Kunststoffe aus reinen CH-Verbindungen (z. B. PE) sind verhältnismäßig wasserdicht; noch geeigneter sind Kunststoffe aus Kohlenstoff-Halogenverbindungen (z. B. PVC und silikonhaltige Werkstoffe, 8.3.7). Es empfiehlt sich aber in jedem Fall, sich vom Lieferanten Prüfteste vorlegen zu lassen. Es gibt mehrere Prüfverfahren auf Wasseraufnahmefähigkeit und -durchlässigkeit (DIN 53122, 53495), die hier nicht erörtert werden.

Kommen Isolierungen mit chemischen Stoffen in Berührung — bei erdverlegten Isolierungen z. B. besteht diese Möglichkeit —, so muß der Elektriker sich vorher mit dem Hersteller bezüglich der Wahl des bestgeeigneten Werkstoffes in Verbindung setzen.

Erdverlegte Kunststoffe (PVC) werden mancherorts von Ratten angefressen. Abhilfemaßnahmen sind: Verlegung über der Erde, Verwendung metallischer Werkstoffe oder „rattensicherer" Kunststoffe.

Feuchtigkeitsgefährdet sind:

● poröse,
● wasseraufnehmende Stoffe.

Schutzmaßnahmen:

● Imprägnieren,
● Überzüge.

Prüfungen nach DIN auf:

● Wasseraufnahmefähigkeit,
● Wasser-Durchlässigkeit.

Übung 8.1.—33

Worauf ist bei Isolierungen in feuchter Umgebung zu achten? Begründung!

8.2. Anorganische Nichtleiter

Lernziele

Der Lernende kann ...

... die Eigenschaften und Anwendungsgebiete elektro-keramischer Stoffe erläutern.

... die Eigenschaften keramischer Isolierstoffe und der Dielektrika beschreiben.

... die Verwendung keramischer Isolatoren gegen Kunststoff-Isolatoren abgrenzen.

... die Eigenschaften ferroelektrischer Werkstoffe beschreiben.

8.2.0. Übersicht

Die nachstehende Tabelle 8.2.−1 enthält alle nichtleitenden Werkstoffgruppen. Warum unterscheidet man die anorganischen von den organischen Werkstoffen[36]? Den Elektriker interessieren doch in erster Linie die Eigenschaften und Anwendung und nicht so sehr die chemische Zusammensetzung. Der Grund liegt in dem Kohlenstoff C! In den anorganischen Stoffen fehlt er entweder ganz oder er liegt als CO_2-Molekül (C-Dioxid!) vor und kann nicht mehr oxidieren (verbrennen).

Tabelle 8.2.−1. Übersicht über Nichtleiter

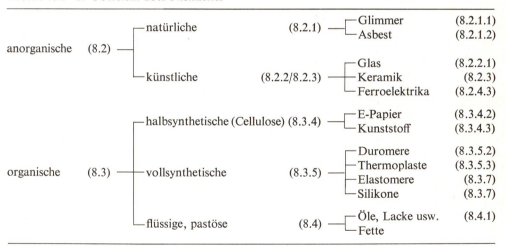

In den organischen Stoffen − mit Ausnahme der Silikone − sind C-Atome als die Grundelemente von Riesenmolekülen vorhanden; diese zersetzen sich oder verbrennen bei erhöhter Temperatur.

> C-haltige Kunststoffe sind (meistens) brennbar!

Alle anorganischen Nichtleiter haben folgende Gemeinsamkeiten (Tabelle 8.2.−2):

---

[36] Früher unterschied man die „unbelebte" = anorganische und die „belebte" = organische Chemie. Heute versteht man unter der organischen Chemie vornehmlich die Chemie der Kohlenstoffverbindungen.

● Chemisch sind sie Metall- und/oder Siliziumoxide (Silikate); sie sind daher

  • chemisch beständig und
  • temperaturbeständig, d. h. nicht entflammbar, sondern glut-, lichtbogen- und kriechstromfest (Vorteil!).

● Die Höhe der Einsatztemperatur ist ein wichtiges Kriterium für die Klassifizierung.

● In kompakter Form sind sie spröde, hart und zerbrechlich (Nachteil!).

● Nur faserförmig und in Dünnschichten (Filmen) sind sie elastisch, biegsam (Glas-, Asbest-, Schlacken-Fasern, bzw. Email-Keramikschichten).

● Sie können nicht geschweißt oder gelötet werden; beim Verkleben erlischt der Vorteil der Wärmebeständigkeit, da der Kunststoff-Kleber diese (vorerst) nicht besitzt (Nachteil!).

● Nach dem Grad der Porosität unterscheidet man absolut dichte und poröse Keramikmassen; bei den erstgenannten ist keine Gefahr einer Feuchtigkeitsaufnahme gegeben; letztere werden erforderlichenfalls glasiert.

Übung 8.2.—1

Warum unterscheidet man in der Isoliertechnik organische und anorganische Werkstoffe?

8.2.1. Naturstoffe

Zwei Mineralien werden in der E-Technik als Isoliermaterial verwandt: Glimmer und Asbest.

8.2.1.1. Glimmer

Glimmer ist ein durchsichtiges, dünnes, plattenförmiges, bis zu 1 m² großes Mineral, von Vulkanauswürfen oder Meeresablagerungen stammend. Chemisch besteht er aus Oxiden des Siliziums, die an K_2O oder Na_2O oder MgO gebunden sind. Seine Haupteigenschaften finden Sie nebenstehend.

Anwendung findet Glimmer in Hochspannungs-Anlagen, elektrischen Maschinen und Wärmegeräten. Die Kombination Glimmer/Kunststoff bezeichnet man als Mikanit.

Tabelle 8.2.—2. Herausragende Eigenschaften der anorganischen Werkstoffe

Eigenschaft	Vorteil	Nachteil
chemisch beständig	ja	–
unbrennbar	ja	–
hoch temperaturbeständig	ja	–
spröde, zerbrechlich	–	ja
nicht umformbar	–	ja
nicht schweiß- oder klebbar	–	ja

Anorganische Nichtleiter sind unbrennbar!

Glimmer

Naturprodukt, Mineral, leicht, durchsichtig, gute Isolierfähigkeit gegen Hochspannung, dünnschichtig.

Wärmebeständigkeit:	bis 500 °C	(gut)
ϱ_D in Ω m:	$\approx 10^{18}$	(hoch)
E_D in kV mm^{-1}:	≈ 60	(hoch)
ε_r:	5 … 8	(mittel)
tan $\delta \cdot 10^{-4}$		
bei 50 Hz:	2 … 15	(mittel)
bei 1 MHz:	1 … 3	(mittel)

Übung 8.2.—2

Welche Polarisationsart wird Glimmer vermutlich haben?

8.2.1.2. Asbest

Asbest ist ein langfaseriges Mineral, je länger, desto wertvoller; chemisch besteht er aus Oxiden von Mg, Al und Si.

Wichtige Eigenschaften siehe nebenstehend.

Verwendung im El.-Maschinenbau und für Transformatoren; Asbest nimmt Wasser auf; mit Zement wird er zu Eternit.

8.2.2. Gläser

Glas wird im Schmelzfluß aus Oxiden von Si (Quarz), B (Bor), K (Kalium) oder/und Na (Natrium) hergestellt.

E-Glas ≙ elektrotechnisches Glas.

Es gibt verschiedene Glassorten mit unterschiedlichen elektrischen Eigenschaften.

Verwendung: Niederspannungs-Isolatoren, Glühbirnen, Kolben, Gehäuse.

Sonderglas: Quarzglas (SiO_2), Wärmeausdehnung klein (8.1.5.1).

Glasseide: Isolation von Drähten.

Glasfaser: für Zugverstärkung von Kunststoffen, Nachrichtenkabel; sie werden mit Lichtstrahlen (Laser) als Trägerwelle (ca. 3×10^{14} Hz) durchflutet und bieten gegenüber den Koaxialkabeln aus Kupfer große technische und wirtschaftliche Vorteile (Zukunftsaussichten!).

Name GVK: Glasfaser-verstärkte Kunststoffe.

Glasuren: Glasemaille.

Asbest

Mineral, guter elektrischer Widerstand, nicht für Hochspannung, wasseraufnahmefähig.

Asbest ist der einzige *biegsame* Isolierstoff in der E-Technik mit hoher Temperaturbeständigkeit! > 300 °C.

Dichte[37] in g cm^{-3}: 2,5
ϱ_D in Ω m: $6 \cdot 10^{16}$ (hoch)
E_D in kV mm^{-1}: 4 (niedrig)

Glas

ist ein durchsichtiger harter, spröder Werkstoff.

E-Glas ist alkalifrei oder -arm.

Bis etwa 300 °C guter Isolator.
NTC!

Dichte in g cm^{-3}: 2 ... 2,5
ϱ_D in Ω m bei 20 °C: 10^{10} ... 10^{17} (mittel)
E_D in kV mm^{-1}: 16 ... 40 (mittel)
ε_r: 5 ... 11 (hoch)
$\tan \delta \cdot 10^{-4}$: 3 ... 100 (hoch)

Quarzglas (SiO_2)

ist temperaturwechselfest!

Temperaturkoeffizient der linearen Ausdehnung sehr klein (8.1.5.1).

Übung 8.2.—3

Welche Gläser sind gegen Wärmeschocks unempfindlich?

---

[37] Formelzeichen für Dichte ϱ_D mit Absicht ausgelassen, da identisch mit spezifischem elektrischem Durchgangswiderstand.

Übung 8.2.—4

Ist Glas immer ein guter Isolator? Begründen
Sie Ihre Antwort!

Übung 8.2.—5

Was bedeutet GV bzw. GVK?

8.2.3. Elektrokeramika[38])

8.2.3.0. Allgemeines

Das altgriechische Wort Keramik bedeutet
Töpferei und seine Erzeugnisse. Diese werden
aus angefeuchteten, bildsamen Erden geformt
und gebrannt. Hierbei schmelzen oder sintern
(backen) die Mineralien. Beim Erkalten bilden
sich Kristalle oder/und glasig-amorphe Bezirke. Mit steigender Temperatur fällt ϱ infolge von Ionenleitung und Aufbrechen von
Doppelbindungen wie bei Halbleitern.

8.2.3.1. Zusammensetzung, Eigenschaften

a) *Herstellung* (Tabelle 8.2.—4)

Die Rohstoffe sind Mineralien, Steine, Erden,
insbesondere Tone; chemisch sind sie Silikate
und/oder Metalloxide.

Die Rohstoffe werden fein gepulvert, mit
Wasser angerührt, wobei sie hochplastisch
oder ein flüssiger Brei werden, und dann zu
Formteilen verpreßt (Nudelpresse!) oder vergossen (in Gipsform, die das Wasser auf-
nimmt), oder von Hand bzw. maschinell geformt und anschließend in Öfen zu starren
Festkörpern gebrannt. Dabei schwinden sie
stark (10 bis 20% linear), wodurch die Maß-
haltigkeit (Toleranz) erschwert wird. Bei manchen Porzellanen wird eine dichte, festhaftende
Glasur für den Feuchtigkeits- und Schmutz-
schutz beim ersten „Brand" der Keramikmasse
oder in einem zweiten Sonderbrand durch
einen dünnen Überzug aus ähnlicher Mischung
erzeugt.

Tabelle 8.2.—3. Einteilung keramischer Erzeugnisse

1. nach Verwendung

Baustoffe	Geschirr
	Geräte
	(E-Keramik)

2. nach Porosität

Irdengut	Sintergut
	(E-Keramik)

3. nach Lichtdurchlässigkeit (Sintergut)

nicht durch-scheinende Scherbe (Isolatoren, Steatit, E-Keramika)	durchscheinende Scherbe (E-Porzellan, Hartporzellan, Sanitärporzellan)

Tabelle 8.2.—4. Technologie

Stufe	Beschreibung
1	Mahlen-Mischen der Rohstoffe: Kaolin, Ton, Lehm, Quarzsand
2	mit Wasser anrühren zur plastischen Masse
3	Formgebung: 1. Drehen (Töpferscheibe) 2. Strangpressen 3. Gießen
4	Trocknen
5	Brennen/Glasieren

---

[38]) Sammelbegriff „Keramik"; z. T. uralte Erzeugnisse als Geschirr und Baustoff (Töpferei—Ziegelei).

Außer keramischen Kompaktteilen werden auch dünne Beschichtungen aus Keramik hergestellt. Dünnschichttechnik!

Keramische Träger nennt man Substrate (Halbleiter-Technik!).

b) *Haupteigenschaften*

Vorteile

● hohe Temperaturbeständigkeit (mind. 500 °C);

● hohe Temperaturwechsel-Beständigkeit (kleine Wärmedehnungszahl!);

● hohe Formbeständigkeit;

● gute elektrische Eigenschaften von ϱ_D, E_D, Kriechstromfestigkeit und Lichtbogenfestigkeit; NTC;

● keine Wasseraufnahme;

● chemische Beständigkeit (nur Flußsäure greift an).

Nachteile

● geringe Zugfestigkeit;

● große Schlagempfindlichkeit.

Die elektrokeramischen Werkstoffe werden nach ihrer chemischen Zusammensetzung in Gruppen eingeteilt, die Sie im nächsten Abschnitt erlernen werden.

8.2.3.2. Klasseneinteilung, DIN 40685

Nach DIN 40685 und VDE 0335 werden die elektro-keramischen Werkstoffe in sieben Hauptgruppen von 100 bis 700 eingeteilt; jede Hauptgruppe ist nochmals in Untergruppen unterteilt. Sie sollten sich folgendes merken:

● Hauptgruppeneinteilung nach der Zusammensetzung (Tabelle 8.2.−6),

● besondere Eigenschaften (Tabelle 8.2.−7),

● Hauptanwendung (Tabelle 8.2.−7).

(Nicht auswendig lernen!)

Tabelle 8.2.−5. Übersicht über die Eigenschaften der E-Keramika bei Raumtemperatur

Eigenschaft	Einheit	Werte
Dichte ϱ	g cm^{-3}	2 ... 5
ϱ_D	Ω m	10^{10} ... 10^{15}
σ_{BZ}	kN cm^{-2}	2 ... 8
ε_r	1	2 ... 8
Rutile ε_r	1	≈ 100
tan δ (d)	10^{-4}	4 ... 15
E_D	kV mm^{-1}	10 ... 50

Beachten: Alle Eigenschaften sind temperaturabhängig! NTC!

E-Keramik
(Sammelbegriff: E-Porzellan)

temperaturbeständig, unbrennbar, chemisch-beständig, gute Isolierfähigkeit; aber: zerbrechlich-spröde, nicht klebfähig!

Tabelle 8.2.−6. Hauptgruppen elektrokeramischer Werkstoffe nach Zusammensetzung

Gruppe	Rohstoffe Zusammensetzung
100	Al-Silikat (Al-Ton)
200	Mg-Silikat (Mg-Ton)
300	Ti-Oxid (Rutil)
400	Al-Mg-Silikat
500	Al-Mg-Silikat + Al_2O_3 (Tone)
600	Al-Oxid (Tonerde)
700	Al-Oxid + Zusätze

↑ Zur Übersicht, nicht zum Erlernen.

Wichtig ist bei elektronischen Bauteilen auch
die Schichtstärke, die neuerdings sehr klein
hergestellt werden kann (bei Gr. 500 z. B. bis
0,25 mm).

Auch der Rauhigkeitsgrad *un*glasierter Keramika ist wichtig (Staub); er kann bis zu einer
Rauhtiefe von 0,15 μm hergestellt werden (ab
1965 Dünnfilmtechnik). Glasuren erzeugen
Glätten mit 0,02 μm-Rauhtiefe (sehr glatt!);
außerdem schließen sie die Oberfläche poröser
Stoffe (Wasseraufnahme!).

Tabelle 8.2.–7. Eigenschaften und Verwendung keramischer Werkstoffe (E-Keramik)

Gruppe	Eigenschaften	Verwendung
100	dichtes Hochbrand- = Hartporzellan niedrige Wärmedehnung Druckfestigkeit = 10 × Zugfestigkeit $\sim$450 N mm^{-2} ε_r: 5 ... 7 tan δ: stark temperaturabhängig bei 20°C, 50 Hz: $\approx$ 2 · 10^{-4} bei 100°C, 50 Hz: $\approx$ 12 · 10^{-4} gute elektrische Isolierfähigkeit für Gleich- und Wechselspannung niedriger Frequenz hohe Kriechstromfestigkeit gute konstruktive Eigenschaften	Isolatoren für Hoch- und Niederspannung
200	Steatit, dicht höhere Wärmedehnung ε_r: niedrig, wenig temperaturabhängig E_D: niedriger als bei Gruppe 100 dielektrische Verluste: klein verschleißfest gute konstruktive Eigenschaften	wie 100, aber Verschleißteile
300 Sonder- klasse	dichte und poröse Qualitäten ε_r hoch: 30 ... 50 ε_r sehr hoch: > 3000	Dielektrium für HF-Kondensatoren
400	ähnlich Gruppe 100 besonders temperaturwechselbeständig geringe Wärmedehnung	HF-Spulenkerne, dünne Beläge, aufbrenn- bar
500	porös, aber feuerfest bei 1500 ... 1700°C ausreichende Isolierfähigkeit	Zündelektroden u. a.
600	porös, feuerfest > 1750°C ausreichende Isolierfähigkeit	Schutzrohre von Thermoelementen
700	porös, hochfeuerfest bei 2000 ... 3000°C ausreichende Isolierfähigkeit	wie 600, aber für noch höhere Temperaturen

Beispiel 8.2.—1 zur Errechnung der Kapazität C

Es liegen zwei keramische Kondensator-Röhrchen bereit.

Rohr 1 hat nach Angabe bei 500 V und ε_r von 40 eine Kapazität C von 20 pF. Rohr 2 hat ε_r von 6,0.

Wie groß ist bei gleichen Bedingungen die Kapazität C von Rohr 2?

Lösung;

$$C = \varepsilon_0 \varepsilon_r \cdot \frac{A}{d}; \text{ daraus folgt } \frac{C_1}{C_2} = \frac{\varepsilon_{r1}}{\varepsilon_{r2}}$$

$$C_2 = C_1 \frac{\varepsilon_{r2}}{\varepsilon_{r1}} = 20\,\text{pF} \cdot \frac{6}{40} = 3\,\text{pF}.$$

Lassen Sie sich von dem Keramikhersteller bei allen wichtigen Anwendungsfällen über den Einfluß der Temperatur, der Frequenz und bei porösen Sorten auch der Luftfeuchtigkeit auf die elektrischen Eigenschaften unterrichten! Die vielen Keramiksorten zeigen dabei so starke Abweichungen, daß hier keine Diagramme und Einzelwerte, sondern nur die Haupttendenzen angegeben werden können.

1. Mit steigender Temperatur fällt der spezifische elektrische Widerstand. Bei E-Porzellan der Gruppe 100 beträgt er z. B.

    bei 20 °C 10^{14} Ωm
    bei 250 °C 10^{10} Ωm
    bei 500 °C 10^7 Ωm
    bei 750 °C 10^5 Ωm   (Richtwerte)

$$\varrho_D = K \cdot \frac{1}{T} \text{ (NTC!)}$$

2. Mit steigender Temperatur steigt der Verlustfaktor d bei den Gruppen 100, 200 stark, bei 300 bis 700 weniger stark.

$$d \sim T$$

3. Mit steigender Frequenz fällt im allgemeinen der Verlustfaktor d bei bestimmten Sorten der Gruppe 300 aber nicht.

$$d = K \cdot \frac{1}{T}$$

4. Poröse Keramika erleiden mit zunehmender Luftfeuchte einen ständigen, erheblichen Abfall des Widerstandes und einen Anstieg des Verlustfaktors. (ε_r von H_2O ist groß!)

Bei Luftfeuchte fällt R.
Bei Luftfeuchte steigt d (tan δ).

Übung 8.2.—6

Erklären Sie technologisch-strukturell den Begriff E-Keramik!

Übung 8.2.—7

Wonach sind die E-Keramika in Gruppen klassifiziert?

Übung 8.2.—8

Nennen Sie die wichtigsten Grundstoffe ≙ Bestandteile der E-Keramika!

Übung 8.2.—9

Begründen Sie, warum ein hoher ε_r-Wert einen Kondensator mit kleinen Abmessungen ermöglicht!

Übung 8.2.—10

Sie sollen für Meßzwecke einen Kondensator mit möglichst konstanter Kapazität bei unterschiedlichen Temperaturen herstellen. Begründen Sie ihre Auswahl!

Übung 8.2.—11

Sie suchen einen besonders lichtbogenfesten Isolator; in welcher Gruppe ist er zu suchen?

Übung 8.2.—12

In welchen elektrischen Eigenschaften unterscheidet sich Glas von Porzellan?

Übung 8.2.—13

Lassen sich keramische Werkstoffe entzünden? Begründen Sie Ihre Antwort!

Übung 8.2.—14

Gibt es anorganische, wickelfähige Isolatoren? Wenn ja, welche?

Übung 8.2.—15

Bis zu welchen Temperaturen läßt sich normales E-Porzellan verwenden? Warum ist $\vartheta\,(T)$ begrenzt?

Übung 8.2.—16

Warum glasiert man E-Porzellane?

Übung 8.2.—17

Wie kann man aus mehreren Porzellanteilen ein hochtemperaturbeständiges, gut isolierendes Einzelteil herstellen?

8.2.3.3. Ferroelektrika

Die Gruppe 300 enthielt schon seit einigen Jahren keramische Werkstoffe mit hohen ε_r-Werten; sie hatten als Grundsubstanz das Mineral Rutil aus TiO_2 mit einem ε_r-Wert von ≈ 100 (Wasser hat einen ε_r-Wert von 80).

Seit ca. zwanzig Jahren bemüht sich die Industrie, keramische Werkstoffe mit noch höheren ε_r-Werten zu erzielen, was ihr auch stetig gelang. Der Rekord liegt jetzt bei 10^4; d. h., ein Kondensator kann nun 10000-fach kleiner als ein Luftkondensator mit gleicher Kapazität gebaut werden.

Man nennt diese keramischen, kristallinen Werkstoffe „Ferroelektrika", weil sie sich im elektrischen Feld ähnlich verhalten wie ferromagnetische Stoffe im Magnetfeld.

Sie besitzen Weiß'sche Bezirke, in denen elektrische Dipole von Natur aus miteinander elektrisch gekoppelt und ausgerichtet sind; dadurch tritt eine z. T. irreversible Polarisierung analog den magnetischen Bezirken auf (Bild 8.2.−1).

Bei bestimmten Temperaturen, $> 300\,°C$, die man ebenfalls Curietemperatur nennt, verschwinden die polaren Kopplungseffekte, die elektrische Polarisation schwächt sich und die ε_r-Werte fallen (Bild 8.2.−2).

Der bedeutungsvolle Effekt der Hysterese wird durch Zusätze von Strontium (Sr), Zirkon (Zr), Kalzium (Ca) und Zinn (Sn), natürlich in Oxidform, zum Rutil, erreicht, wobei meistens zugleich zwei oder mehr Zusatzelemente beigemengt werden.

Um die Curietemperatur und die Alterungsbeständigkeit zu steigern, benutzt man in jüngster Zeit Niob (Nb) und Tantal (Ta) als Zusätze.

Elektrete (oder *Elektrets*) sind Ferroelektrika mit einer permanenten Polarisierung, d. h. mit einer hohen elektrischen Koerzitivfeldstärke; sie entsprechen elektrisch den Dauermagneten.

Elektrete bestehen aus hochpolymeren keramischen oder organischen Stoffen; sie werden

[39] Schröder, El.-Anz. 23, Nr. 27, S. 524.

Tabelle 8.2.−8 (s. Tab. 8.1.−8).
Permittivitätszahlen ε_r bei Raumtemperatur (ε_r ist temperaturabhängig)

Eis	$\approx$ 1,6
H_2O	$\approx$ 80
Glas	5 … 9
Holz	3 … 7
Papier	2 … 3
Glimmer	7
Öl	2 … 3
Rutil	$\approx$ 100
Bariumtitanat	$\approx$ 3000
88 $BaTiO_3$ 12 $BaSnO_3$	8000 … 10000![39]

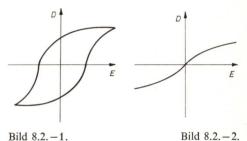

Bild 8.2.−1.   Bild 8.2.−2.

Bild 8.2.−1. Elektrische Hysterese eines ferroelektrischen Werkstoffes

Bild 8.2.−2. Ferroelektrikum oberhalb der Curietemperatur im elektrischen Feld
E elektrisches Feld, D Polarisation

Tabelle 8.2.−9. Ferroelektrika
Dielektrika für Kondensatoren

ε_r-Werte:	max. $1 \cdot 10^4$
innere Struktur:	gekoppelte Dipole
Werkstoff:	Ionenkristalle, Keramik
Verhalten im E-Feld:	z. T. irreversible Polarisation
Grundstoff:	Bariumtitanat $BaOTiO_2$
Zusatzstoffe:	Nb, Ta
Curietemperatur von 300 bis 400°C:	ε_r-Werte fallen

in heißem Zustand, oberhalb der Curietemperatur im Gleichfeld polarisiert und dann abgekühlt, wobei die ausgerichteten Weiß'schen
Bezirke gewissermaßen einfrieren. Sie dienen
als Verstärker in der El-Akustik in Mikrofo-
nen und Kopfhörern. Sie werden jetzt auch
in Fernsprechanlagen eingesetzt.

Übung 8.2.—18

Was verstehen Sie unter einem ferroelektrischen Werkstoff?

Übung 8.2.—19

Was haben Ferroelektrika und Ferromagnetika gemeinsam?

Übung 8.2.—20

Welches Mineral hat besonders gute ferroelek-
trische Eigenschaften?

Übung 8.2.—21

Erklären Sie den unterschiedlichen Kurvenverlauf der Bilder 8.2.−1 und 8.2.−2!

8.3. Organische Isolierstoffe (Kunststoffe)

Lernziele

Der Lernende kann ...

... Duromere (= Duroplaste[43], s. S. 358) von Thermoplasten unterscheiden.

... elektrisch wichtige Duromere nennen und ihre Eigenschaften und Anwendungsgebiete angeben.

... die elektrisch wichtigsten Thermoplaste nennen und ihre Eigenschaften und Anwendungsgebiete angeben.

... nach den Prüfwerten und Preisen den zweckmäßigen Kunststoff für bestimmte Aufgaben auswählen.

... flüssige Isolierstoffe nach ihren Eigenschaften für bestimmte Verwendungsgebiete beurteilen.

8.3.0. Übersicht

Die Bedeutung der Kunststoffe für Haushalt und Industrie ist offensichtlich und bedarf keiner Erklärung.

Nimmt man den Begriff „Kunststoff" wörtlich und umfassend, fällt auch Papier unter diesen Sammelbegriff.

Man unterteilt die Kunststoffe in zwei Hauptgruppen[40]:

1. *halbsynthetische* (8.3.1); sie werden durch chemische Umwandlung (Veredelung) von Naturstoffen, insbesondere der *Cellulose* (Pflanzenerzeugnis) hergestellt;

2. *vollsynthetische* (8.3.2); bei diesen werden durch chemische Prozesse aus kleinen Einzelmolukülen (Monomeren) Riesenmoleküle (Polymere) erzeugt.

Die Moleküle bestehen aus 2 oder > 2 Elementen, von denen eines immer ein C-Atom in Verbindung mit H-, F-, Cl-, N- und O-Atomen ist. Hervorstechende Eigenschaften der Kunststoffe sind als

Vorteile:

- geringe Dichte (Transportgewicht, Montage!)
- gute elektrische Eigenschaften
- gute chemische Beständigkeit
- gute Formbarkeit
- gute Verarbeitbarkeit
- Einfärbungsmöglichkeit
- Klebefähigkeit

Nachteile:

- geringe Temperaturbeständigkeit
- Brennbarkeit (Brandgefahr!)
- geringe konstruktive Belastbarkeit
- hohe Wärmedehnung
- Alterungsanfälligkeit
- z. T. hoher Preis.

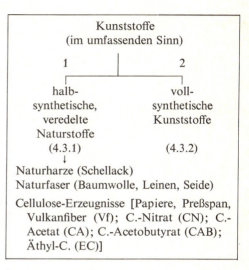

Kunststoffe
(im umfassenden Sinn)

1 — halbsynthetische, veredelte Naturstoffe (4.3.1)

2 — vollsynthetische Kunststoffe (4.3.2)

Naturharze (Schellack)
Naturfaser (Baumwolle, Leinen, Seide)
Cellulose-Erzeugnisse [Papiere, Preßspan, Vulkanfiber (Vf); C.-Nitrat (CN); C.-Acetat (CA); C.-Acetobutyrat (CAB); Äthyl-C. (EC)]

Kunststoffe bestehen aus Riesenmolekülen (Makromolekülen) bis zu einer Länge von rd. 0,5 mm, mit Elektronenbindungen

---

Kunststoffe sind

- leicht
- elektrisch gut isolierend
- chemisch beständig
- gut formbar
- gut verarbeitbar
- färbbar
- klebbar

Kunststoffe sind

- brennbar (8.1.5.5)
- konstruktiv wenig belastbar
- temperaturanfällig (8.1.5.3.−5)
- dehnen sich bei der Erwärmung stark (8.1.5.1)

---

[40] Für die technische Praxis ist als Nachschlagewerk u. a. zu empfehlen: DIN-Taschenbuch 21/1971 „Kunststoffnormen". Beuth-Vertrieb GmbH, Berlin.

Übung 8.3.—1

Welche wichtige organische Isolierstoffgruppe wird aus pflanzlichen Faserstoffen gewonnen?

Übung 8.3.—2

Was versteht man unter einem Monomer und was unter einem Polymer?

8.3.1. Konstruktive Eigenschaften

Neben den elektrischen sind auch die konstruktiven Eigenschaften der Kunststoffe zu beachten; Tabelle 8.3—1 gibt hierüber eine Übersicht.

Beachten Sie folgendes!

● Jeder Werkstoff muß unter den Bedingungen geprüft werden, die seiner wirklichen Beanspruchung in der Praxis entsprechen. Wird z. B. ein Kunststoff großen Temperaturschwankungen ausgesetzt, so sind die Eigenschaften bei Raumtemperatur für seine Beurteilung allein nicht ausreichend.

● Alle Kunststoffe haben einen niedrigen E-Modul und damit eine geringe Formsteifigkeit (s. 2.2.6).

● Alle Kunststoffe versagen in der Wärme; zunächst läßt die Formsteifigkeit nach, dann zersetzen sie sich chemisch.

● Unverstärkte Kunststoffe (ohne Einlagen!) sind kerb- und rißanfällig.

● Unter zügiger Dauerlast „kriechen" (dehnen sich plastisch) die unverstärkten Kunststoffe.

● Dauerprüfungen werden

   ● statisch, d. h. bei gleicher Last und Lastrichtung, oder

   ● dynamisch, d. h. mit wechselnder Last und/oder Lastrichtung vorgenommen; man nennt dies pulsierend oder schwingend (2.2.8).

Die Ergebnisse von Lastwechselprüfungen werden in einer Wöhlerkurve nach Bild 8.3—1 aufgetragen, mit der Wechselspannung $\pm \sigma \ldots$ [41] auf der Ordinate und der Lastspielzahl N im logarithmischen Maßstab auf der Abszisse.

Tabelle 8.3.—1. Konstruktive Eigenschaften der Kunststoffe nach DIN

Eigenschaft	Einheit	DIN
Zugfestigkeit	$N\,mm^{-2}$	53455
Reißdehnung	%	53455
Grenzbiegespannung	$N\,mm^{-2}$	53452
Torsionssteifheit	$N\,mm^{-2}$	53447
Kerbschlagzähigkeit	$J\,cm^{-2}$	53453
Kugeldruckhärte	1	53456
Biegekriechmodul		
1-min-Wert	$N\,mm^{-2}$	
6-Tage-Wert	$N\,mm^{-2}$	

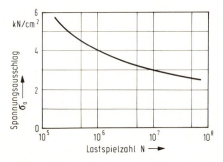

Bild 8.3.—1. Wöhlerkurve eines duromeren Kunststoffes bei Raumtemperatur (s. Bild 2.2.13). Unterhalb der Kurve: Werkstoff hält; oberhalb der Kurve: Werkstoff bricht. Ordinate: σ-Werte, z. B.

Zug	↓↑ wechselnd
Biegung	↓↑ wechselnd
Zug	↑ schwellend
Biegung	↑ schwellend

---

[41] Z. B. Biegewechselfestigkeit σ_{bw}, Druck-Zug-Wechselfestigkeit σ_{dzw}.

Bild 8.3.−2 zeigt als Beispiel Prüfwerte des Thermoplastes PE (8.3.5.3.2) in Langzeitversuchen bei 20 °C bis 80 °C. Bei konstruktiver Dauerbelastung unter erhöhter Temperatur müssen derartige Diagramme vorliegen.

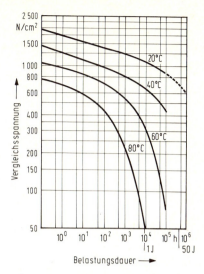

Bild 8.3.−2. Zeitstandfestigkeit eines harten Thermoplastes (PE hart)[42]

8.3.2. Technologie

Die Technologie läßt sich nicht ganz ausklammern, weil das Herstellungsverfahren die Eigenschaften des Fertigteiles beeinflußt.

Man teilt die Kunststoffe nach dem *Verarbeitungszustand* ein in

● Formmassen: *vor* der Verarbeitung; bezogen von der chemischen Fabrik;

● Formstoffe: *nach* der Verarbeitung zu Halbzeug in Formen von Platten, Stangen, Rohren usw.;

● Formteile: Fertigteile.

Uns interessieren nur die Eigenschaften der Fertigprodukte.

Die *Herstellungsverfahren* für Enderzeugnisse sind:

● *Pressen zu Preßteilen.* Hierbei werden vorgewärmte Preßmassen (von < 1 g bis zu vielen kg) in Preßformen warm zu Halbzeug oder fertigen Preßteilen verarbeitet; bei dem Preßvorgang oder unmittelbar darauf werden sie fest; die Mehrzahl der Preßteile besteht aus Duromeren (8.3.5.2).

Einteilung der Kunststoffe nach Verarbeitungsstufen

● *vor* der Verarbeitung: Formmasse

● *nach* der Verarbeitung zu Halbzeug: Formstoffe

● *nach* Fertigstellung: Formteile

Kunststofferzeugnisse liegen vor als

● Preßteile
● Preßschichtstoffe
● Spritzgußteile
● kalandrierte (gewalzte) Folien, Bänder, Tafeln
● flammgespritzte Überzüge
● wirbelgesinterte Überzüge

- *Spritzgießen*. Heiße plastische (zäh- oder dünnflüssige) Massen werden unter Druck durch Düsen in Metallformen gespritzt; meist sind es Thermoplaste (8.3.5.3).
- *Kalandrieren*. Dünne Platten, Bänder, Folien werden zwischen Walzen (Kalandern) gewalzt.
- *Blasen*. Kunststoffe können wie ein Luftballon mit Luft aufgeblasen und die entstehende dünne Haut als Folie verwandt werden.
- *Flammspritzen*. Gepulverter Kunststoff wird durch eine Flamme zu Tröpfchen geschmolzen und mit Druckluft auf Metalle gespritzt.
- *Wirbelsintern*. Ähnlich dem Flammspritzen.
- Kunststoff-Folien können mit Metallblechen oder Metallfolien im Walzvorgang verbunden (beschichtet) werden.

> Preßteile sind u. a.
> Schichtpreßstoff-Erzeugnisse, wie
>
> - Hartpapiere
> - Vulkanfiber
> - Verbundspan (z. B. Platten)

Übung 8.3.—3

Auf welche Weise können Kunststoff-Folien hergestellt werden?

8.3.3. Einteilung nach dem Wärmeverhalten, DIN 7724

DIN 7724 berücksichtigt das Wärmeverhalten der Kunststoffe und unterteilt sie danach in drei Gruppen:

> Einteilung der Kunststoffe nach dem Wärmeverhalten:
>
> - Duromere (8.3.5.2)
> - Thermoplaste (8.3.5.3)
> - Elastomere (gummiartige Werkstoffe)

1. Gruppe: *Duromere*[43]

Duromere Formmassen härten bei der Verarbeitung im warmen Zustand aus; sie werden dadurch hart, formsteif, unschmelzbar und chemisch beständig. *Vor* der Verarbeitung sind ihre Riesenmoleküle gegeneinander plastisch verschiebbar; *bei* der Warmverarbeitung werden sie zu einem starren Raumnetz engmaschig miteinander chemisch verknüpft (vernetzt). Der Vernetzungsgrad bestimmt das Maß der Formsteifigkeit (E-Modul!), siehe Bild 8.3.—3.

> *Duromere* sind und bleiben auch bei erhöhter Temperatur hart, elastisch, *nicht* plastisch formbar.

> *Thermoplaste* sind je nach ihrer Art bei Raumtemperatur:
> hart-elastisch oder
> weich-elastisch oder
> weich-plastisch;
> bei höherer Temperatur werden alle Arten plastisch

> *Elastomere* sind hart-elastisch, spröde oder gummi-elastisch, plastisch, fließend.

---

[43] Das häufig benutzte Wort „duroplastisch" ist nicht glücklich; es ist sogar paradox; „durus" heißt hart, fest, beständig. Werden Kunststoffe als Plaste bezeichnet, dann ist der Begriff „Duroplast" brauchbar.

2. Gruppe: *Thermoplaste*

Es gibt viele thermoplastische Kunststoffarten; sie sind in der E-Technik häufiger als Duromere vertreten. Ihre langen Fadenmoleküle sind miteinander mechanisch wie Wattefäden verknäuelt (Bild 8.3.—4); werden sie erwärmt, dann bewegen sie sich lebhafter, wobei sich die Struktur lockert und plastischer wird. Man bezeichnet dieses Temperaturgebiet als „Erweichungsbereich". Werden diese Kunststoffe darüber hinaus erwärmt, dann zersetzen sie sich, verkohlen und werden unbrauchbar.

Man kann in die Fadenknäule kleine Moleküle als „Weichmacher" einbauen; sie wirken als innere Schmier- und Gleitstoffe. Bei längerem Gebrauch, besonders bei Wärmegraden, schwitzen die Weichmacher wieder sichtbar aus; der Kunststoff „altert" und wird wie alter Gummi brüchig, rissig und spröde.

3. Gruppe: *Elaste oder Elastomere*

Sie bestehen aus wenig vernetzten Makromolekülen; bei äußerer Belastung verschieben sie sich elastisch gegeneinander, federn aber nach der Entlastung wieder in ihre Ausgangslage zurück (Bild 8.3.—5). Zu den Elastomeren gehören die gummielastischen Kunststoffe; sie spielen in der E-Technik keine Rolle mehr.

Bild 8.3.—3. Struktur eines Duromer aus räumlich verketteten (vernetzten) Riesenmolekülen

Bild 8.3.—4. Struktur eines Thermoplast-Knäuels von Riesenmolekülen (nicht vernetzt, nur verknäuelt)

Bild 8.3.—5. Struktur eines Elastomers ähnlich wie Bild 8.3—4. Vernetzung mal loser, mal fester

Übung 8.3.—4

Nennen Sie die Hauptunterscheidungs-Merkmale zwischen Metallen und Kunststoffen bezüglich

1. der konstruktiven Eigenschaften,
2. der elektrischen Eigenschaften,
3. der Struktur!

Übung 8.3.—5

Welche Elemente sind vornehmlich in Kunststoffen vorhanden?

Übung 8.3.—6

Geben Sie das Unterscheidungsmerkmal für thermoplastische und duromere Kunststoffe an! Wie stellen Sie es praktisch fest?

Übung 8.3.—7

Es gibt ein sehr häufig angewandtes Verfahren, mit dem man Kunststoffe plastifizieren und verkleben kann. Nennen Sie

1. das Verfahren,
2. die Kunststoffgattung,
3. die Werkstoffeigenschaft, die hierfür besonders wichtig ist!

8.3.4. Halbsynthetische Kunststoffe

Die Natur baut Riesenmoleküle auf, z. B. Eiweiß, Stärke, Kautschuk, Cellulose; sie dienen als Ausgangsstoffe für Kunststoffe. Am wichtigsten für die E-Technik ist die Cellulose[44].

8.3.4.1. Cellulose-Erzeugnisse, Übersicht

Cellulose kommt im Holz und in Pflanzenfasern vor und wird daraus gewonnen; sie ist ein kettenförmiges Riesenmolekül mit elektrisch-polaren OH-Gruppen. Hierdurch erhält sie hohe ε_r- und tan δ-Werte, deshalb sind Cellulose-Erzeugnisse hochwertige Dielektrika (Papierkondensatoren!).

Tabelle 8.3.—2 gibt eine Übersicht über elektrisch genutzte Cellulose-Produkte.

8.3.4.2. E-Papiere, DIN 7735, 16926

Papier besteht aus verfilzten Celluloseknäulen mit Füllstoffen; es enthält je nach Sorte 10 bis 60% Poren und ist deshalb im trockenen Zustand ein guter Isolator (Luft = guter Isolator!). Es nimmt leicht Feuchtigkeit auf und muß daher für Isolierzwecke mit Öl, Lack oder Harz imprägniert werden.

Die E-Hartpapiere (DIN 7735 und 16926) werden mit Phenolharzen (8.3.5.2) getränkt und unter Druck und Wärme ausgehärtet. Bei 150 °C beginnen C-Erzeugnisse[45] zu verkohlen.

Weitere Cellulose-Kunststoff-Produkte (Kombinationsstoffe) für die Isoliertechnik sind

Vulkanfiber (DIN 7737, VDE 0312) und Verbundspan (DIN 7739, VDE 0316).

Tabelle 8.3.—2. Cellulose-Erzeugnisse für die E-Technik

E-Papiere ┬ Öl-Papier
          ├ Lack-Papier
          └ Hart-Papier

Preßspan (Platten)
Vulkanfiber (Vf)
Cellulose-Acetat (AC)
Cellulose-Acetobutyrat (ACB)
Cellulose-Äthyl (EC)

DIN-Kurzzeichen für Cellulose ist „C".

Cellulose-Erzeugnisse sind brennbar!

Ab 150 °C unbeständig
ε_r, tan δ = hoch
gute Dielektrika
immer imprägniert
wickelfähige Kabel-Trafo- und Kondensator-Papiere
Schichtstoffe: Hartpapier, Vulkanfiber, Verbundspan

---

[44] Auch Zellulose.
[45] C ≙ Cellulose als DIN-Kurzzeichen! Leider auch Chlor, z. B. PV[C = Chlor].

8.3.4.3. Cellulose-Kunststoffe, DIN 7737, 7739

C-Kunststoffe werden wegen ihrer hohen ε_r-Werte nur bei NF und wegen ihrer Wasseraufnahme nur in Schwachstromnetzen, z. B. für Schalter-, Spulen- und Kabelteile und als Nutenisolierstoff benutzt; es sind preisgünstige Kunststoffe!

Tabelle 8.3.−3 enthält eine Zusammenstellung der wichtigsten Cellulose-Kunststoffsorten für die E-Technik.

C-Kunststoffe

ε_r = hoch

Nur bei Schwachströmen und Niedrigfrequenzen, *nicht* bei Feuchtigkeit verwendbar.

Leicht brennbar, außer EC (Tab. 8.3.−3).

Tabelle 8.3.−3. Cellulose-Erzeugnisse für die E-Technik

Name C	DIN-Bezeichnung	Verwendung
Cellulose-Acetat	CA	Radio-Phono-Gehäuse, Folien
Cellulose-Mischester	CAB CP	Instrumenten-Batterie-Gehäuse, Telefon-Apparate, Folien
Äthyl-Cellulose	EC	viele Teile, z. B. Telefonhörer

8.3.5. Vollsynthetische Kunststoffe[46])

8.3.5.0. Übersicht

Die große Zahl und die für den Nichtchemiker komplizierten Namen der Kunststoffarten erschweren das Erlernen. Dazu kommen noch die vielen Markennamen der Hersteller, die den Überblick eher komplizieren als erleichtern; sie werden hier nicht erwähnt[47].

8.3.5.1. Bezeichnung nach chemischer Reaktion (Polymerisationsarten)

Dieser Abschnitt dient zur Information, weil alle Kunststoffhersteller (Lieferanten) einige Fachausdrücke gebrauchen, die sich auf die Herstellung beziehen. Auf die Eigenschaften wirken sich die unterschiedlichen Verfahren (meistens) nicht aus.

Der Mensch hat von der Natur gelernt und erzeugt auch künstlich (synthetisch) Riesenmoleküle. Das Grundelement für alle Kunststoffe (die Silikone ausgenommen) ist der Kohlenstoff C.

Reaktionsarten:

1. Poly-kondensation
2. Poly-merisation[48]
3. Poly-addition

---

[46] Wiederholen Sie zuvor aus der organischen Chemie die Ketten- und Ringverbindungen!

[47] Der E-Techniker sollte sich an die DIN-Bezeichnungen halten!

[48] Gleichzeitig Sammelbegriff für die drei Reaktionsarten.

Aus dem Chemieunterricht wissen Sie, daß C-Atome mit sich selber Einfach-, Zweifach- und Dreifachbindungen eingehen können (Ketten- und Ringverbindungen). Wasserstoff H ist neben C das wichtigste Element in den Kunststoffen; einige vielbenutzte Kunststoffe bestehen aus reinen CH-Verbindungen.

Weitere Elemente in Kunststoffen sind, wie gesagt, Sauerstoff O, Stickstoff N, Chlor Cl, Fluor F.

Rohstoffe für die Kunststofferzeugung sind Erdöl, Kohle, Luft, Kalk, Ammoniak, Azethylen u. a.

Kleine gasförmige Ausgangsmoleküle (Mere, Monomere) werden chemisch so aktiviert, daß an ihren beiden Enden freie Elektronen entstehen; sie wirken als Kupplungen, um die Monomere zu Polymeren, d. h. Riesenmolekülen, zusammenzufügen (Bild 8.3.−6); diese bestehen dann aus zahlreichen Atomen bis zu 10^6 AME[49].

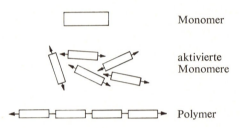

Bild 8.3.−6. Polymerisation (Schema)

Es gibt drei Arten von Kupplungsprozessen (Polymerisationsarten):

Polykondensation ist der Zusammenschluß der Monomere unter Abspaltung kleiner Moleküle, meist von dampfförmigem H_2O (daher der Name!) zu Polymeren.

Polykondensation
ergibt härtbare Kunst-Harze für Preßerzeugnisse, z. B.
Phenol-Harze (z. B. PF) Amino-Harze (MF, UF) Polyester-Harze (UP) Polyamid-Harze (PA)

Polymerisation nennt man die Vereinigung C-haltiger Gasmoleküle zu Riesenmolekülen, wenn zunächst C-Doppelbindungen aufgespalten, in reaktionsfähige Moleküle umgewandelt und dann zu unverzweigten oder verzweigten Kettenmolekülen zusammengefügt werden; es sind meistens Thermoplaste.

Polymerisation[50]
z. Z. die weitaus wichtigste Gruppe. Die drei häufigsten Kunststoffsorten:
Polyäthylen (PE) Polystyrol (PS) Polyvinylchlorid (PVC)

Aufspaltung von Äthylen E
C=C → −C−C− (aktiviert)
Doppel- → Einfachbindung

Aktivierte Monomere diagram labels: Monomer, aktivierte Monomere, Polymer

---

[49] AME oder u ist die Atommasseneinheit $= ^1/_{12}$ des C-Atoms $\approx$ 1 H.

[50] Unglückliche Bezeichnung, da zugleich Sammelbegriff für alle drei Polymerisationsarten!

Polyaddition nennt man die stufenweise Aneinanderfügung von Monomeren gleicher oder ungleicher Art, wobei sich die anwesenden H-Atome umgruppieren und zu vernetzten oder unvernetzten fadenförmigen Riesenmolekülen zusammenschließen. Den Vernetzungsvorgang kann man früher oder später abbrechen und erhält dadurch Qualitätsunterschiede.

Polyadditions-Kunststoffe sind

Polyurethane
Polyharnstoffe
Polyurethan-Schaumstoffe
Epoxidharze

8.3.5.2. Duromere

8.3.5.2.1. Begriff, Haupteigenschaften, Technologie

Die *Herstellung* erfolgt meistens durch Polykondensation.

Als *Haupteigenschaften* sind zu beachten:

● bleibende Härte bei Erwärmung bis etwa 100°C

● Unschmelzbarkeit

● chemische Beständigkeit

● relativ hohe Permittivitätszahl ε_r (für HF-Technik ungeeignet!)

● günstiger Preis; daher die häufige Anwendung in der Isoliertechnik, sie beträgt aber nur 20 bis 30% der Thermoplaste.

Die *Formgebung*[51] geschieht durch

1. Warmpressen zu:

● *Formteilen* von 1 g bis zu einigen kg aus Preßmassen; sie haben glatte, glänzende Oberflächen, Metallteile können eingepreßt werden.

● *Schichtpreßstoff*-Erzeugnissen; sie werden in Form von Tafeln, Streifen, Stangen, Rohren als „Halbzeug" hergestellt. (Vorsicht bei Hohlräumen: Lufteinschlüsse führen zu Glimmentladungen und dadurch zu Zerstörungen!)

Die Schichtstoffe haben Einlagen aus Papier (Hartpapier), Textil-, Glas, oder Asbestgeweben.

2. Gießen:

● *Gußteile* werden aus Gießharzen mit zwei Komponenten bei Raumtemperatur ver-

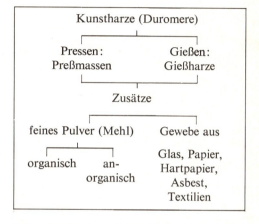

Kunstharze (Duromere)
Pressen: Preßmassen — Gießen: Gießharze
Zusätze
feines Pulver (Mehl) — Gewebe aus
organisch — anorganisch — Glas, Papier, Hartpapier, Asbest, Textilien

Duromere werden warmplastisch verarbeitet; hierbei erhärten sie und bleiben hart (durus = hart)[52]

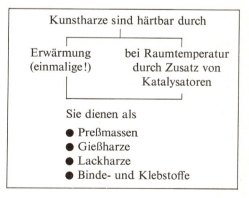

Kunstharze sind härtbar durch
Erwärmung (einmalige!) — bei Raumtemperatur durch Zusatz von Katalysatoren
Sie dienen als
● Preßmassen
● Gießharze
● Lackharze
● Binde- und Klebstoffe

---

[51] Auf die Technologie kann hier nicht eingegangen werden. Empfehlenswert ist u. a. ein Sonderdruck der Farbwerke Hoechst: *H. Domininghaus*: Einführung in die Technologie der Kunststoffe.

[52] „duroplastisch" ist ein paradoxer Ausdruck wie z. B. „schwarzer Schimmel", denn ein Werkstoff kann nicht zugleich durus ≙ beständig hart und plastisch ≙ gut umformbar sein. Siehe Fußnote 43.

gossen (Kalthärter) oder müssen anschließend erwärmt werden (Warmhärter). Sie erhalten entweder

- Füllstoffe aus feingemahlenen anorganischen (unbrennbar) oder organischen Substanzen (brennbar) zur Versteifung

oder

- Verstärkungseinlagen aus Geweben; diese verbessern die konstruktiven Eigenschaften.

  GV ist die DIN-Bezeichnung für „glasfaserverstärkt"; hierdurch wird die Festigkeit bis auf die Werte guter Konstruktionsmetalle erhöht.

3. Gasbehandlung flüssiger Massen; es entstehen

- *Schaumstoffe*; sie sind stark porös, leicht, ε_r niedrig (Luft $\varepsilon_r = 1$).

Duromere zeichnen sich aus durch

- hohen E-Modul
- Steifigkeit in der Wärme (Wärmeformbeständigkeit)
- geringe Kriechneigung
- Wärmebeständigkeit (bis $\approx 120\,°C$)
- keine Kältesprödigkeit
- kleine Wärmeausdehnung
- hohe Oberflächenhärte
- Glutbeständigkeit

8.3.5.2.2. Arten, Eigenschaften

Nach ihrer Zusammensetzung unterscheidet man verschiedene Harzarten aus Duromeren; die elektrisch wichtigsten finden Sie in der nebenstehenden Tabelle 8.3.−4.

Der Rohstoff (Formstoff) wird als rieselfähiges Schüttgut von den Chemiewerken angeliefert und erhält, wie Sie bereits wissen, erst bei der Verarbeitung seine endgültigen Eigenschaften.

Eine Übersicht über die wichtigsten Eigenschaften der Fertigteile gibt Tabelle 8.3.−5.

Innerhalb jeder Sorte weichen die Eigenschaften voneinander ab, da man die Menge und Art der Füllstoffe oder Einlagen variieren kann.

Tabelle 8.3.−4. Harzarten

Nr.	Name	DIN-Bezeichnung
1	Phenol-Harze	PF
2	Amino-Harze	
2.1	Melamin-Harze	MF
2.2	Harnstoff-Harze	UF
3	Polyester-Harze	UP
4	Epoxid-Harze	EP

Tabelle 8.3.−5. Eigenschaften von Duromeren (Fertigteile)

Eigenschaft	Einheit	Wert
Dichte	$g\,cm^{-2}$	$1,4 \ldots 2,1$
Zugfestigkeit	$kN\,cm^{-2}$	$1,5 \ldots 6$
Biege-Kriech-modul	$kN\,cm^{-2}$	$550 \ldots 1600$
Kugeldruck-härtezahl	1	$15 \ldots 24$
Kerbschlag-zähigkeit	$J\,cm^{-2}$	$4 \ldots 50$
Formbeständig-keit n. Martens	$°C$	$70 \ldots 180$
ϱ_D	$\Omega\,m$	$10^{10} \ldots 10^{17}$
ε_r	1	$3 \ldots 20$

8.3.5.3. Thermoplaste

8.3.5.3.1. Begriff, Struktur, Technologie

Nach dem *Herstellungsverfahren* sind die meisten Thermoplaste *Polymerisate*. Es gibt viele thermoplastische Kunststoffe; ständig kommen neue Arten hinzu, oder alte werden abgeändert (modifiziert) und verbessert.

Für den Elektriker sind Preis und Eigenschaften ausschlaggebend.

Am meisten benutzt werden Polystyrol (PS), Polyäthylen (PE) und Polyvinylchlorid (PVC).

Für die *Formgebung*[53] der Fertigteile gibt es folgende Verfahren (s. 8.3.5.2.1):

- Beim *Spritzgießen* wird die zäh- oder dünnflüssige Masse durch eine Düse unter Druck in eine Metallform gespritzt; Metallteile können umspritzt werden; so erzeugt man kleinste Teile bis zur Badewannengröße.

- Durch *Extrudieren* wird nach Art einer Nudelpresse mittels einer Rohrschnecke ein endloser Voll- oder Hohlstrang erzeugt; Drähte und Kabel werden auf Extrudern ummantelt.

- Bänder und Folien werden auf Kalanderwalzen *kalandriert*.

- Durch *Blasen* werden Kunststoffe mit Preßluft nach Art eines Luftballons aufgeblasen, dann wird die dünne Haut aufgeschlitzt und als Folie benutzt.

Hinsichtlich der *Struktur* unterscheidet man

- völlig amorphen Aufbau = homogen (Bild 8.3.–7);

- völlig kristallinen Aufbau = homogen;

- teils amorphen, teils kristallinen Aufbau = heterogen. Amorphe und kristalline Bereiche können mengenmäßig variieren (Bild 8.3.–8).

Die Bezeichnung „kristallin" besagt bei Kunststoffen nicht das Gleiche wie bei kristallinen Strukturen von Metallen, Halbleitern oder Ionenverbindungen mit ihrer strengen räumlichen Anordnung. Man versteht darunter eine parallel ausgerichtete Fadenstruktur

> Thermoplaste sind meistens Polymerisate (Tabelle 8.3.–6).

> Formgebung durch
> - Spritzgießen (Spritzteile)
> - Extrudieren (Stangen, Platten, Umhüllungen)
> - Kalandrieren (dünne Tafeln, Folien)
> - Aufblasen (Folien)

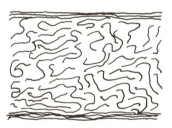

Bild 8.3.–7. Zustand der Riesenmoleküle in einem amorphen, homogenen Polymer

Bild 8.3.–8. Zustand der Riesenmoleküle in einem heterogenen Polymer mit amorphen und kristallinen Bereichen (grob schematisch)

---

[53] Siehe Fußnote 51.

der Riesenmoleküle. Diese kristallinen Bezirke sind hart-elastisch und haben einen fixierten Schmelz- bzw. „Einfrierpunkt", im Gegensatz zu amorphen Stoffen mit guter plastischer Formbarkeit und einem Schmelz- bzw. „Einfrier*bereich*".

Heterogene Kunststoff-Strukturen kann man mit einem Knochengerüst vergleichen, wobei die kristallinen Bereiche (dicke Striche) die starren, elastischen Knochen und die amorphen Bezirke (dünne Striche) die plastisch beweglichen Gelenke bilden (Bild 8.3.−8).

Die *Haupteigenschaften* der Thermoplaste sind:

● niedrige Erweichungstemperatur; sie liegt bei einigen Sorten < 100 °C;

● gute Wärmebeständigkeit hat nur PTFE mit etwa 250 °C;

● Schweißbarkeit und (oft) gute Klebefähigkeit;

● gute elektrische Eigenschaften, wobei alle thermo-elektrischen Eigenschaften streng beachtet werden müssen, wie die Einflüsse von Kriechströmen, Lichtbögen, Brennbarkeit und Entflammbarkeit;

● Folien können durch Recken in Zugrichtung ohne Beeinträchtigung der Wickelfähigkeit verfestigt werden; dies bedeutet eine gewisse Analogie zur Kaltverfestigung[54] der Metalle;

● durch Intensivbestrahlung mit kurzwelligem Licht werden neuerdings einige Eigenschaften beachtlich verbessert.

> Achtung bei erhöhter Temperatur:
> Y = max. 90 °C; WBK!
> (Siehe Tabelle 8.1.−11)[55]

8.3.5.3.2. Strukturformeln, Eigenschaften

Die nebenstehende Tabelle 8.3−6 enthält Namen und DIN-Kurzbezeichnungen wichtiger Thermoplaste.

Zur besseren Übersicht und Einprägung wurden die Namen getrennt geschrieben (unüblich!). Benutzen Sie nach Möglichkeit die aus wenigen Buchstaben bestehenden, international eingeführten Kurzbezeichnungen und nicht die phantasievollen Markennamen der Hersteller!

---

[54] Bei der Kaltverfestigung der Metalle verringert sich aber die plastische Formbarkeit.

[55] Bei höherer Verwendungstemperatur unbedingt Druckschriften anfordern!

Alle aufgeführten Sorten lassen sich durch abweichende Fabrikationsverfahren variieren; darum werden keine Werte für die Eigenschaften aufgeführt[56].

Hier reichen folgende Hinweise für einige wichtige Thermoplaste aus:

PA   enthält NH_2-Moleküle; es wird nach der Wasseraufnahmefähigkeit in Zahlenklassen eingeteilt; es ist nicht säurefest; Anwendung für Teile von Antennen, Telefonapparaten, Gehäusen und Tasten.

PE   Nach Herstellung und Eigenschaften unterscheidet man:

ND = Niederdruck-PE,
HD = Hochdruck-PE.

In der E-Technik wird überwiegend ND-PE verwendet. Es ist ein unpolarer Kunststoff, daher für Isolationszwecke sehr beliebt, und kann als zähelastischer Kompaktstoff oder Folie benutzt werden. In Scheiben- oder Perlenform wird es bei Koaxialkabeln eingesetzt; auch in der HF-Nachrichten- und Haushaltstechnik wird PE oft benutzt.

PVC   ist der billigste Kunststoff; er wird viel in der E-Technik benutzt; PVC läßt sich durch Weichmacher in weiche und ohne Zusätze zu harten Qualitäten verarbeiten.

Seine Hauptanwendungsgebiete sind:

● Isolation von Drähten und Kabeln in Fahrzeugen, da schwer entflammbar,
● Akkukästen,
● viele Elektroteile,
● Metallbeschichtung.

Bei Bränden entsteht zuerst Chlor (giftig), dann Chlorwasserstoff = Salzsäure (HCl), die chemisch aggressiv ist.

Tabelle 8.3.−6. Wichtige Thermoplaste

Name	DIN-Kurzbezeichnung
Poly-amid	PA
Poly-äthylen	PE
Poly-methyl-meta-crylat	PMMA
Poly-propylen	PP
Poly-styrol	PS
Poly-tetra-fluor-äthylen	PTFE
Poly-vinyl-chlorid	PVC
Poly-ur-ethan	PUR
Epoxid-harz	EP

Gruppenmerkmal der PA-Sorten

$$-\overset{\overset{\displaystyle O}{\|}}{C}-\overset{\overset{\displaystyle H}{|}}{N}-$$

PE-Struktur

$$\cdots\left[-\overset{\overset{\displaystyle H}{|}}{\underset{\underset{\displaystyle H}{|}}{C}}-\overset{\overset{\displaystyle H}{|}}{\underset{\underset{\displaystyle H}{|}}{C}}-\right]_n\cdots$$

PE besteht nur aus C- und H-Atomen, umweltfreundlich,

$\varepsilon_r = 2 \ldots 2,2$, sehr niedrig!

Hohe Leistungsausbeute bei HF-Leitungen!

In Radartechnik weltweit angewandt!

Brennt leicht!

PVC-Struktur

$$\cdots\left[-\overset{\overset{\displaystyle H}{|}}{\underset{\underset{\displaystyle H}{|}}{C}}-\overset{\overset{\displaystyle H}{|}}{\underset{\underset{\displaystyle Cl}{|}}{C}}-\right]_n\cdots$$

(Cl ≙ Chlor)

preiswert, weich bis hart, viele Sorten;

gute Isoliereigenschaften,

schwer entflammbar, Fahrzeuge (!),

umweltschädlich bei Bränden.

[56] Sie müssen sich diese im Bedarfsfall durch Fachprospekte oder von Firmenvertretern besorgen.

PS   ist in vielen Sorten lieferbar; z. B. in Form von harten, farbigen oder durchsichtigen Spritzteilen, Folien und porösem Schaumstoff.

PS hat gute konstruktive, aber weniger gute elektrische Eigenschaften.

PS-Struktur

$$\cdots\ -\!\!\begin{array}{c} H \\ | \\ C \\ | \\ H \end{array}\!\!-\!\!\begin{array}{c} H \\ | \\ C \\ | \\ \bigcirc \end{array}\!\!-\ \cdots \Bigg]_n$$

Benzolring!

Enthält nur C- und H-Atome,

leicht brennbar,

umweltfreundlich,

viele Sorten,

hohes $\varrho_D \approx 10^{10}\ \Omega\,\mathrm{m}$,

ε_r bei 1 MHz 2,5 ... 2,9.

PTFE[57] ist der Kunststoff mit der höchsten Wärmebeständigkeit und ist in mehreren Sorten lieferbar. Er kann neuerdings auch thermoplastisch extrudiert für Kabelisolationen benutzt werden, während er bisher nur als Halbzeug in Form von Stangen, Rohren, Platten, Folien usw. lieferbar war.

Leider ist er ziemlich teuer.

Bei Bränden entweichen umweltfeindliche Fluorgase!

PTFE-Struktur

$$\cdots\ -\!\!\begin{array}{c} F \\ | \\ C \\ | \\ F \end{array}\!\!-\!\!\begin{array}{c} F \\ | \\ C \\ | \\ F \end{array}\!\!-\ \cdots \Bigg]_n$$

Hochwertiger Isolierstoff,

beste Wärmebeständigkeit bis 250 ... 320 °C (je nach Sorte),

zäh-hart,

verschleißfest.

Sie erkennen:

PTFE   ~ PE
4 F-Atome ~ 4 H-Atome.

PMMA ist ein organisches *Glas*, durchsichtig, und dient zur Verglasung elektrischer Schaltschränke, Kästen, Schutzdeckel und für transparente elektrische Isolierteile (Plexiglas).

PMMA durchsichtig wie Glas!

EP   ist ein kalt- und warmaushärtendes Kunstharz, das durch Zusatz eines Härters aus dem plastischen in den zähharten Zustand übergeht. Viele Sorten sind lieferbar[58].

Epoxidharze werden zu Isolatorteilen vergossen und ersetzen immer mehr E-Porzellan-Teile.

Epoxidharze EP

warm- und kalthärtbar, schlagzäh, verdrängt z. T. E-Prozellan.

---

[57] Unter der Schutzmarke Teflon® bekannt.
[58] Bei Bedarf Spezialprospekt anfordern!

8.3.6. Erkennungsmerkmale[59])

Es gibt Schnellmethoden zur Feststellung der Kunststoffart:

● die Dichtebestimmung (Bild 8.3.−9),
● die Brenn- oder Flammprobe,
● die Ritzprobe mit dem Fingernagel,
● die Klangprobe beim Hinwerfen.

Zuverlässige wissenschaftliche Prüfverfahren sind diese Schnellprüfmethoden natürlich nicht.

Tabelle 8.3.−7. Schnellprüfverfahren für Kunststoffe

Flammprobe, Beobachtung	
PE, PP	schwach leuchtend, Tropfenbildung, Geruch nach Wachs
PVC	leuchtende, rußende Flamme, verlöscht außerhalb der Flamme, Geruch nach Salzsäure
PTFE	wie PVC, aber Geruch nach Flußsäure
PS	leuchtende, rußende Flamme, tropft, süßlich riechend
Duromere	schwer brennbar
PF	Geruch nach Phenol
MF, UR	Geruch nach Formaldehyd
UP	Geruch süßlich, wie Styrol
Ritzprobe mit Fingernagel	
PE, PVC	weich ritzbar
PP, PS alle Duromere	nicht ritzbar
Klang beim Hinwerfen	
ohne Klang	PVC weich
scheppernd	PVC hart, PE-Sorten, PA, alle Duromere
dumpf	PS-schlagfest, PE-Sorte, PP, C-Stoffe (Cellulose)

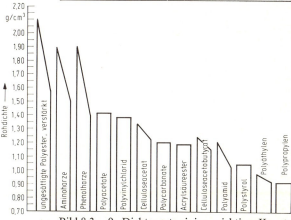

Bild 8.3.−9. Dichtewerte einiger wichtiger Kunststoffe.

---

[59]) Keine wissenschaftlichen Methoden!

Es folgen Übungen zu 8.3.5 und 8.3.6. Dem Lernstoff entsprechend, sind es Fragen, die dem Lernenden darüber Aufschluß geben sollen, ob er den wichtigsten Teil des Lerninhaltes behalten hat (Wissensfragen!).

Übung 8.3.—8

Werden Duromere im HF-Feld zum Schmelzen gebracht und können sie auf diese Weise verschweißt und verklebt werden? Begründen Sie Ihre Antwort!

Übung 8.3.—9

Sie entzünden einen Kunststoff an einer offenen Flamme. Was können Sie dabei feststellen und welche Schlüsse aus diesen Feststellungen ziehen[60]?

Übung 8.3.—10

Bis zu welchen Wärmegraden können Sie alle Kunststoffe bedenkenlos einsetzen?

Übung 8.3.—11

Welcher Kunststoff hat die beste Wärmebeständigkeit?

Übung 8.3.—12

Ist die Gebrauchsdauer von Kunststoffen unbeschränkt? Begründen Sie Ihre Antwort!

Übung 8.3.—13

Erklären Sie die Begriffe „Weichmacher" und „Verstärker"!

Übung 8.3.—14

Sind die Eigenschaften einer Kunststoffsorte von vorneherein festgelegt oder gibt es innerhalb einer Marke Differenzierungen? Begründen Sie Ihre Antwort!

Übung 8.3.—15

Sie benötigen einen Isolator, der ständigen elastischen Schwingungen ausgesetzt ist. Welches Diagramm lassen Sie sich vom Werkstofflieferanten vorlegen? Zeichnen Sie das Schema dieses Diagramms!

---

[60] Techniker-Schüler-Übung.

Übung 8.3.—16

Können Sie die Art (Sorte) eines Kunststoffes auf einfache Weise selber feststellen? Geben Sie die Methoden an!

Übung 8.3.—17

Welche Kunststoffe sind für die Radartechnik die bestgeeigneten? Begründen Sie Ihre Antwort!

Übung 8.3.—18

Sie haben ein Leitungskabel mit einer Kunstharzisolierung. Geben Sie Eigenschaften an, die für die Anwendung in extremen Fällen wichtig sind und geprüft werden müssen, und die Prüfmethoden!

Übung 8.3.—19

Was versteht man bei Kunststoffen unter „Kriechen"?

Übung 8.3.—20

Spielt der Begriff „Kriechen" bei Drahtisolierungen eine Rolle? Begründen Sie Ihre Aussage!

Übung 8.3.—21

Welche elektrische Eigenschaft spielt bei Schichtstoffen eine besondere Rolle? Begründen Sie Ihre Aussage!

Übung 8.3.—22

Haben Schichtstoffe isotropes Verhalten? Begründen Sie Ihre Antwort!

Übung 8.3.—23

Ein Isolator wird laufend einem Lichtbogen ausgesetzt. Werden Sie Kunststoff benutzen? Wenn ja, welchen?

Übung 8.3.—24

Nennen Sie die Kurzbezeichnungen von

1. drei wichtigen Thermoplasten,
2. drei wichtigen Duromeren!

8.3.7. Silikone (Silicone)

Silikone wurden erst nach dem letzten Kriege großtechnisch eingeführt. Es sind „chemische Zwitter", halb organisch – halb anorganisch. Anstelle der C-Atome werden sie aus Si- und O-Atomen gebildet. Das Makromolekül Siloxan hat nebenstehende Struktur.

Das erste Produkt (Ausgangsstufe) ist eine wasserhelle, bei 70 °C siedende Flüssigkeit, aus der man

- Öle, Wachse, Elastomere und Feststoffe herstellt.

Besondere Eigenschaften sind die Wasserabweisung[61], die Warmbeständigkeit bis 200 °C und die hohe E_D. Aus diesem Grunde benutzt man Silicone bevorzugt in feuchter Umgebung, z. B. in feuchten Schächten und Kanälen als

- Harze und Lacke für Spulen, Wicklungen, Nuten, Papiere,
- Öle für Schalter, Trafos, Kabel,
- Gummi für Isolierungen und als Dielektrikum.

Riesenmoleküle von Siliconen

$$
\begin{array}{ccc}
CH_3 & CH_3 & CH_3 \\
| & | & | \\
-O-Si-O-Si-O-Si-O- \\
| & | & | \\
CH_3 & CH_3 & CH_3
\end{array}
$$

$$
\begin{array}{ccc}
C_6H_5 & C_6H_5 & C_6H_5 \\
| & | & | \\
-O-Si-O-Si-O-Si-O-
\end{array}
$$

Silikone sind

- wasserabweisend,
- bis 200 °C verwendbar als Öl, Paste, Lack und Gummi; Basis oder Zusatzstoff.

Übung 8.3.—25

In feuchten Räumen sollen Isolierungen vorgenommen werden. Welche Werkstoffe sind bevorzugt verwendbar?

8.4. Flüssige Isolierstoffe

Lernziele

Der Lernende kann . . .

. . . die Anwendung von Isolierölen nennen.

. . . die Haupteigenschaften von Isolierölen nennen.

. . . Gesichtspunkte für die Auswahl und den Einsatz von Isolierölen nennen.

. . . Clophen als flüssigen Isolator charakterisieren.

---

[61] Hydrophobie; hydrophobe ≙ wasserabweisende Werkstoffe.

8.4.1. Isolieröle, DIN 5107

Rohstoff ist immer Erdöl.

Die *Herstellung* geschieht in Raffinerien durch fraktionierte (gebrochene) Destillation zu verschiedenen Sorten (Tabelle 8.4.−1).

Hauptmerkmale für die Beurteilung von Isolierölen sind

● *elektrische* Eigenschaften:

ϱ_D im Anlieferungszustand und nach mehrstündiger Erwärmung bei 120 °C hoch, tan δ niedrig, ε_r niedrig und E_D hoch;

● *thermische* Eigenschaften:
bei Erhitzung Entzünden, Entflammen;

● *mechanische* und *dynamische* Eigenschaften bei Kälte und Wärme:
Viskosität[62], Stockpunkt niedrig (Tabelle 8.4.−2);

● Dichte $\varrho_D \approx 0{,}9$ g/cm³.

Tabelle 8.4.−1. Ölsorten (grob schematisch)

Sorte	Vergasung bei °C
Treibstoffe	< 150
Leuchtöl	< 300
Dieselöl = leichtes Heizöl	< 350
Isolieröle	> 350

Tabelle 8.4.−2. Eigenschaften von Isolierölen nach VDE und DIN

Eigenschaft	Einheit	DIN	Erklärung
Stockpunkt	°C	51583	Bei Abkühlung wird Öl immer zähflüssiger, das Öl tropft nicht mehr, der Durchlauf *stockt*.
Flammpunkt	°C	51584	Öldämpfe entzünden sich bei offener Flamme; Vorschrift > 150 °C.
Brennpunkt	°C	51584	Öldämpfe brennen ohne Flamme weiter; Vorschrift > 50 °C über dem Flammpunkt.
Entzündungspunkt	°C	51584	Öldämpfe entzünden sich und brennen.
dynamische Viskosität η	$\dfrac{\text{Ns}}{\text{m}^2}$	51561	= Zähflüssigkeit, Maß für innere Reibung, fällt mit steigender Temperatur; Vorschriften bestehen.
kinematische Viskosität v	$\dfrac{\text{m}^2}{\text{s}}$	51561	$v = \dfrac{\eta}{\varrho_D} = \dfrac{\text{dynam. Viskosität}}{\text{Dichte}}$
Neutralisationszahl für Säure- oder Basengehalt	$\dfrac{\text{mgl}}{\text{g}}$	51558	Öle sollten chemisch neutral sein, d. h. weder basisch noch sauer reagieren.
Verteerungszahl	%	VDE 0370	Maß für die Beständigkeit (Altern)

---

[62] Viskosität ≙ Zähflüssigkeit; je viskoser desto *zäh*flüssiger. Die Gesetze der Viskosität (innerer Reibung) und ihre Meßmethoden werden in Physikbüchern erläutert.

Die Isolieröle werden nach ihrer Verwendung in Spezialsorten mit besonderen Eigenschaften eingeteilt in:

Trafo-, Schaltgeräte-, Kabel- und Kondensatoröle (Tabelle 8.4.−3).

Tabelle 8.4.−3. Isolieröle nach DIN 5107

Verwendung	Anforderung
Transformator	ϱ_D hoch, $> 10^{15}\ \Omega m$ E_D hoch, $> 20\ kV/mm$ Wärmeleitvermögen hoch Viskosität niedrig Stockpunkt niedrig, $< -30\,°C$ (bei Frei-Trafos) alterungsbeständig
Schaltgeräte	wie vorher Lichtbogen-beständig Öl muß von selber verlöschen
Kabelöl für: Massiv-Kabel	Dünnöl, Viskosität $\approx 1\ Ns/m^2$.
Hohl-Kabel	Dicköl, Viskosität $\approx 100\ Ns/m^2$. Öl muß Hohlräume restlos füllen
Kondensator	nur bei Großanlagen wird immer mehr wegen geringer Dielektrizitätszahl $\varepsilon_r \approx 2$(durch Chlophen ersetzt $\varepsilon_r > 4$ (8.4.2))

8.4.2. Chlophene

Chlophene sind vielbenutzte flüssige, wasserhelle Isolierstoffe mit unterschiedlicher Viskosität. Chemisch sind es chlorierte Diphenyle, die thermisch und chemisch beständiger sind als Öle.

Sie werden gebraucht als:

● hochwertiges Dielektrikum in Starkstromkondensatoren (ε_r = hoch) und

● Kühl- und Isoliermittel in Trafos und Gleichrichtern.

Es gibt verschiedene Klassen (A 30, A 40, A 50) mit differenzierten Eigenschaften.

In Tabelle 8.4.−4 sind einige wichtige Werte aufgeführt. Sie erhalten dadurch einen Einblick in Prüfwerte von flüssigen Isolierstoffen, z. B. Säure- bzw. Basengehalt, Stockpunkt, Viskosität u. a. (im Bedarfsfall DIN-Blätter!).

Chlophene sind in der Anschaffung zwar teurer als Öle, bringen aber andere wirtschaftliche Vorteile (Beratung erforderlich).

Tabelle 8.4.−4. Chlophene

Eigenschaft	Einheit	Wert
Konsistenz		flüssig-zähflüssig
Farbe		wasserhell
Basizität	mg KOH g^{-1}	< 0,01
Asche	%	0
H_2O	ppm[63]	< 30
Dichte	g cm^{-3}	1,4 ... 1,6
Verdampfungs-verlust nach 2 h bei 125 °C	%	0,03 ... 0,12
Stockpunkt (DIN 51583)	°C	−22 ... +6
Viskosität ν (DIN 51561)	mm²/s	2,3 ... 5,5
spezif. Wärme	von H_2O	≈ 0,3
Wärmeleitfähig-keit	W m^{-1} K^{-1}	≈ 1
ε_r 50 Hz		
20 °C	1	5,1 ... 5,9
90 °C	1	4,4 ... 5
tan δ	10^{-3}	< 5
ϱ	Ω m	> 10^{15}
U_D bei 20 °C bis 90 °C	kV	> 50

Übung 8.4.−1

Nennen Sie wichtige Eigenschaften von flüssigen Isolierstoffen

1. bezüglich des Temperaturverhaltens,
2. bezüglich des elektrischen Verhaltens!

Übung 8.4.−2

Wo werden Isolierflüssigkeiten benötigt?

Übung 8.4.−3

1. Gibt es künstliche (vollsynthetische) Isolierflüssigkeiten?

2. Wenn ja, nennen Sie den Namen!

3. Wodurch zeichnen sie sich vor den Ölen aus?

---

[63] ppm = 1:10^6, hier also 30 g H_2O auf 1 t Chlophen.

8.5. Lernzielorientierter Test

8.5.1. Durchgangswiderstand ϱ_D in Ωm eines sehr guten Isolators ist etwa

A $\quad 10^2$
B $\quad 10^6$
C $\quad 10^{10}$
D $\quad 10^{15}$
E $\quad 10^{20}$

8.5.2. Hochreines Si hat bei Zimmertemperatur einen ϱ_D-Wert in Ωm von etwa

A $\quad 10^{-3}$
B $\quad 10^0$
C $\quad 10^3$
D $\quad 10^5$
E $\quad 10^{10}$

8.5.3. Oberflächenwiderstand von Isolatoren; Meßwerte werden

A $\quad$ in Ωm angegeben
B $\quad$ in Ω angegeben
C $\quad$ durch Gleichstrom festgestellt
D $\quad$ durch Feuchtigkeit erhöht
E $\quad$ in Meßzahlen angegeben

8.5.4. Durchschlagfestigkeit E_D

A $\quad$ in V
B $\quad$ in kV mm^{-1}
C $\quad$ fällt mit steigender Schichtdicke
D $\quad$ fällt mit steigender Stehzeit
E $\quad$ ist bei E-Porzellan höher als bei PE

8.5.5. Ionenpolarisation tritt auf bei

A $\quad$ Gläsern
B $\quad$ keramischen Isolatoren
C $\quad$ Thermoplasten
D $\quad$ Duromeren
E $\quad$ Kunstharzen

8.5.6. Ferroelektrika sind

A $\quad$ Spezial-Kunststoffe
B $\quad$ Spezial-Keramika
C $\quad$ Ionenkristalle
D $\quad$ polare Stoffe
E $\quad$ Stoffe mit niedrigen ε_r-Werten

8.5.7. Werkstoffe mit ε_r-Zahlen ~ 100 sind

A $\quad$ unpolar
B $\quad$ E-Porzellane
C $\quad$ hochpolar
D $\quad$ Kunststoffe
E $\quad$ Keramika aus Bariumtitanat

8.5.8. Gütewert eines Dielektrikums

A $\quad$ ohne Einheit
B $\quad$ hoher Wert $\triangleq$ hohe Güte
C $\quad$ wird durch steigende Temperatur erhöht
D $\quad \sim \tan \delta \; (d)$
E $\quad = \tan \delta^{-1} \; (d^{-1})$

8.5.9. Dielektrische Verlustzahl ε''

A $\quad$ hoher Wert bei Energiekabeln erstrebenswert
B $\quad$ hoher Wert bei Nachrichtenkabeln erstrebenswert
C $\quad$ hoher Wert für Erwärmung von Thermoplasten erstrebenswert
D $\quad \varepsilon'' = \varepsilon_r \cdot \tan \delta$
E $\quad \varepsilon'' = \varepsilon_r \cdot \tan \delta^{-1}$

8.5.10. Temperaturkoeffizient der linearen Wärmedehnung (= Wärmedehnzahl), TCL in 10^{-5} K^{-1} steigt in der Reihenfolge

A $\quad$ Metall$-$Keramik$-$Kunststoff
B $\quad$ Metall$-$Kunststoff$-$Keramik
C $\quad$ Keramik$-$Metall$-$Kunststoff
D $\quad$ Keramik$-$Kunststoff$-$Metall
E $\quad$ Kunststoff$-$Keramik$-$Metall

8.5.11. Die Wärmeleitfähigkeit λ hat die SI-Einheit

A $\quad$ kcal m^{-1} h^{-1} K^{-1}
B $\quad$ Ws m^{-1} K^{-1}
C $\quad$ W m K^{-1}
D $\quad$ W m^{-1} K^{-1}
E $\quad$ J s^{-1} K^{-1}

8.5.12. Die Wärmeleitfähigkeit steigt in der Reihenfolge

A   poröser Kunststoff – dichter Kunststoff – Porzellan

B   Porzellan – poröser Kunststoff – dichter Kunststoff

C   dichter Kunststoff – Porzellan – poröser Kunststoff

D   Porzellan – dichter Kunststoff – poröser Kunststoff

E   poröser Kunststoff – Porzellan – dichter Kunststoff

8.5.13. Klasseneinteilung der Isolierstoffe nach der Wärmebeständigkeit:

A   Zahl der Klassen 5
B   Zahl der Klassen 7
C   Zahl der Klassen 9
D   höchste Klasse < 180 °C
E   höchste Klasse < 250 °C

8.5.14. Temperaturbeständigkeit in °C:

A   Glimmer > 700 °C
B   Asbest   > 700 °C
C   Glas   > 500 °C
D   E-Porzellan normal > 700 °C
E   hochfeuerfeste Keramik > 200 °C

8.5.15. Vergleich Kunststoff ohne Verstärkungseinlagen: Metallische Kunststoffe sind

A   zugfester
B   biegesteifer
C   warmfester
D   alterungsbeständiger
E   unterhalb 100 °C weniger oxidierbar

8.5.16. Ein Substrat ist ein

A   organischer Werkstoff
B   anorganischer Werkstoff
C   temperaturbeständiger Werkstoff
D   wasserlöslicher Werkstoff
E   gut elektrisch leitender Werkstoff

8.5.17. Thermoplastisch sind

A   Cellulose-Kunststoffe
B   Phenolharze
C   Harnstoffharze
D   Epoxidharze
E   PVC-Kunststoffe

8.5.18. Die Strukturformel $-\overset{\overset{\displaystyle H}{|}}{\underset{\underset{\displaystyle H}{|}}{C}}-\overset{\overset{\displaystyle H}{|}}{\underset{\underset{\displaystyle H}{|}}{C}}-$ gilt für

A   PA
B   PTFE
C   PE
D   PS
E   PVC

8.5.19. Durch Schnellprüfverfahren wurde an einem Kunststoff ermittelt:

1. mit Fingernagel ritzbar,
2. klanglos bei Fallprobe,
3. Flamme brennt rußig-leuchtend, aber Kunststoff verlöscht außerhalb der Flamme; stechender Geruch nach Salzsäure.

Es handelt sich um

A   PTFE
B   PVC
C   PS
D   PE weich
E   PF

8.5.20. E_D von Kunststoffen beträgt bei 1 mm Schichtdicke > 50 kV mm^{-1} bei

A   Polyesterharz
B   PVC
C   PS
D   PE
E   PTFE

Lösungsteil

Lösungen der Übungen

1.1. −1   Keine.

1.1. −2   Nein! Sie bestehen aus Ionen.

1.1. −3   krz: Kubus voll,
               kfz: Kubus leer.

1.1. −4

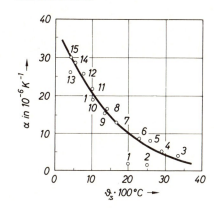

1.1. −5   Ja! $R \sim \varrho$; $\Omega \sim \Omega m$.

1.1. −6   1. In Worten: Der Temperaturkoeffizient der linearen Ausdehnung α eines Metalles steht in umgekehrtem Verhältnis zu seinem Schmelzpunkt T_S in K; d. h., je höher der Schmelzpunkt eines Metalles ist, um so kleiner ist seine Wärmeausdehnung.

               2. Mathematisch: $T_{S,Cu} > T_{S,Al}$; folglich $\alpha_{Cu} < \alpha_{Al}$.

1.1. −7 TC $\triangleq$ Temperaturkoeffizient von R (ϱ).
               N $\triangleq$ negativ; P $\triangleq$ positiv.
               PTC $\triangleq$ R (ϱ) steigt mit zunehmender Temperatur.
               NTC $\triangleq$ R (ϱ) fällt mit zunehmender Temperatur.

1.1. −8   Ja! C bildet zwei Kristallarten:

               1. Graphit, hex, weich;
               2. Diamant, hart, kein Gleitsystem.

1.1. −9   Realkristalle haben zahlreiche unbesetzte Gitterstellen und dadurch geringere Kohäsionskräfte als vollbesetzte Idealkristalle.

1.1. −10   krz: α-Fe, Mo Cr u. a.
               kfz: Edelmetalle, Cu, Al u. a.
               hex: Mg, Cd, Zn u. a.

1.1. −11   kfz- und krz-Zellen sind Kuben; die erstgenannten haben auf allen sechs Würfelflächen, die letztgenannten im Kubusmittelpunkt je ein Atom.

1.1. − 12   Der Gitterparameter ist der Abstand in nm von den Mittelpunkten benachbarter Atome einer Elementarzelle.

1.1. − 13   1. Valenzelektronen haben negative Ladungen; diese besitzen Coulomb'sche Anziehungskräfte zu den positiven Metallionen (Kationen) und wirken zwischen ihnen als „Elektronenkitt".

               2. Unter dem Einfluß eines elektrischen Feldes erhalten sie eine „Driftbewegung", wodurch ein Stromfluß entsteht.

1.1. − 14.   Die Kristallisationswärme ist die Wärmemenge in J, die bei der Kristallisation einer Flüssigkeit (Schmelze) frei wird; sie entspricht mit entgegengesetzten Vorzeichen der Schmelzwärme. Unter spezifischer Schmelz- bzw. Erstarrungswärme versteht man die auf 1 kg eines Stoffes bezogene Wärmemenge J/kg.

1.2. − 1   Joule (J) = Ws = Nm.

1.2. − 2   175 cal = 175 · 4,1868 J = 732, 7 J,
               abgerundet 175 · 4,2 = 735 J.

1.2. − 3   Hier: $E_{kin} \triangleq$ Kinetische oder Bewegungs-Energie der kleinsten metallischen Materieteilchen (Kationen). Im Dampf-(Gas-)Zustand haben die Metalle eine maximale E_{kin}.

1.2. − 4   150 m [(273 + 40) − (273 − 23)] K · 17 · 10^{-6} K^{-1} = 0,1606 m.

1.2. − 5   Aus Tabelle 1.1. − 3 entnehmen Sie den TC der linearen Ausdehnung α für Al
               $= 23 \cdot 16^{-6}$ K^{-1}; $\dfrac{53 \text{ mm} \cdot \text{K} \cdot 10^6}{12\,500 \text{ mm} \cdot 23} = 184{,}3$ K.

               Das Al-Profil hat sich um 184,3 K erwärmt, z. B. von 20 °C auf 204,3 °C.

1.2. − 6   Im Fall 1 (Feinkorn) wurde die Metallschmelze rasch abgekühlt, z. B. in einer wassergekühlten Metallform (Kokille); im Fall 2 (Grobkorn) wurde sie langsam abgekühlt, z. B. in einer warmen Metallform oder in einer wärmeisolierten Form aus Sand, Ton, Keramik oder ähnlichem.

1.2. − 7   Ihre Skizze muß Bild 1.2. − 6b) ähneln.

1.2. − 8   Glas ist amorph; seine Eigenschaften sind *nicht* richtungsabhängig, also isotrop.

1.2. − 9   Technische, metallische Werkstoffe sind polykristallin; jeder Einzelkristall (Korn) ist anisotrop (achsenorientiert). Bei der willkürlichen räumlichen Anordnung des kristallinen Haufwerkes verhält sich die Kupferplatte „gewissermaßen isotrop" = quasiisotrop.

1.2. − 10   Ein feinkörniges Gefüge ist stärker ineinander verzahnt als ein grobkörniges Gefüge. Seine Bruchfläche ist auch größer. Daher sind Härte und Festigkeit eines feinkörnigen Metalles größer als eines grobkörnigen. Unter Umständen hätte daher der feinkörnige Draht den Belastungen standgehalten.

1.3. − 1   Elastisch verformte Werkstücke federn nach der Entlastung wieder in ihre Ausgangslage zurück (reversibler Vorgang). Das Gegenteil sind plastische, irreversible Verformungen.

1.3. − 2   Die Dichte ϱ_D in g cm^{-3} eines Metalles ist eine unveränderliche Naturkonstante. In jüngster Zeit sollen Stoffe unter extremen Drücken und Temperaturen eine höhere Dichte erhalten haben, dabei müssen die Atomradien verkleinert worden sein (Zukunftsaspekte!).

1.3. − 3   Al: kfz, 12 Gleitsysteme;   Mg: hex, 3 Gleitsysteme;   folglich Verformbarkeit von Al > von Mg.

1.3. − 4   Au, Ag, Cu, Al haben kfz-Gitter mit 12 Gleitsystemen und lassen sich gut verformen.

1.3. − 5   Ein Kristall läßt sich nur auf seinen Gleitebenen deformieren. Die Ebenen sind achsenorientiert; die Achsen sind bei einem kristallinen Haufwerk willkürlich ausgerichtet. Die Abgleitung erfolgt nach dem Schema in Lösung 2.2. − 15.

1.4. − 1   Durch einen „Kaltzug", d. h., eine Reckung des Drahtes durch einen Ziehvorgang. Er bewirkt eine Kaltverfestigung, d. h., eine Festigkeits- und Härtesteigerung.

1.4. − 2   Das Kristallgitter wird verzerrt, d. h., die Metallionen werden aus ihrer Normallage verschoben und behindern die Driftbewegung der Elektronen; die Folge ist: $\varkappa$ fällt, d. h., ϱ steigt.

1.4. − 3   Kornorientiert heißt, daß die Achsen aller Körner einheitlich ausgerichtet sind; dadurch sind die Eigenschaften ebenfalls achsenorientiert, d. h. anisotrop.

1.4. − 4   Ziehen: Stangen, Rohre, Draht, Profile.
Walzen: Bleche, Stangen, Rohre, Draht, Profile.
Pressen: Schrauben, Muttern, Nieten, Rahmen, Gehäuse.

1.5. − 1 $< 150\,°C$; $> 150\,°C$.

1.5. − 2   Nur das kaltgewalzte Blech.

1.5. − 3   1. kaltverformen, 2. erwärmen.

1.5. − 4   Verformungsgrad und Glühtemperatur bestimmen die Sekundärkorngröße (Rekristallisation!). Sie kann größer oder kleiner als die Primärkorngröße sein (Rekristallisations-Diagramm!).

1.5. − 5   Die Stange ist nicht gleichmäßig über den Querschnitt oder die Länge verformt worden. Die Größe der „Zweitkörner" ist eine Funktion des Verformungsgrades und der anschließenden Glühtemperatur; man ersieht dies aus dem Rekristallisations-Schaubild der betreffenden Legierung.

1.5. − 6   Cu und Al haben eine Rekristallisationstemperatur von etwa $150\,°C$. Werden sie unterhalb dieser Temperatur verformt, so werden sie härter und fester. Blei hat eine Rekristallisationstemperatur von etwa $-30\,°C$; wird es oberhalb dieser Temperatur verformt, dann bilden sich neue Körner mit unverzerrten, weichen Kristallen.

1.5. − 7   Durch Erwärmen auf über $150\,°C$.

1.5. − 8.   Cu-Halbzeug wird in verschiedenen Kaltverformungsgraden mit verschiedenen F-(Festigkeits-)Zuständen gehandelt (Kap. 4).

1.6. − 1   1. Atomart: Reinkristalle,
2. Atomart: Mischkristalle,
3. Atomart: intermetallische Verbindungen.

1.6. − 2   Komponenten.

1.6. − 3   1) Eine Phase, homogen;
2) zwei Phasen, heterogen;
3) drei Phasen, heterogen.

1.6. − 4   Durch den Solidus- und Liquiduspunkt.

1.6. − 5   Nein! Sie haben ein Schmelzintervall.

1.6. −6   1) Für Leitzwecke Reinkristalle; 2) für Widerstände Mischkristalle.

1.6. −7   Kontakt 2 hat eine größere Leitfähigkeit als Kontakt 1.
K 1: Mischkristalle → Gitter verzerrt;
K 2: heterogenes Gemisch aus zwei reinen Kristallarten.

1.6. −8   wa $\hat{=}$ warm ausgehärtet.

Die Legierung wurde nach dem Erstarren

1. nochmals erhitzt (auf 350 °C bis 550 °C je nach Legierungsart), wobei sich zuvor ausgeschiedene Bestandteile (Komponenten) lösten (feste Lösung), danach

2. rasch abgeschreckt, wobei die gelösten Bestandteile zwangsweise weiter gelöst blieben,

3. warm ausgelagert, d. h., längere Zeit (viele Stunden, wenige Tage) bei erhöhter Temperatur ($\approx 150 °C$) erwärmt, wobei sich die zwangsweise gelösten Bestandteile im Kristall in hochdisperser Form ausschieden, die Gleitebenen blockierten und dadurch die Legierung härter und fester machten.

1.6. −9   Reihe 1, Leg. 1: A-reiche AB-Mischkristalle   90 A/10 B
                 Leg. 2: AB-Mischkristalle   50 A/50 B
                 Leg. 3: B-reiche AB-Mischkristalle   10 A/90 B
Reihe 2, Leg. 1: A-Kristalle + Eutektikum
                 Leg. 2: Eutektikum   50 A/50 B
                 Leg. 3: B-Kristalle + Eutektikum
Reihe 3, Leg. 1: A-reiche Mischkristalle   90 A/10 B
                 Leg. 2: Eutektikum aus 2 Mischkrist.
                 Leg. 3: B-reiche Mischkristalle   10 A/90 B

2.1. −1   In physikalische und in chemische Eigenschaften.

2.1. −2   In die Gruppe der physikalischen Eigenschaften.

2.1. −3   z. B. Zugfestigkeit,
1. kurzzeitig, bei Raumtemperatur,   4. kurzzeitig, bei erhöhter Temperatur,
2. langzeitig, bei Raumtemperatur,   5. langzeitig, bei erhöhter Temperatur.
3. kurzzeitig, bei extremer Kälte,

2.1. −4 σ (kleines Sigma).

2.1. −5   Zugspannung σ_z, parallel;
Druckspannung σ_d, parallel;
Biegespannung σ_b, senkrecht;
Abscherspannung σ_a, senkrecht;
Torsionsspannung σ_T, senkrecht.

2.1. −6   In statische und dynamische Beanspruchungen.

2.1. −7   Werksattest (A), Werkszeugnis (B), amtliches Zeugnis (C).

2.2. −1   Der Punkt E im Kraft-Längungs-Diagramm zeigt die Grenzwerte für die Zugkraft und die Längung an, unterhalb welcher eine elastische und oberhalb derer eine plastische Längung des Zugstabes erfolgt.

2.2. −2 $S_0 > S$; folglich $\dfrac{F}{S} > \dfrac{F}{S_0}$.

2.2. − 3

Nr.	R_m $\mathrm{N/mm^2}$	A %
1.	300	2,5
2.	1000	5
3.	500	15
4.	400	14
5.	180	40

2.2. − 4 In Bild 2.2. − 8 ist der gehärtete Stahl ein Beispiel für Werkstoff 1 (hochfest, schlecht verformbar) und das weiche Leitungskupfer für den Werkstoff 2 (weich, gut verformbar).

2.2. − 5 1. E-Modul $= \dfrac{120\ \mathrm{N\ mm^{-2}}}{0,00057} = 210\,000\ \mathrm{N\ mm^{-2}}$;

2. $a = \dfrac{\varepsilon}{\sigma} = \dfrac{1\ \mathrm{mm^2}}{210\,000\ \mathrm{N}} = 4,76 \cdot 10^{-6}\ \mathrm{mm^2 N^{-1}}$;

3. Nach Tabelle 2.2. − 1 handelt es sich um einen Eisenwerkstoff.

2.2. − 6 1. $R_{0,2} = \dfrac{28\,400\ \mathrm{N} \cdot 4}{10^2\ \mathrm{mm^2} \cdot \pi} = 362\ \mathrm{N\,mm^{-2}}$.

2. $R_\mathrm{m} = \dfrac{38\,200\ \mathrm{N} \cdot 4}{10^2\ \mathrm{mm^2} \cdot \pi} = 486\ \mathrm{N\,mm^{-2}}$.

3. $A_{10} = \dfrac{(117,4 - 100)\ \mathrm{mm}}{100\ \mathrm{m}} \cdot 100\% = 17,4\%$.

4. $Z = \dfrac{(10^2 - 7,3^2)\ \mathrm{mm^2}}{10^2\ \mathrm{mm^2}} \cdot 100\% = 46,7\%$.

2.2. − 7 Mittelfest, mittelmäßig verformbar.

2.2. − 8 $R_\mathrm{m} > 700\ \mathrm{N/mm^2}$
$R_\mathrm{e} > 600\ \mathrm{N/mm^2}$
$A_5 > 10\%$.

2.2. − 9

Nr.	Name	FZ	Einheit
1	Zug- oder Bruchfestigkeit	R_m	$\mathrm{N\ mm^{-2}}$
2	Streckgrenze (Fe-Werkstoff)	R_e	$\mathrm{N\ mm^{-2}}$
3	0,2-Dehngrenze	$R_{0,2}$	$\mathrm{N\ mm^{-2}}$
4	Bruchdehnung	A_5, A_{10}	%
5	Brucheinschnürung	Z	%

2.2. − 10 Man erkennt die Streckgrenze R_e bei weichen Stählen

1. beim Zugversuch an dem Abfallen des Lastanzeigers in N, obgleich die Maschine den Stab stetig und gleichmäßig weiter längt;

2. im $\sigma - \varepsilon$-Diagramm an den Knickpunkten im Kurvenverlauf nach Bild 2.2. − 10.

2.2. − 11 Der E-Modul von Eisen ist mit $210\,000\ \mathrm{N/mm^2}$ etwa dreimal so groß wie der von Aluminium mit $70\,000\ \mathrm{N/mm^2}$.

2.2. − 12 Maßgeblich ist $R_{0,2}$ in $\mathrm{N/mm^2}$. Die spezifische Belastung des Drahtseiles beträgt $\dfrac{10^6 \cdot 4\ \mathrm{N}}{15^2 \cdot \pi\ \mathrm{mm^2}} = 489,5\ \mathrm{N/mm^2}$.

2.2.−13

	R_m N mm^{-2}	R_{p02} N mm^{-2}	A_{10} %
Stahl, weich	300	200	25
E-Cu, weich	200	50	60
CuZn, weich	300	200	60

2.2.−14   1. Dauer-, Ermüdungsbruch;
           2. Gewalt-, Überlastungsbruch; hierbei hätte sich die Welle deformiert.

2.2.−15

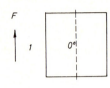

$\alpha = 0; \cos\alpha = 1$
$F_1 = F$

$\alpha = 11{,}25°; \cos\alpha = 0{,}98$
$F_2 = 0{,}98\,F$

$\alpha = 22{,}25°; \cos\alpha = 0{,}924$
$F_3 = 0{,}924\,F$

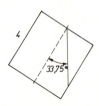

$\alpha = 37{,}75°; \cos\alpha = 0{,}83$
$F_4 = 0{,}83\,F$

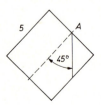

$\alpha = 45°; \cos\alpha = 0{,}707$
$F_5 = 0{,}707\,F$

F = Kraft
A = Achse
$\alpha = \measuredangle F/A$
Achse $\hat{=}$ Gleitebene

Die Kristalle werden nacheinander und unterschiedlich gelängt, in der Reihenfolge 1 bis 5.
Im Zugstab verformen sich demnach die einzelnen Kristalle auch unterschiedlich.

2.2. − 16   Aus der Wöhlerkurve nach Bild 2.2. − 13.

2.3. − 1   Brinellhärtezahl 50; geprüft mit 2,5 mm Kugel-Dmr., mit 1875 N Einpreßkraft während einer Zeit von 30 s.

2.3. − 2 $R_m \approx 0,40 \cdot 850$ N/mm² = 360 N/mm².

2.3. − 3   Bei harten, dünnen Metallschichten.

2.3. − 4 $$HB = \frac{2F}{D(D - \sqrt{D^2 - d^2})} = \frac{6\,000}{10(10 - \sqrt{10^2 \cdot 4^2})} = 72.$$

2.3. − 5   Sie finden in Kap. 2 keine Härtezahlen für die Werkstoffe. Sie werden in den Kapiteln 3, 4 und 8 bei der Besprechung wichtiger E-Werkstoffe aufgeführt. Sie können aber die Härtewerte nach den Tabellen 2.2. − 3 und 2.3. − 2 und Bild 2.3. − 6 errechnen. So erhalten Sie

Fe weich: $R_m = 300$ N mm^{-2}; HB $\approx \dfrac{30}{0,35} = 86$

Cu mittel, hart: $R_m = 350$ N mm^{-2}; HB $\approx \dfrac{35}{47,5} = 74$

Al hart: $R_m = 180$ N mm^{-2}; HB $\approx \dfrac{18}{0,25} = 72$

	HB	HV	HRC
Fe weich	≈ 85	≈ 85	nicht
Cu mittel	≈ 75	≈ 75	meßbar
Al hart	≈ 72	≈ 72	zu weich

2.4. − 1   Brauchbar sind alle metallischen Werkstoffe mit kfz-Gitter, wie Au, Ag, Pt, Cu, γ-Fe, Al, Ni und ihre Legierungen.

Nicht verwendbar sind alle metallischen Werkstoffe mit krz-Gittern, wie α-Fe (gewöhnliche Eisensorten), Cr, Mo, W, Ta.

2.4. − 2   Eine Hoch- bzw. Tieflage der Kerbschlagzähigkeit α_K tritt bei gewöhnlichen, magnetischen Eisensorten mit krz-Gitter auf; sie beruht auf der Versprödung dieser Kristalle in der Kälte.

Hochlage $\cong$ unversprödet; Tieflage $\cong$ versprödet.

2.4. − 3 α_K in J mm^{-2}.

2.4. − 4   A: $< 0,05$ J mm^{-2} ⎫
            B: $> 1,5$ J mm^{-2} ⎬ ungefähre Richtwerte!

2.5. − 1   > 20 kHz.

2.5. − 2   Piezoelektrisch oft; magnetostriktiv selten.

2.5. − 3   Empfangen durch einen Ionenkristall, sichtbar gemacht durch ein Oszilloskop.

2.5. − 4   Impuls bezieht sich auf den kurzzeitigen Schallstoß, der in den Werkstoff eingegeben wird. Echo bezieht sich auf den Rückprall der Schallwelle am Werkstoffende oder an einer Unterbrechung (Fehler). Impulsgeber und -empfänger können der gleiche Kristall sein.

2.5. − 5   Leichte und ungefährliche Handhabung mit transportablen Geräten; sichere und genaue Fehlerermittlung und Wandstärkenmessung.

3.1. − 1   In Bild 3.1. − 1 ist die verlangte Kurve spiegelbildlich zur Ordinate dargestellt.

3.1. − 2   Die Zelle von α-Fe.

3.1. − 3   Eine Gitterumwandlung α-Fe (krz) $\rightleftharpoons$ γ-Fe (kfz).

3.1. − 4   Am Curiepunkt bei 358 °C wird Ni unmagnetisch, der Fe-Bolzen fällt ab.

3.2. − 1   Man nennt das System Eisen-Graphit, das *stabile* oder beständige System, weil es den *End*zustand der Fe − C-Legierungen darstellt.
Das System Eisen-Eisenkarbid nennt man *metastabil*, weil man Eisenkohlenstofflegierungen, die Fe_3C enthalten, durch längere Glühprozesse in das stabile System überführen kann, wobei der Zementit in Eisen und Graphit zerfällt.

3.2. − 2   Eine langsame Erstarrung und Si-Zusätze begünstigen eine stabile Erstarrung, d. h., die Ausscheidung von Graphit.

3.2. − 3   Durch längeres Glühen (Tempern) bei hoher Temperatur.

3.2. − 4   Graphit.

3.2. − 5   Einbringen von C-Atomen in das flüssige oder feste Eisen.

3.2. − 6   In γ-Fe; austenitische Mischkristalle.

3.2. − 7   Nein! Die α − Fe-Zelle hat in der Kubusmitte ein Fe-Atom (Kubus voll!) und keinen weiteren Platz für ein eingelagertes Fremdatom.

3.2. − 8   Das α-Fe mit krz-Gitter besitzt Gleitsysteme, das komplizierte Fe_3C-Gitter hat kein Gleitsystem.

3.2. − 9   Aus Ferrit und Zementit.

3.2. − 10   Ja. Ferrit ist weichmagnetisch, Zementit ist hartmagnetisch.

3.2. − 11   Als Eisenkarbid Fe_3C.

3.2. − 12   Stahl mit $> 0,8\%$ C.

3.2. − 13   Kühlt C-haltiges Fe unter die GSE-Linie ab, dann wandeln sich die γ-Mischkristalle in α-Fe (Ferrit) und in Eisenkarbid (Zementit) um.

3.2. − 14   Je nach den C-Gehalten entsteht
a) Ferrit + Perlit   ($< 0,8$ C)
b) Perlit   ($= 0,8$ C)
c) Zementit + Perlit   ($> 0,8$ C)

3.2. − 15   Siehe Bild 3.2. − 11.

3.2. − 16   Ferrit = weich, Perlit = mittelhart, Zementit = sehr hart.

3.3. − 1   Unter Baustahl versteht man alle „konstruktiven" Werkstücke, z. B. Motorenteile. „Werkzeug" wird im umfassenden Sinn gebraucht, z. B. Gesenke für Preßerzeugnisse.

3.3. − 2   Ja.

3.3. − 3   Perlit, der sich am eutektoiden Punkt S aus dem γ-Fe bildet.

3.3. − 4   0,6 C; 0,4 C; 0,2 C.

3.3. − 5   Reines Eisen und die Fe − C-Legierungen.

3.3.−6   GG   Grauguß mit Lamellengraphit
          GGG   Kugelgraphitguß
          GS   Stahlformguß
          GTS   Temperaturschwarzguß
          GTW   Temperweißguß

3.3.−7   Kerbschlagzähigkeit

3.3.−8   Aus zwei Gründen:

          1. Mit zunehmenden C-Gehalten fällt der Schmelzpunkt; tiefste Temperatur = 1125 °C.

          2. Graphitausscheidungen erleichtern die Verspanung von Fe-Werkstoffen.

3.3.−9   GS enthält keinen Graphit.

3.3.−10   Alle Gußlegierungen haben eine DIN-Kurzbezeichnung, die mit „G" beginnt.

3.3.−11   Nein. Die Graphitausscheidungen machen den Werkstoff spröde und brüchig.

3.3.−12   Ja! GS, GGG, GTS, GTW.

3.3.−13   Nein.

3.4.−1   Austenit ist γ-Fe mit kfz-Gitter und ist unmagnetisch.

3.4.−2   Die meisten austenitischen Eisensorten sind binäre FeNi- oder FeMn- oder ternäre FeNiCr-Legierungen.

          FeCr18Ni8 ist die gebräuchlichste nichtrostende und unmagnetische Fe-Legierung (Nirosta!).

3.4.−3   Nein.

3.4.−4   1. Unmagnetische Stähle verstärken nicht die magnetischen Feldlinien gegenüber Luft, was oft wichtig ist;

          2. Verwendung als Bimetalle;
          3. Verwendung von Stählen mit geringer Wärmeausdehnung (TC der linearen Ausdehnung klein) für elektrische Glasdurchführungen.

3.4.−5   Für Elektrobleche von Motoren und Trafos. Si erhöht den elektrischen Widerstand von Eisen, wodurch die Verluste durch Bildung von Wirbelströmen vermindert werden.

3.4.−6   Hartmagnete können Martensit oder Karbide von Ni oder/und Co haben, wobei sich Zusätze von Al günstig auswirken. Das Stichwort für den meist benutzten Dauermagneten auf Fe-Basis heißt Alnico.

3.4.−7   1. ferritisches Gefüge,
          2. martensitisches oder Karbide enthaltendes Gefüge.

3.4.−8   Heizdrähte enthalten Cr oder CrAl; diese Elemente oxidieren und bilden dabei festhaftende, dichte Oxidschichten, die einen weiteren Zutritt von Luftsauerstoff zu dem erhitzten Werkstoff verhindern.

3.5.−1   Durch Entspannungs-Glühen werden im Werkstoff vorhandene Zug- und Druckspannungen abgebaut, die meistens durch eine Kaltverformung oder durch ungleichmäßige Abkühlung entstanden sind.

3.5.−2   Durch Normalisieren wird das Gefüge weich, durch das Härten hart.

3.5. — 3   Normalisieren oder Weichglühen verlangt eine Temperatur im Austenitgebiet und eine ganz langsame Abkühlung, möglichst im Ofen.

Härten verlangt die gleiche Temperatur mit rascher Abkühlung, wobei ein Härtegefüge, bei C-Stahl Martensit, entsteht.

3.5. — 4   Nein! Die Abschreckhärtung verlangt die Bildung von C-haltigen Mischkristallen, die rasch abgekühlt werden müssen.

3.5. — 5   In das auf ca. 900 °C erhitzte Werkstück werden nach verschiedenen Methoden C-Atome eindiffundiert; die dabei in den Randzonen entstehenden glühenden Austenit-Mischkristalle werden durch Abschreckhärtung in Martensit umgewandelt.

Beim Nitrieren läßt man in die heißen Randzonen N_2-Moleküle eindiffundieren; es entstehen harte Einlagerüngskristalle bzw. feine Eisennitrid-Kristalle, welche die Gleitebenen blockieren.

3.5. — 6   Martensit.

3.6. — 1   a) Oxidieren und Verzundern (= starkes Oxidieren) erfolgt in der Wärme in O_2-haltiger Atmosphäre; es bilden sich Schichten aus Fe- und O-Atomen.

b) Rosten ist ein (meistens) elektrochemischer Vorgang, bei dem H_2O-Moleküle vorhanden sein müssen; Rost besteht aus Fe-, O- und H-Atomen.

3.6. — 2   Der Zunder und die Gußhaut sind nichtmetallische und in wäßrigen Lösungen nahezu unlösliche Stoffe; wenn sie dicht und festhaftend sind, bieten sie einen gewissen Korrosionsschutz.

3.6. — 3   Fett ist eine organische, wasserunlösliche Substanz.

3.6. — 4   Man kann

a) die Eisenoberfläche mit einer metallischen oder nichtmetallischen Schutzschicht überziehen.

b) das Eisen mit einem unedleren Metall (Opferanode) leitend verbinden.

c) das Eisen mit dem Pluspol einer Gleichstromquelle kontaktieren und es so gewissermaßen elektrochemisch veredeln.

3.6. — 5   1. Zn ist unedler als Fe, es geht bei einem Korrosionsangriff zuerst anodisch in Lösung und schützt so Fe.

2. Sn ist edler als Fe. Ist die Sn-Schicht unverletzt, dicht und festhaftend, so wirkt der Werkstoff so, als bestünde er ganz aus Sn. Wird der Schutzüberzug verletzt, so setzt der Korrosionsprozeß infolge Elementbildung Sn — Fe verstärkt ein.

3.7. — 1   Jeder genormte metallische Werkstoff besitzt

a) eine 7-stellige Werkstoffnummer und
b) eine DIN-Kurzbezeichnung.

3.7. — 2   St $\triangleq$ Stahl, Massenstahl;
52 $\triangleq R_m > 520$ N/mm².

3.7. — 3   Unlegierte Stähle werden nach DIN gekennzeichnet

a) nach Ihrer Mindestzugfestigkeit oder
b) nach ihrem C-Gehalt und manchmal
c) zusätzlich nach ihrer technologischen Vorgeschichte.

3.7.—4 Edelstähle beginnen mit CK oder X.

3.7.—5 Alle metallischen Gußwerkstoffe beginnen bei der DIN-Kurzbezeichnung mit G; bei den Knetwerkstoffen fällt das G weg.

3.7.—6 Nein! Die chemische Zusammensetzung muß nur bei Edelstählen angegeben werden.

4.1.—1 Nach Tabelle 4.1.—2 bedeuten u. a.

w = weich, h = hart, fh = federhart, ka = kaltausgehärtet, wa = warmausgehärtet.

4.1.—2 GS = Sand-Guß (Form aus Sand),
GK = Kokillen-Guß (Form aus Metallen),
GD = Druck-Guß (Form aus Metall, wobei das flüssige Gießmetall unter Druck in die Form gepreßt wird).

4.1.—3 GS = Sandguß
GC = Strangguß
GL = Gleitlagerlegierung
ho = homogenisiert ($\triangleq$ normalisiert)
a = ausgehärtet
F = Festigkeit = σ_B in N/mm²

4.1.—4 Kupferlegierung mit 20% Nickel; $\sigma_B \geqslant 300$ N/mm².

4.1.—5 1. GD Cu Zn 37;
2. Cu Zn 37.

4.1.—6 $K_L = \dfrac{\lambda}{\varkappa T}$ in $\dfrac{\text{Wm}^{-1}\,\text{K}^{-1}}{\text{Sm}^{-1}\,\text{K}} = \text{WS}^{-1}\,\text{K}^{-2} = \text{VA A}^{-1}\,\text{VK}^{-2} = \text{V}^2\,\text{K}^{-2}$.

4.1.—7 Nach Gl. (4.—1) ist

$\lambda = K_L \cdot \varkappa \cdot T$
$= 2,2 \cdot 10^{-8}\ \text{V}^2 \cdot \text{K}^{-2} \cdot 32 \cdot 10^6\ \text{S m}^{-1} \cdot 303\ \text{K}$
$= 213\ \text{V}^2 \cdot \text{S} \cdot \text{K}^{-1}\ \text{m}^{-1}$
$= 213\ \text{W} \cdot \text{K}^{-1}\ \text{m}^{-1}$.

4.2.—1 1. Ag: $K_L = \dfrac{420\ \text{WK}^{-1}\ \text{m}^{-1}}{64 \cdot 10^6 \cdot \text{Sm}^{-1} \cdot 293\ \text{K}} = 2,24 \cdot 10^{-8}\ \text{V}^2\,\text{K}^{-2}$.

2. Cu: $K_L = \dfrac{390\ \text{WK}^{-1}\ \text{m}^{-1}}{58 \cdot 10^6\ \text{Sm}^{-1} \cdot 293\ \text{K}} = 2,3 \cdot 10^{-8}\ \text{V}^2\,\text{K}^{-2}$.

3. Al: $K_L = \dfrac{230\ \text{WK}^{=1}\ \text{m}^{-1}}{37 \cdot 10^6\ \text{Sm}^{-1} \cdot 293\ \text{K}} = 2,12 \cdot 10^{-8}\ \text{V}^2\,\text{K}^{-2}$.

4.2.—2 $\varkappa$ und λ hoch; Korrosionsbeständigkeit, Verformbarkeit, Schweißbarkeit und Lötbarkeit gut.

4.2.—3 Ag: $64 \cdot 10^6$ Sm^{-1}
Cu: $58 \cdot 10^6$ Sm^{-1}
Al: $37 \cdot 10^6$ Sm^{-1}

4.2.—4 $\lambda = 390$ Wm^{-1} K^{-1}
$TC_\varrho = 4 \cdot 10^{-3}$ K^{-1}
$TC_L = 18 \cdot 10^{-6}$ K^{-1}

4.2.—5 Wenn die Drähte in heißem Zustand mit Wasserstoffgas in Berührung kommen (Schweißen, Schutzgasglühen).

4.2. – 6   Phosphor, Eisen, Kobalt, Silizium, Arsen.

4.2. – 7

°C	R_m N mm^{-2}	$A_{5,10}$ %
25	250	50
250	170	70
500	100	90

4.2. – 8   Notwendig bei einer weiteren Umformung. Unerwünscht bei konstruktiv hoch belasteten Teilen, z. B. Federn.

4.2. – 9 CO_2 ist ungefährlicher, weil es festhaftende, dichte Schutzschichten bildet. SO_2 zerstört Cu durch chemischen Angriff.

4.2. – 10   Kontakt A: Zusätze von Si, As, Te;
                Kontakt B: Zusätze von Cr, Cd;
                Kontakt C: Zusätze von Zr oder ZrCr.

4.3. – 1   Nein! Bronzen sind zinkfreie Cu-Legierungen.

4.3. – 2   Ja! Auch im Druckguß hergestellte CuZn-Legierungen sind im α-Gebiet gut formbar (Bild 4.3. – 1).

4.3. – 3   Sie bestehen aus hart-spröden β-Kristallen; der Werkstoff läßt sich nicht umformen.

4.3. – 4   Es kann federhart gemacht werden mit $R_m \geq 600$ N mm^{-2}.

4.3. – 5   Zu 1. ≈ 300 °C,
                zu 2. ≈ 550 °C.

4.3. – 6   Bedingt, d. h. bei Abwesenheit von S-haltigen Abgasen, ja. Anderenfalls nein!

4.3. – 7   1. CuZn; 2. CuSn; 3. CuAl.

4.3. – 8   Wenn stromführende Teile zugleich konstruktiv belastet werden und der Querschnitt für die Strombelastung ausreicht.

4.3. – 9   Sie lassen sich gut vergießen.

4.3. – 10   CuZn37 hat konstruktiv hoch belastbare α-Mischkristalle, die sich gut verformen lassen.

4.3. – 11   In einer Ammonium (NH_3) oder Schwefeldioxid (SO_2) enthaltenden Atmosphäre.

4.3. – 12 ≈ 550 °C (siehe Übung 4.1. – 5).

4.3. – 13   Blei (Pb), da es erst bei etwa -30 °C versprödet, mit Cu keine Mischkristalle bildet, sondern elementar vorhanden ist und glatte, dünne „Schmierschichten" auf der Lagerfläche und der Welle bildet.

4.3. – 14   Die Entzinkung ist ein Korrosionsvorgang, bei dem der CuZn-Mischkristall sich elektrolytisch auflöst und das edlere Cu wieder als schwammiger Pfropfen in dem entstandenen Hohlraum ausscheidet. Vermeidung durch As-Zusatz.

4.3. – 15   CuNi-Legierungen werden u. a. für Widerstände und Thermoelemente benutzt.

4.3. – 16   Konstantan, weil wegen des geringen $TC\varrho$ der spezifische elektrische Widerstand in einem großen Temperaturbereich konstant bleibt.

4.3. − 17   ≈ 20 mV.

4.3. − 18   CuZnSnPb (Rotguß). Begründung siehe Übung 4.3. − 13!

4.3. − 19   CuZn fh; CuSn; CuAl.

4.3. − 20   CuSn10; CuAl10 (+ Zusätze).

4.4. − 1   Hohes $\varkappa$; hohes λ; gute chemische Beständigkeit; gute Umformbarkeit; geringe Dichte (Leichtmetall!).

4.4. − 2   1. $\varkappa$ $38 \cdot 10^6$ Sm^{-1}
2. λ $220 \cdot$ Wm^{-1} K^{-1}
3. TCL $24 \cdot 10^{-6}$ K^{-1}

4.4. − 3   E − AlMgSi ist eine konstruktiv hoch belastbare Legierung für elektrische Leitungen.

4.4. − 4   Elektrisch oxidiertes Aluminium, d. h., Aluminium mit einer dünnen isolierenden, harten Schutzschicht aus Al_2O_3 (Korund).

4.4. − 5   Man kann Aluminium in jeder Form hervorragend isolieren (Bänder, Bleche, Folien, Drähte u. a.).

4.4. − 6   Ja, unter Schutzgas.

4.4. − 7   Ja, mit oxidlösenden Salzen.

4.4. − 8   1. Eine Elementbildung durch Kontakt von 2 Metallen mit unterschiedlicher elektrochemischer Spannung.

2. Isolation der Verbindungsflächen oder Verwendung von Metallen mit gleicher elektrochemischer Spannung.

4.4. − 9   z. B.: AlMg; GAlMg; AlCuMg; GAlSi; GAlZn.

4.4. − 10   Alle Knetlegierungen sind gut umformbar, die Gußlegierungen haben unterschiedliche δ-Werte; sie erhalten ihre Endform durch den Gießprozeß.

4.4. − 11   Ja, sehr gut.

4.4. − 12

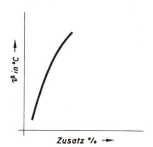

Die Skizze zeigt die abnehmende Löslichkeit des reinen Kristalles (hier Al) für intermetallische Verbindungen oder Atome bei sinkender Temperatur (Beispiel Salz in Wasser). Man nutzt diese Erscheinung für die Aushärtung von NE-Metallegierungen; sie wird in drei Stufen vorgenommen:

1.   Erhitzen auf ≈ 500 °C (bei Al-Legierungen),
2.   Abschrecken in kaltem Wasser,
3.1   Kaltauslagern, d. h. längere Zeit bei Raumtemperatur liegenlassen, oder

3.2 Warmauslagern in kurzerer Zeit bei $\approx 150\,°C$,
wobei sich die vorher atomar im Kristall gelösten Fremdatome im Gitter feinst verteilt zusammenschließen und das Gitter verspannen. Härte und Festigkeit steigen um ein Vielfaches, die Formbarkeit fällt erheblich.

4.4.−13 1. Gleicher Leitwert G in S,
2. gleiche Erwärmung ΔT in K,
3. gleicher Querschnitt in m^2.

4.4.−14 AlMgSi; Aldrey.

4.5.−1 1. Kabelmäntel; 2. Akku-Elektroden; 3. Legierungs-Komponente für Gleitlagerwerkstoffe und Weichlote; 4. Strahlenschutz.

4.5.−2 Hohe Dichte, d. h. gute Isolation gegen Feuchtigkeit und Gase; gute Umformbarkeit, auch bei Kältegraden ohne Verfestigung; gute chemische Beständigkeit auch in feuchten, aggressiven Böden; genügende Festigkeit, die durch Zusätze erhöht werden kann.

4.5.−3 Unterhalb von $-30\,°C$ verfestigt sich Pb.

4.5.−4 1. Pb ist II- und IV-wertig, als Oxid kann es daher Donator (e^--Spender) und Akzeptor (e^--Empfänger) sein.

2. Aus Pb Sb, hart.

3. Aus einem Pulvergemisch von P und PbO_2.

4.5.−5 1. Wegen seiner hohen Dichte ϱ_D von 11,3 g/cm³.

2. Die Wandstärke in mm, welche eine bestimmte Strahlungsintensität auf die Hälfte reduziert.

3. Bei einer Strahlungsintensität von 1 MeV beträgt sie 8 mm.

4.5.−6 1. LSnPb38
2. Nach Bild 1.6.−9 ist diese Legierung nahezu eutektisch.

5.1.−1 Das elektrische Feld E in $\overset{\smile}{V}m^{-1}$.

5.1.−2 b_{e^-} in Vs/m².

5.1.−3 $\varkappa = ne^- \cdot b_{e^-}$ in Sm^{-1}. Also ist

$$\varrho = \frac{1}{ne^-}\,P\,\frac{1}{b_{e^-}} \text{ in } \Omega m.$$

5.1.−4

	Ag	Al	nach Tabelle 1.1.−2
ϱ_D in g cm⁻³	10,5	2,7	
Atom-Massenzahl	108	27	

1. Ag: $10{,}5 \text{ kg} \;\widehat{=}\; 1 \text{ dm}^3 \;\widehat{=}\; \dfrac{6\cdot10^{26}\cdot10{,}5}{108}$ Atome

$\quad\quad 1 \text{ dm}^3 \;\widehat{=}\; 5{,}85\cdot10^{25}$ Atome

$\quad\quad 1 \text{ m}^3 \;\widehat{=}\; 5{,}85\cdot10^{28}$ Atome $\widehat{=}\; 5{,}85\cdot10^{28}\ e^-$

$\quad\quad ne^- \;=\; 5{,}85\cdot10^{28}\cdot1{,}6\cdot10^{-19} = 9{,}36\cdot10^9 \text{ As/m}^3 \approx 10^{10} \text{ As m}^{-3}$

2. Al: $2{,}7 \text{ kg} \;\widehat{=}\; 1 \text{ dm}^3 \;\widehat{=}\; \dfrac{6\cdot10^{26}\cdot2{,}7}{27} = 6{,}0\cdot10^{25}$ Atome $\widehat{=}\; 6\cdot10^{25} \text{ e}^-$

$\quad\quad 1 \text{ m}^3 \;\widehat{=}\; 6\cdot10^{28}\cdot1{,}6\cdot10^{-19} = 9{,}96\cdot10^9 \text{ As/m}^3 \approx 10^{10} \text{ As m}^{-3}$

Nach dieser „Anhaltsrechnung" ist die Elektronendichte von Ag und Al etwa gleich groß. Da die $\varkappa$-Werte von Ag:Al sich wie 1:0,6 verhalten, muß die Beweglichkeit in diesem Verhältnis zueinander stehen.

5.1. −5   Bruchteile von mm.

5.1. −6 $F_L = e \cdot u_{e_-} \cdot B$ in $As \cdot ms^{-1} \cdot Vs\,m^{-2}$

$= As\,Vm^{-1} = Ws\,m^{-1} = Nm \cdot m^{-1} = N.$

5.1. −7   Lorentzkraft F_L in N und die auf die Elektronen wirkende Hallfeldstärke E_H in N.

$e \cdot E_H$ in $As \cdot Vm^{-1} = Ws\,m^{-1} = Nm \cdot m^{-1} = N.$

5.1. −8   Da ne^- konstant bleibt, muß b_{e_-} erniedrigt werden. Dies geschieht durch Kaltverfestigung oder/und Temperatursteigerung oder/und elastische Formänderung.

5.1. −9   Nach Tabelle 5.1. −2 ist:

$TC\varrho - Cu = 4,3 \cdot 10^{-3}\,K^{-1},$
$TC\varrho - Al = 4,6 \cdot 10^{-3}\,K^{-1},$
$TC\varrho - Ag = 4,1 \cdot 10^{-3}\,K^{-1}.$
$\Delta T_1 = (213 - 293)\,K = -80\,K,$
$\Delta T_2 = (413 - 293)\,K = +120\,K.$

Nach Gl. (5. −31) ist

1. $R_{T1} - Cu = R_{293}\,(1 + 4,3 \cdot 10^{-3} \cdot -80); R_{293} \cong 100\%;$

$= 100\,(1 - 0,344) = 65,6 = \dfrac{65,6}{100} \cdot 100\% = 65,6\%.$

In gleicher Rechenweise erhält man
$R_{T1} - Al = 63,2\%,$
$R_{T1} - Ag = 67,2\%,$

d. h., die Widerstände von Cu, Al, Ag haben bei −60 °C um 34,6% bzw. 36,8% bzw. 32,8% niedrigere Werte als bei +20 °C.

2. $R_{T2} - Cu = R_{293}\,(1 + 4,3 \cdot 10^{-3} \cdot 120) \cdot 100\%$
$= 1,00\,(1 + 0,516) \cdot 100\%$
$= 151,6\%$
$R_{T2} - Al = 155,2\%$
$R_{T2} - Ag = 149,2\%,$

d. h., bei 413 K (= 140 °C) sind die Widerstände von Cu, Al, Ag gegenüber 293 K (= 20 °C) um 51,6% bzw. 55,2% bzw. 49,2%, d. h. auf etwa den 1,5fachen Wert, gestiegen.

T in K	$\dfrac{R_T}{R_{293}} \cdot 100$ in %		
	Cu	Al	Ag
213	65,6	63,2	67,2
413	151,6	155,2	149,2

5.1. − 10   Nach Gl. (5. − 34) von *Mathiessen* gilt:

$$\varrho_{Ag} \quad \cdot \quad \alpha_{Ag} \quad = \quad \varrho_{AgCu} \quad \cdot \alpha_{AgCu}$$

$$\frac{1}{64 \cdot 10^6 \text{ Sm}^{-1}} \cdot 4{,}3 \cdot 10^{-3} \text{ K}^{-1} = \frac{1}{14 \cdot 10^6 \text{ Sm}^{-1}} \cdot \alpha_{AgCu}$$

$$\alpha_{AgCu} = \frac{0{,}0156 \text{ } \Omega m}{0{,}0714 \text{ } \Omega m} \cdot 4{,}3 \cdot 10^{-3} \text{ K}^{-1}$$

$$= 0{,}939 \cdot 10^{-3} \text{ K}^{-1} = 0{,}000939 \text{ K}^{-1}$$
$$\approx 0{,}094\% \text{ K}^{-1}$$

5.1. − 11   Die Spannung zwischen der Warm- und der Kaltlötstelle eines Thermoelementes ist direkt proportional der Temperaturdifferenz.

5.1. − 12

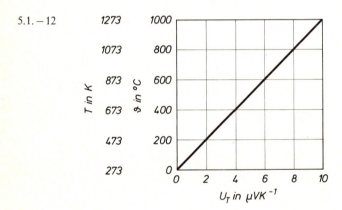

5.1. − 13   Au = 3,5 K; Pb = 7 K; Sn = 3 K; Cd = 0,05 K.

5.2. − 1   Cu, Ni, Fe.

5.2. − 2   Mischkristalle.

5.2. − 3   1. Niedriger $TC\varrho$ zur Vermeidung von umständlichen Kompensationsschaltungen für den Temperatureinfluß;

            2. niedrige Thermospannung U_T gegen Cu.

5.2. − 4 $TC\varrho$; U_T gegen Cu; Alterungsbeständigkeit.

5.2. − 5   Nach Tabelle 5.2. − 2:

            AuCr2; $\varrho_{20} = 0{,}30 \cdot 10^{-6} \text{ } \Omega m = 0{,}3 \text{ } \Omega mm^2 \text{ m}^{-1}$

            $TC\varrho = \pm 1 \cdot 10^{-6} \text{ K}^{-1}$; kann wegen seines geringen Wertes unberücksichtigt bleiben.

$$R_{20} = \frac{\varrho_{20} \cdot L}{A} \qquad L = 1 \text{ m}; \quad A = \frac{0{,}05^2 \text{ mm}^2 \cdot \pi}{4} = 0{,}00196 \text{ mm}$$

$$R_{20} = \frac{0{,}3 \text{ } \Omega mm^2 \cdot 1 \text{ m}}{\text{m} \cdot 0{,}00196 \text{ mm}^2} = 153 \text{ } \Omega$$

$$R_{-20} = 153 \text{ } \Omega; \quad R_{120} = 153 \text{ } \Omega$$

5.2.−6 Konstantan ist eine CuNi-Legierung. Cu und Ni bilden eine lückenlose Mischkristallreihe = unbeschränkte Löslichkeit. Nach *Mathiessen* gilt:

$$\underbrace{TC\varrho \cdot \varrho}_{\text{Metall}} = \underbrace{TC\varrho \cdot \varrho}_{\text{Mischkristall}}$$

$$\text{Metall} \qquad \text{Mischkristall}$$
$$\nearrow \;\searrow \qquad \nearrow \;\searrow$$
$$\text{hoch} \cdot \text{niedrig} \qquad \text{niedrig} \cdot \text{hoch}$$

Nach dieser Regel muß also der $TC\varrho$ von Konstanten niedrig sein.

5.2.−7 Durch elastische Formänderung erhöht sich der ϱ-Wert von Kristallen.

$$\Delta \varrho \sim \varepsilon$$
$$\Omega m \sim (L - L_0)/L_0$$

Man benutzt metallische oder Halbleiter-Kristalle für die Dehnungs-Meßstreifen-Spannungsmessung = DMS.

5.3.−1

Nr.	Eigenschaft	FZ	Einheit
1	Zug-Bruchfestigkeit	R_m	N mm^{-2}
2	Zug-Druckfestigkeit	σ_d	N mm^{-2}
3	Zug-Biegefestigkeit	σ_b	N mm^{-2}
4	Verformung	ε, $A_{5,10}$	%
5	Härte	HV, HB, HC	1
6	Elastizität	E-Modul	N mm^{-2}

Beachten: T in K; t in s; Lastwechselzahl N_L in 1!

5.3.−2 R_H = Hautwiderstand. Er entsteht durch eine nichtmetallische, meistens oxidische Schicht, die sich insbesondere bei erhöhter Temperatur rascher auf den Kontaktflächen bildet und den Kontaktwiderstand vergrößert. Man vermeidet oder vermindert R_H durch Verwendung von Edelmetallen und durch einen mechanischen Abrieb wie Schleifen, Reiben, Bürsten und Kontaktflüssigkeiten (Spray).

5.3.−3 Reine Metalle haben zwar hohe $\varkappa$-Werte, sind aber weich und gut verformbar. Darum werden bei hohen Kontaktdrücken härtere Metalle mit Edelmetallschichten überzogen (plattiert, galvanisiert, aufgedampft, gelötet).

5.3.−4 Man unterscheidet den mechanischen und den elektrothermischen Verschleiß.

5.3.−5 1. Verwendung zweckmäßiger Kontaktpaarungen,
2. Vermeidung von Verschleiß,
3. Vermeidung bzw. Verringerung der Wirkung von Lichtbögen.

5.3.−6 1. Kontaktkohlen können in verschiedenen Härtezahlen und mit Metallen kombiniert hergestellt werden.

2. Infolge seiner hex-Gitterstruktur verschleißt Graphit in dünnsten Schichten und wirkt als Gleit- und Schmierstoff.

3. Graphit bildet keine Oxidschichten, da Co und CO_2 bei Normalverhältnissen Gase sind.

5.3.−7 W Cu- oder W Ag-Sinterwerkstoffe; dabei dienen Cu bzw. Ag als Leiterwerkstoff, W als hochtemperaturbeständiger Werkstoff.

5.3.−8 Al überzieht sich bereits bei Raumtemperatur mit einer nichtleitenden Al_2O_3-Schicht, wodurch R_H steil ansteigt (unedles Metall!).

5.3.−9   Siehe 5.3.−1. Hinzu kommen Temperaturfestigkeit, Dauerfestigkeit und Dauerwechselfestigkeit.

5.3.−10   Niedriger $TC\varrho$ in K^{-1}; niedrige Thermospannung U_T in $mV\,K^{-1}$ gegen Anschlußleiter.

5.3.−11   AgCd O; AgC.

5.3.−12   Lichtbögen sind kontaktschädlich, Bekämpfungsmaßnahmen sind:

1. *Konstruktive*, durch stufenweises Schalten und hornförmige Kontakte;

2. *physikalische*, z. B. Blasmagnete, Öl- oder Gaskühlung (SF_6);

3. *geeignete Werkstoffpaarung*, z. B. W als Basismetall mit C gesintert oder mit flüssigem Cu oder Ag getränkt, wodurch „Sinterwerkstoffe" entstehen; ferner AgC, AgCdO u. a.

5.3.−13 $\varrho = 7,5\ \mu\Omega cm$; $\varkappa = \dfrac{1}{7,5\ \mu\Omega cm} = \dfrac{1}{7,5 \cdot 10^{-6}\ \Omega \cdot 10^{-2}\ m}$

$$= \frac{0,133 \cdot 10^8\ S}{m} = 13,3 \cdot 10^6\ Sm^{-1}.$$

6.1.−1   Grundband G (auch Valenzband genannt), verbotenes Band V und Leitungsband L.

6.1.−2   Energiestufe (= Niveau) der Elektronen in eV auf der Abszisse, lineare Ausdehnung des Halbleiters in mm.

6.1.−3   In Metallen.

6.1.−4 V_{Metall} nicht vorhanden; $V_{Halbleiter} < V_{Nichtleiter}$.

6.2.−1   Nach Tabelle 6.2.−1 hat Si die Ordnungszahl (OZ) 14.

1. Schale: $2 \cdot 1^2$ = 2 Elektronen
2. Schale: $2 \cdot 2^2$ = 8 Elektronen
3. Schale: Rest   = 4 Elektronen

Summe = 14 Elektronen

6.2.−2   Die Valenzelektronen der 5. Schale (Sn) und der 6. Schale (Pb) sind so weit vom positiven Atomkern entfernt, daß sie kaum noch durch F_C (Coulombkräfte) angezogen werden; ihre Eigenenergie ist so hoch, daß sie bereits im L-Band sind.

6.2.−3   Die Aktivierungsenergie ist der Energiebetrag ΔW in eV, um ein e^- aus dem G-Band in das L-Band zu befördern.

6.2.−4   Entspricht Bild 6.2.−3 mit einem senkrecht-abwärts gerichteten Pfeil.

6.2.−5   Intrinsic-Leitung = i-Leitung setzt reine Ge- bzw. Si-Kristalle voraus. Die beweglichen Ladungsträger e^- und e^+ entstehen ausschließlich aus Generation.

6.2.−6 $1\ e^-$ und $1\ e^+$ bilden ein Ladungsträgerpaar. Ein solches Paar entsteht durch Generation, d. h. durch Energieaufnahme eines e^-, das dabei aus dem G- in das L-Band katapultiert wird und ein e^+ im G-Band hinterläßt. Verliert das e^- im L-Band wieder seine Energie, so fällt es in das G-Band zurück und sucht sich ein Loch e^+. Diesen Vorgang nennt man Rekombination.

6.2.−7   Freie e^- in einem Halbleiter-Kristall ergeben einen n-Leiter; er wird erzeugt

1. durch Dotieren mit Donatoratomen A_D (A_D sind Elemente der V-Gruppe wie As, Sb, P),

2. durch Generation bei Energiezufuhr in Form von Wärme, Licht oder elektrische Felder.

6.2. – 8   Löcher in einem Halbleiter-Kristall ergeben einen p-Leiter; er wird erzeugt durch

1. Dotieren mit Akzeptoratomen A_A (A_A sind Elemente der III-Gruppe, wie In, B, Al),

2. durch Generation bei Energiezufuhr in Form von Wärme, Licht oder elektrischen Feldern.

6.2. – 9   In einem p-Leiter überwiegen e^+; sie haben die Majorität, infolgedessen sind die e^- die Minoritätsträger.

6.2. – 10   In proportionalem Verhältnis: Extrinsic-Leitfähigkeit $\sim$ Dotiergrad.

6.2. – 11   Akzeptor-Atome haben auf der Außenschale drei e^-; sie fangen ein durch Generation entstandenes e^- als viertes ein und erhalten dadurch die Oktett-Konfiguration. Das eingefangene e^- hinterläßt eine positive Fehlstelle e^+, dadurch bildet jedes A_A ein e^+.

6.2. – 12   Eine Temperatursteigerung ($= +\Delta W$) bewirkt in Halbleiterkristallen Generation; durch die Erhöhung von ne^- und ne^+ steigt G bzw. $\varkappa$. Andererseits werden bei Temperaturerhöhungen die Gitterschwingungen stärker, wodurch b_{e-} und b_{e+} fallen; $\varkappa$ fällt bzw. ϱ steigt. Bei Metallen steigt ϱ immer; bei Halbleitern muß der Überlagerungseffekt fallweise geprüft werden.

6.3. – 13   Der Erschöpfungszustand ist erreicht, wenn alle Donator- bzw. Akzeptoratome ionisiert sind. Dies ist bereits bei Raumtemperatur der Fall.

6.2. – 14   Einen Feldstrom I_E.

6.3. – 1   Der pn- oder np-Übergang ist die fugenlose Grenze in einem Halbleiter-Einkristall zwischen verschiedenen Majoritätsträger-Gebieten (e^- und e^+).

6.3. – 2   Ein Diffusionsstrom $I_{Diff.}$ entsteht beim Ausgleich eines Konzentrationsgefälles beweglicher Ladungsträger e^- oder e^+.

6.3. – 3   Verliert ein ortsgebundenes Atom im Halbleiter ein e^-, so wird es zum positiven Kation; erhält es ein e^-, so wird es zum positiven Anion. Auf diese Weise entstehen ortsfeste Raumladungen im Halbleiterkristall.

6.3. – 4

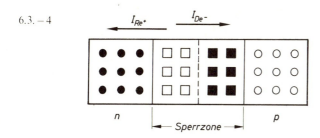

$\bullet = e^-$ $\blacksquare$ = Anionen I_{De^-} = Diffusionsstrom der e^-

$\bigcirc = e^+$ $\square$ = Kationen I_{Re^+} = Rückstoßstrom der e^+

Der Diffusionsstrom I_{De-} treibt die e^- von links nach rechts. Beim Grenzübertritt vom n- in das p-Gebiet stoßen sie auf die in der Sperrzone verankerten Anionen($-$) und werden von diesen zurückgestoßen. Es entsteht ein Gleichgewicht zwischen dem Diffusions- und dem Rückstoßstrom, auch Feldstrom genannt:

$$I_{De-} \rightleftharpoons I_{Re-}$$

Analog verhalten sich die Löcher e^+ in umgekehrter Richtung:

$$I_{Re+} \rightleftharpoons I_{De+}$$

6.3. − 5   Die Diffusionsspannung $U_{Diff.}$ ist proportional dem Konzentrationsgefälle (= Unterschied) der Ladungsträger und somit der Anzahl N der Ladungsträger e^+ und e^-. Da mit steigender Temperatur eine wachsende Zahl von A_D bzw. A_A ionisiert werden, steigt auch das Konzentrationsgefälle zwischen ne^+ und ne^- und somit die Diffusionsspannung $U_{Diff.}$.

6.3. − 6

6.3. − 7   Ein in Sperrichtung angelegtes Potential saugt freie Ladungsträger e^- und e^+ zu den Elektroden ab; dadurch entstehen am pn-Übergang ladungsfreie bzw. ladungsverarmte, hochohmige Sperrschichten.

6.3. − 8   Der Avalanche-Durchbruch wird in der Sperrzone durch Stoßionisation hervorgerufen. Hierbei wird die Sperrzone durch Energieaufnahme (Wärme, Licht) und ein elektrisches Feld E hoch belastet. Meistens ist der Avalanche-Durchbruch ein reversibler Vorgang, wenn nicht durch ein zu großes ΔW die Kristallstruktur zerstört wird.

6.3. − 9   Durch Parallelschaltung einer Z-Diode mit begrenzter Sperrspannung.

6.3. − 10   Emitter E, Basis B, Kollektor C.

6.3. − 11   Bei einer Spannung U_{CE} von 30 V fließt ein Basisstrom von 70 mA, der einen Kollektorstrom I_C von 2 A erzeugt.

6.3. − 12 $+\Delta T \rightarrow$ Entstehung von Generationen $\cong > (e^- + e^+) \rightarrow$ Erniedrigung von $R \rightarrow$ Erhöhung von $I_{Diff.}$ (siehe Bild Übung 6.3. − 4).

6.3. − 13   Fall 1 = 0,1 mA; Fall 2 = 0,35 mA.

6.4. − 1   Ein Kristall ohne Übergang oder mit zahllosen, willkürlich gerichteten Übergängen.

6.4. − 2   Thermistoren, Varistoren (VDR-Widerstände), Fotowiderstände, Kaltleiter, Hallsonden, Feldplatten.

6.4. − 3   Aus einem heterogenen Kristallgemisch von Nichtleitern mit unzähligen pn-Übergängen; meistens besteht er aus $FeOTiO_2$-Kristallen.

6.4. − 4   Bei kleinen Strömen bleibt der Heißleiter kalt und gehorcht dem Ohm'schen Gesetz. Bei größerem Stromfluß erwärmen sich die Kristalle (Eigenerwärmung); es kommt zur Generation, wobei R und U fallen.

6.4. – 5   Die Spannung U ist die unabhängige, R die abhängige Variable. $R = f(U)$ entspricht $y = f(x)$.

Man trägt in der Regel die unabhängige Variable auf der Abszisse, die abhängige auf der Ordinate auf.

Zweckmäßig bezieht man den veränderten Widerstand R auf den Ausgangswiderstand R_0 und trägt den Quotienten R/R_0 auf der Ordinate auf. Man erhält dabei nachstehendes Bild.

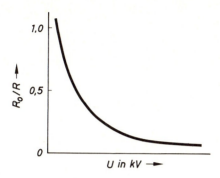

6.4. – 6   Bei Parallelschaltung werden bei Spannungsspitzen Ströme durch den VDR-Widerstand durchgelassen, die sonst durch den Stromverbraucher geflossen wären.

6.4. – 7   Es werden Kompakt- und pn-Übergangs-Halbleiter verwandt.

6.4. – 8   II/VI-Kombinationen: CdS, CdSe, PbS.
III/V-Kombinationen: In Sb.

6.4. – 9   1. Aus Textabschnitt 6.4.4 entnimmt man

$$ne^- = \frac{1}{R_{\mathrm{T}}}; \quad ne^- \text{ in As m}^{-3}; \quad R_{\mathrm{H}} \text{ in m}^3 \text{ A}^{-1} \cdot \text{s}^{-1}.$$

2. Aus Tabelle 6.4. – 3 errechnet sich:

$$\varkappa = \frac{1}{\varrho} \quad \varkappa \text{ in S m}^{-1}; \quad \varrho \text{ in } \Omega\text{m}.$$

Hieraus ergeben sich die Tabellenwerte:

Werkstoff	ne^- As m^{-3}	$\varkappa$ Sm^{-1}
Au	$1,5 \cdot 10^4$	$45 \cdot 10^6$
Cu	10^4	$58 \cdot 10^6$
In As	$1,3 \cdot 10^3$	$4 \cdot 10^3$
In Sb	$2 \cdot 10^4$	$1,4 \cdot 10^3$

6.4. – 10   Bild 5.1. – 2 zeigt das Schema des Halleffektes.

6.4. – 11   Sie finden die verlangten Kennlinien für

Heißleiter in Bild 6.4. – 3,
Kaltleiter in Bild 6.4. – 8,
VDR-Widerstand in den Bildern 6.4. – 4 und 6.4. – 5.

6.5. – 1   Auf rein chemischem Wege ist der erforderliche hohe Reinheitsgrad von Si und Ge nicht zu erreichen. Erst durch den physikalisch-chemischen Reinigungsprozeß beim Zonenschmelzen ist dies möglich.

6.5. − 2 $\dfrac{N \text{ Atome Si (Ge)}}{N \text{ Fremdatome}} = \dfrac{> 10^{9}}{1}$ (immer) $= \dfrac{> 10^{12}}{1}$ (manchmal).

$N = $ Anzahl

6.5. − 3   Die Beweglichkeit b_{e-} und b_{e+} wird außerordentlich erhöht!

6.5. − 4   Si und Ge sind chemisch unedle Halbmetalle, sie reagieren in der Wärme mit dem Luftsauerstoff zu SiO_2 bzw. GeO_2.

6.5. − 5

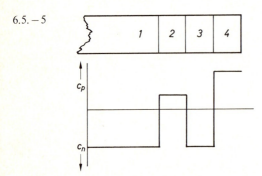

1 Mutterkristall, n-stark
2 epitaktische Schicht 1, p-stark
3 epitaktische Schicht 2, n-stark
4 epitaktische Schicht 3, p-stark

Zunächst wird der Schichtaufbau im Kristall nach Angabe skizziert, dann wird unter dieser Skizze das Dotierprofil aufgetragen.

7.1. − 1   ① $= As \ m^{-2}$;   ② $= Vs \ A^{-1} \ m^{-1}$;   ③ $= As \ m^{-2}$;   ④ $= \chi_m = \mu_r - 1$.

7.1. − 2 $(\varepsilon_0 \cdot \mu_0)^{-\frac{1}{2}} = \dfrac{1}{\sqrt{8,85 \cdot 10^{-12} \ As \ V^{-1} \ m^{-1} \cdot 1,257 \cdot 10^{-6} \ Vs \ A^{-1} \ m^{-1}}}$

$= \dfrac{1}{\sqrt{11,27 \cdot 10^{-18} \ s^2 \ m^{-2}}}$

$= \dfrac{1}{3,34 \cdot 10^{-9} \ s \ m^{-1}} = 0,2998 \cdot 10^9 \ m \ s^{-1}$

$(\varepsilon_0 \cdot \mu_0)^{-\frac{1}{2}} = 299\,800 \ km \ s^{-1}$ (= Lichtgeschwindigkeit)

7.1. − 3 $J = Nm$; $T = Vs/m^2$; $J \, T^{-1} = Nm \cdot m^2/(Vs) = Ws \ m^2/(Vs) = W \ m^2/V = A \ m^2$.

7.1. − 4   1. Im Vakuum ist eine Polarisation des Stoffes unmöglich, da er nicht vorhanden ist.

2. In diamagnetischen Stoffen tritt eine kleine, reversible Polarisation entgegen der Feldrichtung $\vec{H}$ auf.

3. In paramagnetischen Stoffen tritt eine reversible Polarisation in Feldrichtung auf.

7.1. − 5   1. Permeabilitätszahl μ_r;

2. magnetische Suszeptibilität χ_m; Zahlen in Tabelle 7.1. − 2.

7.1. − 6   1. Ferromagnetisch sind metallische Werkstoffe; ihre magnetischen Dipole sind in den Weiß'schen Bezirken parallel ausgerichtet und verstärken sich deshalb.

2. Ferrimagnetisch sind Oxidmagnete (Ferrite). Hier sind die atomaren Magnetmomente unterschiedlich groß, aber antiparallel ausgerichtet; es bleibt eine Differenz als Gesamtmoment.

7.1. −7   Keine! Die atomaren (kinetischen) Energien sind so groß, daß sie keine magnetische Orientierung unterbinden.

7.1. −8 $B = \mu \cdot H$; $Vs/m^2 = Vs/(Am) \cdot A/m$

7.1. −9   1. $P_{el} = D - D_0 = \varepsilon_0 \cdot D(\varepsilon_r - 1) = \chi_{el} \cdot \varepsilon_0 \cdot D$ in As/m^2.

                 2. $P_{magn} = J = B - B_0 = \mu_0 \cdot H(\mu_r - 1) = \chi_m \cdot \mu_0 \cdot H$ in Vs/m^2.

7.2. −1   1. Klappvorgänge um $180° \triangleq$ Verschiebung der Blochwand.

                 2. Drehvorgänge $< 90°$ in Feldrichtung.

7.2. −2   Ja! Meteoreisen und Oxidmagnete.

                 Aus der Polrichtung kann man die Richtung des Erdfeldes zur Zeit der Polarisation dieser Stoffe bei der Abkühlung erkennen. Die Polarisation war bei den Stoffen irreversibel (Hartmagnete).

7.2. −3 J_S ist die Sättigungspolarisation in $T = Vs\ m^{-2}$. Bei diesem Punkt sind die Klapp- und Drehvorgänge im Magnetstoff beendet; eine Erhöhung von H bleibt im Werkstoff ohne Wirkung.

7.2. −4   Kristalle mit ungestörtem Gitter lassen sich leicht polarisieren und entpolarisieren (Weichmagnete). Das Gegenteil ist in Hartmagneten der Fall.

7.2. −5   Reversibel $\triangleq$ umkehrbar $\triangleq$ ungestörtes Gitter $\triangleq$ weichmagnetisch.

                 Irreversibel $\triangleq$ nicht umkehrbar $\triangleq$ gestörtes Gitter $\triangleq$ hartmagnetisch.

7.2. −6   Ferromagnetika (Metalle) erreichen eine höhere Flußdichte als Ferrimagnetika (Ferrite), weil ihre atomaren Magnetelemente parallel ausgerichtet werden, im Gegensatz zu den antiparallel ausgerichteten bei Ferriten.

7.3. −1   Siehe Ausführungen in Lösung 7.1. −4.

7.3. −2   Nein! Bild 7.3. −2 zeigt dies.

7.3. −3   Permeabilität $\mu = \mu_0 \cdot \mu_r$ in Vs/Am.

7.3. −4   1. Koerzitivfeldstärke H_c in $A\ m^{-}1$;

                 2. Remanenz B_r in $Vs\ m^{-2}$.

7.3. −5 J_S = magnetische Sättigungspolarisation in T.

7.3. −6   Ja.

7.3. −7 H_c entpolarisiert den Magnetwerkstoff, in dem irreversible Dreh- und Klappvorgänge rückgängig gemacht werden.

7.3. −8   Bei der Scherung wird der Einfluß von Luftspalten auf die Hysteresekurve festgestellt.

7.3. −9   Der doppelt-logarithmische Maßstab erfaßt kleinste und größte Meßwerte.

7.3. −10   Die Einheit 1.

7.3. −11   Nein!

7.3. −12   Von H.

7.3. − 13   1. Die Anfangspermeabilität μ_a;

2. Permeabilitäten bei geringem H, z. B. $\mu_4 \triangleq$ bei 0,4 A m^{-1} gemessen;

3. die maximale Permeabilität μ_{max}.

7.3. − 14

	P_1	P_2	E
B	5 m T	1 T	Vs m^{-2}
u_r	10^4	$5 \cdot 10^4$	—
$H = \dfrac{B}{\mu_0 \mu_r} =$	$\dfrac{0{,}005}{1{,}257 \cdot 10^{-6} \cdot 10^4}$	$\dfrac{1}{1{,}257 \cdot 10^{-6} \cdot 5 \cdot 10^4}$	$\dfrac{\text{Vs m}^{-2}}{\text{Vs A m}^{-1}}$
H	$= 0{,}398 \approx 0{,}4$	17,7	A m^{-1}

7.3. − 15   Nach Bild 7.3. − 10 ist $\mu = \dfrac{\Delta B}{\Delta H} = \tan \alpha$;

$\mu_{max} = \tan \alpha_{max}$, d. h., der Punkt auf der Hysteresekurve, wo diese den steilsten Anstieg hat.

7.3. − 16   1. Eine große μ_r-Zahl bedeutet eine große Ansaugfähigkeit für magnetische Feldlinien, d. h. eine große magnetische Wirkung bei kleiner Felderregung; dies ist wichtig bei Regel-, Meß- und Steuervorgängen bei kleinsten Feldstärken (Weichmagnete!).

2. Eine kleine μ_r-Zahl besagt, daß der Einfluß von H auf B gering ist; dies ist bei Hartmagneten gegeben.

7.3. − 17   Weichmagnete erreichen μ_r-Zahlen bis etwa $5 \cdot 10^5$.

7.3. − 18   1. Für einen Weichmagnet: Bild 7.3. − 6;

2. für Luft: Bild 7.1. − 5 (1).

7.3. − 19 $\mu = \dfrac{B}{H}$; $B = \mu \cdot H = 3{,}5 \, \text{Vs A}^{-1} \, \text{m}^{-1} \cdot 0{,}4 \, \text{A m}^{-1}$

$B = 1{,}4 \, \text{Vs m}^{-2}$ (T)

7.4. − 1   Die Koerzizivfeldstärke H_c in A m^{-1}.

H_c bei Weichmagneten $< 10^3$ A m^{-1};

H_c bei Hartmagneten $> 10^4$ A m^{-1}.

7.4. − 2   Der Hystereseverlust H_H läßt sich nach Gl. (7. − 24) bestimmen:

$V_H \approx \dfrac{H_e \cdot B_{max}}{\varrho_D \cdot t} \cdot 2 \cdot 10^{-4}$ in $\dfrac{\text{A m}^{-1} \cdot \text{Vs m}^{-2}}{\text{kg m}^{-3} \cdot \text{s}} = \text{W/kg}$

$B_{max} = B_s$

$V_H = \dfrac{15 \cdot 0{,}8}{0{,}0076} \cdot 2 \cdot 10^{-4} = 0{,}315 \, \text{W/kg}$

7.4. − 3   Nein! Bei der hohen elektrischen Leitfähigkeit von Reineisen entstehen hohe Wirbelstromverluste V_W in W/kg.

7.4. − 4   Geschichtete, unisolierte Bleche verhalten sich wie Kompaktwerkstoffe; diese lassen hohe Wirbelströme zu. In dünnen Lamellen können weniger Wirbelströme auftreten als in dickeren Blechen und Kompaktwerkstoffen.

7.4. − 5 $V_1 \triangleq$ Verlust bei einer Flußdichte von 1 T, gemessen in W/kg bei 50 Hz.

7.4. – 6   Infolge magnetostriktiver Schwingungen der Eisenbleche, welche die Luft in Schwingungen setzen, meistens 50 Hz.

7.4. – 7   Nach Gl. (7. – 25) wirken sich aus:

Flußdichte B in der 2. Potenz
Frequenz f in der 2. Potenz
Blechdicke d in der 2. Potenz
spez. el. Leitfähigkeit $\varkappa$ in der 1. Potenz
Dichte ϱ_D in der 1. Potenz reziprok

7.4. – 8   1. Erhöhung von ϱ durch Verwendung von Si-haltigen E-Blechen;

2. Lamellierung des Eisenkerns;

3. Verwendung von Massekernen oder Ferriten mit hohem ϱ in Ωm.

7.4. – 9   Ja! Aber die Steilabfälle liegen bei höheren Temperaturen entsprechend der höheren Curietemperatur von Fe gegenüber Ferriten.

7.4. – 10   Zur Vermeidung bzw. Verminderung von V_W.

7.4. – 11   Die Spulengüte $Q = \dfrac{X_L}{R} = \dfrac{50}{1} = 50$.

7.4. – 12 R_{Cu} = Widerstand der Spulenwicklung in Ω,
R_{Fe} = Widerstand des Kerneisens in Ω.

7.4. – 13   Die Güteziffer beruht auf der verbotenen Einheit G und Oe; sie muß zur Umrechnung in das Energieprodukt $(B \cdot H)_{max}$ in J/m^3 mit dem Faktor 79,6 (≈ 80) multipliziert werden.
$300 \cdot 10^4 \, G \cdot Oe = 2\,400 \, Ws \, m^{-3} = 2,4 \, kJ \, m^{-3}$.

7.4. – 14   Nein! Der Dauermagnet benötigt keine Ansaugfähigkeit für Feldlinien; für ihn ist ausschließlich das Energieprodukt maßgeblich.

7.5. – 1   Silizium.

7.5. – 2   Bis $\approx 4,3$ Si; höhere Si-Gehalte versprören die E-Bleche so stark, daß sie nicht gestanzt werden können.

7.5. – 3   Nach Tabelle 7.5. – 2 wird in einem E-Blech III 2,6 bei 5 kA m^{-1} eine Flußdichte von 1,6 T erzielt.

7.5. – 4   Reineisen hat ein $\varrho = 0,1 \cdot 10^{-6}$ Ωm
E-Blech IV 1,0 hat ein $\varrho = 0,6 \cdot 10^{-6}$ Ωm
Demnach ist das erfragte Verhältnis 1:6 oder 0,16:1.

7.5. – 5   Wirbelströme, d. h. $V_W = f(\varrho)$.
Hystereseverluste V_H entstehen durch die Umpolarisierungsarbeit; diese ist bei anisotropen Texturblechen kleiner als bei quasiisotropen Blechen.

7.5. – 6   1. Anisotrope Magnetbleche lassen sich in der Walzrichtung leichter polarisieren als gewöhnliche E-Blechsorten (Richtungsabhängigkeit).
2. Bevorzugte magnetische Eigenschaften in Walzrichtung.
3. Würfeltextur (Ausrichtung in Würfellage); Goßtextur (Ausrichtung in Kantenlage).

7.5. – 7   Mit zunehmender Frequenz f lassen sich die Magnetmomente nicht mehr im Feldwechseltakt umpolarisieren, damit fällt bei einer bestimmten Grenzfrequenz B auf Null, entsprechend fällt auch μ_r bzw. μ.

7.5.−8   Wegen des Preises. Si ist billiger als Ni und das sehr teure Co.

7.5.−9 $\mu = f(H) = aH$. a = variabler Faktor

Bei Übertragern muß a klein sein; dies ist bei hohen Frequenzen erforderlich.

7.5.−10   Reines Fe neigt wegen niedriger ϱ-Werte zur Wirbelstrombildung. Im Gegensatz zu den leistungsstarken Trafos spielen V_W bei leistungsschwachen, seltener betätigten Relais keine ausschlaggebende Rolle.

7.5.−11   Nein! Die spezifische elektrische Leitfähigkeit ist so klein, daß keine Verluste durch Wirbelströme V_W entstehen.

7.5.−12   Massekerne bestehen aus Fe-Pulver mit einem Kunststoff-„Kitt".

7.5.−13   Hauptunterschiede:

	Ferrite	Metalle
ϱ in Ωm	hoch	niedrig
ϱ_D in g cm^{-3}	niedrig	hoch
B_S in T	niedriger	höher
T_C in K	niedriger	höher
(C = Curie)		
ε, A in $^o/_o$	niedriger	höher

7.5.−14   Einfachferrit: 1 Metalloxid + FeO,
Zweifachferrit: 2 Metalloxide + FeO.

7.5.−15 μ_a; T_c; H_c; B_S; Frequenzbereich.

7.5.−16   Ja! Sie dienen als „Gedächtnismagnete" zur Speicherung und zur Abrufung von Informationen.

7.6.−1   Das Energieprodukt $(B \cdot H)_{max}$.

7.6.−2   kJ/m^3.

7.6.−3 $B \cdot H$ in Vs m$^{-2} \cdot$ A m^{-1} = Ws m^{-3} = J m^{-3}.

7.6.−4 $\approx 700 = 56$ kJ/m^3.

7.6.−5   Anisotrop $\triangleq$ bevorzugte Polarisierungsrichtung.

7.6.−6   Gießen, Sintern, Walzen.

7.6.−7   Nein! Die Curietemperatur darf nicht überschritten werden; das Gefüge der Hartmagnete verhält sich bei höheren Temperaturen instabil. Stichwort: Wärmealterung.

7.6.−8   Nein! Nur Magnete aus FeCoVCr.

7.6.−9   Bariumoxid + Eisenoxid. Name: Bariumferrite.

7.6.−10   Die Curietemperatur liegt bei Ferriten niedriger als bei Metallmagneten; oberhalb 300°C beträgt die „Magnetkraft" nur noch die Hälfte der ursprünglichen.

7.6.−11   1. Nach der Technologie: Sinter-Spritzferrite;

2. nach der Struktur: isotrop, anisotrop, mit Bindemitteln.

7.6. – 12   2. Vorteile: preisgünstiger, oberflächenglatter, kantenschärfer, maßgenauer, leichter.

            2. Nachteile: temperaturempfindlicher, kleineres Energieprodukt.

7.6. – 13   Gütezahl 360 $=$ ≈ 30 kJ/m^3.

7.6. – 14   Ja! Ferrite mit Kunstharzbindemitteln sind bleibend umformbar.

7.6. – 15   Ja! Es gibt hartmagnetische Bandmagnete aus FeCoVCr.

8.1. – 1   Temperatur, Feuchtigkeit, chemische Reaktionen, Frequenz.

8.1. – 2 ϱ_D in Ωm; R_O in Ω.

8.1. – 3 $R_D > R_O$, weil die Oberfläche eines Isolators den Umwelteinflüssen stärker ausgesetzt ist als das Innere.

8.1. – 4 R_O; R_S; R_D.

8.1. – 5   Ja! Darum müssen sie geprüft werden. Auf die elektrostatische Anziehung von Stäuben muß man achten.

8.1. – 6   Unglasierte Keramiken sind oberflächenrauher als glasierte; darum haftet Schmutz besser und verursacht leichter Kriechströme.

8.1. – 7 E_D ist keine konstante Werkstoffgröße; sie ist eine Funktion der Schichtstärke, der Feuchtigkeit, der Frequenz und der Stehdauer der angelegten Spannung.

8.1. – 8   1. ≈ 20 kV/mm;   2. > 100 kV/mm.

8.1. – 9   1. Elektronen-Polarisation   4. Elektronen-Polarisation

          2. Elektronen- und Ionen-Polarisation   5. Elektronen-Polarisation

          3. Elektronen- und Dipol-Polarisation

8.1. – 10   1. J in Vs/m^2

            2. P in As/m^2

8.1. – 11   1. Reversible Verschiebung,

            2. nur teilweise reversible Drehung.

8.1. – 12 $\mu = \mu_0 \mu_r$ (Permeabilität) in Vs/Am.

8.1. – 13   Ferroelektrika.

8.1. – 14 $\dfrac{C_1}{C_2} = \dfrac{\varepsilon_{r1}}{\varepsilon_{r2}}$

8.1. – 15 ε_r ist der Verstärkungsfaktor der Polarisation eines Dielektrikum gegenüber dem Vakuum oder trockener Luft.

$$\varepsilon_r = \frac{C_S}{C_O} \qquad \begin{array}{l} C_S = \text{Stoffkapazität} \\[1mm] C_O = \text{Luftkapazität} \end{array}$$

8.1. – 16   1. ε_r niedrig $< 2{,}5$

            2. ε_r mittel $\approx 2{,}5$ bis 100

            3. ε_r hoch $> 10^2$

8.1.−17   1. Q (in AS) = C (in As/V) · U (in V)   (1)

           Grundgleichung des Kondensators!

$$Q = Q_1 = Q_2 = \text{konstant}; \quad \varepsilon_{r1} = \varepsilon_0 \tag{2}$$

$$\frac{U_1}{U_2} = \frac{C_2}{C_1} = \frac{\varepsilon_{r2}}{\varepsilon_{r1}} = \frac{12}{4}; \quad \varepsilon_{r2} = 3 \tag{1+2}$$

2. Ein unpolarer Kunststoff oder Papier.

8.1.−18   Der $\tan\delta = \tan(90 - \varphi) = d$ ist das Verhältnis des Wirkstromes I_W zum Blindstrom I_b in einem Kondensator.

8.1.−19   Der Gütewert oder der Gütefaktor Q eines Dielektrikum ist der Kehrwert des Verlustfaktors d;

$$Q = \frac{1}{d}.$$

8.1.−20   Nach Tabelle 8.1.−8 hat PTFE den kleinsten dielektrischen Verlustfaktor d ($\tan\delta$) von 0,0005; somit ist der Kehrwert = die Gütezahl $Q = 2000$.

8.1.−21   Nein! Beide Zahlenwerte sind temperatur- und frequenzabhängig.

8.1.−22   Nach Gl. (8.15) ist $Q_V \sim \omega$; also sind die dielektrischen Verluste frequenzabhängig und bei HF sehr groß.

8.1.−23 $\varepsilon'' = \varepsilon_r \cdot \tan\delta = 2{,}7 \cdot 0{,}02 = 0{,}054$.

8.1.−24   Die Kunststoffe = organische Nichtleiter.

8.1.−25   Nach Tabelle 8.1.−9 ist

$$\alpha_{PE} = 20 \cdot 10^{-5}\ \text{K}^{-1}, \quad \alpha_{SiO2} = 0{,}1 \cdot 10^{-5}\ \text{K}^{-1}$$

$$\Delta T = (150 + 15)\ \text{K} = 165\ \text{K}$$

1. Für PE: $\Delta L = 165\ \text{K} \cdot 800\ \text{mm} \cdot 20 \cdot 10^{-5}\ \text{K}^{-1}$

                      $\Delta L = 26{,}4\ \text{mm} = 3{,}3\%$

   Für SiO$_2$: $\Delta L = 165\ \text{K} \cdot 800\ \text{mm} \cdot 10^{-6}\ \text{K}^{-1}$

                      $\Delta L = 0{,}132\ \text{mm} = 0{,}0165\%$

2. ΔL_{PE}: $\Delta L_{SiO2} = 20 \cdot 10^{-5}\ \text{K} : 10^{-6}\ \text{K} = 200 : 1$

   Der Faktor ist 200.

8.1.−26   Nach Gl. (8.−18)

$$\lambda = \frac{\text{Ws} \cdot \text{m}}{\text{s}\,\text{m}^2 \cdot \text{K}} = \frac{Q \cdot d}{t \cdot A \cdot \Delta T}; \quad Q = \frac{\lambda \cdot t \cdot A \cdot \Delta T}{d}$$

Nach Tabelle 8.1.−10 und Angaben ist

$t = 3\,600\ \text{s}$

$d = 0{,}03\ \text{m}$

$A = 0{,}2\ \text{m}^2$

$\Delta T = 300\ \text{K}$

Q (Asbest) = $0{,}2\ \text{W}\ \text{m}^{-1}\ \text{K}^{-1}$

Q (Kupfer) = $380\ \text{W}\ \text{m}^{-1}\ \text{K}^{-1}$

$$Q \text{ (Asbest) in J} = \frac{0,2 \text{ W m}^{-1} \text{ K}^{-1} \cdot 3\,600 \text{ s} \cdot 0,2 \text{ m}^2 \cdot 300 \text{ K}}{0,03 \text{ m}}$$

$$= 144 \cdot 10^4 \text{ J} = 1440 \text{ kJ}$$

$$Q \text{ (Kupfer) in J} = \frac{380 \text{ W m}^{-1} \text{ K}^{-1} \cdot 3\,600 \text{ s} \cdot 0,2 \text{ m}^2 \cdot 300 \text{ K}}{0,03 \text{ m}}$$

$$= 2,736 \cdot 10^9 \text{ J} = \approx 2,8 \text{ GJ}.$$

8.1.−27   1. Organische Kunststoffe;
2. Prüfverfahren nach Vicat, ISO/R und Martens.

8.1.−28   Bei beiden Eigenschaften soll die Strukturbeständigkeit geprüft werden, bei der Wärmebeständigkeit gegen eine Temperaturerhöhung, bei der Glutbeständigkeit die Berührung mit glühendem Draht.

8.1.−29   Die Kunststoffe haben
1. eine geringere Formsteifigkeit (E-Modul),
2. geringere Belastbarkeit (σ_z; σ_d; σ_b),
3. geringere Kriechfestigkeit,
4. geringere Warmfestigkeit.

8.1.−30   Durch Verstärkungseinlagen, z. B. durch Glas-, Stoff-, Metallgewebe.

8.1.−31   Nein! Die meisten Kunststoffe werden in der Kälte spröde wie Glas.

8.1.−32   Ja, mit kleinen Abweichungen.

8.1.−33   Es dürfen keine wasseraufnahmefähigen Isolierstoffe benutzt werden, denn Wasser enthält den elektrischen Strom leitende Ionen.

8.2.−1   1. Organische Stoffe enthalten brennbare C-Atome und oft brennbare H-Atome.
2. Anorganische Stoffe bestehen aus Oxiden und sind nicht brennbar.

8.2.−2   Die ε_r-Zahl von Glimmer ist mit ≈ 8 ziemlich groß; Glimmer ist ein Urmineral mit Ionenbindungen. Vermutlich daher Ionenpolarisation!

8.2.−3   Quarzgläser wegen ihres kleinen *TCL*.

8.2.−4   Glas hat einen *NTC* (negativen Temperaturkoeffizienten), d. h., ϱ fällt mit steigender Temperatur infolge von Ionen- und elektronischer Leitung.

8.2.−5   GV $\hat{=}$ glasfaserverstärkt,
GVK $\hat{=}$ glasfaserverstärkter Kunststoff.

8.2.−6   Keramika sind durch Sintern erzeugte, hart-spröde, oxidische Nichtleiter mit z. T. kristalliner, z. T. amorpher Struktur.

8.2.−7   Nach ihrer chemischen Zusammensetzung; diese gibt zugleich Hinweise auf die Eigenschaften, insbesondere auf die Temperaturfestigkeit und die ε_r-Zahlen.

8.2.−8   Quarzsand, Tone, Al- und Mg-Silikate.

8.2.−9 $C \sim \varepsilon_r$.

8.2.−10   Gruppe 200, weil ε_r wenig temperaturabhängig ist.

8.2.−11   Gruppe 500, 600, 700.

8.2.−12 ϱ_D ist bei Glas stärker temperaturabhängig.

8.2. – 13   Nein! Oxide können nicht brennen.

8.2. – 14   Ja! Asbest, evtl. auch Glas- oder Schlackenwolle.

8.2. – 15   Mindestens bis 500 °C; der Widerstand fällt mit erhöhter Temperatur.

8.2. – 16   Zur Verminderung der Wasseraufnahmefähigkeit und der Oberflächenrauhigkeit (Kriech-ströme!).

8.2. – 17   Ist nicht möglich.

8.2. – 18   Ferroelektrika sind keramische Stoffe mit molekularen Dipolen. Sie können hohe elektrische Flußdichten erhalten, ihre ε_r-Zahlen erreichen $> 10^4$.

8.2. – 19   Beide Werkstoffgruppen besitzen molekulare Dipole; diese vollziehen unter Feldeinfluß z. T. irreversible Drehprozesse, die eine Hysterese-Schleife im Wechselfeld ergeben.

8.2. – 20   Rutil, Bariumtitanat, $BaOTiO_2 = BaTiO_3$.

8.2. – 21   Unterhalb der Curietemperatur sind die Drehprozesse z. T. irreversibel; oberhalb sind sie völlig reversibel infolge der kinetischen Energie der molekularen Dipole.

8.3. – 1   C-Kunststoffe (C $\triangleq$ Cellulose).

8.3. – 2   Mono $\triangleq$ Ein (Einzel); poly $\triangleq$ viel (Vielzahl); Mer $\triangleq$ Molekül einer organischen Verbindung.

8.3. – 3   Durch Kalandrieren (Walzen) oder Blasen (Luftballon!).

8.3. – 4   Kunststoffe sind konstruktiv weniger belastbar, temperaturanfälliger, Nichtleiter für Elektrizität und Wärme, brennbar, nicht kristallin, isotrop bzw. quasiisotrop.

8.3. – 5   Immer C in Verbindung mit 1, 2 oder 3 anderen Elementen wie H, Cl, F, N, O.

8.3. – 6   Thermoplaste erweichen in der Wärme, z. B. bereits unterhalb 100 °C. Duromere behalten ihre Formsteifigkeit bis zur Zerstörungstemperatur.

8.3. – 7   1. Schweiß- bzw. Klebeverfahren,
             2. Thermoplaste,
             3. polarer Kunststoff mit $\varepsilon_r > 5$.

8.3. – 8   Nein! Duromere bleiben in der Wärme formsteif.

8.3. – 9   Brennt ein Kunststoff außerhalb der Flamme weiter, so besitzt er vorzugsweise CH-Moleküle, diese besitzen PE, PP, PS.

             Verlöscht der Kunststoff außerhalb der Flamme, so hat er unbrennbare Halogenatome: F, Cl, oder viele Füll- oder Einlagestoffe wie PVC, PTFE und Duromere.

             Riecht der entzündete Kunststoff
             nach Cl: $\triangleq$ PVC
             nach F: = PTFE
             süßlich: = UP, PS   (siehe Tabelle 8.3. – 7).

8.3. – 10   Nach Tabelle 8.1. – 11 (WBK) können alle Isolationskunststoffe bis 90 °C benutzt werden (WBK = Y).

8.3. – 11   Der wärmebeständigste Kunststoff ist PTFE, der bis 220 °C einsetzbar ist.

8.3.–12   Nein! Kunststoffe altern, d. h., sie verändern sich in ihrer Struktur und in ihren Gebrauchseigenschaften; Wärme beschleunigt die Alterungsanfälligkeit.

8.3.–13   Weichmacher sind pulverförmige Zusätze zur Erhöhung innerer Gleitvorgänge im Kunststoff. Verstärker bewirken das Gegenteil; es sind metallische oder nichtmetallische Fäden oder Gewebe, die den Zusammenhalt der Moleküle erhöhen.

8.3.–14   Jede Kunststoffsorte kann durch unterschiedliche Herstellungsverfahren und Zusätze verschiedene Werkstoffeigenschaften erhalten.

8.3.–15   Die „Wöhlerkurve", siehe Bild 8.3.–1. Sie gibt Werte für die Dauer-Wechselfestigkeit.

8.3.–16   Es gibt Schnellprüfverfahren (siehe Tabelle 8.3.–7).

8.3.–17   Unpolare Kunststoffe mit niedrigen ε_r-Zahlen, z. B. ND–PE.

8.3.–18   1. ϱ_D in m
          2. E_D in kV mm^{-1}
          3. WBK
          4. Wärmeformbeständigkeit   } nach DIN, VDE
          5. Wasseraufnahmefähigkeit und -durchlässigkeit
          6. Alterungsbeständigkeit

8.3.–19   Unter „Kriechen" versteht man die langsame Formänderung, meist Längung, unter einer konstruktiven Belastung; sie ist reversibel.

8.3.–20   Nein! Da der Metalldraht nicht kriecht, kann der mit ihm festverbundene Kunststoff auch nicht kriechen.

8.3.–21   Der Name Schichtstoff bezeichnet die geschichtete oder lagenweise Grobstruktur des Kunststoffes. Liegen die einzelnen Lagen nicht absolut dicht aufeinander, dann entstehen bei der Einwirkung eines elektrischen Feldes Glimmentladungen, die den Werkstoff schädigen. E_D muß bei mindestens 0,5stündiger Stehzeit geprüft werden.

8.3.–22   Nach den Ausführungen in Lösung 8.3.–21 sind Schichtstoffe nicht homogen.

8.3.–23   Nein! Es gibt (noch) keinen lichtbogenfesten Kunststoff außer den Siliconen.

8.3.–24   1. z. B. PE, PS, PP;
          2. z. B. PF, MF, UF.

8.3.–25   1. Silicon-Gummi, Silicon-Kunststoffe;
          2. PVC.

8.4.–1   1. Stock-, Flamm-, Brenn-, Entzündungspunkt $\vartheta(T)$ in °C (K); dynamische oder kinematische Viskosität, Neutralisations- und Verteerungszahl.

          2. ϱ_D; E_D; ε_r.

8.4.–2   Als Trafo-, Kondensator-, Schalter- und Kabelöle.

8.4.–3   1. Ja!

          2. Chlophen.

          3. Durch hohe ε_r-Zahlen; deshalb sind Chlophene als Dielektrika in Kondensatoren sehr geeignet.

Lösung der Testaufgaben

1.7.1.	D				
1.7.2.	D	G			
1.7.3.	D				
1.7.4.	A	B	C	D	E
1.7.5.	A	B	E		
1.7.6.	A	B	E		
1.7.7.	A	B	D		
1.7.8.	E				
1.7.9.	A: Graphit, Zn				
	B: Ge, Si				
	C: $\alpha-$Fe				
	D: Ag, Al, Cu, $\gamma-$Fe, Pt				
	E: Glas				
1.7.10.	D	E			
2.7.1.	C	D			
2.7.2.	B	C			
2.7.3.	D				
2.7.4.	D				
2.7.5.	C				
2.7.6.	C				
2.7.7.	B	D			
2.7.8.	D				
2.7.9.	A	B			
2.7.10.	D	E			
2.7.11.	D	E			
2.7.12.	A	E			
2.7.13.	D	E			
3.8.1.	B	+C			
3.8.2.	A	B	C		
3.8.3.	A	B	(C)	D	
3.8.4.	C	D	E		
3.8.5.	A				
3.8.6.	A	B	D		
3.8.7.	D	E			
3.8.8.	C	E			
3.8.9.	E				
3.8.10.	C	E			
3.8.11.	A	E			
3.8.12.	B	D			
3.8.13.	A	B	C	D	E
3.8.14.	B	E			
3.8.15.	A	B	C	D	E
3.8.16.	B	C			

4.6.1.	B			
4.6.2.	D			
4.6.3.	B			
4.6.4.	B			
4.6.5.	E			
4.6.6.	C	D	E	
4.6.7.	A			
4.6.8.	C	D		
4.6.9.	A	(B)		
4.6.10.	D			
4.6.11.	E			
4.6.12.	E			
4.6.13.	C			
4.6.14.	D			
4.6.15.	D			
4.6.16.	C			
4.6.17.	D	E		
4.6.18.	D	E		
4.6.19.	D			
5.4.1.	B	D		
5.4.2.	B			
5.4.3.	C			
5.4.4.	A	D		
5.4.5.	D			
5.4.6.	D			
5.4.7.	A			
5.4.8.	D			
5.4.9.	C	D		
5.4.10.	C			
5.4.11.	C			
5.4.12.	C			
5.4.13.	D			
5.4.14.	B			
5.4.15.	C			
5.4.16.	C			
6.6.1.	D			
6.6.2.	B			
6.6.3.	A	C	D	
6.6.4.	B	D	E	
6.6.5.	C	E		
6.6.6.	E			
6.6.7.	D			
6.6.8.	A	B	C	D	E

6.6.9.	D			
6.6.10.	A	B	D	
6.6.11.	D			
6.6.12.	D	E		
6.6.13.	C			
6.6.14.	C	D	E	
6.6.15.	B	C	D	
6.6.16.	A	B	C	D	E
6.6.17.	C	D		
7.7.1	B			
7.7.2.	C			
7.7.3.	A			
7.7.4.	C	D		
7.7.5.	E			
7.7.6.	A			
7.7.7.	C			
7.7.8.	A			
7.7.9.	E			
7.7.10.	A	E		
7.7.11.	A	C	E	
7.7.12.	C			
7.7.13.	C	D		
7.7.14.	D			
7.7.15.	C			
7.7.16.	D			
7.7.17.	C	D	E	

7.7.18.	D			
7.7.19.	C			
7.7.20.	D			
7.7.21.	D			
7.7.22.	E			
7.7.23.	E			
8.5.1.	D			
8.5.2.	C			
8.5.3.	B	C	E	
8.5.4.	B	C	D	
8.5.5.	A	B		
8.5.6.	B	D		
8.5.7.	C	E		
8.5.8.	A	B	C	E
8.5.9.	C	D		
8.5.10.	C			
8.5.11.	D			
8.5.12.	A			
8.5.13.	B	E		
8.5.14.	E			
8.5.15.	E			
8.5.16.	B	C		
8.5.17.	E			
8.5.18.	C			
8.5.19.	B			
8.5.20.	C	D	E	

Benutzte Literatur

1. DIN-Taschenbuch. Bd. 4: Stahl und Eisen; Bd. 18: Prüfnormen für Kunststoffe; Bd. 19: Prüfnormen für metallische Werkstoffe. Bd. 21: Kunststoffnormen; Bd. 26: Normen für Schwermetalle. Bd. 27: Normen für Leichtmetalle. Beuth-Vertrieb GmbH, Berlin.
2. Werkstoff-Handbuch Stahl und Eisen. Verlag Stahleisen, Düsseldorf.
3. Werkstoff-Handbuch Nichteisenmetalle. Bde. 1 u. 2. VDI-Verlag, Düsseldorf.
4. Taschenbuch der Werkstoffkunde. Akademischer Verlag Hütte, Berlin.
5. Aluminium-Taschenbuch. Aluminiumzentrale, Düsseldorf.
6. Kupfer-Schriftenreihe. Deutsches Kupferinstitut, Berlin.
7. Lehrbildsammlung der Arbeitsgemeinschaft der Deutschen Kunststoffindustrie, Frankfurt a. M.
8. *Guillery, P.:* Werkstoffkunde für Elektroingenieure. Verlag Vieweg & Sohn, Braunschweig.
9. *Röder, W.:* Werkstoffe für Elektroberufe. Verlag Holland und Josenhans, Stuttgart.
10. *Meysenbug, C. M. v.:* Kunststoffkunde für Ingenieure. Carl Hanser Verlag, München.
11. *Racho, R.,* u. *K. Krause:* Werkstoffe der Elektrotechnik. VEB Verlag Technik, Berlin.
12. Werkstoffkunde für die Elektrotechnik und Elektronik. VEB Verlag Technik, Berlin.
13. Autorenkollektiv: Werkstoffe der Elektrotechnik und Elektronik. VEB Deutscher Verlag für Grundstoffindustrie, Leipzig.
14. *Racho, R.,* u. *K. Krause:* Spezielle Werkstoffe der Elektronik. VEB Deutscher Verlag für Grundstoffindustrie, Leipzig.
15. *Weißbach, W.:* Werkstoffkunde und Werkstoffprüfung. Verlag Vieweg & Sohn, Braunschweig.
16. *Greven, E.:* Werkstoffkunde, Werkstoffprüfung. Verlag Handwerk und Technik, Hamburg.
17. Zeitschriften: ETZ; VDI-Z.
18. Firmenschriften: AEG-Telefunken; BASF; Bayer AG, Brown-Bovery, Degussa, Deutsche Metallgesellschaft; Doduko, Friedrich Krupp, Scholven Chemie; Siemens; VDG; VDEh; u. a.

Bildquellennachweis

Lichtbilder stellten freundlicherweise zur Verfügung:
Friedrich Krupp, Hüttenwerke AG, Essen;
Friedrich Krupp GmbH, Forschungs-Institut, Essen;
Bergische Stahlindustrie, Remscheid;
Aluminium-Zentrale, Düsseldorf;
Deutsches Kupferinstitut, Berlin.

Stichwortverzeichnis